Tragwerkslehre

Skelettbau und Wandbau

Von Professor Dipl.-Ing. Werner Herget
Fachhochschule Darmstadt

B. G. Teubner Stuttgart 1993

Die Deutsche Bibliothek – CIP-Einheitsaufnahme

Herget, Werner:
Tragwerkslehre: Skelettbau und Wandbau / von Werner Herget.
– Stuttgart: Teubner, 1993
ISBN-13: 978-3-519-05245-6 e-ISBN-13: 978-3-322-84844-4
DOI: 10.1007/978-3-322-84844-4

Umschlaggestaltung: Peter Pfitz, Stuttgart

VORWORT

Tragen ist ein strategisches Problem bei Kräften, die in einem Bauwerk entstehen und nicht in ihrer Wirkungslinie in den Baugrund abgeleitet werden können, ebenso ein ökonomisches bei der materialgerechten Dimensionierung der Bauteile an die abzutragenden Kräfte.
Die Lösung der ersten Teilaufgabe führt zum Tragwerk, einem Zusammenschluß aller tragenden Elemente des Bauwerkes, das eine kontinuierliche und den Formvorstellungen des Planers adäquate Kraftableitung gewährleistet. Die Tragwerkslehre bietet Konzepte auf der Basis eines Zusammenhangsverständnisses, das den Architekten zur Tragwerksplanung ohne mathematische Algorithmen befähigt.
Das zweite Problem wird durch die Statik gelöst, zu einem Zeitpunkt im Planungsprozeß, zu dem die qualitativen Ergebnisse des ersten Teils bereits vorliegen. Daher ist Tragwerkslehre weder Statik, noch kann sie diese ersetzen.
Tragwerkslehre existiert als Lehrfach an den Architekturfachbereichen der Fachhochschulen. Da es in der Regel von Statikern vertreten wird, orientieren sich seine Inhalte überwiegend an einer "Statik für Architekten", weniger an den Zusammenhangsproblemen des Tragwerkes, in keinem Fall jedoch an einer systematischen Darstellung dieser Thematik. In Kreisen der Architekturdozenten besteht weitgehend Einvernehmen über notwendige inhaltliche Veränderungen, die jedoch außerordentlich lange Zeit in Anspruch nehmen.
Diese Lücke will das vorliegende Buch füllen.
Seine Lehrinhalte behandeln Skelett- und Wandbauwerke, die aus stabförmigen Elementen, Platten und Scheiben zusammengesetzt sind und bei Hochbauten das überwiegende Potential repräsentieren. Die Typenvielfalt der Skelette wird katalogisiert, - bei eingeschoßigen nach dem Stützungsumfang in der Haupttragebene, bei mehrgeschoßigen nach den Konstruktionsbaustoffen - ihr Aufbau analysiert und die Grundprinzipien variiert. An Literaturbeispielen werden Synthesepraxis und das Wechselspiel Form - Konstruktion dokumentiert.
Bei den Wandbauweisen in Mauerwerk und Stahlbeton entfällt das Problem einer besonderen Erzeugung des Tragwerkes, da dies in den Elementen Platte, Scheibe und Ringanker bereits latent enthalten ist. Die Lehrinhalte erstrecken sich daher auf Aufbau und Nachweis der Funktionsfähigkeit dieser Elemente und ihrer Verbindungen.
Diesen Teilen vorgeschaltet sind Übersichten über Lasten und Kräfte an Bauwerken, sowie über die Funktionsmechanismen der Tragelemente, soweit dies für das Tragwerksverständnis notwendig erschien.

Nachgeschaltet sind Planungshilfen, welche die Entscheidungsfindung für oder gegen eine Tragwerksform in konstruktiver, baubetrieblicher und wirtschaftlicher Hinsicht erleichtern sollen, sowie Hinweise auf Entwurfshilfen in der Literatur.
Das Buch ist umfangreich mit Zeichnungen illustriert. Dies hat unterschiedliche Gründe: nach wie vor ist die Zeichnung Sprache des Architekten und Ingenieurs. Die der Statik entlehnten Strichsysteme ermöglichen mit wenig Aufwand hohe Informationsdichten und unterstützen außerdem die vornehmlich visuelle Aufnahmefähigkeit der Architekturstudenten. Die hohe Zeichnungsdichte erlaubt eine Reduzierung des Textumfanges. Das damit entstehende didaktische Problem, Text und Bilder zu harmonisieren, mußte im Layout gelöst werden.
Für diese im üblichen Lehrbuchaufbau ungewohnte Konstellation hat der Verlag sich sehr entgegenkommend und experimentierfreudig erwiesen. Dafür, wie für die Annahme des Projektes, das Bestehendes durch Neues erweitern und ersetzen will, gilt dem Verlag mein Dank.
Dank gebührt auch meiner Frau Gaby für die Reinschrift, die Erstellung der Zeichnungen und die Seitengestaltung.
Das Buch wendet sich an Fachhochschulstudenten der Architektur und Innenarchitektur (wegen des angestrebten eingeschränkten Bauvorlagerechtes). Dem Studenten des konstruktiven Ingenieurbaues wird es empfohlen, weil die Lehrerfahrung zeigt, daß selbst umfangreiche statische Kenntnisse weder das notwendige Zusammenhangsverständnis garantieren, noch die Betrachtungsweise des Tragwerkes als form- und raumbildendes Element ermöglichen.
Mir bleibt die Hoffnung auf eine positive Aufnahme der mitgeteilten Inhalte durch Studenten und Kollegen, wie auf deren Einarbeitung in das Lehrfach. Für kritische Anmerkungen bin ich dankbar.

Darmstadt, im Frühjahr 1993 — Werner Herget

INHALT

1 BAUWERK UND TRAGWERK

1.1 Die drei Entwurfskomponenten der Bauaufgabe 1
1.2 Die Rolle des Tragwerkes im Entwurf 3
1.3 Das Beispiel der alten Baumeister 5
1.4 Tragwerkskenntnisse - Wieviel davon braucht der Architekt? 15

2 LASTEN UND KRÄFTE

2.1 Übersicht 19
2.2 Ständige Lasten 20
2.3 Verkehrslasten 26
2.3.1 Verkehrslasten aus Nutzung 26
2.3.2 Umweltbedingte Lasten 28
2.4 Trägheitskräfte 32
2.5 Zwängungskräfte 33
2.6 Fugen 34
2.7 Überlagerung von Lasten und Kräften 37

3 GRUNDLAGEN DES TRAGENS

3.1. Anforderungen 39
3.2 Unterschiede in den Bauweisen 41
3.3 Tragelemente 44
3.3.1 Fundamente 44
3.3.2 Stützen 49
3.3.3 Vollwandige Biegeträger 55
3.3.4 Fachwerkträger 68
3.3.5 Rahmen 73

4 SKELETTBAU

4.1 Definition 75
4.2 Typologie 79
4.2.1 Bezeichnungen 79
4.2.2 Systeme der Nebenträger 80
4.2.3 Haupttragsysteme 86
4.3. Freistehende Kragträger 95
4.3.1 Grundsystem 95
4.3.2 Variantenbildung zum Grundsystem 105
4.3.3 Objektbeispiele I - X 114

4.4 Eingeschoßige Tragwerke auf 2 Stützen (einschiffige Hallen) ... 132
4.4.1 Abstützung / Abspannung ... 132
4.4.2 Fußeingespannte Stützen ... 143
4.4.3 Biegesteife Ecken (Rahmen) ... 146
4.4.4 Dreigelenkstabzug, Bogen ... 155
4.4.5 Radiale Anordnung der Hallentragwerke ... 158
4.4.6 Objektbeispiele XI - XIX ... 159
4.5 Eingeschoßige mehrschiffige Hallen ... 173
4.6 Mehrgeschoßige Skelette ... 177
4.6.1 Allgemeines ... 177
4.6.2 Zweigeschoßige Holzskelette ... 179
4.6.3 Stahlskelette mit Objektbeispielen XX, XXI ... 181
4.6.4 Stahlbetonskelette ... 197

5 WANDBAU

5.1 Kriterien ... 206
5.2 Verformungsverhalten der Wände ... 209
5.3 Die Funktionen der Schachtel ... 212
5.4 Die Bauweisen ... 214
5.5 Die Bauarten ... 220
5.5.1 Mauerwerksbau ... 220
5.5.2 Stahlbetontafelbau ... 225
5.5.3 Holztafelbau ... 227

6 ENTSCHEIDUNGS- UND ENTWURFSHILFEN ZUR TRAGWERKSPLANUNG

6.1 Der Planungsprozeß ... 229
6.2 Entscheidungshilfen I (Vorplanung) ... 231
6.3 Entscheidungshilfen II (Entwurfsplanung) ... 235
6.4 Entwurfshilfen ... 242

LITERATURVERZEICHNIS ... 253

STICHWORTVERZEICHNIS ... 255

1. BAUWERK UND TRAGWERK

1.1. Die 3 Entwurfskomponenten der Bauaufgabe

Funktion

Bauwerke schaffen Räume für Nutzung durch den Menschen. Ihre funktionsgerechte Planung erfordert eine entsprechende Raumorganisation, die Tätigkeitsabläufe ungestört ermöglicht, humanitäre und kulturelle Bedürfnisse befriedigt, Kommunikation zwischen den Nutzern zuläßt.
Das umhüllende Bauwerk muß ausreichenden Schutz gegen klimatische Einflüsse bieten (Feuchtigkeit, Temperatursprünge, Lärm), sowie die aus Nutzung und Umwelt vorhandenen Lasten und Kräfte langfristig dauerhaft aufnehmen (Wind, Schnee, Wasser-, Erddruck, Erdbeben). Bei monofunktionalen Objekten (Wohnhäuser, Verwaltungsbauten, Fabriken etc.) sind solche planungs- und technischen Anforderungen vielfach durch normierte Eckdaten festgelegt.
Multifunktionale Bauten, die verschiedene Funktionen unter einem Dach vereinen (z.B. Wohnungen über einer erdgeschoßigen Gaststätte), unterliegen weit komplexeren Anforderungen.
Bereits in der Vorentwurfsphase ist diese funktionale Planung nicht konfliktfrei: sie ist abzustimmen mit planungs- und baurechtlichen Vorgaben, mit situationsbedingten Einflüssen wie Größe, Zuschnitt und Topografie des Baugeländes, Erschließung und Baugrundverhältnissen. Als Folge der diesen Kriterien angepassten Bauwerksplanung, sind auch die Grundzüge der Baukonstruktion schon in dieser ersten Entwurfsphase zu entwickeln.

Form

Auf der Basis der abgestimmten und funktionsfähigen Vorplanung erfolgt der Entwurf des raumumhüllenden Bauwerkes.
Seine Form erwächst aus den gestalterischen Vorstellungen des Architekten über Absicht, Anordnung, Bedeutung und Wirkung des Bauwerkes im Hinblick auf die Übereinstimmung mit der Aufgabe *Form folgt Funktion* wie L. Sullivan[1] postulierte.
Diesen ästhetischen Planungsinhalten überlagern sich konstruktive, denn

- jegliche Form kann nur durch Materie realisiert werden und die Formbarkeit der Masse ist materialabhängig
- Dauerhaftigkeit der Form läßt sich nur erreichen, wenn das verwendete Material Belastungs- und Umwelteinflüssen ausreichenden Widerstand leistet.

---

[1] Louis Sullivan, Kindergarten Chats and other Writings; zitiert nach Jürgen Joedicke, Raum und Form in der Architektur, Stuttgart 1985, S. 138.

- Form aber ist auch ein Ergebnis physikalisch-mathematischer Überlegungen.
  Da Materie im Schwerefeld der Erde Gewichtskräfte erzeugt, die auf direktem, senkrechten Weg die Masse zur Erdoberfläche drängen, so wird Form zu einer notwendigen Strategie, wenn es darum geht, den direkten Weg umlenken zu müssen wie etwa bei den Lasten von Überdeckungen auf die raumumhüllenden Tragwände.
  Ähnlich gelagert ist das Problem bei waagrecht am Bauwerk einwirkenden Kräften, um diese in den Baugrund einzuleiten.

Mit der Einbeziehung dieser technischen Gesetzmäßigkeiten in die ästhetische Werteskala gewinnt das ökonomische Denken im Entwurfsprozeß eine erhöhte Bedeutung. Ökonomie, so formuliert es C. Siegel[2], ist hierbei ein geistiges Prinzip, eine Art umfassendes Moralgesetz für das Gestalten, das höchste Leistung (einschließlich geistiger und ästhetischer Werte) bei geringstem Aufwand erstrebt.

Konstruktion
Diese technischen Gestaltungsgesetze für die Form werden unter dem Begriff Konstruktion subsumiert.

- Konstruktion erfaßt zunächst Materialeigenschaften wie:
  Festigkeit, Verformbarkeit unter Kraft- und Temperatureinwirkungen, Feuchtigkeits-, Schall- und Wärmeleitung,
  beschreibt Verfahren zur Lösung von Konflikten aus unzureichenden Materialeigenschaften
  und ermöglicht, Bauteile untereinander zum gesamten Bauwerk zu verbinden.
- Konstruktion befähigt aber auch die Form, die im Bauwerk entstehenden und auf das Bauwerk von außen einwirkenden Lasten und Kräfte konfliktfrei in den Baugrund abzutragen, dahin, wo jede Bewegung erzeugende Kraft zur Ruhe kommt.
  Dieser Teil der Konstruktion wird als *Tragwerk* bezeichnet.

Die Notwendigkeit einer Beherrschung der auftretenden konstruktiven Probleme ist so alt, wie der Berufsstand des Architekten. Darauf verweisen schon die im Codex Hammurabi[3] enthaltenen Strafen, mit denen Baumeister bei Bauwerksschäden zu belegen waren.

---

2 Curt Siegel, Strukturformen der modernen Architektur, München 1960, S. 7.

3 Altbabylonischer König (1728 - 1686 v.Chr.); Gesetzestext auf schwarzer Basaltstele im Louvre.

Aus dem bisher Skizzierten läßt sich eine intensive Wechselwirkung zwischen Form und Funktion, Form und Konstruktion ableiten.
Eine ähnliche gegenseitige Beeinflussung besteht, vor allem bei technischen Problemen, auch zwischen Konstrukion und Funktion, die im nächsten Kapitel zu erläutern sein wird.

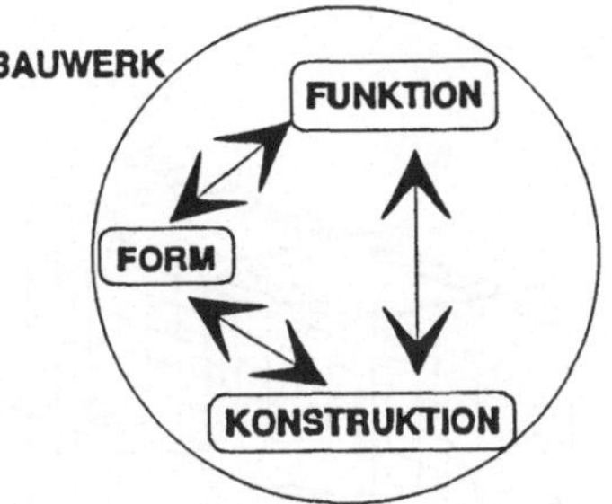

Bild 1.1:
Komponenten der Bauaufgabe, nach Spieß[4]

Erst diese objektangepasste Berücksichtigung aller drei Komponenten löst eine Bauaufgabe zweifelsfrei. Hierzu schreibt Vitruv[5], etwa 50 v.Chr.:

> *"Diese Schöpfungen müssen aber in der Weise angeordnet werden, daß bei ihrer Errichtung der Dauerhaftigkeit (firmitas), Zweckmäßigkeit (utilitas) und Schönheit (venustas) die gebührende Beachtung geschenkt wird."*

1.2 Die Rolle des Tragwerkes im Entwurf

Tragen bedeutet für einen konstruktiven Bauteil außer seinem Eigengewicht zusätzlich Lasten und Kräfte aufnehmen und weiterleiten zu können an ein nachgeordnetes Element.
Die Summe aller Tragelemente in einem Bauwerk, einschließlich des Baugrunds, in den sämtliche Lasten und Kräfte münden, ist das Tragwerk.

Tragwerk muß nicht unmittelbar sichtbar sein in der Bauwerksform, wie dies üblicherweise bei den sog. *Wandbauweisen* der Fall ist, mit ebenen Decken- und Wandflächen.

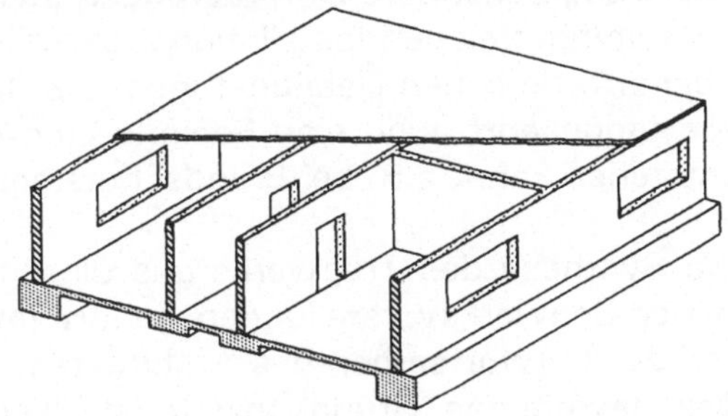

Bild 1.2: Wandbauweise

4 Karl Spieß, Konstruktives Entwerfen im Hochbau, Stuttgart 1982.

5 Marcus Vitruvius Pollio, 10 Bücher über Architektur, übersetzt von Jakob Prestel, Baden-Baden 1974, 1.Buch, Kap.III.2, S. 26.

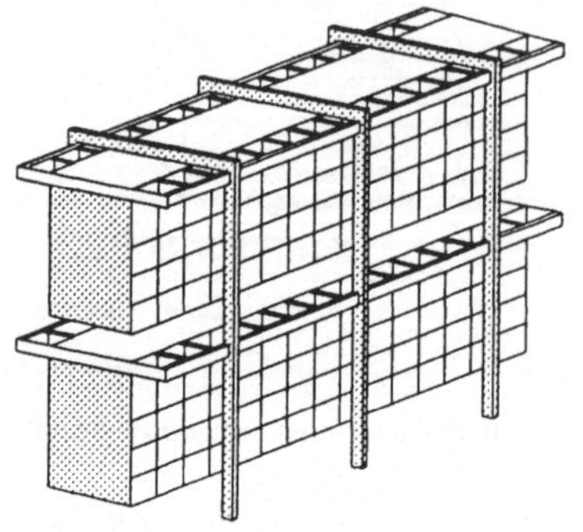

Tragwerk kann die Bauwerksform auch bewußt strukturieren und zum dominierenden Element der Form werden, wie bei *Skelettbauweisen*, in denen die Lastabtragung sichtbar nachvollziehbar ist.

Bild 1.3: An außenliegenden Rahmen aufgehängter Wohntrakt

Tragwerk ist letztlich die Bauwerksform selbst bei den sog. *formaktiven Tragsystemen*[6], der Seil- und Netzkonstruktionen.

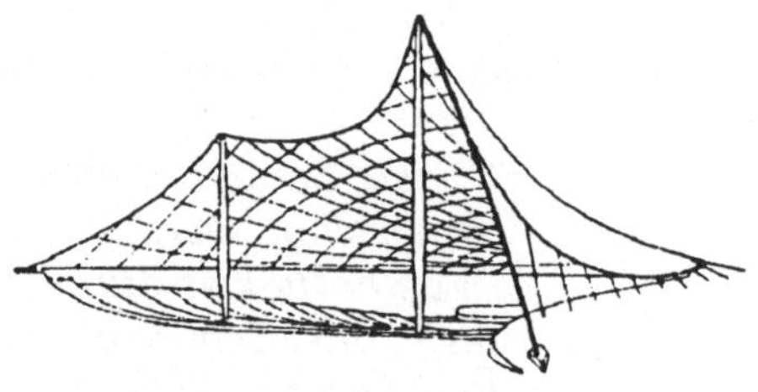

Bild 1.4: Zeltdach über Freiluftbühne

Neben den Wechselwirkungen zwischen Tragwerk und Form kann ebenso eine Beeinflußung des Tragwerks durch die Bauwerksfunktion erfolgen, wie in den Tragwerksanalysen Kapitel 4 zu zeigen sein wird, beispielsweise

- bei großen, stützenfreien oder tragwandfreien Räumen, die an die Stabilisierung besondere Anforderungen stellen
- bei umfangreichen Installationstrassen, die das Tragwerk kreuzen
- bei erforderlichen Gebäudefugen, die Bauwerksteile durchtrennen;

wie umgekehrt auch eine Beeinflußung der Funktion durch das Tragwerk entstehen kann: z.B. bei Brandschutzmaßnahmen.

Die Synthese des Tragwerks aus diesen Einflußgrößen und auf der Basis seiner Bauwerksvorstellungen gehört (in Zusammenarbeit mit dem Statiker) zur Entwurfsarbeit des Architekten.
Das gewonnene Grundkonzept ist dann im Hinblick auf Wirtschaftlichkeitsanforderungen zu optimieren.
Obschon heute monofunktionale Bautypen vielfach mit einer gewissen Standardisierung der Form verknüpft sind, denen auch allgemein gültige

---

[6] Heinrich Engel, Tragsysteme, Stuttgart 1967, S. 25ff.

Tragsysteme zugeordnet werden können, so ist doch jedes Bauwerk und das seine Hülle erhaltende Tragwerk ein Unikat, das spezielle Vorgaben und Parameter erfüllen muß. Witz und Eleganz der Lösung zeigen den Grad des Verständnisses im Umgang mit diesen technischen Problemen. Nicht intuitives Erfassen, sondern fundierte Kenntnisse sind hierzu erforderlich. Daß es dabei aber nicht um primär mathematisches Wissen geht, zeigen Beispiele aus den Bauzeiten vor der Entwicklung der Statik und Festigkeitslehre.

1.3 Das Beispiel der alten Baumeister

Die repräsentativen Formen großräumiger Überdachungen waren schon in der Antike Gewölbe und Kuppel und ihre Baumaterialien, bis zum Erscheinen des Stahlbetons in der Bautechnik, der keilförmig behauene Steinquader, das Mauerwerk und der Gußmörtel.
Gewölbe sind baugeschichtlich sehr viel älter als ihre, dem Demokrit (um 470 - 360 v.Chr.) zugeschriebene Erfindung. Die Kornkammern des Ramasseum in Theben sind echte Tonnengewölbe aus Lehmziegeln (im Gegensatz zu noch älteren unechten Kraggewölben) und datieren aus der Zeit Ramses II. (1294 - 1225 v.Chr.).

Durch die Wölbung stemmt sich die Steinmasse ihrem, senkrecht nach unten wirkenden, Gewicht entgegen und lenkt dadurch dessen Wirkungsrichtung um in zwei Druckkomponenten D1 und D2, die in Richtung der Wölbachse weisen und die Steinmasse in den Fugen gegeneinander abstützen.

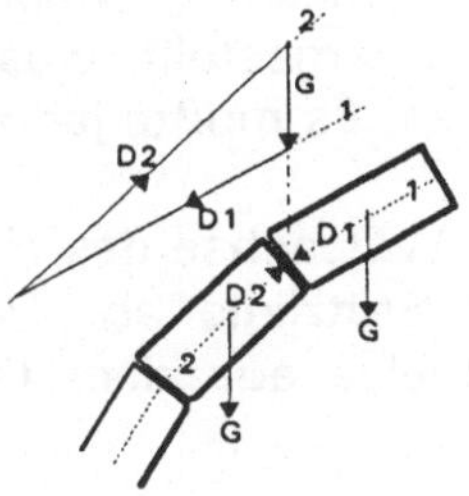

Bild 1.5:
Tragprinzip der Wölbung

Bei ausschließlich druckfestem Material funktioniert dies jedoch nur dann, wenn die Wölbachse einer Linie entspricht, die sich etwa einstellt bei dem Versuch, Kugeln nach einer reinen Drucklinie anzuordnen und diese dabei in einem labilen Gleichgewicht verharren. Die entstehende Verbindungslinie der Kugeldruckpunkte ist die sog. Stützlinie.

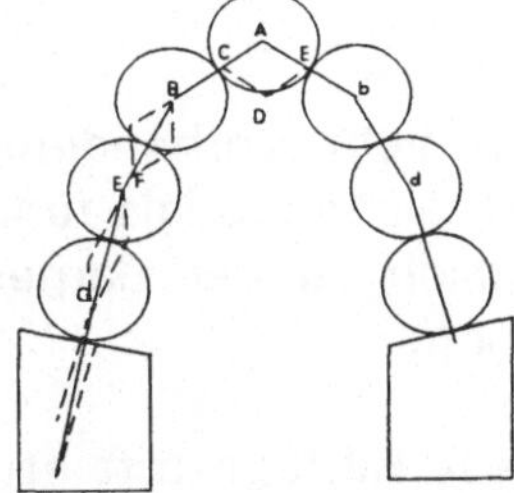

Bild 1.6: Kugeln nach Drucklinie angeordnet
(aus Poleni: Memorie istoriche della Gran Cupola del Tempio Vaticano, 1747)

Der Schrägdruck am Fußpunkt der Kugelreihe erzeugt eine wagrechte Komponente - eine nach Außen wirkende Schubkraft, die zu ihrer Aufnahme schwere Widerlager benötigt, wodurch auch die Stützlinie sich mehr in den Gewölbequerschnitt verlagert (siehe hierzu nachstehendes Bild 1.7).

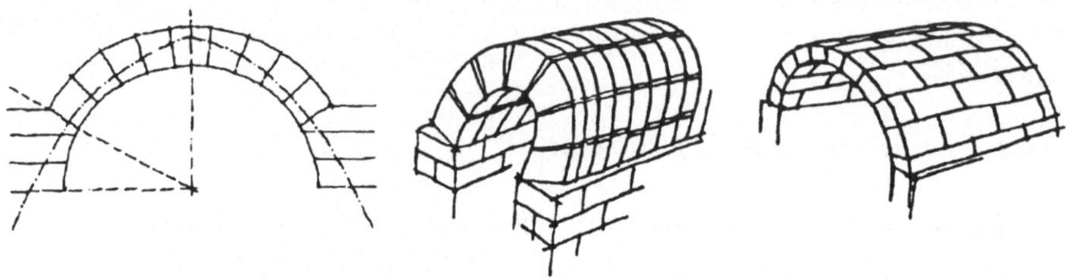

Bild 1.7: Widerlagerverstärkung

Bild 1.8: Chaldäisches Gewölbe

Bild 1.9: Römisches Gewölbe

Die Antike kannte das *Tonnengewölbe*, vereinfacht eine Hintereinanderreihung von Halbkreisbögen. Im chaldäischen Gewölbe, Bild 1.8, ist dies erkennbar. Durch die Neigung der Ringschichten konnten die flachen, großformatigen Ziegelformstücke mit Hilfe eines rasch abbindenden Mörtels (vermutlich mit Gipszuschlägen) ohne Schalung vermauert werden. Das römische Tonnengewölbe dagegen, Bild 1.9, war bereits im Kufverband hergestellt, was zu einer erheblichen Steigerung der Längssteifigkeit führte. Es mußte jedoch auf Schalung gemauert werden.

Die Wölbachse des Halbkreises weicht von der Stützlinie ab. Dadurch kann letztere teilweise aus dem Querschnitt heraustreten.

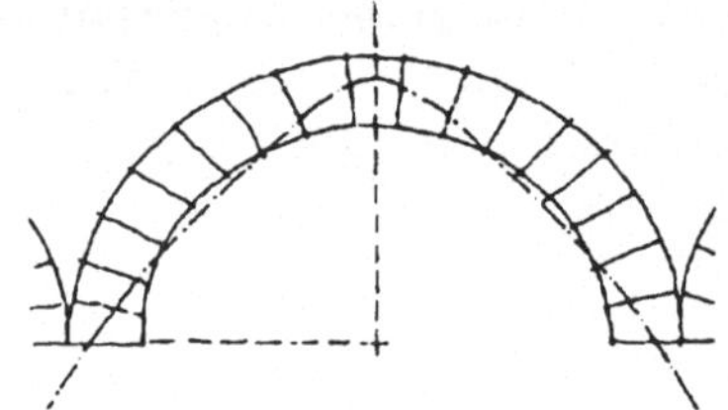

Bild 1.10: Stützlinie im Halbkreisbogen

Bei nicht vorhandener Zugfestigkeit des Gewölbematerials führt dies zu Rissen und endlich zu der dargestellten Bruchverformung.

Diese Rißfuge tritt etwa bei einem Winkel α 30° auf.

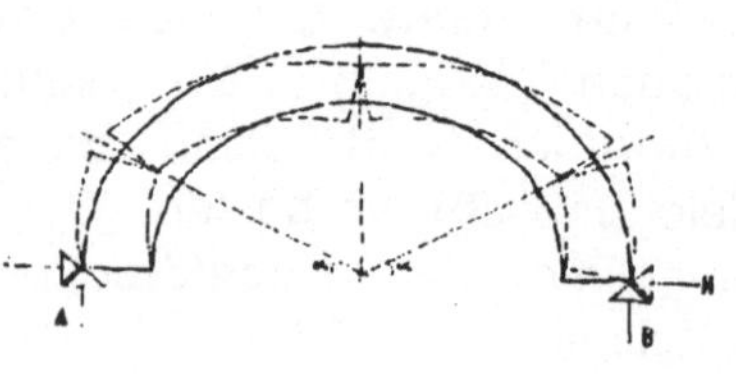

Bild 1.11: Bruchverformung des Halbkreises

Die *Halbkreiskuppel* entsteht durch Rotation des sie erzeugenden Halbkreises um seine Vertikalachse.

Zu den vorgenannten Rißbildungen in den Meridianschnitten treten, bei gemauerten Schalen, zusätzliche auf in den Breitenkreisen unterhalb des angegebenen Rißwinkels. In den Breitenkreisen oberhalb entstehen Druckkräfte, die die Kuppel zusammenhalten und Ursache dafür sind, daß im Scheitel sogar großflächige Aussparungen möglich werden (Kuppelauge).

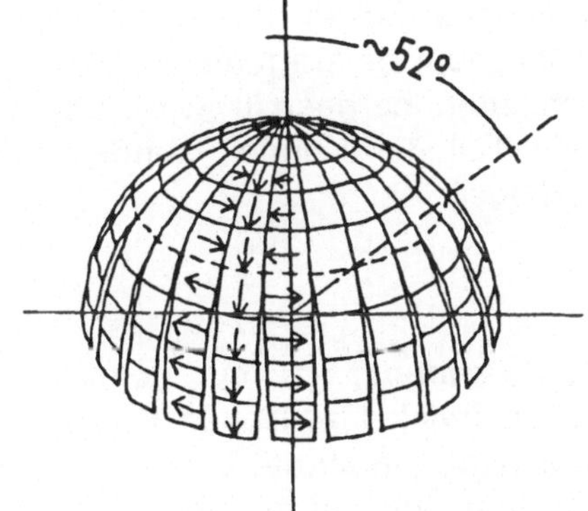

Bild 1.12: Kuppelverformungen in den Breitenkreisen

Beiden Konstruktionsformen ist gemeinsam, daß der Gewölbeschub mit dem Anwachsen des Gewichtes zunimmt, vor allem dann, wenn dieses bereits im flachen Scheitelbereich groß ist. Das Problem wird gemindert, wenn dort leichte Baustoffe, zum Auflager zu jedoch schwere gewählt werden, was die Stützlinie steiler verlaufen läßt.

Das Gewölbegewicht hat Rückwirkungen auch auf baubetriebliche Aspekte: Gewölbe- und Kuppelschalen müssen vollflächig eingeschalt werden, erfordern mithin erheblichen Lehrgerüstaufwand. Gewichtsverminderung führt auch hierbei zu Einsparungen. Gleichzeitig lassen sich Schalung und Lehrgerüst reduzieren, wenn mit Verstärkungsrippen gearbeitet wird, die es unter Umständen ermöglichen, die Gewölbezwischenkappen freihändig zu mauern.

Bei Kuppeln tritt ein weiteres Problem auf. Ihre Auflagerung kann erfolgen

- auf kreisförmig angeordneten Wänden oder Stützenreihen
- auf polygonalen (z.B.Achteck) Wänden oder Stützenreihen
- auf einem, den Kuppeldurchmesser umschreibenden Quadrat mit Abstützung auf Säulen nur in den vier Eckpunkten (Vierungspfeiler).

Der Übergang vom Kuppelring auf die Unterkonstruktion muß in den beiden letzten Fällen durch ein konstruktives Zusatzelement gelöst werden:

Die *Trompe* ist ein Hilfsgewölbe mit waagrecht liegender Achse, das diagonal über den Ecken des Quadrats durch allmähliche Überkragung waagrechter Ziegelschichten hergestellt wird. Die Trompe ist kein Teil der Kuppel, sondern gehört zum Auflager.

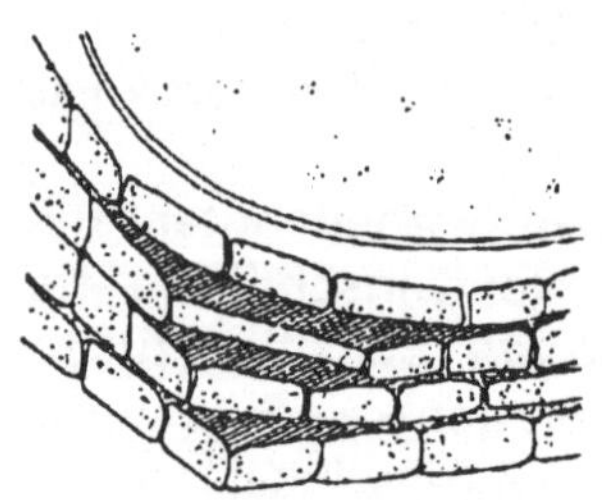

Bild 1.13: Trompe

Das *Pendentif* ist ein gemauerter sphärischer Zwickel zwischen Kuppel und Pfeiler und geht tangential in die Kuppel über. Es entsteht als räumliches Dreieck, das im Grundriß umschrieben wird von dem Vierungsquadrat und dem dieses Quadrat berührenden Kuppelring.
Kuppelkräfte werden über das Pendentif direkt in den Vierungspfeiler abgetragen.

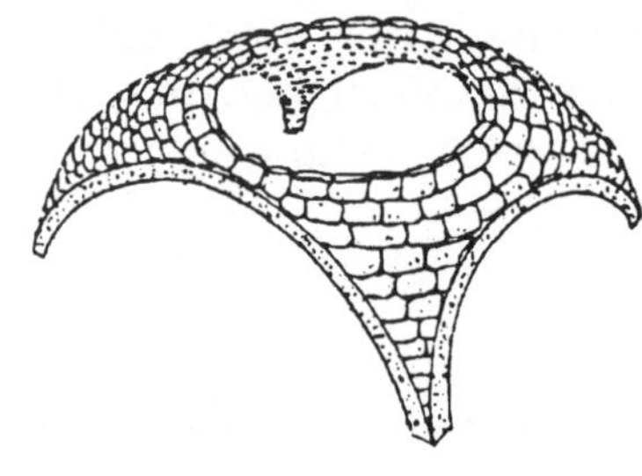

Bild 1.14: Pendentif

Aus einer Jahrhunderte alten handwerklichen Entwicklung und pragmatischer Erfahrung im Umgang mit den druckfesten Materialien Stein und Mauerwerk, bzw. seit seiner Erfindung auch mit dem römischen Gußmauerwerk, war dem antiken Baumeister die skizzierte Gesamtproblematik nicht unbekannt.
Auf diesem Erfahrungshintergrund wurden zwei Bauwerke ausgeführt, die in ihre Größe und Form keine Vorgängerbauten hatten und heut noch Bewunderung abnötigen:

Das Pantheon, Heiligtum aller Götter in Rom, dessen Kuppelgröße erst zu Beginn unseres Jahrhunderts wieder übertroffen werden sollte und seinem Planer alles Können abverlangte, um die gewaltigen Materiallasten und Gewölbeschübe der Konstruktion in der Form zu verstecken.

Die Hagia Sophia, Kirche der göttlichen Weisheit in Konstantinopel, die erstmals einen neuen Kirchenstil prägte, dessen funktionale Zwänge Form und Konstruktion ebenso nachhaltig beeinflußten, wie die in der Baugeschichte wohl erstmalige bauherrnseitige Forderung nach Bauzeitbeschränkung. Und vermutlich ebenso erstmalig stellten sich dieser Aufgabe ein 2-Mann-Team aus Planer und Mathematiker.

PANTHEON

Bauherr: Kaiser Hadrianus Augustus (76 - 138)
Baumeister: unbekannt
Bauzeit: 118 - 125
Baudaten: Kuppel- und Zylinderinnendurchmesser ca.44m
Zylinderhöhe = Kuppelradius = 22m
Wandstärke des Zylinders ca. 6,20m zum Innenraum durch Nischen geöffnet

Funktion und Form

Der vollkommene Zentralbau war eine Weihestätte für alle Götter, die Kuppel symbolisierte das Himmelsgewölbe, das Kuppelauge im Scheitel, einzige Lichtquelle des Raumes, die Sonne. Der tangentiale Übergang von der Kuppel in die Wandung des Innenraumes betont den Zusammenhang von Kosmos und irdischer Welt, spiegelt aber auch die universale und zentralistische Ideologie eines römischen Imperatorentums, das selbst Göttlichkeit für sich beanspruchte.

Konstruktion

Die Kuppel ist in Gußmörtel auf Vollschalung hergestellt. Das im Innenraum als reine Halbkugel sich darstellende Gewölbe war, entsprechend Bild 1.12, mit dem nur druckfesten Material so nicht zu bauen. Das beweist auch die in den Schnitten von Bild 1.15 sich zeigende Abtreppung nach außen: Man kann davon ausgehen, daß die zylindrische Wandung ringförmig mit diesen Abtreppungen hochgezogen wurde als sich verbreiterndes Auflager bis zu der erwartbaren Gewölbebruchfuge und erst von da an eine Gewölbekonstruktion vorliegt. Dadurch gelang es, die Stützlinie gänzlich innerhalb des Querschnitts und die entstehenden Ringzugkräfte gering zu halten. Der halbkreisförmige Übergang zwischen Wand und Kuppel im Innenraum wurde vorgeblendet. Zur Gewichtsreduktion und damit zur Schubverringerung wurde im Scheitelbereich ein Leichtmörtel mit Bimszuschlägen verwendet, im unteren Gewölbe- und Auflagerbereich ein Mörtel mit zerschlagenen Tuffsteinen, im Wandbereich dann einer mit zerschlagenen Ziegelsteinen.

Um den Druck auf das Lehrgerüst zu vermindern, wurden im Gewölbe, vor Einbringen des Mörtels, meridian verlaufende Rippen mit quer dazu spannenden Entlastungsbögen aus Ziegelsteinen gemauert.
Der zylindrische Wandunterbau, der die Kuppellast abzutragen hat, ist aufgelöst in 8 Wandpfeiler, die diese Kuppellasten aufnehmen. Die Über-

tragung auf diese Pfeiler erfolgt durch Stützbögen aus Ziegelsteinen, die zweilagig übereinander in die Gußwand eingezogen sind (Bild 1.15e). Mittels dieser Hilfskonstruktionen und der Lastkonzentration auf die 8 Pfeiler (Bild 1.15a) konnte die Wand im Grundriß stark aufgelöst werden, was neben entsprechender Materialeinsparung auch eine raschere Austrocknung des Gußmörtels ermöglichte und der Gefahr hoher Schwindverformungen vorbeugte[7].

---

[7] Alle konstruktiven Details zitiert nach Jürgen Joedicke, Raum und Form in der Architektur, Stuttgart 1985.

PANTHEON

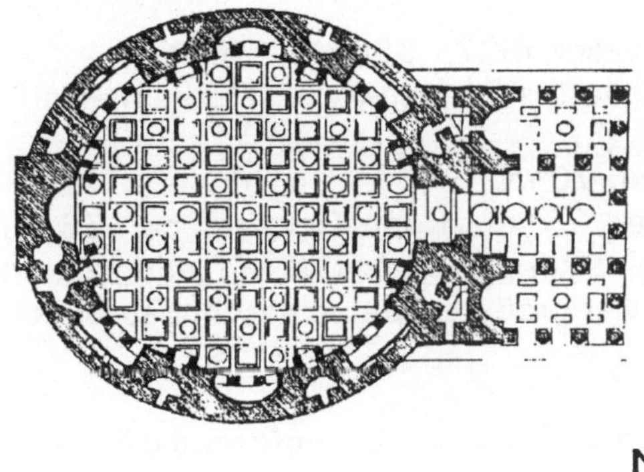

a. Grundriß

N ⟶

b. Querschnitt

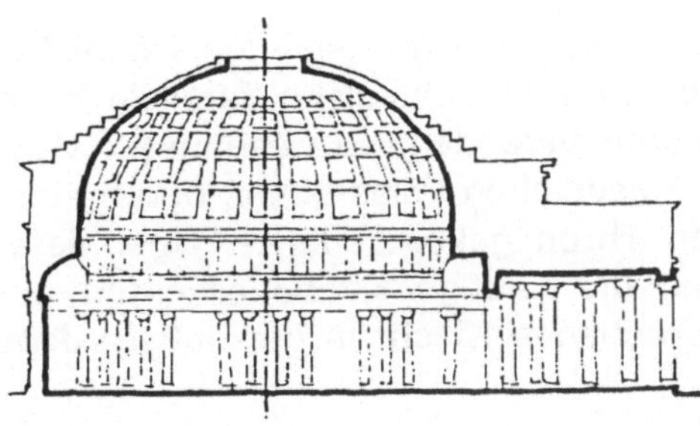

c. Längsschnitt

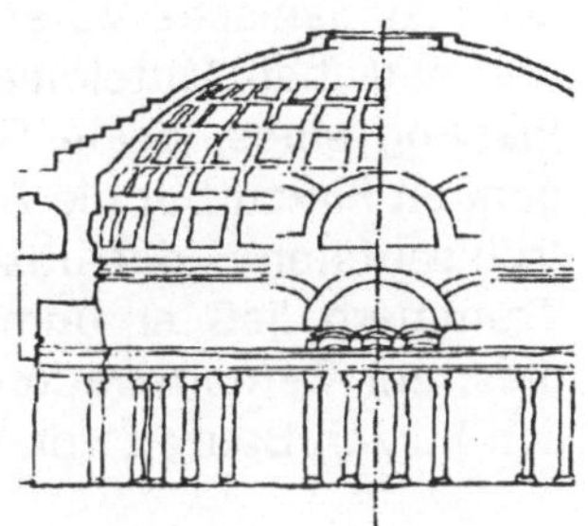

d. Entlastungsbögen

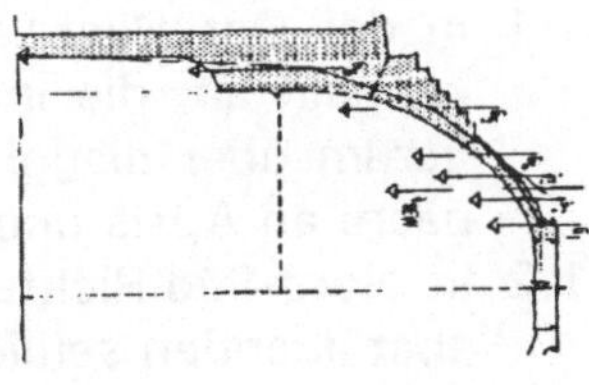

e. Stützlinie

Bild 1.15: Pantheon

HAGIA SOPHIA

Bauherr: Kaiser Justinian I. von Byzanz (527 - 565)
Baumeister: Anthemis von Tralles, Planer; Isidor von Milet, Mathematiker
Bauzeit: Februar 532 - Dezember 537
Baudaten[8]: Länge ca. 75 m, Breite ca. 70 m, Zentralkuppeldurchmesser 33 m, Kuppelscheitel ca. 56 m über Fußboden. Die Originalkuppel war ca. 6 m niedriger und stürzte infolge des sehr viel größeren Gewölbeschubes bei einem Erdbeben 557 ein.

Funktion:

In Westrom hatte sich aus liturgischen Gründen als Grundform die *Basilika* im Kirchenbau eingeführt, ein dreischiffiger Langhausbau mit überhöhtem, belichtetem und säulengestütztem Mittelschiff.
Die oströmische Grundform war der *Zentralbau*, am Vorbild der Grabeskirche in Jerusalem (4.Jh.) orientiert, mit überkuppeltem, kreisförmigem oder polygonalem Grundriß.
Die justinianische Vorstellung vom Bau eines politisch geeinten westlichen und östlichen Mittelmeerraumes hatte eine kirchenbauliche Parallele in der Planung eines, beide Grundformen kombinierenden, Gotteshauses. Gelegenheit hierzu bot die Zerstörung der kaiserlichen Palastkirche durch einen Volksaufstand, der Justinian fast den Thron gekostet hätte. Über deren Trümmern ließ er unmittelbar danach die heutige Kirche errichten und dies, zur Demonstration seiner ungebrochenen Macht in der außerordentlich kurzen Bauzeit von 6 Jahren.

Form und Konstruktion

1. Die Abtragung des Gewölbeschubes aus der Zentralkuppel und die liturgisch erforderliche Betonung des Langhauses bestimmen die baugeschichtlich einmaligen Lösungen:

1.1 In der Ost-West-Längsachse stützt die Zentralkuppel sich auf Halbkuppeln ab, die in Kämpferhöhe ansetzen und die Schubkräfte wiederum über diagonal anschließende Halbkuppeln in die Längspfeilerpaare an Apsis und Vorhalle ableiten (vgl. Bild 1.16c , d).

1.2 In Nord-Süd-Richtung entfallen am Kämpfer der Zentralkuppel diese abstützenden seitlichen Halbkuppeln infolge der liturgisch geforderten Längsorientierung des Raumes. Der Kuppelschub wirkt als Horizontalkraft auf den nördlichen und südlichen Vierungsbogen und beansprucht diese auf Biegung quer zur Bogenachse.

---

[8] Heinz Kähler, Die Hagia Sophia, Berlin 1967.

Horizontale Abstützungen bieten diesen Vierungsbögen nur die wuchtigen Stützwände, die in Verlängerung der Vierungspfeiler nördlich und südlich bis zum Kuppelkämpfer hochgeführt sind (vgl. Bild 1.16a, b).
Trotz der enormen Querschnitte der beiden Längsvierungsbögen liegt hier einer der Schwachpunkte der Konstruktion, da Biegebeanspruchung und kaum vorhandene Zugfestigkeit des Mauerwerks zu erheblichen seitlichen Verformungen führen, was im Querschnittbild 1.16b deutlich zu erkennen ist.
Folgebauten, die sich an der Hagia Sophia orientierten - vor allem osmanische Moscheen, die keinen gerichteten Raum erfordern - sind mit symmetrisch zur Zentralkuppel angeordneten Halbkuppeln versehen und leiten den Gewölbeschub problemlos ab.

2. Vermutlich als Folge der eingeschränkten Bauzeit und damit verbundener logistischer Probleme in der Natursteinbeschaffung wurde nur bis zur ersten Decke auf ca. 13m Höhe mit Quadermauerwerk gearbeitet, darüber in Ziegelmauerwerk, wobei Ziegel- und Fugendicke gleich stark sind. Unzureichende Austrocknungszeiten führten dabei von Anfang an zu Setzungsproblemen.
Die Zentralkuppel ist, im Gegensatz zur römischen Vollschale, als Rippenkuppel ausgeführt, wobei die dazwischenliegenden Kappengewölbe so dünn sind, daß sie nur im Verbund mit den Rippen tragen.
Dadurch wird das Gesamtgewicht der Zentralkuppel erheblich geringer, was sich sowohl auf die Größe des Gewölbeschubes auswirkt, als auch auf die notwendige Tragfähigkeit des Lehrgerüstes und den Baufortschritt beschleunigte.
Dieser zweifelsohne konstruktive Fortschritt zog einen planerischen nach sich: Zwischen die Rippen konnten, umlaufend am Kuppelfuß, Fenster eingeschnitten werden, deren Lichtband die Kuppel optisch abhebt und sie nahezu schwebend erscheinen läßt.
Die Fensterbögen nehmen den Schub aus den Gewölbekappen auf und leiten ihn als Auflast auf die Rippenfußpunkte, wodurch die Stützlinie in diesen sich stärker neigt und damit den Schub aus den Rippen reduziert.
Das Bauwerk liegt in einem Erdbebengebiet und hat im Laufe seiner Standzeit bis heute mehrere Beben überdauert, allerdings unter zum Teil erheblichen notwendigen Verstärkungsmaßnahmen.

HAGIA SOPHIA

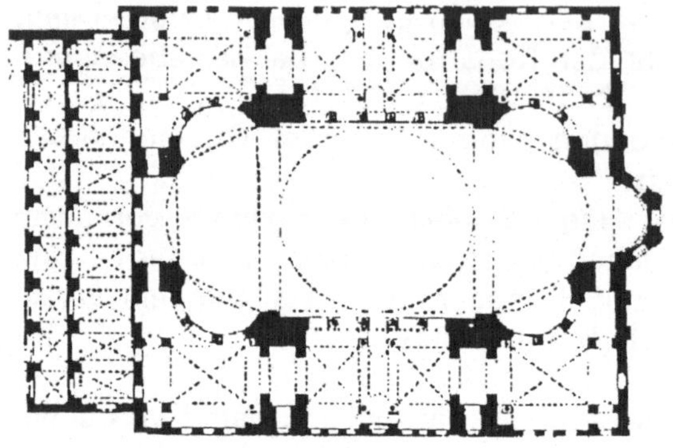

a. Grundriß

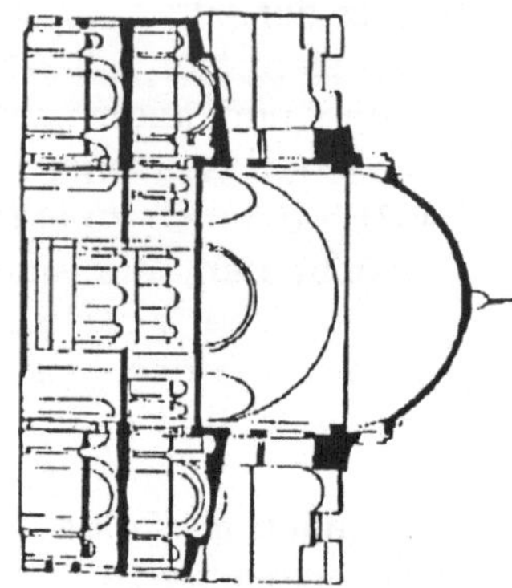

b. Querschnitt

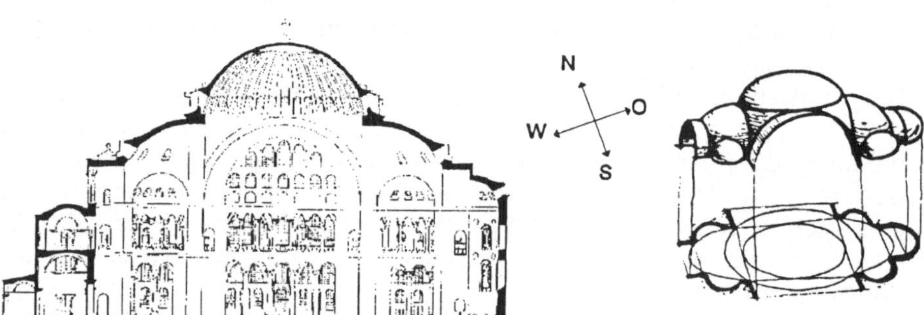

c. Längsschnittd.

d. Kuppelaufbauten

Bild 1.16: Hagia Sophia

Bild d zeigt deutlich die Probleme bei der Aufnahme des Hauptkuppelschubes in N - S - Richtung. Infolge der dort fehlenden Nebenkuppeln wird der Schub auf den Vierungsbogen abgetragen, dessen geringe Seitensteifigkeit zu einer Schiefstellung nach außen führte, wie sie in Bild b erkennbar ist.

1.4 Tragwerkskenntnisse - Wieviel davon braucht der Architekt?

In Ziffer 1.1 ist angedeutet, wie bereits in der Vorentwurfsphase eines Bauwerkes Entscheidungen für die Konstruktion fallen: Nach Festlegung des funktionsbedingten Bauprogrammes und Skizzierung einer adäquaten, den örtlichen Vorgaben angepaßten Hüllform, sind diese Entwürfe auf ihre konstruktive Verifizierbarkeit hin zu überprüfen, beginnend mit den Fragen der Bauwerksgründung.

Wichtig in dieser Phase sind Kenntnisse qualitativer Bewertungskriterien:

- Wissen um Ursachen von Lasten und Kräften, ihrer Wirkungen auf das Bauwerk und deren schadensfreie wie dauerhafte Aufnahme in entsprechenden Baustoffen
- Verfügbarkeit prinzipieller Tragwerkslösungen für den Praxisfall

In den Folgephasen des Entwurfes werden zusätzlich erforderlich:

- Verständnis für die Wirkungsmechanismen der Tragelemente und eine daraus resultierende kreative Befähigung für Modifikationen
- Kenntnisse einfacher Entwurfsregeln zur Abschätzung erforderlicher Bauteilquerschnitte, auf denen eine statische Berechnung aufgebaut werden kann.

Der unbekannte Baumeister des Pantheon mußte schon bei den Gründungsarbeiten eine sehr genaue und umfassende Vorstellung vom auflösbaren Grundriß des Wandzylinders haben, um sowohl die enormen Gewölbekräfte abtragen zu können, als auch die Gußmassen kurzfristig auszuhärten.

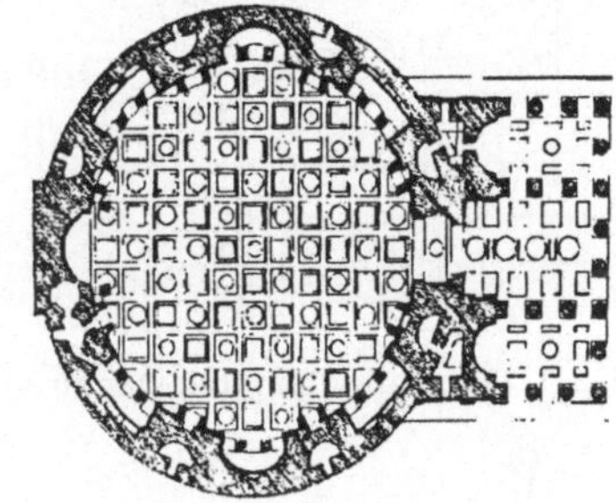

Bild 1.17: Grundriß Pantheon

Auch dem heutigen Planer muß bewußt sein, daß dem gestalterischen Entwurf stets der konstruktive parallel läuft: Zu klären sind die baugrundabhängige Gründungsart und der daraus sich ergebende Kräftefluß im Tragwerk, die Größe dieser Kräfte und die erforderlichen zugehörigen Fundamente, die Fähigkeit der Bauteile unter Beanspruchung sich zwanglos verformen zu können ohne ihre Standsicherheit und Festigkeit zu verlieren.

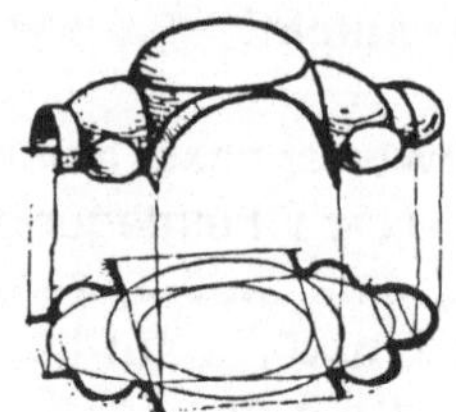

Bild 1.18:
Kuppeln der Hagia Sophia

Eine Betrachtung der fallenden Folge von Nebenkuppeln an der Hagia Sophia, die den Hauptkuppelschub allmählich nach unten abtragen und gleichzeitig die basilikale Ordnung bewahren, zeigt, daß erst die technische Lösbarkeit ein Planungskonzept realisierbar macht, aber auch zur architektonischen Bewertung des Bauwerkes führt.

Bauwerke verändern vielfach ihre architektonische Aussage durch die konstruktiv bedingte formale Struktur.

Als Beispiel sei das einer eingeschoßigen kubischen Halle angeführt mit variierenden Tragwerken, die nach dem Kriterium eines zu minimierenden Konstruktionsvolumens ausgewählt wurden unter Beibehaltung konstanter Kubusabmessungen.

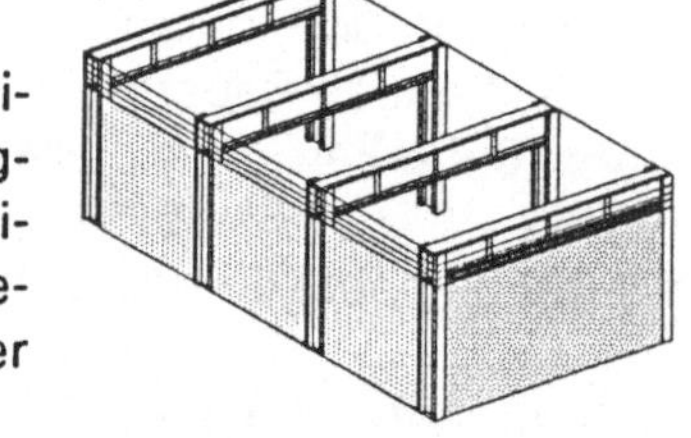

Bild 1.19a: Abgestütztes Dachtragwerk

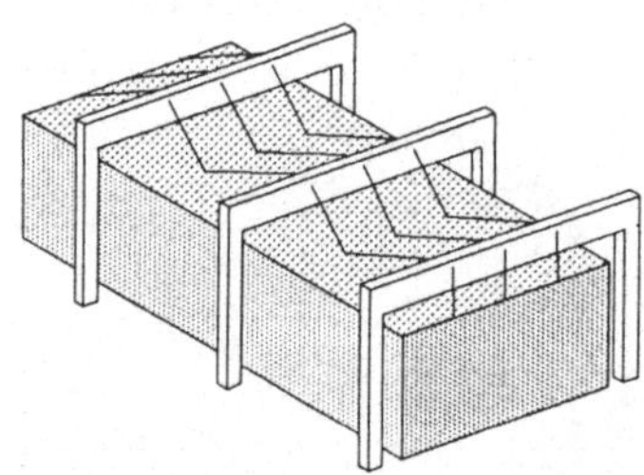

Bild 1.19b: Aufgehängtes Dachtragwerk

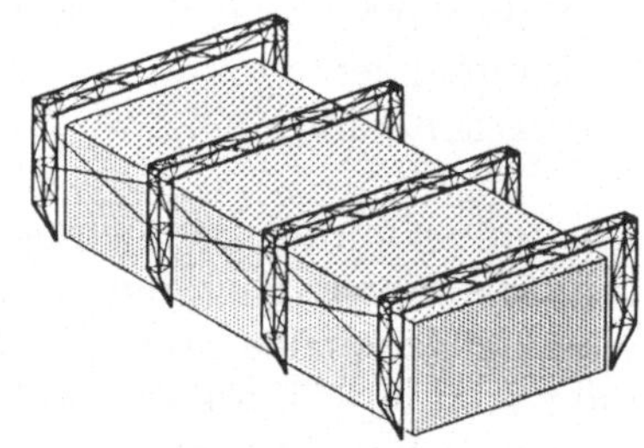

Bild 1.19c: Angehängtes Dachtragwerk

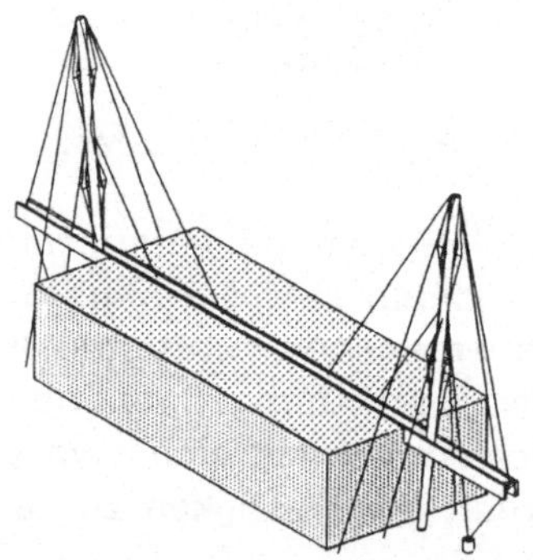

Bild 1.19d: Abgespanntes Dachtragwerk

Das erforderliche Konstruktionsvolumen sinkt bei den dargestellten Lösungsansätzen von a nach d, wobei Lösung d vorzugsweise entsteht bei schwierigen Gründungsverhältnissen.

Die Gestaltung von Stützen war ihrer herausragenden Bedeutung im Bauwerk wegen in der gesamten Baugeschichte ein besonderes Anliegen der Planer.

Moderne Stützen sind in ihrem tragenden Anspruch weit differenzierter, aber auch gestaltbar, wenn der Planer um ihren Tragmechanismus weiß und dieses Wissen kreativ einzusetzen vermag.

Bild 1.20: Säule im Refektorium der Marienburg

Nur auf mittigen Druck beanspruchte Stützen unterliegen der Gefahr des Ausknickens, benötigen daher im Knickbereich einen Querschnitt, der um ein vielfaches größer ist als der im knickfreien Bereich und dort nur auf Druckfestigkeit hin zu bemessen werden braucht. Dieser Knickbereich liegt etwa im mittleren Drittel der Stützenlänge. Stahlstützen (vorzugsweise Stahlrohre), die im Querschnitt am einfachsten veränderbar sind, lassen sich mit diesen Vorgaben gestalterisch variieren, wie in Bild 1.21 skizziert ist.

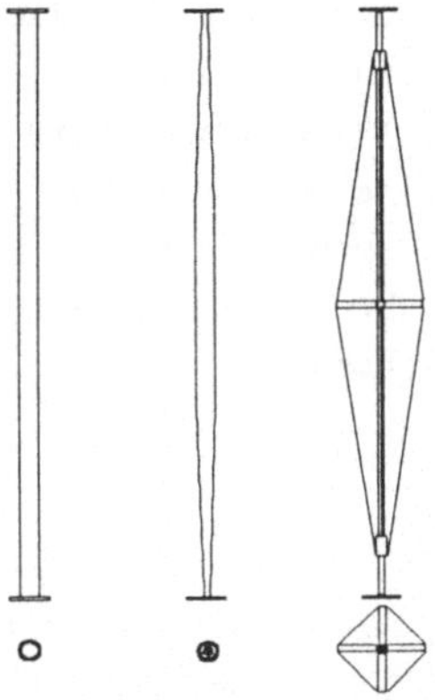

a b c

Bild 1.21: Druckbelastete Stützen.
a Konstanter Größtquerschnitt, b. Größtquerschnitt nur im Knickbereich,
c. Seilunterspannt mit Kleinstquerschnitt.

Rahmenstützen haben unter anderem die Aufgabe, Windkräfte in der Rahmenebene durch biegesteife Ecken aufzunehmen und in die Fundamente abzuleiten. Sie benötigen demzufolge an diesen Einspannstellen große Querschnitte, am Fußpunkt dagegen kleine, sofern dort ein Gelenk angeordnet ist (sog. Zweigelenkrahmen).
Werden solche Stützen gleichzeitig zur Aufnahme der Windkräfte in Längsrichtung des Bauwerkes herangezogen, funktionieren sie meist als fußeingespannte Stützen mit dort erforderlichem Größtquerschnitt.
Pier Luigi Nervi hat eine solche kombinierte Lösungsform zum erstenmal beim Windrahmen des Sekretariatsgebäudes der UNESCO in Paris entworfen, wobei diese Form nicht ein Ergebnis der Rechnung ist, wie er sagt, sondern des Versuchs, die stärkste und prägnanteste gestalterische Aussage zu finden.
Vgl. umseitig Bild 1.22

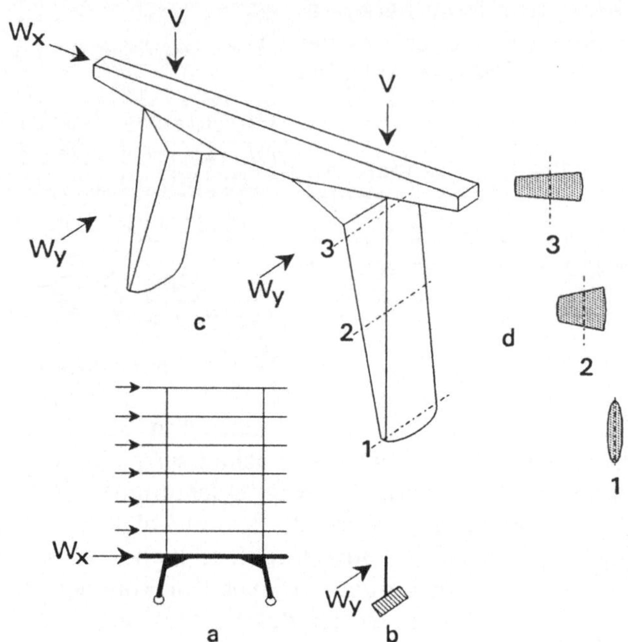

a: Stockwerksaufbau im Querschnitt mit Windaufnahme Wx durch Zweigelenkrahmen im EG
b: Rahmenstütze in Längsrichtung fußeingespannt zur Aufnahme von Wy
c: Isometrie des Zweigelenkrahmens
d: Verlauf der Stielquerschnitte vom eingespannten Fußpunkt 1 bis zur biegesteifen Ecke

Bild 1.22: Windrahmen von Nervi im UNESCO-Gebäude Paris

Die skizzierten Beispiele sollten verdeutlichen, was Tragwerkskenntnis für den Planer bedeutet, in welchem Umfang sie für seine Entwurfsarbeit erforderlich ist.
Man kann erwarten, sagt H. Engel:

> *[...]daß der Architekt zum Experten gerade in jener Phase der Tragwerksverwirklichung wird, die wegen ihrer Bedeutung für die Raumbildung nicht so sehr eine Angelegenheit des Statikers ist, sondern zu den Hauptaufgaben des Architekten zählt. Diese Aufgabe anderen zu überlassen oder zu übertragen, käme dem Entschluß des Architekten gleich, den Entwurf überhaupt aufzugeben.*[9]

---

[9] Heinrich Engel, Tragsysteme, DVA Stuttgart, 1967, S. 16.

2. LASTEN UND KRÄFTE

2.1 Übersicht

Jeder Bauteil besteht aus Materie, hat also Masse und unterliegt im Gravitationsfeld der Erde der Erdbeschleunigung g. Diese verleiht der Masse eine Gewichtskraft, die bestrebt ist, das Bauteil in ihrer Wirkungsrichtung senkrecht nach unten zu verschieben. Vom Bauteil wird jedoch ein Zustand der Bewegungslosigkeit gefordert, d. h. der Unverschieblichkeit in jeder Richtung und Unverdrehbarkeit um jeden beliebigen Punkt. Man erreicht dies mittels sog. Festhaltekräfte.

In diesem Zustand wird die Gewichtskraft zur *Last*, die auf den Bauteil jetzt in anderer Weise als durch Verschiebung oder Verdrehung einwirkt: die Last dehnt, staucht, verbiegt, verdreht den Bauteil, wobei mehrere dieser sog. *Verformungen* gleichzeitig auftreten können.

Sie wecken im Baustoff wachsenden Widerstand und kommen erst dann zur Ruhe, wenn verformende und widerstehende Größen einander gleich sind. Den Vorgang zeigt Bild 1.

Die Gewichtskraft des Brettes G kann man sich im Brettschwerpunkt konzentriert denken. Stützt man das Brett an diesem Punkt ab, kann es nicht zu Boden fallen, sofern die vom Stützbock erbrachte Tragfähigkeit so groß wie G ist. Das Wirken der Gewichtskraft ist jedoch keineswegs erschöpft. Außerhalb des unterstützten Punktes biegt sich das Brett nach unten und zwar um so mehr, je weiter außen das betrachtete Bretteilchen liegt. Da die Teilchen nicht aneinander abscheren und herunterfallen können, wird ein Drehmoment wirksam als Produkt aus g_n mal x_n. Dieses Moment biegt und baut im Baustoff einen Widerstand gegen diese Drehung auf bis Gleichgewicht entsteht und die Verformung zur Ruhe kommt. Es ist einsichtig, daß der Bauteil Widerstand umso größer ist, je dicker sein Querschnitt wird, wie die beiden Querschnittsvarianten im Bild zeigen.

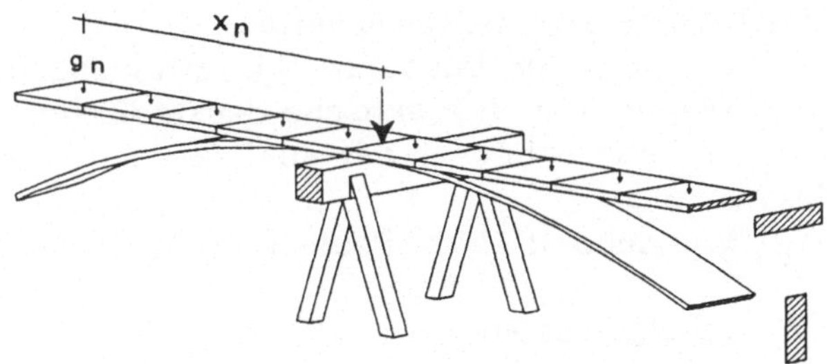

Bild 2.1: Abgestütztes Brett mit Durchbiegung

Solche Verformungen können zum Teil erhebliche Werte annehmen und die Gebrauchsfähigkeit eines Bauteiles unter Umständen in Frage stellen.

Da Bauteile im allgemeinen während der gesamten Standzeit des Bauwerkes vorhanden sind, werden ihre Gewichtskräfte als *ständige Lasten* bezeichnet.

Daneben unterliegen die tragenden Bauteile weiteren massenabhängigen Lasten, die allerdings nicht ständig vorhanden sein müssen, den sog. *Verkehrslasten.*

Diese entstehen bei Nutzung der Geschoßdecken durch Menschen, Möbel und sonstige Einrichtungsgegenstände, unbelastete leichte Trennwände, Büchereien, schwere Geräte wie Safes, Nachstromspeicher, Maschinen etc. und durch Lasten aus dem *Umfeld des Bauwerkes*: Schnee, Wind, Wasser- und Erddruck bei eingeerdeten und im Grundwasser stehenden Kellern.

Als *Kraft* dagegen wird die Einwirkung auf ein Bauteil bezeichnet, die entsteht, wenn durch Beschleunigung oder Verzögerung eine träge Masse aktiviert wird. Unter diesen *Trägheitskräften* sind Anfahr-, Brems- und Anprallkräfte zu subsumieren, vor allem jedoch Erdbebenstöße.

Letzlich entstehen auch Kräfte, wenn baustoffspezifische Verformungen behindert werden, sog. *Zwängungskräfte*. Derartige Verformungen treten auf bei Temperaturveränderungen, beim Schwinden von Baustoffen und bei unterschiedlichen Setzungen des Baugrundes.

Die folgende Auflistung versucht Einflußbereiche abzustecken zwischen den Lasten eines Bauwerkes und davon abhängigen Entwurfsdetails. Zur rechnerischen Erfassung dieser Größen, vor allem durch Anwendungs- und Rechenbeispiele, werden Interessenten verwiesen auf die baustatische Fachliteratur, beispielsweise

G. Lohmeyer, Baustatik, Bd. I Grundlagen, Kap. 4
Wagner/Erlhof, Praktische Baustatik, Bd. I, Kap. 2

und auf Tabellenbücher mit ausführlicher Wiedergabe der einschlägigen Normen, z.B.

Wendehorst/Muth, Bautechnische Zahlentafel.

2.2 Ständige Lasten

Sie setzen sich zusammen aus dem Eigengewicht der Bauteile und sog. Ausbaulasten.

Eigengewichte errechnen sich als Produkt aus dem Volumen des Bauteiles und dem Volumengewicht des Baustoffes, das in DIN 1055 - Lastannahmen im Hochbau - als Berechnungsgewicht in KN/m^3 vorgegeben ist. Paradox an dieser Volumenermittlung ist die Tatsache, daß erst die statische Berechnung den erforderlichen Querschnitt für ein Bauteil liefert, für die Durchführung der Statik jedoch Annahmen hierfür getroffen werden müssen. Um zwischen Annahme und Rechnungsergebnis ausreichende Annäherung schon in einem ersten Schritt zu erhalten, sind den Kapiteln 4 und 5 Entwurfstabellen mit realistischen Querschnittsannahmen beigegeben.

In vielen Fällen ist es nicht erforderlich das Gesamtgewicht eines Bauteiles zu bestimmen. Die meisten der im Hochbau verwendeten Bauteile haben *flächige Strukturen* wie beispielsweise Decken oder Wände und *lineare (stabförmige) Strukturen* wie Träger und Stützen.

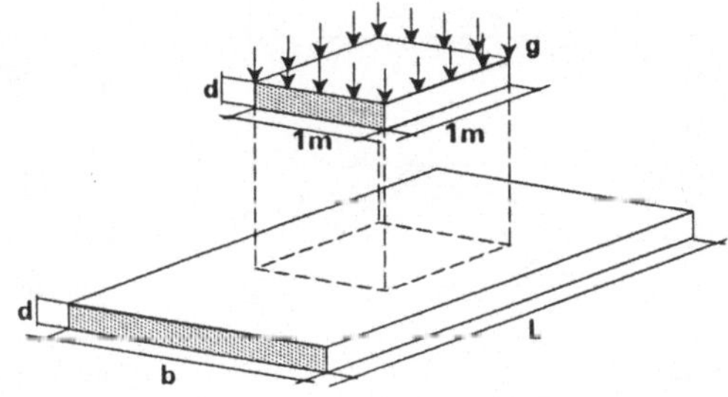

Bild 2.2: Flächige Bausteilstruktur und Flächenlast

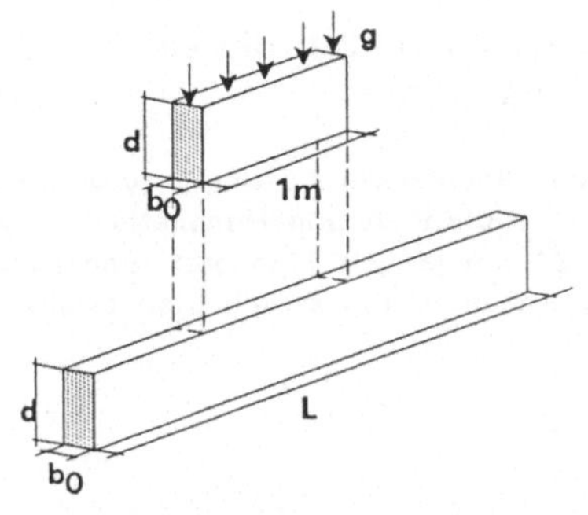

Bild 2.3: Lineare (stabförmige) Bauteilstruktur und Linienlast

Daher genügt die Ermittlung ihrer *Flächenlast* bzw. ihrer *Linienlast*. Die statische Schreibweise ist g für ständige Last, die Dimensionen sind KN/m^2 für eine Flächenlast, KN/m für Linienlast, die Pfeile geben die Wirkungsrichtung dieser Lasten an. (Vgl. hierzu Bild 2.2).
Hat das Bauteil überall gleiches Gewicht, spricht man von *gleichmäßiger* Flächen- bzw. Linienlast, deren Kraftpfeile überall gleich groß sind.

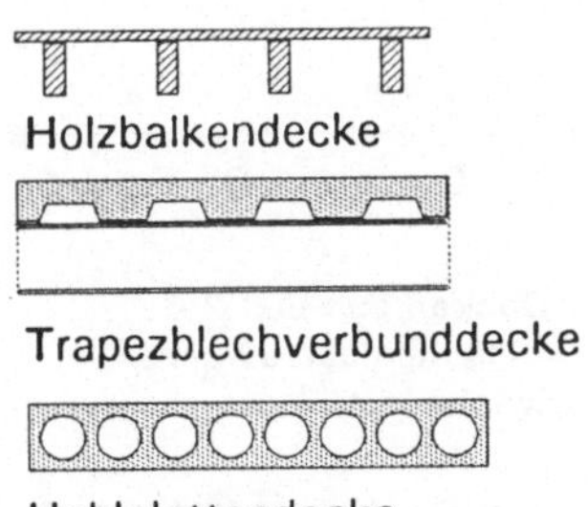

Bild 2.4:
Aufgelöste Deckenquerschnitte

Diese Art der Gewichtsangabe wird auch bei Bauteilen beibehalten, die aus verschiedenen Baustoffen bestehen bzw. keine vollwandigen Querschnitte aufweisen.
Bei Holzbalken- oder Stahlverbunddecken sind Auflösungen bauartbedingt, (vgl. Bild 2.4) bei Stahlbetondecken und Stahlträgern sind sie eine Folge des Bemühens, Eigengewichte zu verringern.

Diese Notwendigkeit ergibt sich bei großen Stützweiten, wie die beiden folgenden Beispiele zeigen.

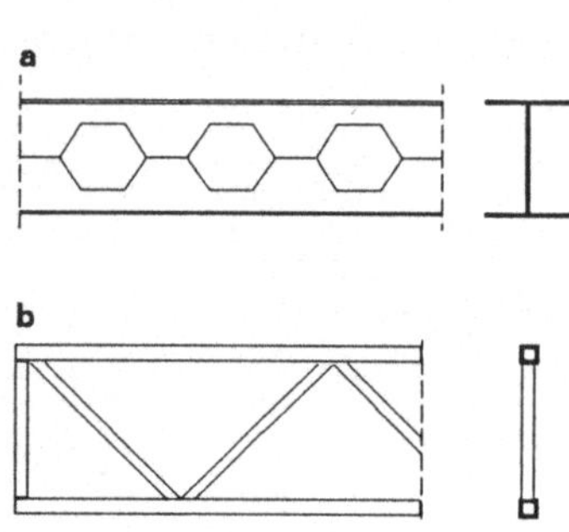

Bild 2.5:
Aufgelöste Trägerquerschnitte
a Lochtträger
b Fachwerk

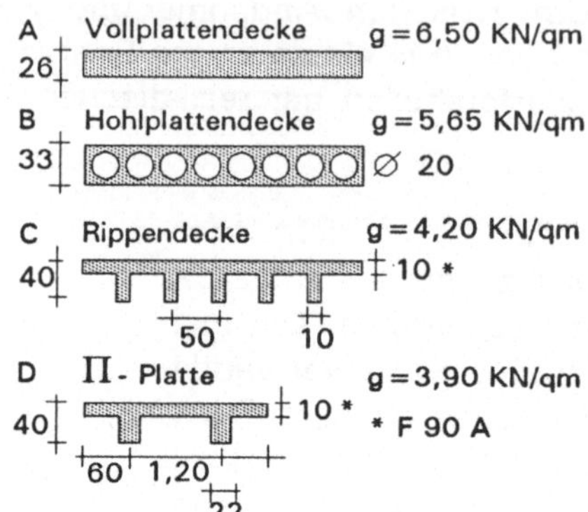

Bild 2.6:
Stahlbetondecken gleicher Tragfähigkeit bei 8 m Stützweite

Bild 2.6 zeigt verschiedene Stahlbetondeckenquerschnitte, die eine Stützweite von 8 m bei gleicher Tragfähigkeit überspannen.

Die Rippendecke C stellt eine typische Ortbetonlösung dar, ebenso wie Lösung D typisch ist für die Vorfertigung in werksüblichen Stahlschalungen. Vollplatte A und Hohlplatte B sind grundsätzlich vorfertigbar, haben bei Deckendicken ≥ 24 cm jedoch Transport- und Hubprobleme, die eine örtliche Herstellung wirtschaftlicher machen. Die errechneten Deckendicken werden zum einen erforderlich, um die Durchbiegung bei dieser Stützweite in nutzungsfähigen Grenzen zu halten, zum andern, um die Tragfähigkeit des Baustoffes nicht zu überfordern.

Vollbetondecke A benötigt zwar die geringste Dicke, erzeugt gleichzeitig jedoch die höchste Flächenlast, deren ungünstiger Einfluß durchschlägt bis zu den Fundamenten. Es ist daher einsichtig, die Decken zu leichtern, was eben in Form der Varianten B - D erfolgen kann, allerdings verbunden mit dem Nachteil des erforderlichen Dickenzuwachses.

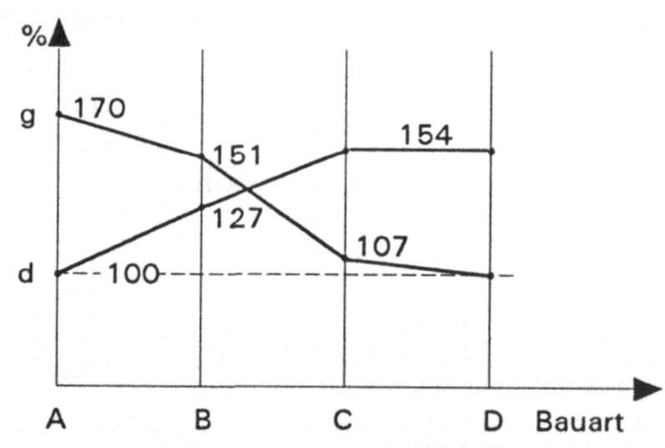

Bild 2.7: Vergleich der Decken aus Bild 2.6 bezüglich: g = Flächenlastzuwachs d = Dickenzuwachs in %

Ein analoges Problem ergibt sich bei der Leichterung von Trägern aus vollwandigen Walzprofilen. Steglochung ist ein häufig angewandtes Mittel, um sichtbar bleibende Stahlträger in Konstruktionen gestalterisch zu behandeln, ihnen ein gefälligeres, leichteres Aussehen zu geben. Dies hat auch wirtschaftliche Vorteile: die durch Lochung erzielte Gewichtsverminderung wirkt zurück auf den Materialpreis, die gesamte Bauwerksbelastung, Trägertransport und -montage. Die Löcher selbst reduzieren die erforderliche Anstrichfläche und bieten Platz für Installationsdurchführungen.

Stanz oder brennt man aus den Stegen von Walzprofilen nur polygonale oder runde Löcher aus (Bild 2.8a), ist die Gewichtsreduktion unerheblich und damit zu teuer (Kurve 1 in Tab. 2.9). Die dabei auftretenden Tragfähigkeitsverluste sind vernachlässigbar, solange die Lochgrößen ≤ 0,6 h bleiben und im Auflagerbereich selbst keine Lochungen vorhanden sind.
Trennt man jedoch den Steg zahnstangenförmig auf (Bild 2.8b), verschiebt die eine Hälfte so, daß sich die Zähne überlappen und schweißt die Trägerhälften in dieser Lage wieder zusammen, entsteht ein Wabenträger (Bild 2,8c), dessen Profilhöhe H größer als die Ausgangsprofilhöhe h wird.

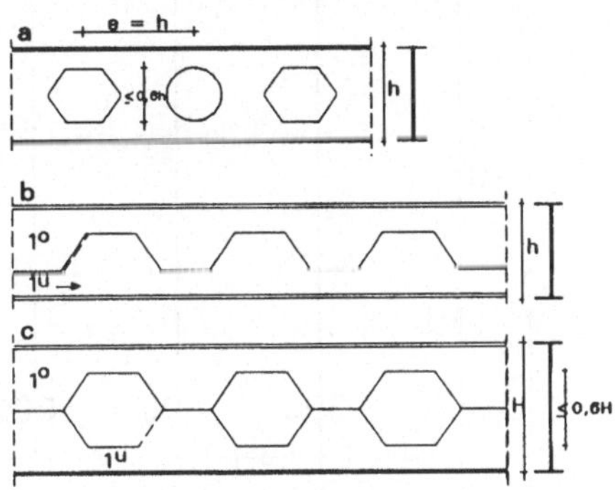

Bild 2.8: Trägerlochungen
a reine Steglochung
b Profilteilung durch zahnstangenartigen Stegschnitt (System Litzka)
c Wabenträger mit Profilhöhe H

Den Höhenzuwachs zeigt in Tab.2.9 die Kurve 2.
Dadurch vergrößert sich auch die Tragfähigkeit gegenüber dem Ausgangsprofil um die Zuwachsbeträge der Kurve 3.
Das einem Wabenträger zugeordnete Walzprofil gleicher Tragfähigkeit ergibt sich, wenn der entsprechende Profilpunkt auf Kurve 3 mittels der strichlierten Geraden 4 bis zur Systemachse verbunden wird.
Gegenüber diesem Walzprofil ist der Wabenträger dann um den Prozentsatz auf Kurve 5 leichter.

Kenntnisse des Entwurfsarchitekten zur Problematik von Bauteileigengewichten müssen mindestens soweit vorhanden sein, daß

- die Abhängigkeit zwischen Stützweiten und erforderlichen Abmessungen von Decken und Trägern bekannt sind und durch konstruktive Maßnahmen der Leichterung von Bauteilen gelöst werden können, wenn denn die Stützweiten nicht reduzierbar sind
- mit dieser Leichterung jedoch stets ein Tragfähigkeitsabfall verbunden ist, der größere Querschnitte fordert

Entscheidungen über die zu wählende Ausführung trifft der Architekt, denn sie beeinflußt den Entwurf in wesentlichen Details.

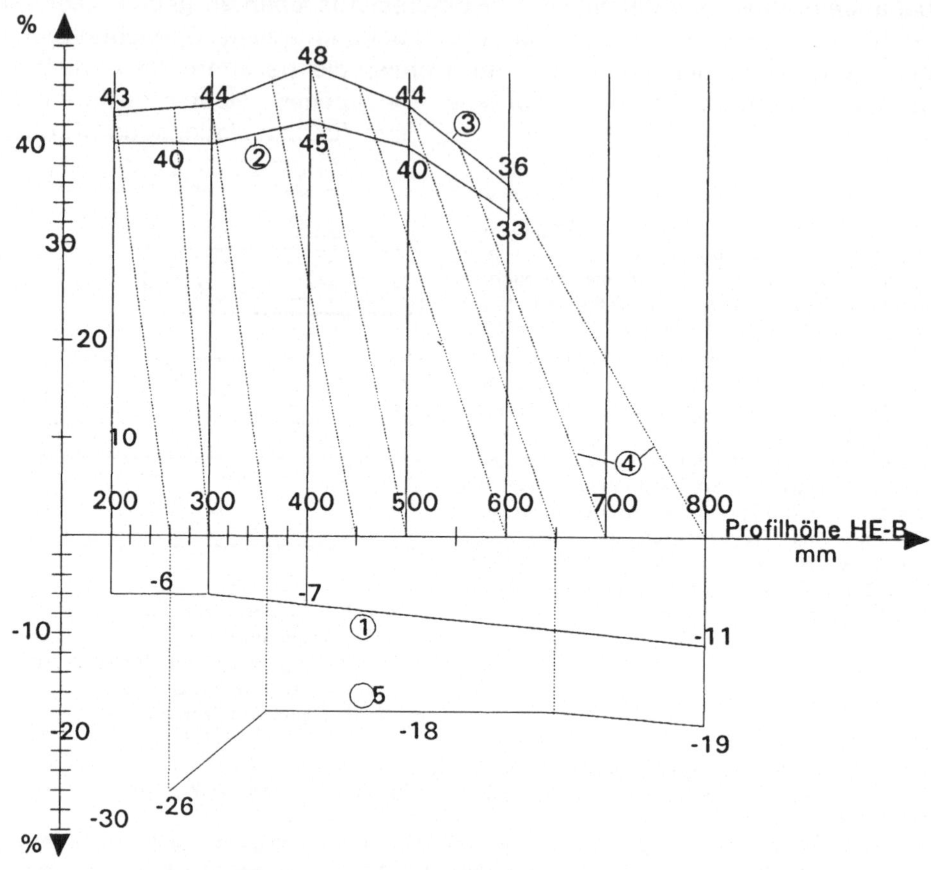

Tabelle 2.9: Querschnitte und Tragfähigkeiten von Wabenträgern aus Walzprofilen der HE-B-Reihe

Kurve 1: Gewichtsreduktion bei Steglochung des Walzprofiles

Kurve 2: Querschnittsvergrößerung bei Ausbildung des Walzprofiles als Wabenträger

Kurve 3: Tragfähigkeitserhöhung des Wabenträgers

Kurve 4: Dem Wabenträger zugeordnetes Walzprofil gleicher Tragfähigkeit

Kurve 5: Gewichtsreduktion des Wabenträgers gegenüber dem zugeordneten Walzprofil

Vergrößerungs- und Reduktionsangaben in %.

Ausbaulasten entstehen zur sachgerechten Fertigstellung der Bauteile. Hierzu gehören beispielsweise Unterputz und der gesamte Fußbodenbelagsaufbau einer Decke, ebenso Putze oder Beläge an Wänden.

Angaben über die Art dieser Ausbaulasten legt der Planer in der Baubeschreibung des Objektes fest, die DIN 1055 liefert die notwendigen Rechenwerte.

Vor allem bei Decken wird diese Ausbaubelastung beachtlich: so rechnet man bei den üblichen Wohnungsdecken für Unterputz, Trittschalldämmung, schwimmender Estrich, Bodenbeläge ca. 1,50 KN/qm. Die Überlagerung von Bauteileigengewicht und Ausbaulast kann mithin eine erhebliche Größenordnung erreichen wie beispielsweise bei dem Fertiggewicht der in Bild 2.8 dargestellten Betonplatte von 26 cm: g = 6,50 + 1,50 = 8,0 KN/qm.

Diese im englischen Sprachgebrauch mit "dead loads" bezeichneten Größen sind in dem skizzierten Beispiel auch dann erforderlich, wenn diese Decke über 8 m Spannweite nur eine Verkehrslast aus Nutzung von 1,50 KN/qm tragen muß: ein Mißverhältnis, das die Notwendigkeit einer Leichterung der Decke zwingend macht und zeigt, daß die ständigen Lasten vielfach die wichtigste Lastart sind.

Umgekehrt gibt es Bauteile, deren Eigengewichte bei üblicher Bauweise zu gering sind, um ihren Nutzungsaufgaben gerecht zu werden. Dazu gehören unter anderem Holzbalkendecken, deren Konstruktionsgewicht von ca. 0,6 KN/qm für Balken- und Bretterschalung eine ausreichende Luftschalldämmung nicht gewährleisten kann und die daher durch entsprechenden Ausbau zwischen den Balken oder auf der Schalung schwerer gemacht werden.

Ähnliche Probleme entstehen bei leichten Flach- und flach geneigten Dächern gegenüber Abhubkräften aus Windsog oder bei Bauwerken, die so tief ins Grundwasser eintauchen, daß der Auftrieb größer wird als deren Gewicht.

In beiden Fällen müssen entweder Gewichtsvergrößerungen oder konstruktive Sicherungsmaßnahmen ausgeführt werden. Auch solche Entscheidungen greifen vielfach in das Entwurfsgeschehen mit ein und zwingen den Planer sich festzulegen.

2.3 Verkehrslasten

Verkehrslasten sind statistisch definierte Größen, welche die reale und komplexe Belastung eines Bauteiles infolge Nutzung oder umweltbedingter Einflüsse durch einfach zu handhabende und mit Sicherheitsfaktoren beaufschlagte Ersatzwerte wiedergeben. Diese Ersatzwerte sind in DIN 1055 enthalten. Abweichungen davon können eintreten, wenn das Bauteil nicht in die Normenbereiche eingeordnet werden kann bzw. für die Art des Bauwerkes keine Normwerte existieren. Belastungsgrößen müssen dann durch im Allgemeinen experimentelle Untersuchungen geschaffen werden wie beispielsweise die Windbelastung für turmartige Bauwerke in Windkanalversuchen.
Im Gegensatz zu den ständigen Lasten treten Verkehrslasten nur zeitweilig auf und können ein betroffenes Bauteil auch nur abschnittsweise belasten, sofern diese Annahmen ungünstiger sind.

2.3.1 Verkehrslasten aus Nutzung

Sie treten auf durch Deckenbelastungen mit Personen, Einrichtungsgegenständen, leichten Trennwänden, Lagerstoffen, Geräten, Maschinen und Fahrzeugen, soweit bei den beiden letzten keine stoßenden Bewegungen auftreten oder unausgewuchtete Massen bewegt werden; die Norm dies *vorwiegend ruhende Lasten*.
Ihre Größen werden in DIN 1055, Blatt 3 angegeben als Flächenlast p in KN/qm bzw. als Einzellast P in KN bei Geräten oder Fahrzeugen. Im Wohnungs- und Verwaltungsbau liegen die Werte zwischen 1,5 und 5,0 KN/qm, in Verkaufshäusern und Werkräumen ≥ 5,0 KN/qm.
Da die Lasten auf Gewichtskräften basieren, zeigt ihre Wirkungsrichtung senkrecht zur Erdoberfläche.

Von einiger Bedeutung, weil häufig vorkommend, ist die Ermittlung des Einflusses leichter unbelasteter Zimmertrennwände. Im Gegensatz zu tragenden Wänden, die geschoßweise bis zum Fundament übereinander stehen, treten diese im Entwurf nur in einem Geschoß auf und müssen daher von der darunterliegenden Decke abgetragen werden. Infolge dieser Freiheiten bei der Grundrißpositionierung wären sie in der statischen Berechnung nur unter großem Aufwand erfaßbar, vor allen Dingen dann, wenn sich ihre Position beispielsweise durch nachträglichen Umbau verändert.
Gemäß DIN 1055 dürfen solche Wände als pauschaler Verkehrslastzuschlag in den betroffenen Deckenfeldern berücksichtigt werden (vgl. Grundriß Bild 2.10).

Die Lastzuschläge p' liegen, je nach Flächenmasse der Trennwand, bei 0,75 KN/qm oder 1,25 KN/qm und vergrößern die Gesamtbelastung der Decke spürbar.

Bei Deckenstützweiten $L_i \geq 4{,}30$ m kann zusätzlich die erwartbare Durchbiegung zu einer Gefahr für die auf der Decke stehenden Trennwände werden. Diese sind zu steif, um den Durchbiegungen zwängungsfrei zu folgen und weisen gleichzeitig zu geringe Materialfestigkeiten auf, um freitragend über dem abgesackten Deckenteil stehen zu bleiben. Die Trennwände unterliegen dann der Gefahr aufzureißen (vgl. Bild 2.10 Querschnitt).

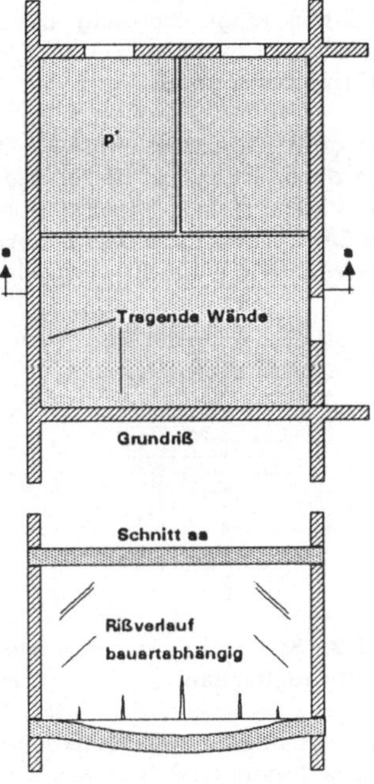

Bild 2.10: Decke mit Trennwänden;
Rißgefahr bei großen Deckendurchbiegungen

Tabelle 2.11: STB-Deckendicken

L_i (m)	ohne Trennwand d (cm)	mit Trennwand d (cm)
3	10	10
4	13	13
5	16	19
6	19	26
7	22	35
8	25	45

Zwangsläufig gibt man den Decken daher größere Dicken, um die Durchbiegung gering zu halten - siehe Tabelle 2.11 - sofern keine konstruktiven Maßnahmen ergriffen werden wie beispielsweise Überhöhung der Deckenschalung, Ausführung selbsttragender Trennwände.
Li ist eine ideelle Stützweite α x L (vgl. Kap.3).
Beim Einfeldträger wird $\alpha = 1$.

Am Kapitelanfang wurde angedeutet, daß Verkehrslasten nicht ständig und nicht auf der gesamten betroffenen Fläche vorhanden sein müssen, wenn dadurch das Bauteil ungünstiger beansprucht wird.

Am Beispiel einer auskragenden Aussichtsplattform wird dieses Problem der sog. *ungünstigsten Laststellung* skizziert, weil seine Lösungen auch auf das Entwurfsdetail zurückwirken können.

Die in Grundriß und Schnitt - Bild 2.12 - dargestellte Holzkonstruktion kragt dreiseitig aus. Die Deckenbalken liegen auf Unterzügen in Achsen 1 und 2 und geben ihre Lasten an die Stützen bei A und B ab.

Die größte Kippgefahr für die Konstruktion besteht offensichtlich dann, wenn nur die in Bild 2.13 schraffierten Kragflächen mit Verkehrslast p belastet sind. Die Abhubkräfte müssen über die Deckenbalken in den Unterzug Achse 1 und von da in die Stützen bei A_1 und B_1 eingeleitet werden.

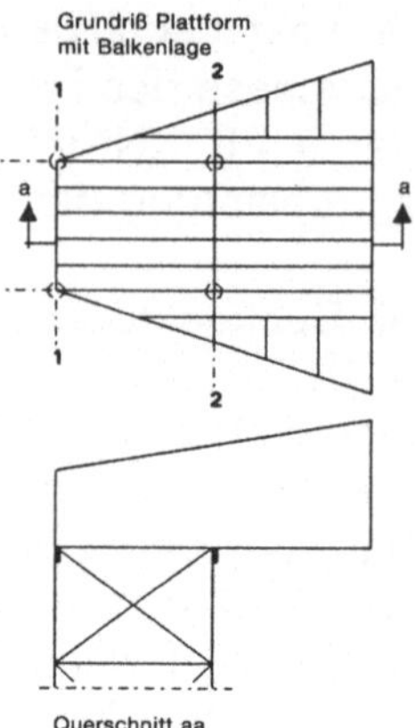

Bild 2.12: Grundriß und Querschnitt einer Plattform in Holzkonstruktion

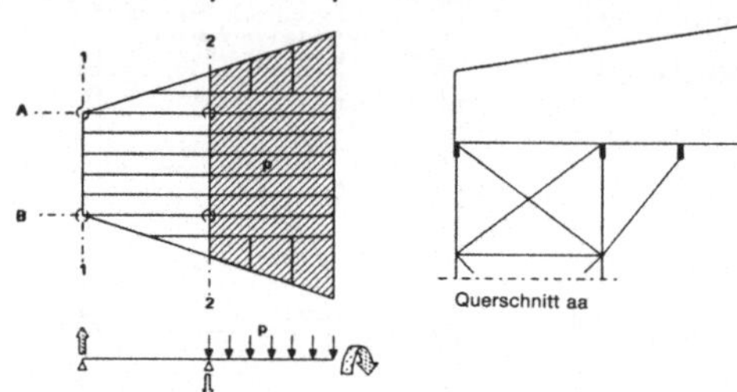

Bild 2.13:
p auf Kragflächen

Bild 2.14:
Kragarmentlastung durch Druckstrebe

Im Holzbau sind Anschlußkonstruktionen aufwendiger und stoßen schneller an Grenzen als im Stahl- oder Stahlbetonbau. Es ist daher durchaus möglich, daß eine Entlastungskonstruktion für den Kragarm etwa in Form von Bild 2.14 erforderlich wird, was naturgemäß auf die Entwurfsidee des Planers zurückwirken würde.

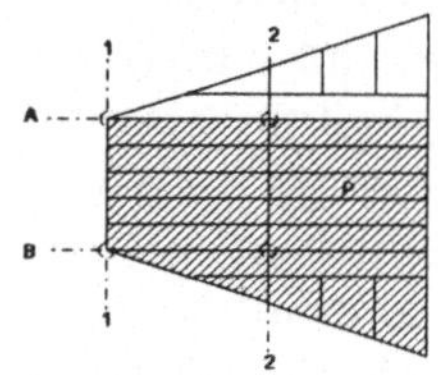

Bild 2.15

Sucht man dagegen die größte Druckbelastung der Stütze B_2 zu ermitteln, müßte die Verkehrslast p angeordnet werden wie in Bild 2.15 schraffiert dargestellt.

Neben den bisher besprochenen vorwiegend ruhenden Belastungen kommen auf bestimmten Decken auch *nicht vorwiegend ruhende Lasten* zur Wirkung, beispielsweise bei Hofkellerdecken mit Befahrbarkeit durch LKW und Feuerwehrfahrzeug, in Maschinen- und Lagerhallen mit Gabelstaplerverkehr, auf Dachdecken mit Hubschrauberlandeplätzen. Hier wird die anzusetzende Verkehrslast durch Stoßzuschläge entsprechend vergrößert.

2.3.2 Umweltbedingte Lasten

Sie wirken von außen auf das Bauwerk ein und entstehen aufgrund örtlicher Gegebenheiten.

Schneebelastung s ist, wie die bisher betrachteten Lasten, eine Gewichtskraft mit Wirkungsrichtung senkrecht zur Erdoberfläche und wird in DIN 1055, Blatt 5, angegeben in KN je qm Grundrißprojektion der Dachfläche. Sie ergibt sich als statistischer Mittelwert aus Langzeitbeobachtungen von Schneefallhöhen und ist abhängig von der geographischen Lage des Bauwerkstandortes in Deutschland und seiner Höhe über NN. Diese Normwerte sind in einer sog. Schneelastzonenkarte festgelegt. Danach liegt die Gewichtsspanne zwischen 0,75 KN/qm in wärmegeschützten Tiefebenen und weniger als 200 m über NN und 5,5 KN/qm am Königsee bei Berchtesgaden in etwa 1000 m Höhe. Für Höhenlagen darüber sind keine Normwerte mehr vorgegeben; hier wird im Einzelfall durch die zuständige Baubehörde und im Einvernehmen mit dem Zentralamt des deutschen Wetterdienstes in Offenbach entschieden.
Mögliche Schneesackbildungen als Folge von Verwehungen oder angebrachten Schneefanggittern sind bei den genannten Lasten noch nicht berücksichtigt.

Bei steiler werdenden Dächern bleibt Schnee nicht mehr im gleichen Umfang liegen wie auf flachen, daher darf die Schneebelastung bei Dächern über 30° Dachneigung abgemindert werden.
Auch bei Schnee tritt die vorher schon erwähnte Möglichkeit der ungünstigsten Belastung auf wie in Kap. 4.4.5 erörtert wird..

Wind w kann als eine waagrechte Luftströmung angesehen werden, die in Bodennähe durch Reibung und Wirbelbildung mehr oder weniger stark abgebaut wird und mit der Höhe über Gelände zunimmt. Langzeitmessungen der im Geltungsbereich der DIN 1055, Blatt 4 auftretenden maximalen Windgeschwindigkeiten führen zu rechnerischen Mittelwerten gemäß nachstehender Tabelle 2.16.

Tabelle 2.16: Rechnerische Windgeschwindigkeiten nach DIN 1055

Höhe über Gelände m	Windgeschwindigkeit m/s	km/h	Windstärke nach Beaufort-Skala	
0 - 8	28,3	102	10	Schwerer Sturm
> 8 - 20	35,8	129	12	Orkanartiger Sturm
> 20 - 100	42,0	152	13	Orkan
> 100	45,6	165		

Errichtet man ein Bauwerk in dieser Luftströmung, so staut sie sich vor dem Hindernis auf um dann allseitig um dieses Hindernis herumzufließen (vgl. Bild 2.17). Durch den Aufstau auf der dem Wind zugewandten Seite (Luv) entsteht dort ein *Staudruck*, der in KN/qm angegeben wird und jeweils senkrecht zur getroffenen Fläche wirkt, wie man dies auch an einer Wasserströmung beobachten kann, in die man eine Hand hält. Welche Belastung dieser Staudruck auf ein Bauwerk ausübt ist abhängig von dessen Form und Oberflächenbeschaffenheit. Bei geschlossenen prismatischen Baukörpern, die Hochbauten im allgemeinen darstellen, ist der Formbeiwert bei Wänden > 1 und sinkt bei schrägliegenden Dächern.

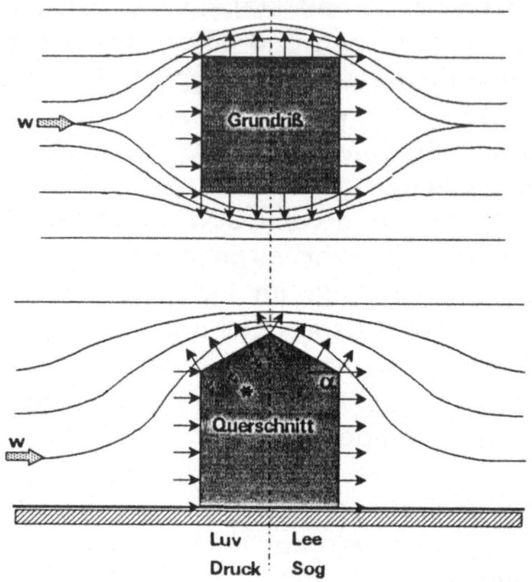

Bild 2.17:
Druck/Sog an einem umströmten Bauwerk
(* bis α = 40° wechselweise möglich).

Die gleichzeitige Umströmung des Bauwerkes erzeugt im windabgewandten Bereich (Lee) höhere Strömungsgeschwindigkeiten gegenüber dem ungestauten freien Luftraum und dadurch Unterdruck. Die Sogwirkung dieses Unterdruckes reißt leichte Bauteile mit sich fort: so werden Fenster nach außen aufgedrückt, Metallfassadenelemente aus ihrer Verschraubung gezogen, flachgeneigte Dächer abgedeckt.

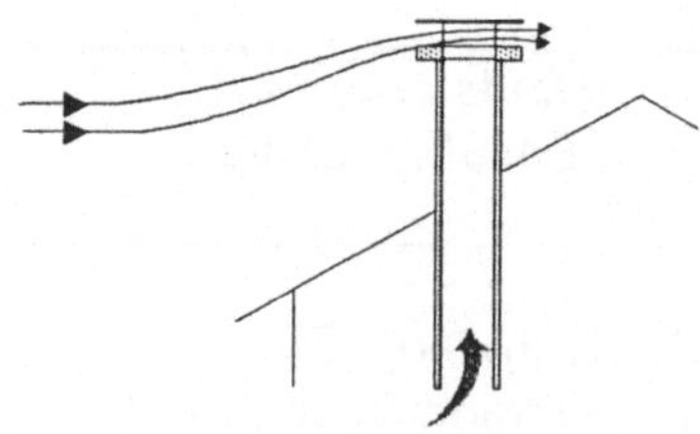

Bild 2.18: Ausnützung der Sogwirkung bei unzureichendem Kaminauftrieb

Mitunter wird dieser Sog bewußt ausgenützt, wie z. B. bei den Sogscheiben auf nicht auftriebsicheren Kaminen, wobei in dem entstehenden Luftschlitz zwischen Abdeckscheibe und Kaminoberkante eine hohe Strömungsgeschwindigkeit erzeugt wird, in deren Umfeld die Abgase aus dem Kamin gesaugt werden.

Auch bei Windbelastung gilt es, die ungünstigste Laststellung für ein betroffenes Bauteil zu ermitteln, vgl. Kap. 4.4.5..
Einer besonderen Gefahr unterliegen durch die Windbelastung sog. *schwingungsanfällige Bauwerke*. Durch konstantes Anblasen werden diese, selbst bei geringen Windgeschwindigkeiten, zu aerodynamischen Schwingungen angeregt, die die Bauwerke ungleich höher belasten als der statische Winddruck und gegebenenfalls auch zu Resonanzschwingungen führen können. Schwingungsanfällige Bauwerke haben neben anderen Kriterien ein Verhältnis von Bauwerkshöhe zur kleinsten Bauwerksbreite >5. In solchen Fällen sind gesonderte Untersuchungen erforderlich.

Wasserdruck, Auftrieb. Tauchen Bauwerke mit ihrem Untergeschoß in Grundwasser ein, übt dieses sowohl seitlichen Druck als auch Auftrieb auf die eintauchenden Außenbauteile auf.
Die Größe dieses Druckes nimmt linear mit der Tiefe zu. Seine Wirkungsrichtung ist stets senkrecht zur eingetauchten Hüllfläche. Wegen der linearen Druckzunahme vom Grundwasserpegel bis zur Grundwassertiefe t spricht man von einer *ungleichförmigen Flächenlast.*

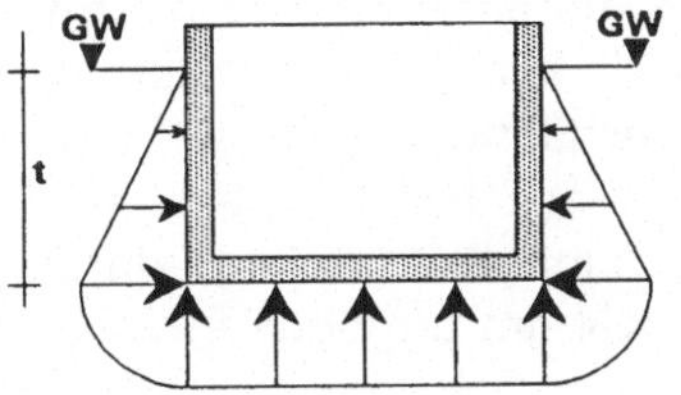

Bild 2.19: Wasserdruckverteilung

Bei waagrechter Bauwerksohle in der Grundwassertiefe t entsteht eine gleichmäßig verteilte Auftriebslast mit gleicher Größe wie der Seitendruck in dieser Tiefe.

Der Seitendruck versucht das Bauwerk zusammenzudrücken, was dieses durch entsprechende Materialfestigkeiten der verwendeten Baustoffe verhindert. Die Sicherung gegen Auftrieb dagegen ist vielfach Teil eines strategischen Entwurfskonzeptes.
Meist wird die Untergeschoß-Stahlbetonhülle des Bauwerkes hergestellt in einer offenen, durch Grundwasserhaltung trocken gelagerten Baugrube. Der Grundwasserspiegel wird dabei durch laufendes Abpumpen unter der Baugrubensohle gehalten, solange, bis das hergestellte Bauwerkseigengewicht ausreichende Auftriebsicherheit erzeugt.
Dies kann z. B. ungünstigerweise erst nach Fertigstellung des Erdgeschoßes der Fall sein oder bei leichten Aufbauten überhaupt nicht. Im zweiten Fall muß eine Vergrößerung des Eigengewichtes im Untergeschoß erfolgen (durch größere Decken- und Wandquerschnitte), im ersten ist die Frage zu entscheiden, ob das zwangweise Aufrechterhalten der Grundwasserab-

senkung bis zu diesem Zeitpunkt wirtschaftlicher ist als die schon erwähnte Gewichtsvergrößerung im UG.
Noch ungünstiger wird die Situation, wenn ein schon vergrößertes Bauwerkseigengewicht keine Auftriebsicherheit mehr gewährleistet im Fall eines vereinzelt auftretenden Höchsthochwassers (HHW). Entwurfsbeeinflußend ist dann eine Lösung, die vorsieht, entsprechende Untergeschoße bzw. Teile davon in diesem Zeitraum zu fluten, um dadurch ausreichendes Gegengewicht zu erzeugen.

Erddruck. Die eingeerdeten Außenwände von Bauwerken erhalten seitlichen Erddruck, der abhängig ist vom Gewicht und bestimmten Eigenschaften des Bodens, aber auch von Form und Nachgiebigkeit des Bauwerkes selbst.

Im einfachsten Fall nimmt er, ähnlich dem seitlichen Wasserdruck, von der Geländeoberfläche aus linear bis zur Gründungstiefe t zu, ist demnach auch eine ungleichförmige Flächenlast, deren Größe wie vor in KN/qm angegeben wird.

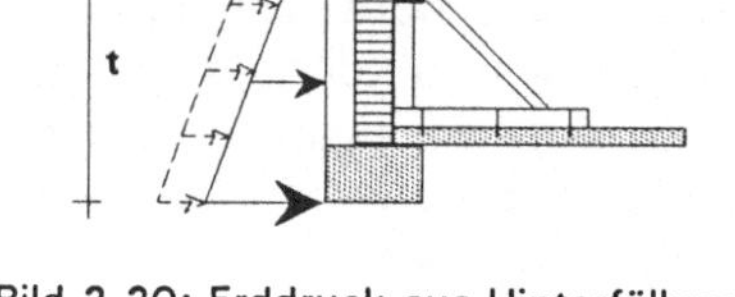

Bild 2.20: Erddruck aus Hinterfüllung und Geländeauflast

Vergrößert wird der Seitendruck durch Geländeauflasten p, die beispielsweise durch entsprechende Entwurfsvorgaben (Verkehrslast auf Straßen, auf Lagerflächen) systematisch auftreten können oder temporär bedingt sind durch schwere Autokrane bei der Montage von Fertigteilen, wobei in diesem Fall auch die Frage zur Entscheidung ansteht, die belastete Wand für den ungünstigsten Fall auszulegen oder sie dafür nur temporär abzustützen.

2.4 Trägheitskräfte

Sie entstehen, wenn Massen beschleunigt oder verzögert (gebremst) werden und die entstehende Trägheitskraft auf ein Tragwerk einwirkt. Von Bedeutung sind im Hochbau die *Anprallkräfte,* die beim plötzlichen Abbremsen von Fahrzeugen auftreten. Betroffen davon sind besonders

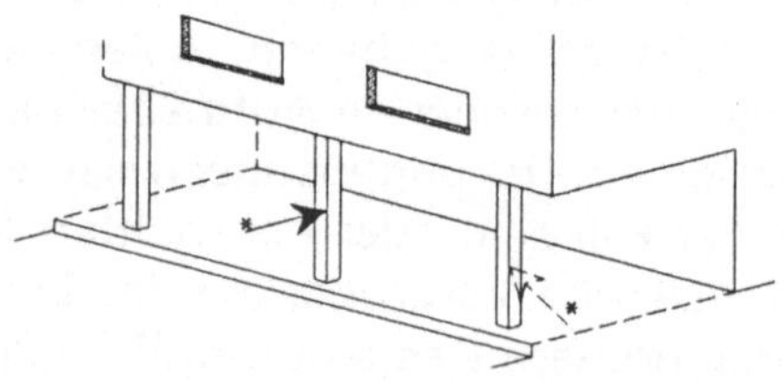

Bild 2.21: Anprallkräfte
* ungünstigste Laststellung ist maßgeblich

Tankstellenstützen und am Straßenrand stehende Gebäudestützen (vgl. Bild 2.21). DIN 1055, Blatt 3 macht unter dem Titel "Horizontalstöße auf Stützen und Wände" Vorgaben für solche Kräfte.

Waagrecht aber völlig ungerichtet verlaufende Bodenbeschleunigungen bei *Erdbeben* erzeugen Verdichtungsstöße im Fundamentbereich, die das betroffene Bauwerk auseinanderreißen wollen.

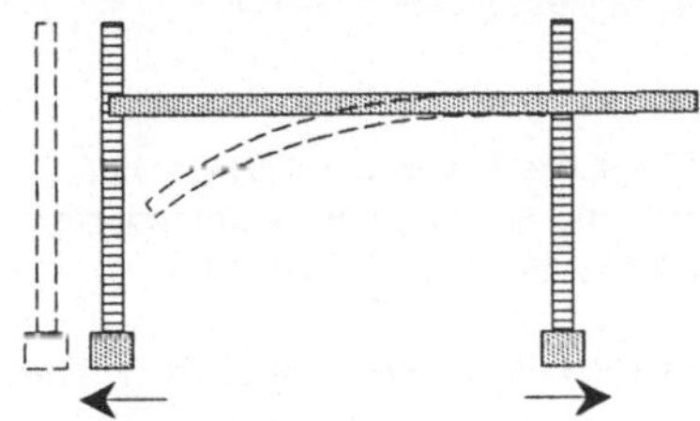

Bild 2.22: Zerrbewegung der Querwände führt zum Abrutschen der Decke

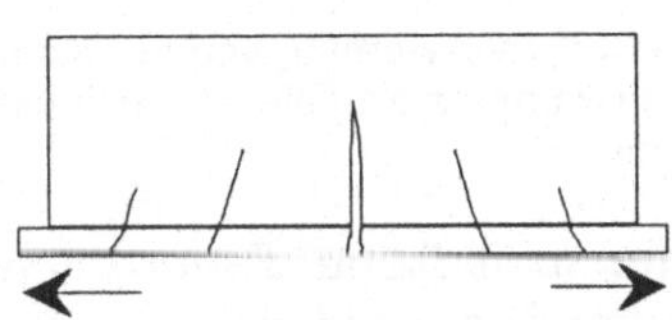

Bild 2.23: Aufreißen einer STB-Wand infolge Erdbeben oder Schwinden

Gleichzeitig hinkt die träge Masse des Bauwerkes diesen Stößen hinterher, versetzt es dadurch in Schwingungen, die mit zunehmender Gebäudehöhe sehr große Werte annehmen können, oder es reißt bei unzureichendem Zusammenhalt auseinander. Daher ist in Erdbebengebieten besonders widerstandsfähig zu konstruieren und vorher bereits zu entwerfen.

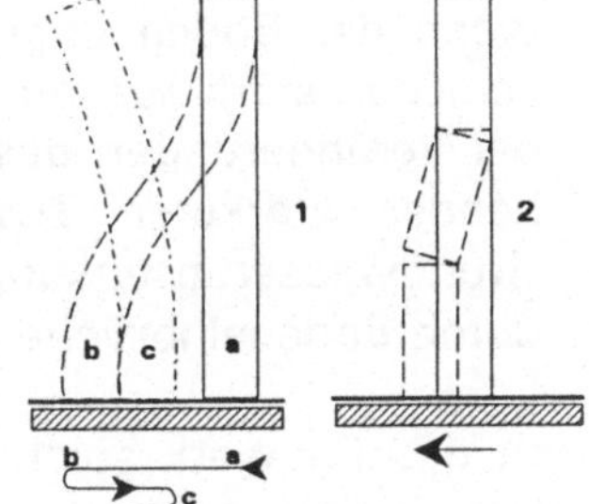

Bild 2.24: Erdbebenstöße
1 Schwingungsanregung
2 Zerstörung

2.5 Zwängungskräfte

Temperaturveränderungen, denen ein Bauteil ausgesetzt ist, führen zu Dehnungen oder Schrumpfungen, wenn die Veränderung gleichmäßig im Bauteil erfolgt; zu Verbiegungen oder Verwerfungen bei ungleichförmiger Veränderung. Werden diese Verformungen behindert, so entstehen Zwängungskräfte, die beim Überschreiten kritischer Werte zu einer Zerstörung des Bauteiles führen können.

Beim *Schwinden* verkürzt sich ein Bauteil durch Austrocknen. Eine Behinderung dieses Prozesses führt ebenso zu Zwängungskräften. Die Auswirkungen sind gleich wie bei einer behinderten Schrumpfung durch Abkühlung.

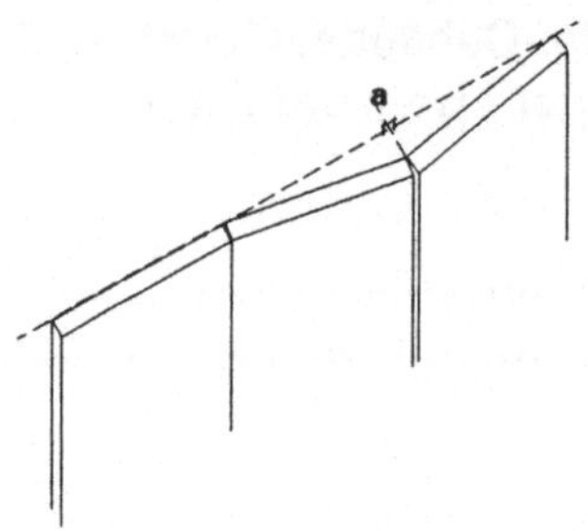

Bild 2.25: Verwerfung von Fassadenplatten bei Erwärmung als Folge zu geringer Fugenbreite a

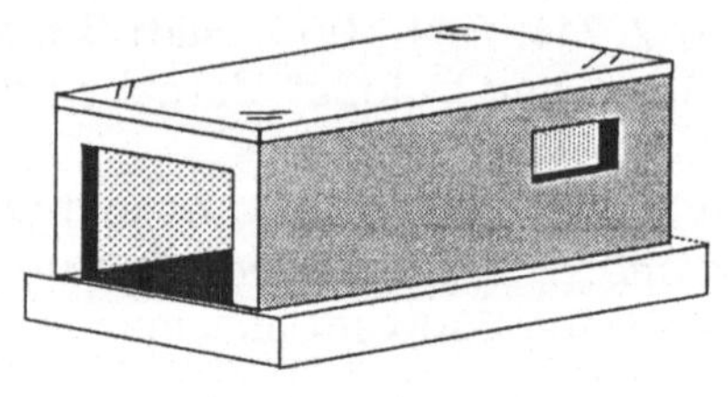

Bild 2.26: Aufreißen eines STB-Daches bei Abkühlung als Folge einer behinderten Schrumpfung (analog: Schwinden)

Unterschiedliche *Baugrundsetzungen* unter einem Bauwerk können hervorgerufen werden,

- wenn der Boden ungleichmäßig belastet wird z. B. durch verschieden schwere nebeneinanderstehende Baukörper (vgl. hierzu Bild 2.27a)
- wenn der Boden ungleichmäßig aufgebaut ist und sich dadurch verschieden stark zusammendrücken läßt (vgl. hierzu Bild 27b)
- bei Veränderungen des Wassergehaltes im Boden und damit einhergehender stärkerer Zusammendrückbarkeit z. B. bei großflächigen Grundwasserabsenkungen
- durch Bodeneinbrüche als Spätfolge des Untertagebergbaues

Kann das Bauwerk solchen Setzungen nicht gleichmäßig folgen, so entstehen Zwängungen, die umso größer werden je steifer und unnachgiebiger die Konstruktionen sind.
Ein Vermeiden derartiger Zwänge, die grundsätzlich Bauschädenverursacher darstellen, ist entweder möglich durch den abschnittsweisen Einbau von Setzungsfugen oder durch situationsabhängige konstruktive Veränderungen wie beispielsweise:

- unterschiedliche Fundamentgrößen zur Erlangung gleichmäßiger Bodenbeanspruchung und damit gleicher Setzung
- Austausch des setzungsempfindlichen Bodens mit Kies oder Magerbeton
- Pfahlgründung auf tieferliegenden, tragfähigen Schichten.

2.6 Fugen

Dies sind konstruktive Elemente mit zum Teil weitreichendem Einfluß auf das Tragwerk. Sie trennen das Bauwerk in einzelne Baukörper, von denen jeder für sich standsicher sein muß. Daher ist die Fugenvorplanung schon in sehr frühem Entwurfstadium erforderlich.

Grundsätzlich werden 3 Arten unterschieden:
Setzfugen zwischen Baukörpern ermöglichen deren selbständiges, zwängungsfreies und unterschiedliches Setzen im Boden. Setzfugen müssen konsequent durch die gesamte aufgehende Konstruktion und die Gründungskörper geführt werden. Dadurch ergeben sich bei Skelettbauten die Notwendigkeit von Doppelträgern, -stützen, -fundamenten beidseits der Fuge (siehe Bild 2.27a), bei Wandbauweisen zweischalige Wände und doppelte Streifenfundamente (vgl. Bild 2.27b)

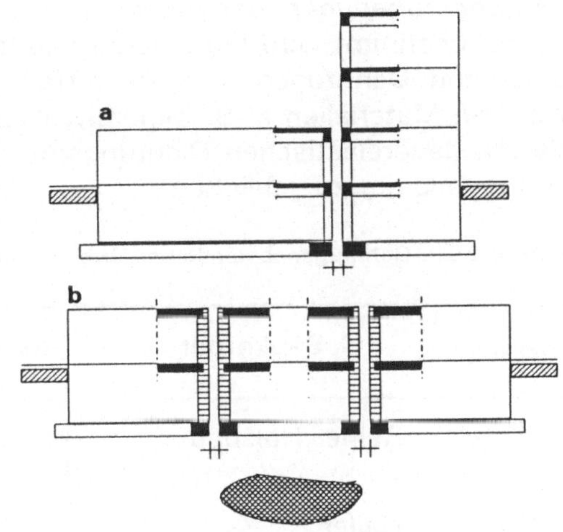

Bild 2.27: Setzfugen
a infolge ungleichmäßiger Belastung
b infolge unterschiedlicher Bodenbeschaffenheit

Die Breite von Setzfugen wird der von Dehnfugen angepaßt, da sie deren Aufgaben mit übernehmen.

Dehnfugen sollen horizontale Bewegungen eines Baukörpers infolge von Temperaturveränderungen und Schwinden ermöglichen. Während Schwindvorgänge mit der Dauer der Erhärtungszeit abklingen, treten Verformungen durch Temperaturveränderungen bei jedem neuen Erwärmen bzw. Abkühlen wieder auf.
Sie sind konsequent durch Baukörper und Außenhaut bis auf Fundamentoberkante zu führen. Dehnfugenbreiten und -abstände sind Bauart und Baustoff bedingt, darüber hinaus auch von der Qualität der Wärmedämmung abhängig. Ein Umhüllen der gesamten Außenhaut mit optimierter Wärmedämmung schützt das Bauwerk vor großen Temperaturdifferenzen und reduziert die horizontalen Verformungen merklich. In der folgenden Tabelle 2.29 werden Anhaltspunkte für Dehnfugen gegeben.

Bei Bauwerken, in denen bei einem Brand mit besonders hohen Temperaturen oder langer Branddauer zu rechnen ist, muß die Fugenbreite bis auf das Doppelte vergrößert werden.

Bild 2.28: Dehnfugen

Die Anordnung der Dehnfugen im Grundriß orientiert sich am sog. *Verformungsruhepunkt*, der durch die Position der steifsten vertikalen Bauglieder bestimmt wird (vgl. hierzu Kapitel 4).
Setz- und Dehnfugen müssen verfüllt werden mit alterungsbeständigen weichen Materialien z. B. Mineralwolleplatten. An der Bauwerkshülle sind sie mit dauerelastischen Dichtungsmassen oder mit Abdeckprofilen wind- und regendicht zu schließen.

Tabelle 2.29: Dehnfugenabstände und -breiten bei Hochbauten (Anhaltswerte).

Baustoff	Baukörper	Abstand m	Breite mm	Bemerkung
Holz	Reiner Holzbau	/	/	Temp.Dehnung vernachlässigbar
Stahl	Hallen	≤ 120	/	
	Geschoßbau	40	35	Ohne
		70	35	Skelettverkleidung
MW	Ziegelwandbau	35	30	Mit Skelettverkleidung
STB	Skelett-Fertigteile	> 40	35	
	Skelett-Ortbeton	≤ 25	20	
	Wandbau	35	30	
	Flachdächer	≤ 6	15	
		≤ 18	15	Ohne Dämmung
	Balkone, Vordächer			Mit Außendämmung
	auf Mauerwerk	6	15	
	Fassadenelemente	≤ 2	15	Ohne Dämmung
		≤ 4	20	} Ohne Dämmung
		≤ 6	25	
		≤ 8	30	

Elementfugen trennen tragende Elemente von einander, um deren horizontale Beweglichkeit zu sichern. Besondere Bedeutung hat das Problem bei Stahlbeton-Flachdachdecken:
Unterschiedliche Schwind- und Temperaturverformung von Stahlbeton und Mauerwerk führen zu Zwängungen, die in beiden Bauteilen Risse erzeugen können. In Bild 2.26 sind Temperaturrisse in der Flachdachdecke skizziert, die auftreten wenn bei Abkühlung sich die Decke zusammenziehen möchte, aber vom druckfesten Mauerwerk daran gehindert wird.

Bei Erwärmung dagegen werden in dem wenig zugfesten Mauerwerk die Stoßfugen an den oberen Gebäudeecken aufreißen.
Vermieden werden derartige Schadensfälle, wenn man beide Bauteile auf ihre ganze Länge durch eine *lineare Gleitfuge* trennt, die den Reibungswiderstand zwischen Beton und Mauerwerk durch Einlegen einer Folie herabsetzt und zwangloses Verschieben des Daches ermöglicht.
Bei Dachflächen mit größeren Abmessungen müssen solche Gleitschichten über allen tragenden Wänden vorhanden sein. Damit würde das Dach auf dem Mauerwerk völlig beweglich aufliegen und könnte verschoben werden, sobald eine Horizontalkraft z. B. Wind darauf einwirkt. Folglich muß das Dach mit den Wänden an Stellen verankert werden, an denen die Temperaturverformung keinen oder nur unwesentlichen Einfluß ausübt, im sog. Verformungsruhepunkt (vgl. hier-zu Kapitel 4).

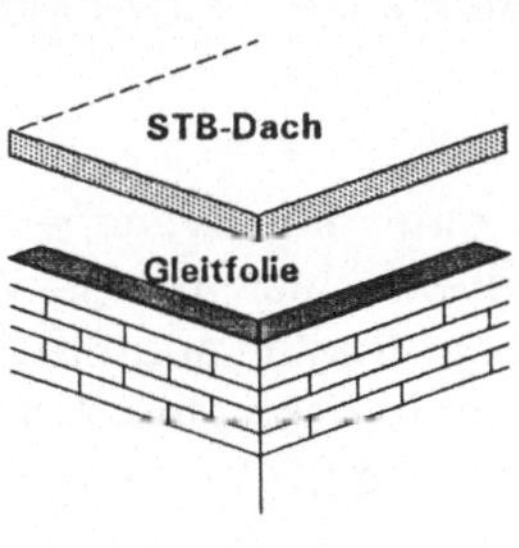

Bild 2.30: Gleitfuge

Punktuelle Gleitfugen werden erforderlich an den Auflagern weitgespannter Träger, bei denen - je nach Baustoff - eine Temperaturänderung Verformungen im cm-Bereich hervorruft. Im Stahlbau bestehen solche Gleitfugen häufig aus Teflon-Beschichtungen, im Stahlbetonbau aus zwischen den Bauteilen eingelegten Elastomeren. Auch hier tritt das oben genannte Problem auf: würden sämtliche Lagerpunkte so ausgebildet werden, wäre der Träger verschieblich, mithin nicht stabil gelagert. An einem Auflager muß daher ein Verformungsruhepunkt vorgesehen werden, das sog. feste Auflager.

2.7. Überlagerung von Lasten und Kräften

Da Lasten und Kräfte vielfach gleichzeitig auf ein Bauteil einwirken, ist es wichtig zu wissen, wie groß die Resultierende dieser Lasten wird, was sie an dem Bauteil verursacht und welche Festhaltekräfte sie erfordert.

Flächen- und Streckenlasten lassen sich zusammenziehen zu einer Resultierenden im Flächen- bzw. Streckenschwerpunkt.

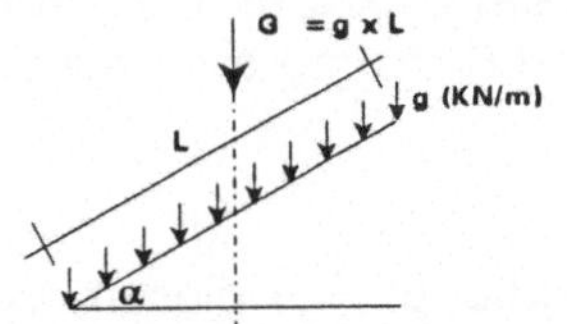

Bild 2.31a: Resultierende aus ständiger Last auf Sparren

- Fallen Resultierende mehrerer Lasten nach Richtung und Angriffspunkt zusammen, sind ihre Werte algebraisch addierbar (im Gegensatz zu den Resultierenden können g und s in Bild 2.31a und b nicht addiert werden, da sie auf unterschiedliche Flä-chen einwirken).

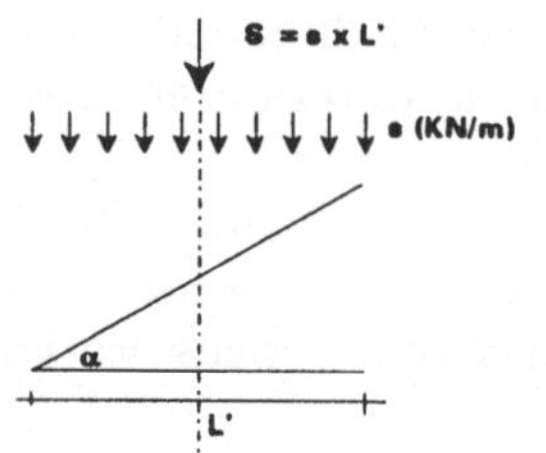

Bild 2.31b: Resultierende aus Schnee auf Sparren

- Kommt eine weitere Resultierende hinzu, die -wie hier infolge Wind- zwar am gleichen Punkt angreift, weil sie ebenfalls symmetrisch den Träger belastet, jedoch eine andere Wirkungsrichtung hat, ist nur vektorielle Addition möglich. Die grafische Lösung erfolgt mit Hilfe des Kräfteparallelogrammes.

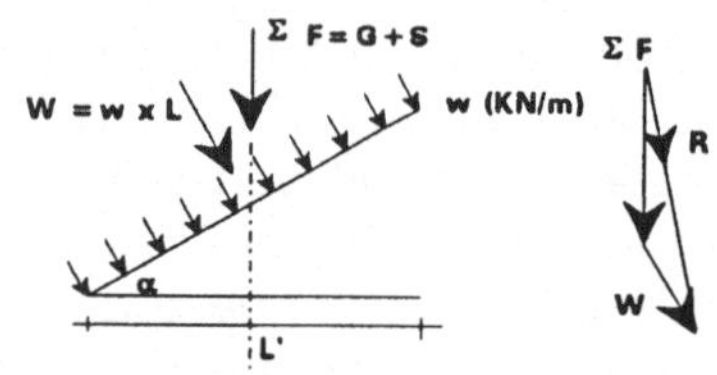

Bild 2.31c: Resultierende aus g + s + w auf Sparren

- Resultierende R ist jetzt die Kraft, welche die 3 Streckenlasten vertritt, wenn es um die Klärung der Frage geht, wohin sich der Träger infolge der Belastung verschieben würde und mit welcher Festhaltekraft man ihn unterstützen müßte, um Gleichgewicht zu halten.
- Meist jedoch liegt die mögliche Unterstützung nicht an diesem Wirkungspunkt der Resultierenden. Im Beispiel sind es die beiden Trägerendpunkte 1 und 2, wobei die Richtung einer Festhaltekraft bekannt ist. Die Zweite muß dann durch den gemeinsamen Schnittpunkt von R und 2' sowie dem Auflagerpunkt 1 laufen, weil 3 Kräfte nur dann im Gleichgewicht sind, wenn sie sich in einem gemeinsamen Schnittpunkt treffen. Mit dem umgekehrten Verfahren wie oben lassen sich beide Festhaltekräfte F'_1 und F'_2 nach Größe und Richtung ermitteln.

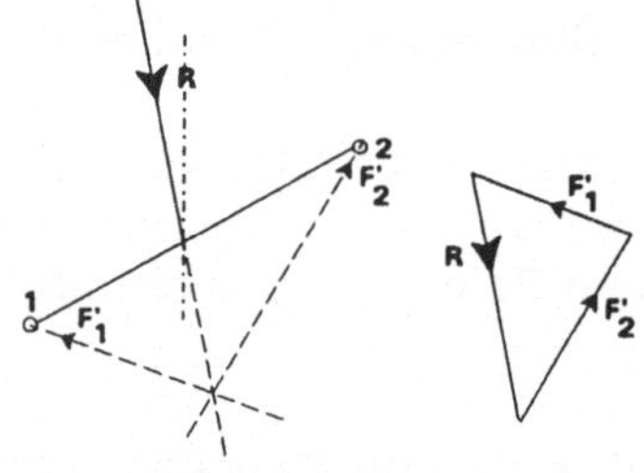

Bild 2.31d: Resultierende und Festhaltekräfte

Anmerkung: Auf diesem Weg wurden in Bild 1.5 die Gewölbedruckkräfte D_1 und D_2 ermittelt, wobei deren Richtungen sich ergaben als Senkrechte zur Fuge zwischen 2 Steinen.

3. GRUNDLAGEN DES TRAGENS

3.1 Anforderungen

Tragen bedeutet zunächst, das Bauwerk so zu erstellen, daß die einwirkenden Lasten und Kräfte seine *Standsicherheit* auf dem Baugrund nicht gefährden; d.h. das Bauwerk darf weder kippen, noch sich seitlich oder vertikal verschieben.

Diese Forderung gilt nicht nur für das Gesamtbauwerk, sondern auch für die tragenden Elemente. So muß z.B. bei dem dargestellten Sonnenschirm sichergestellt sein, daß die Spreizhülsen in der gewählten Auslenkung fixiert bleiben.

Bild 3.1.1: Unzureichende Standsicherheit
Schirm kippt und wird seitlich verschoben.

Um die Standsicherheit bestimmen zu können, müssen alle möglichen auftretenden Kräfte und Lasten ihrer Wirkungsweise und Größe nach bekannt sein. Dann ist ein standsicherer Bauwerksentwurf ein planerischer Vorgang, der sowohl die notwendigen Nutzungsanforderungen berücksichtigt, als auch vom Tragwerksverständnis des Entwerfenden lebt und zurückwirkt auf das Erscheinungsbild des Ganzen.

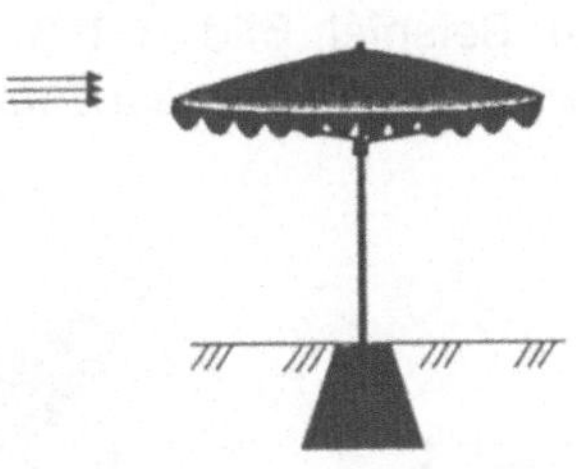

Bild 3.1.2:Eingraben im Boden

Bild 3.1.3:
Große und schwere Bodenplatte

Bild 3.1.4:
Abspannung

Neben der Forderung nach Standsicherheit bedeutet Tragen aber auch, die einzelnen Tragelemente (Dachträger, Spreizen, Stützen) mit ausreichendem *Widerstand* gegenüber den einwirkenden Kräften zu versehen, damit die Elemente infolge der Krafteinwirkung nicht zu Bruch gehen.

Dies hängt von den Materialfestigkeiten ab und von den damit zu ermittelnden *Querschnitten*, die notwendig sind, um die entsprechenden Widerstandskräfte zu erzeugen. Grundsätzlich ist dies die Aufgabe der statischen Berechnung.

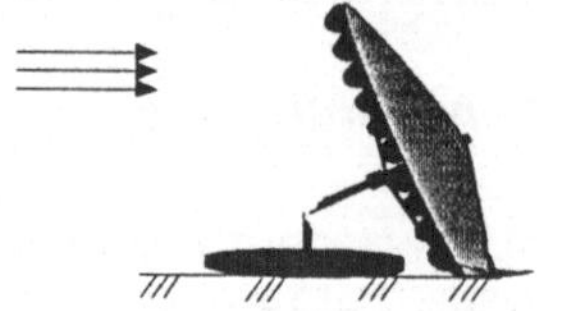

Bild 3.1.5: Materialbruch

Für den Planer ist jedoch die Kenntnis wichtig, welche Beanspruchungsarten in einem Tragelement aufgrund der Krafteinwirkung auftreten können und welche Materialien und zugeordneten Querschnitte diese am besten ertragen

Baustoffe *verformen* sich innerhalb bestimmter Grenzen elastisch, wie beispielsweise eine in den Schraubstock eingespannte Blattfeder periodisch ausschlägt, nachdem sie durch einen Stoß an ihrem freien Ende angeregt wurde.

An Beispiel Bild 3.1.6 des mittlerweile standsicheren und ausreichend gegen Bruch bemessenen Sonnenschirms erzeugt der Wind eine elastische Auslenkung, deren Größe möglicherweise die geforderte Nutzung, nämlich Schutz gegen unmittelbare Sonneneinwirkung zu geben, in Frage stellt. Nun kann man einerseits durch Vergrößern des Stützenquerschnitts diese Verformungen auf ein erträgliches Maß reduzieren; wie die vorhergegangenen Entwurfsbeispiele zeigen, ist es jedoch auch möglich, durch entsprechenden Tragwerksentwurf (z.B.Abspannung) diesen Problemen zu begegenen.

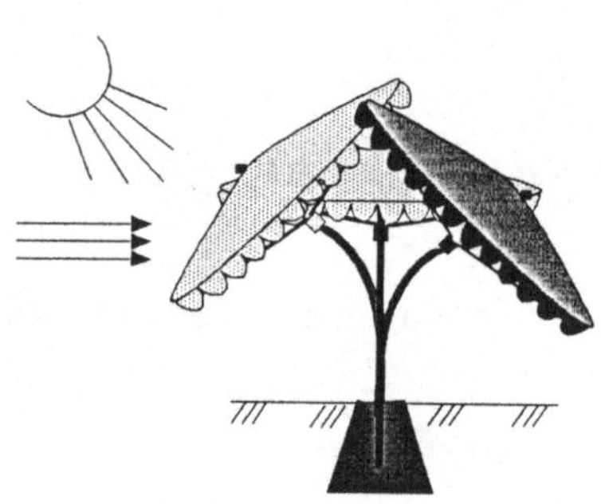

Bild 3.1.6: Rückfedernder Vorgang durch Materialelastizität

3.2. Unterschiede in den Bauweisen

Den überwiegenden Anteil am Bauvolumen des Hochbaus stellen Wand- und Skelettbauweisen. Diese Einteilung bezieht sich auf deren unterschiedliches Tragverhalten.
Eine eindeutige materialtechnische Zuordnung zu einer der beiden Bauweisen läßt sich nur für die Verbindung Stahl- und Skelettbau festlegen.
Holz wird im Skelettbau ebenso verwendet wie im Wandbau (Tafel-, Blockbauweise). Gleiches gilt für Stahlbeton und selbst der klassische Wandbaustoff, das Mauerwerk, ist in den Fassaden gotischer Kirchen reduziert bis auf das notwendige statische Skelett.

Am Beispiel des skizzierten Garagenbaues werden grundsätzliche Unterschiede und spezifische Tragmechanismen der Bauweisen erläutert. Die dreiseitig ummauerte und mit einer Stahlbetonplatte überdeckte Garage ist der typische Vertreter der *Wandbauweise*.

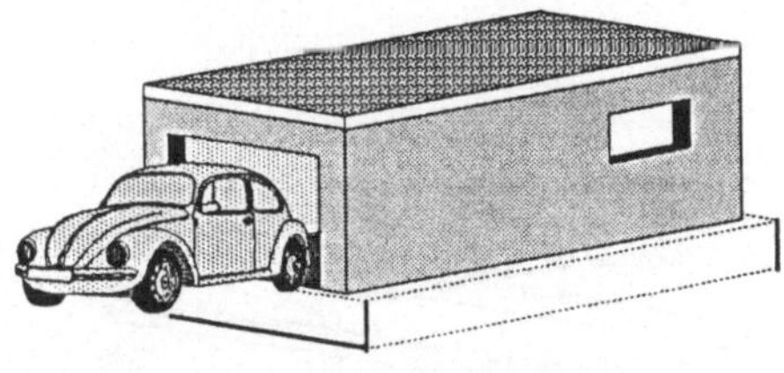

Bild 3.2.1:
Garage in Wandbauweise

Beim Wandbau werden Tragfunktion, Raumumhüllung und vielfach auch Nutzungsanforderungen (hier: Wetterschutz) von den verwendeten Baustoffen gleichzeitig erfüllt. Diese kombinierte Lösung verlangt jedoch, daß der Raum völlig umhüllt wird. Die Tragstrukturen sind dabei nicht unmittelbar sichtbar.

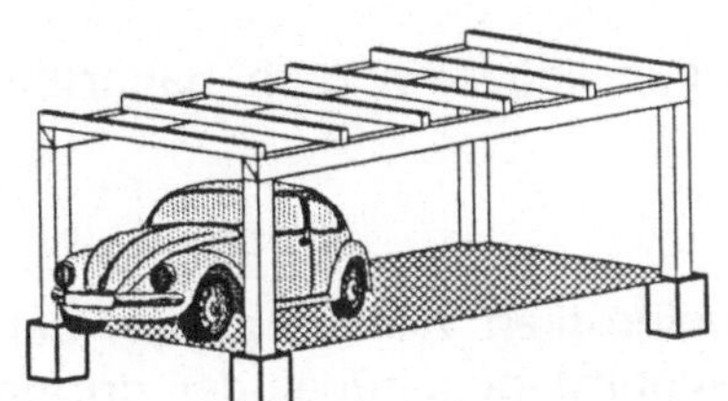

Bild 3.2.2: Carport in Skelettbauweise

Der nur von Stützen umstellte und mit Trägerstapeln überdeckte Carport gehört zur Gruppe der *Skelettbauweisen*.

Im Skelettbau sind die Aufgabenbereiche getrennt.
Das Skelett genügt sichtbar und in sich allein der Tragfunktion wie der Form. Die Ansprüche an Vollständigkeit der Raumumhüllung und den Wetterschutz, wie auch an das Hüllenmaterial können unterschiedlich

sein: nur Rankgewächse, nur Deckung aus transparenten Kunststoffplatten, seitliche Holz- oder Blechverkleidung.

Betrachtet man bei beiden Bauweisen - am Beispiel der Kraft F_v - die **Abtragung vertikaler Lasten** in den Baugrund, so erfolgt dies bei den Wandbauweisen unmittelbar und kontinuierlich durch Decke und Wand in das Streifenfundament.

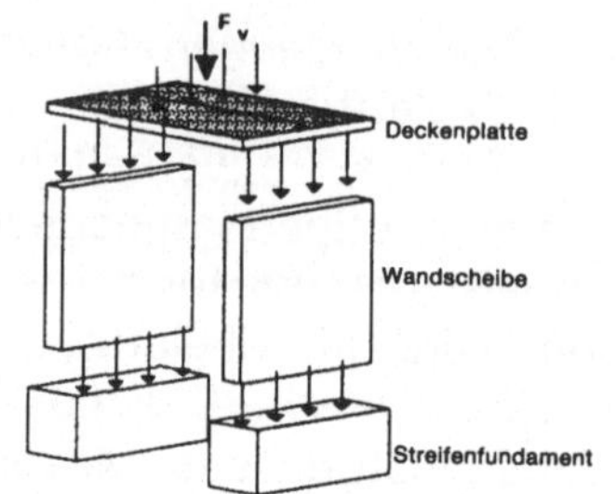

Bild 3.2.3:
Vertikale Lastabtragung beim Wandbau

Der Skelettbau erfordert, als Folge der kreuzweise übereinander gestapelten Tragrichtungen, lange Lastabtragungswege mit mehreren Lastumlenkungen und punktuelle Verbindungen. Die Bündelung der Lasten erzeugt hohe Beanspruchung der Stützen und das unter diesen benötigte Fundament erhält entsprechend große Aufstandsflächen.

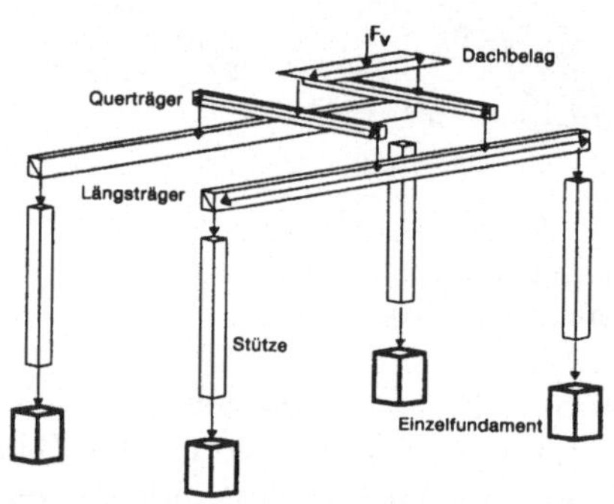

Bild 3.2.4:
Vertikale Lastabtragung beim Skelettbau

Ursachen für diese unterschiedlichen Lastwege liegen in dem bauartbedingten Tragverhalten der Bauteile.

Bauteile sind stets dreidimensionale Gebilde.
Bei Vollhölzern bedingen Wachstum, bei Stahlprofilen Walzvorgänge, daß zwei der drei Raumachsen klein sind (Querschnitt) gegenüber der dritten (Länge).
Solche *stabförmigen Elemente* leiten Kräfte nur über diese Längsachse ab.
Stahlbetonplatten und Mauerwerkswände weisen in zwei Achsen große Abmessungen gegenüber der dritten auf, der Bauteildicke. Es sind *flächenförmige Elemente*, die Kräfte in ihrer Ebene verteilen und über beide Elementachsen ableiten. Bei den Platten ermöglichen dies ihre Bewehrungsstrukturen, bei Wänden der Mauerwerksverband.

Greift eine **waagrechte Kraft F_H** am oberen Bauwerksrand an, so verhält sich der Wandbau wie eine auf dem Boden stehende Kiste, die man versucht wegzuschieben.
Die Kistenwirkung entsteht dabei durch die gemauerte Verzahnung der Wandecken und einer kraftschlüssigen Verbindung zwischen Decke und Wand durch Haftreibung in der Lagerfuge.

Das Kistengewicht G drückt auf die Bodenfuge und erzeugt mit Hilfe der Oberflächenrauhigkeit zwischen Kiste und Boden eine Haftreibung R. Würde man mit F_H in dieser Bodenfuge auf die Kiste einwirken, wäre, bei Einhaltung der Bedingung $R = F_H$, ein Verschieben gerade zu verhindern. Wirkt F_H jedoch oberhalb dieser Bodenfuge auf die Kiste, entsteht eine zusätzliche Kippwirkung, welche die Kiste in der dargestellten Pfeilrichtung von Bild 3.2.5 verdreht.

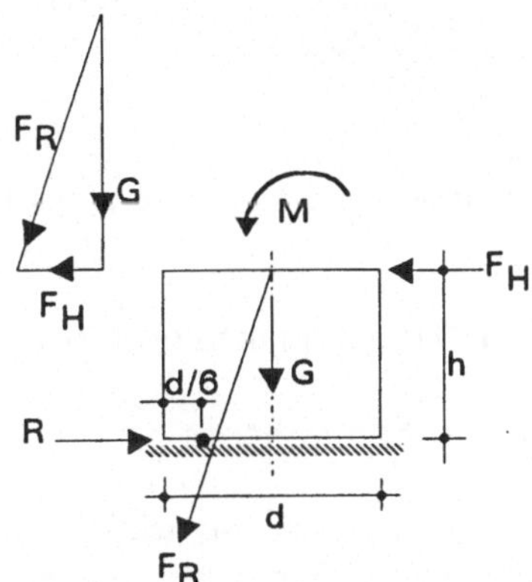

Bild 3.2.5:
Kistenbeanspruchung

Jede Kipp- oder Drehwirkung hat als Ursache ein Moment M, das von der Kraft F_H erzeugt wird, wenn man sie um den Weg h parallel zu ihrer Wirkungslinie versetzt: $M = F_H \times h$.
Eine andere Interpretation dieses Momentes ergibt sich aus dem mechanischen Begriff des "Kräftepaares".
Zwei gegenläufig parallele, jedoch gegeneinander versetzte gleichgroße Kräfte, die auf einen Körper einwirken, rufen an diesem keine Verschiebung, sondern nur eine Drehbewegung hervor.

Diese Drehwirkung als Folge gegeneinander versetzter paralleler Kräfte ist für die Erfassung der Standsicherheit von Tragelementen wichtig, vor allem bei der Abtragung von Windkräften durch Stützen, und zieht sich gleich einem roten Faden durch die folgenden Kapitel.

Am Beispiel der Kiste besteht genormte Kippsicherheit, solange die resultierende Kraft F_R aus Gewicht G und Kraft F_H höchstens bis zu d/6 (bzw. Lastfallabhängig bis d/3) sich dem gedrückten Kistenrand annähert, wobei d die Kistenlänge bezeichnet. Der Kisteneffekt ist auch Ursache dafür, daß Geschoßwohnungsbauten bis 20 m über Gelände im Allgemeinen ohne weiteren Nachweis standsicher gegenüber Windkräften sind.

Wirkt jedoch die gleiche Kraft F_H auf den Skelettbau, fällt dieser in sich zusammen, sofern die einzelnen Tragteile nicht durch besondere konstruktive Maßnahmen oder durch zusätzliche Elemente untereinander und mit dem Baugrund (Fundament) verbunden sind. Derartige, sogenannte Aussteifungselemente, sind Inhalte des Kapitels 4.

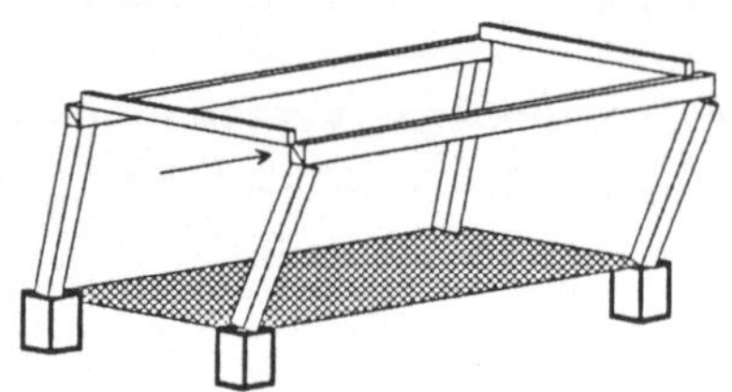

Bild 3.2.6:
Unausgesteiftes Skelett unter Horizontallast.

3.3 Tragelemente und ihre Wirkmechanismen

3.3.1 Fundamente

Bauwerke werden mittels besonderer Bauteile auf tragfähigen Baugrund abgestellt. Steht ein solcher Boden unmittelbar unter der geplanten Bauwerksohle in ausreichender Mächtigkeit an, werden diese Bauteile als *Flachgründungen* bezeichnet. Müssen erst Bodenschichten durchfahren werden um tieferliegenden tragfähigen Baugrund zu erreichen, spricht man von *Tiefgründungen* (Pfahl-, Brunnengründung).
Flachgründungsbauteile sind sogenannte *Fundamente:* Einzelfundamente unter Stützen, Streifenfundamente unter Wänden, Fundamentplatten unter dem gesamten Bauwerk.
Sie bestehen aus Beton oder Stahlbeton.
Ihre Aufgabe ist mit der eines Transformators zu vergleichen, der hohe Spannungen in niedrige wandelt.
Spannung entsteht im Baustoff als Folge der Belastung eines unbeweglichen Bauteils. Sie stellt die Materialbeanspruchung dar und wird auf die belastete Bauteilfläche bezogen:

$$\textit{Spannung} = \textit{Kraft/Fläche} \rightarrow \sigma = F/A \quad (N/mm^2;\ KN/cm^2;\ MN/m^2)$$

Bei Materialprüfungen fährt man die Spannung hoch bis der Bauteil zu Bruch geht. Die so ermittelte *Bruchfestigkeit* steht üblicherweise für die Güte eines Baustoffes.

Im Gebrauchszustand allerdings darf diese Grenze nie erreicht werden. Dies wird in den jeweiligen Baustoffnormen durch Festlegung einer *zulässigen Spannung* vermieden.

⇔ **Querverweis:** Sofern Sie an einer Vertiefung zum Problem Spannungen interessiert sind, lesen Sie bitte nach in: Lohmeyer, Band 2, Festigkeitslehre oder in: Wagner/Erlhof, Praktische Baustatik, Band 2.

Baugrund ist ein Baustoff, der nur Druckspannungen aufnehmen kann, die als *Bodenpressung* bezeichnet werden.

Zulässige Bodenpressungen sind für sogenannte Regelböden in der DIN 1054 (zulässige Belastung der Baugrunds) angegeben. In allen anderen Fällen muß durch Baugrunduntersuchungen die Belastbarkeit festgestellt werden.

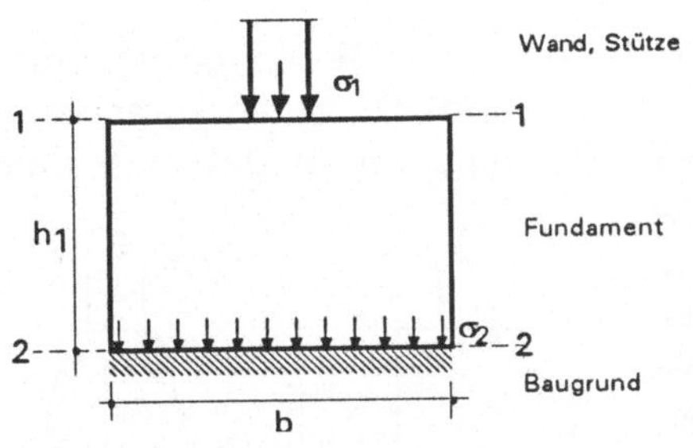

Bild 3.3.1: Transformatorprinzip

Zulässige Bodenpressungen sind im Verhältnis zu den zulässigen Druckspannungen der übrigen Baustoffe klein, sodaß die transformatorische Aufgabe eines Fundamentes eben darin besteht, hohe Spannungen σ_1 in der Aufstandsfläche einer Wand oder Stütze (Fuge 1-1) in geringere Spannungen σ_2 in der Bodenfuge 2-2 zu wandeln.

Dies geschieht durch entsprechende Vergrößerung der Fundamentbodenfläche gegenüber der Aufstandfläche von Wand oder Stütze.

Die Verteilung der Spannungen auf die größere Bodenfläche erfolgt, materialabhängig, auf zwei Arten:

In *unbewehrten Betonfundamenten* fließt die hohe Spannung σ_1, sich allmählich ausbreitend und dadurch geringer werdend, in die Bodenfuge ab, ähnlich einer Wasserströmung, die mit hoher Geschwindigkeit durch einen engen Kanal fließt, um dann in einem anschließenden breiteren Becken mit geringerer Geschwindigkeit auseinanderzufließen.

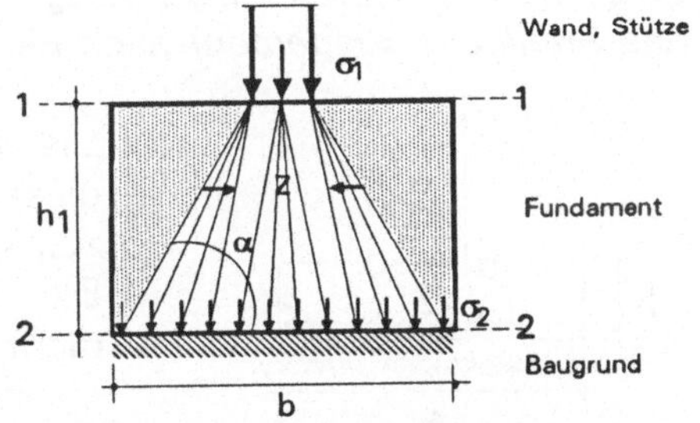

Bild 3.3.2: Lastausbreitung im unbewehrten Fundament

Der Ausbreitungswinkel α im Fundament (Bild 3.3.2) ist abhängig von dessen Betonqualität und der zulässigen Bodenpressung.
Ursache für seine Einschränkung sind Zugkräfte Z, die im Beton als Folge der Spannungsumlenkung entstehen. Da unbewehrter Beton nur in geringem Maß Zug übertragen kann, steht α mithin für eine Zugkraftbegrenzung in Abhängigkeit der Betongüte.
Unbewehrte Betonfundamente sind kenntlich an ihrer großen Fundamenthöhe h. Diese ist eine Funktion der erforderlichen Fundamentbreite b und des Ausbreitungswinkels α.

In Bild 3.3.2 zeigt sich jedoch auch, daß die unterlegten Dreiecksflächen außerhalb des die Lastausbreitung begrenzenden Winkels keine Spannungen erhalten und daher nicht unbedingt erforderlich sind.

Bei größeren Fundamenten, bei denen Beton- und Gewichtsersparnisse dann von wirtschaftlichem Interesse sind, wenn sie in entsprechender Anzahl und mit gleichen Abmessungen auftreten, verwendet man daher vielfach Formen gemäß Bild 3.3.3 A bzw.B. Sie sind jedoch schalungsintensiv, da mindestens die aufgehenden Fundamentteile nicht gegen den senkrecht ausgeschachteten Boden betoniert werden können. Bei Fundamenten der Form B tritt überdies die Gefahr auf, daß durch den Auftrieb des flüßig eingebrachten Betons die Schalung nach unten verankert werden muß.

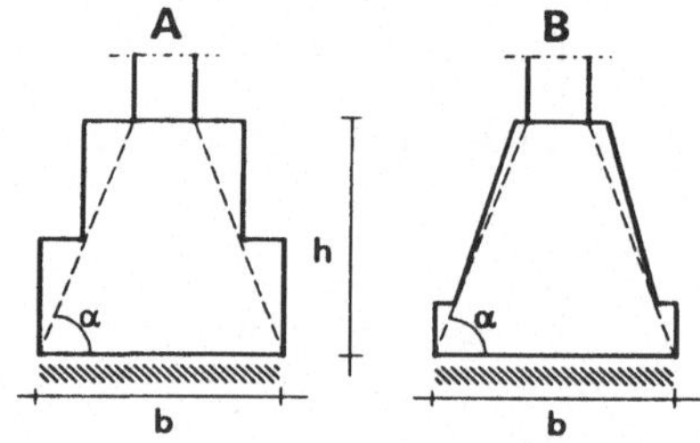

Bild 3.3.3: Schalungsformen hoher unbewehrter Fundamente

Wird der zulässige Lastausbreitungswinkel α unterschritten, was zu einer geringeren Fundamenthöhe h führt, werden die Zugkräfte Z im Beton so groß, daß sie durch Bewehrung abgedeckt werden müssen: Es entsteht das *Stahlbetonfundament* nach Bild 3.3.4.

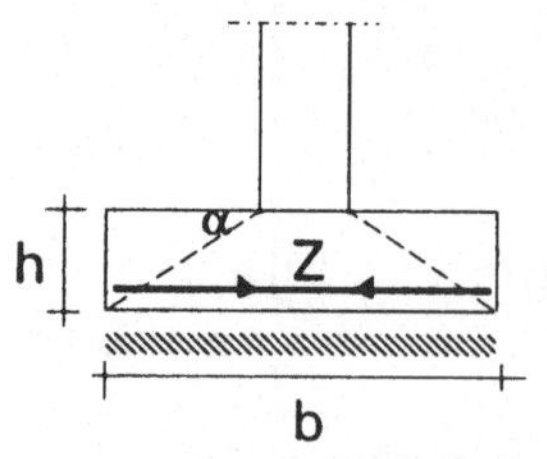

Bild 3.3.4: Stahlbetonfundament

Die erforderliche Fundamentbreite b bleibt dieselbe wie zuvor, solange sich Auflast und zulässige Bodenpressung nicht verändern.
Die erforderliche Fundamenthöhe h hängt nicht mehr vom Ausbreitungswinkel α ab, sondern ausschließlich von der inneren Tragfähigkeit des Betons und der Gefahr des möglichen Durchstanzens der Auflast durch

das vergleichsweise dünne Fundament, wie etwa ein mit großer Kraft eingeschlagener stumpfer Nagel eine dünne Blechplatte durchstanzt.

Die bisher angegebene Fundamentbreite b gilt für *Streifenfundamente* je laufenden Meter Fundamentlänge unter der Wand.

Einzelfundamente werden, solange sie zentriert unter der Stütze angeordnet sind, mit quadratischer Aufstandsfläche ausgeführt und nach den gleichen Kriterien entworfen wie Streifenfundamente. Da die Lastausbreitung jedoch - im Gegensatz zum Streifenfundament- nach allen Richtungen gleichmäßig erfolgt, wird die erforderliche Seitenlänge a kleiner und damit auch die erforderliche Höhe h.

Ausmittig belastete Einzel- und Streifenfundamente entstehen durch zwei Möglichkeiten der Lasteintragung:

- Wand bzw. Stütze stehen unmittelbar am Fundamentrand mit der Achsenexzentrität e vom Bodenflächenschwerpunkt S.

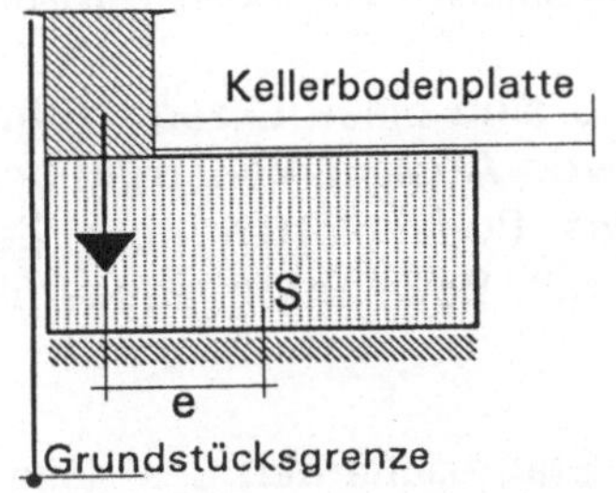

Bild 3.3.5a: Wand und Fundament an Grundstücksgrenze

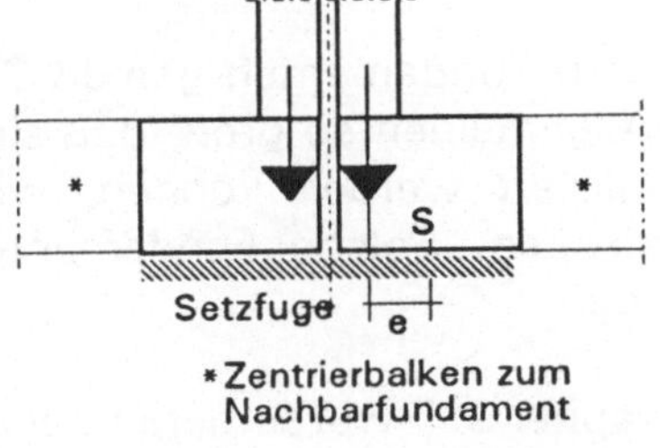

Bild 3.3.5b: Doppelstütze und durch Setzfuge getrenntes Fundament

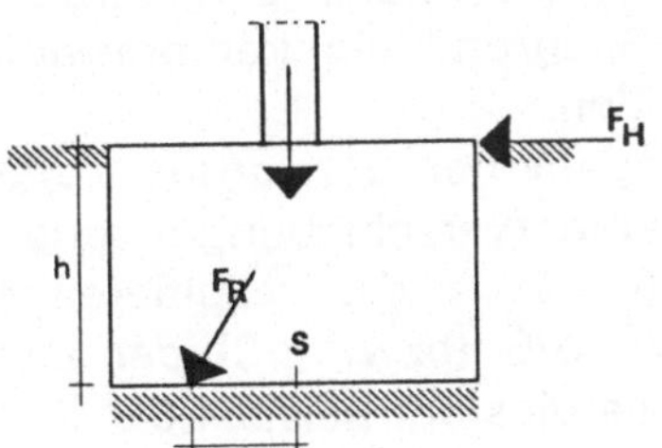

Bild 3.3.5c:
Ausmittige Fundamentbelastung infolge F_H-Kraft

- Die Stütze steht zwar mittig auf dem Fundament, erhält jedoch an Fundamentoberkante eine waagrechte Kraft F_H aus der aufgehenden Konstruktion. Dadurch wird das Fundament beansprucht wie die Kiste in Bild 3.2.5. (Anmerkung: Trotzdem das Fundament mit der gesamten Höhe h im Boden steckt, muß die Standsicherheit gegen Verschieben dennoch so ermittelt werden, als stünde das Fundament völlig frei auf der Bodenfuge.)

Infolge der exzentrischen Lage e der Auflast bei den 3 Fundamentarten nach Bild 3.3.5, wird der Baugrund am belasteten Rand stärker beansprucht. Stellt man sich ihn als zusammendrückbare Masse vor[10], ohne feste Verbindung zum Fundament, so ist einsichtig, daß mit größerwerdender Exzentrizität e die Fundamentplatte am entlasteten Rand abhebt (sog .klaffende Fuge) und die Druckübertragung auf den Baugrund nur noch über eine kleine Fläche erfolgt. Folglich muß diese Aufstandsfläche gegenüber einer mittig eingetragenen Last erheblich vergrößert werden.

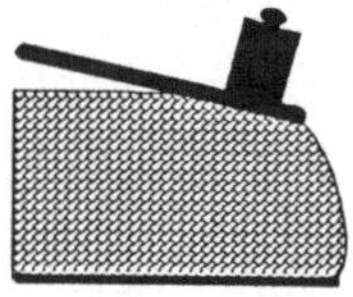

Bild 3.3.6:
Klaffende Fuge bei exzentrisch gedrücktem Fundament

Bei den Fundamenten gemäß Bild 3.3.5a und b sind diese Exzentrizitäten im Allgemeinen so groß, daß sie nur mit Hilfe von Auslegerkonstruktionen stabilisiert werden können, wie beispielsweise Bodenplatten oder Zentrierbalken. Solche Fundamente können nur mit Bewehrung ausgeführt werden.

In Kapitel 3.1 wurde bereits erwähnt, daß die Standsicherheit des gesamten Bauwerkes auch die jedes tragenden Bauteils erfordert.
Standsicherheit eines Fundamentes ist vorhanden, wenn
- die vertikalen Auflasten eine verträgliche Setzung des Baugrundes hervorrufen. Dies ist gewährleistet, solange die zulässige Bodenpressung nicht überschritten wird. Da der Baugrund ein kompressibler Baustoff ist, sind Setzungen nie zu vermeiden.
- die waagrechten Kräfte durch Haftreibung in der Bodenfuge aufgenommen werden und keine seitliche Fundamentverschiebung erzeugt
- die Kippbeanspruchung zu einer Exzentrizität e der resultierenden Kraft F_R führt, die sich höchstens bis zu b/6 (bzw. b/3) der kippgefährdeten Fundamentkante nähert, so wie dies am Beispiel der Kiste in Bild 3.2.5 dargestellt ist.

---
[10] Walther Mann, Tragwerkslehre in Anschauungsmodellen, Stuttgart 1985, S. 25.

3.3.2 Stützen

Als Stütze bezeichnet man heute alle stabförmigen Tragelemente, die sich mit ihrer Längsachse lotrechten und schrägen Lasten entgegenstemmen und auf einem Fundament abstützen. Dadurch werden sie hauptsächlich Druckkräften unterworfen. Die Querschnittsausbildung ist materialabhängig und weitgehend variabel.
In der bautechnischen Entwicklungsgeschichte wird diese summarische Bezeichnung differenziert in den Pfeiler und die Säule.

Der *Pfeiler* ist ein stehengebliebenes Stück Wand, wie diese aus Quadern oder Ziegelsteinen gemauert, ist mithin ein Bauteil der Wandbauweise. Über Kapitell, Schaft und Sockel leitet er, in den einzelnen Stilrichtungen mit unterschiedlichen Formen ausgestattet, lotrechte Wandlasten in das Fundament ab.

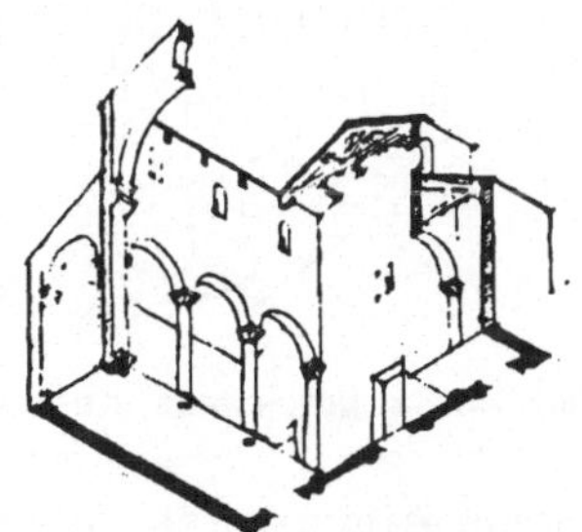

Bild 3.3.7a:
Pfeiler der Wandbauweise

Als *Schrägpfeiler* nimmt er auch Horizontalschübe auf, wie sie in hochangesetzten Deckengewölben entstehen, in der Romanik zunächst als geschlossene Pfeilerwand, in der Gotik dann aufgelöst in Strebebögen und Strebepfeiler.

Bild 3.3.7b:
Schrägpfeiler der Romanik

Bild 3.3.7c:
Streben der Gotik

Anders die *Säule*: Kein Relikt einer Wand, sondern selbständiges Element, stellt sie, in Verbindung mit dem Balken, das Grundmotiv des Skelettbaues dar. Vielfach aus trommelförmig bearbeiteten Quadern aufeinandergestülpt, erscheint sie baugeschichtlich schon in den ersten Säulenhallen des Tempelbezirkes von Karnak in Oberägypten (etwa 12.Dynastie zwischen 1938 - 1759 v.Chr.).

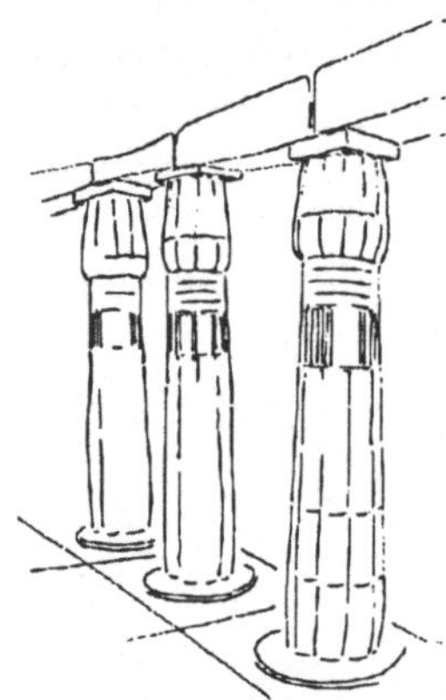

Bild 3.3.8a: Lotussäule, Karnak

Trotz gleicher Konstruktionsmerkmale wie beim Pfeiler - Kapitell, Schaft, Sockel - wird die Säule infolge ihrer vertikalen Selbständigkeit, die keine Begrenzung nach oben durch die Wand erfährt und durch ihre allseitig erlebbare Gestalt zum eindrucksvollen Symbol der Aufgabe: Tragen. Dieses Wort, so bemerkt Torroja[11], hat etwas von Einwilligung und demütiger Entsagung an sich; Eigenschaften, welche bei freiwilliger Annahme der Dienstleistung die erkennbaren Grenzen der höchsten Tugenden erreichen. Tragen heißt hier Widerstehen und aus diesem Grund ist die Säule das Zeichen der Stärke.

Dieser Ausdruckskraft und Würde verdankt sie ihren Variantenreichtum; unter anderem auch den, marmorene Figuren zu tragenden Baugliedern zu machen, wie etwa bei den Karyatiden vom Erechtheion (um 440 v.Chr.). In ungebeugtem Stolz und voller Anmut tragen sie das Joch des Dachgebälkes auf ihrem Kopf, wie heute noch ihre afrikanischen und asiatischen Schwestern den Wasserkrug.

Um es statisch auszudrücken: Lastwirkungsrichtung und Tragachse sind eins und minimieren die Materialbeanspruchung.

Jede Abweichung aber der Trag- von der Lastrichtung, wie etwa bei Krümmung oder Schiefstellung der Tragachse, bei ausmittig aufgenommenen Lasten, verstärken die Anstrengung des Tragens und vergrößern die Materialbeanspruchung, was auch an dem gebeugten, unter seinem Joch stöhnenden Atlanten nicht vorbeigeht.

Bild 3.3.8b: Karyatiden

Bild 3.3.8c Atlas

[11] E. Torroja, Logik der Form, München 1961, S. 47.

In der Statik bezeichnet man solche Fälle als "Lotabweichungen des Systems" bzw. als "ungewollte Ausmitte". Beide sind bei der Ermittlung von Standsicherheit und Materialbeanspruchung zu berücksichtigen.

Die **Standsicherheit** von Stützen ist abhängig von der Art ihrer Festhaltung. Die Stahlsäule für die Fernwerbung eines Autohauses gemäß Bild 3.3.9 endet am Fuß in einer Kugelkalotte, die sich in die Pfanne einer Stahlfußplatte drückt. Die Platte wird mittels Steinschrauben am betonierten Boden verschraubt. Das System ist ohne weitere Begründung instabil.

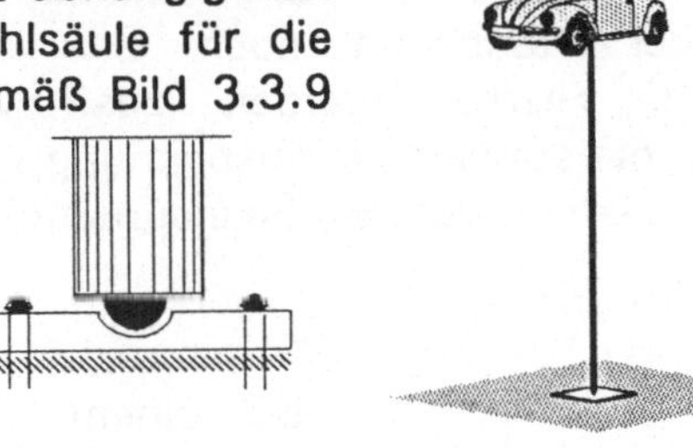

Bild 3.3.9: Instabiler Mast/gelenkiger Mastfuß

Festhaltemöglichkeiten ergeben sich durch *Abspannung* mittels Zugseilen (Bild 3.3.10) bzw. *Abstützung* des oberen Mastendes gegen umliegende Gebäudewände (Bild 3.3.11a und b). Auf den PKW einwirkende Windkräfte werden direkt von diesen Zusatzkonstruktionen abgeleitet, die Stütze hat nur die vertikale Auflast abzutragen. Selbst eine ungewollte oder bewußt herbeigeführte Ausmitte der Last krümmt die Stützenachse nur, ähnlich der des Atlanten aus Bild 3.3.11c.

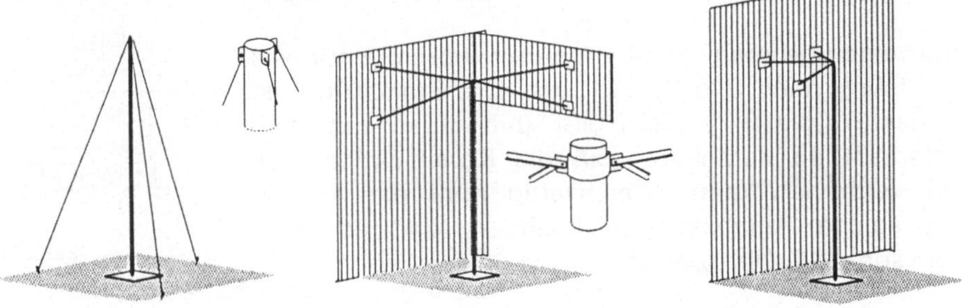

Bild 3.3.10: Mastabspannung/Kopfanschluß

Bild 3.3.11a: Bild 3.3.11b: Varianten der Mastabstützung/Kopfanschluß

Diese Krümmung der Stabachse verdreht auch die Stabenden, was die Festhaltepunkte nicht verhindern, wenn sie *gelenkig* gelagert sind. Am Mastfuß darf gleichzeitig weder eine vertikale noch horizontale Verschiebung auftreten: sog. *unverschiebliches gelenkiges Lager.*

Am Mastkopf dagegen muß eine Verformbarkeit in Stabrichtung möglich sein, da die Auflast das Material zusammendrückt: sog. *verschiebliches gelenkiges Lager.*

Bei den Anschlußmuffen nach Bild 3.3.11a ist die Maststauchung ohne weiteres möglich. Dagegen verlieren die Zugseile nach Bild 3.3.10 durch diese Maststauchung Δ L ihre Spannung und halten den Mastkopf nicht mehr fest. Daher spannt man die Seile im allgemeinen vor, damit sie auch bei Stauchung noch eine Restzugkraft behalten. Hierbei werden zusätzliche Kräfte erzeugt, die sowohl die Abspannung wie auch das zu stabilisierende Bauteil beanspruchen.

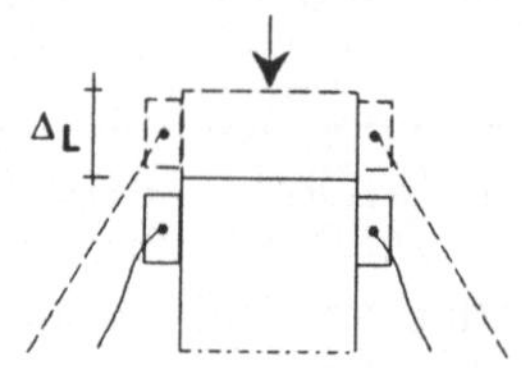

Bild 3.3.12: Gestauchte Mastspitze mit gelockerten Spannseilen

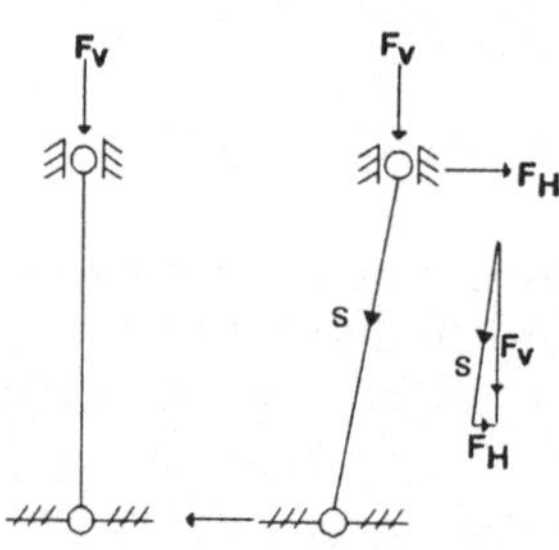

Bild 3.3.13: Pendelstütze

Bei einem seitlichen Ausweichen des oberen Lagers stellt sich die Stütze schräg: sog. *Pendelstütze.* Nach wie vor überträgt sie nur Kräfte in ihrer Längsachse. Als Folge der Kraftumlenkung F_V in die Schräge, entsteht an beiden Auflagern eine zusätzliche Horizontalkomponente H, die von diesen aufgenommen werden muß. Andernfalls entstünde aus dem Kräftepaar H ein Kippmoment, das die Stütze instabil macht.

Ohne einen oberen Festhaltepunkt kommt nur die Mastlösung nach Bild 3.3.14 aus. Die Stahlstütze ist mit der Fußplatte verschweißt und diese mit dem Fundament so verankert, daß die Konstruktion sich nicht verdrehen kann. Gleichzeitig muß das Fundament solche Abmessungen besitzen, daß es nicht kippt: sog. *fußeingespannte Stütze.*

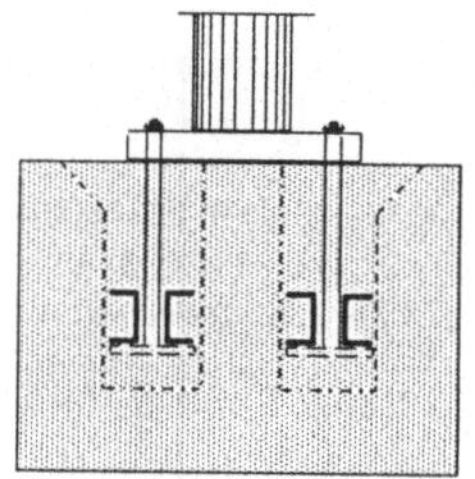

Bild 3.3.14: Fundamenteinspannung

Vielfach wird die Fußeinspannung aufgelöst durch spreizen der Stütze zu einem umgekehrten V, wobei ein Kräftepaar das Einspannmoment ersetzt, s.Kap.4.3.

Der **Tragmechanismus** einer Stütze bei mittiger vertikaler Last wird von 3 Größen beeinflußt:

- Unter Druckbelastung wird ein Bauteil gestaucht, die Stütze verringert dabei ihre Höhe (s.Bild 3.3.12). Als Folge der Stauchung wird im Baustoff eine Druckspannung aufgebaut $\sigma_D = F_V / A$, mit dem Gültigkeitsbereich $\sigma_D \leq$ zul. σ_D.

Je größer diese zulässige Druckspannung zul. σ_D des Materials ist, eine desto geringere Querschnittsfläche A benötigt die Stütze bei entsprechender Last F_V. Mit den sehr druckfesten Materialien Holz, Stahl, Stahlbeton sind daher sehr schlanke Stützen zu bauen, wenn unter Schlankheit das Verhältnis von Stützenlänge zu Stützendicke verstanden wird.

- Mit zunehmender Druckbeanspruchung jedoch wird ein Punkt erreicht, an dem das schlanke Element sich nicht mehr einfach verkürzt, sondern plötzlich zur Seite ausweicht und bricht: die Stütze knickt aus. Die *Knicklast* F_k ergibt die Grenze der Tragfähigkeit. Sie ist wesentlich geringer als die Last Fv bei ausgenutzter zulässiger Druckspannung.
Das seitliche Ausweichen der Stützenachse verläuft nach einer Biegelinie, die von den Lagerungsbedingungen abhängt. Die für die Größe der Knicklast sich daraus ergebende maßgebliche *Knicklänge* s_k ist der Abstand zwischen den Wendepunkten, vgl. Bild 3.3.15.
Die Knickfälle 1 und 2 sind die praxishäufigsten. Weniger häufig, weil in der Praxis schwierig zu realisieren, sind die Fälle 3 und 4, Stützenlagerungen mit Einspannung.
Mit abnehmender Knicklänge steigt die Knicktragfähigkeit sehr stark an.

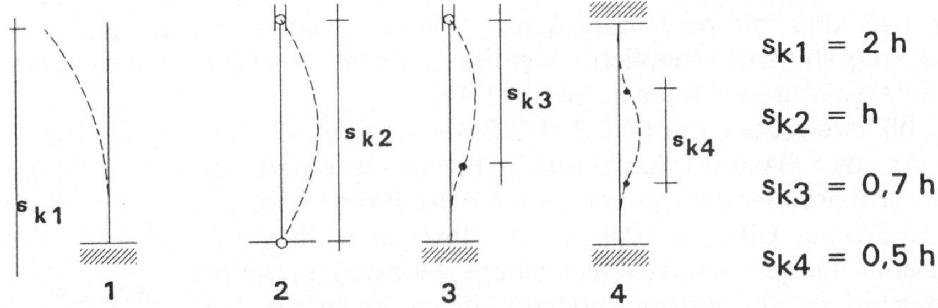

Bild 3.3.15: Wirksame Knicklänge s_k in Abhängigkeit der Lagerbedingungen;sog. Euler-Fälle

- Nach welcher Seite die Stützenachse ausbricht, hängt vom Widerstand des Querschnittes ab, den er dem Ausweichen entgegensetzt.
Rechteckige Stützenquerschnitte bieten dem Knicken in Richtung ihrer Breite b sicherlich weniger Widerstand als in Richtung ihrer Dicke d.

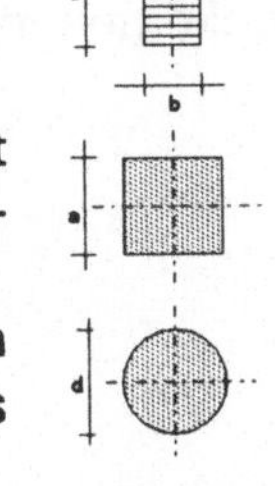

Bild 3.3.16: Formabhängiger Knickwiderstand

Quadratische und runde Stützenquerschnitte sind in ihrem Querschnittsverhalten nach allen Richtungen gleichwertig und daher bevorzugte Stützenquerschnitte.
Eine Widerstandsvergrößerung läßt sich bei diesen noch erreichen durch Bildung von Hohlquerschnitten und damit der Verlagerung von Flächenanteilen weiter entfernt von der Stützenachse.
In Bild 3.3.17 ist als Beispiel eine Stahlbetonstütze mit konstanter Querschnittsfläche A = 1225 cm^2 dargestellt, deren Knicktragfähigkeit sich bei Ausführung als Hohlkasten um 73% gegenüber den Vollquerschnitten erhöht.

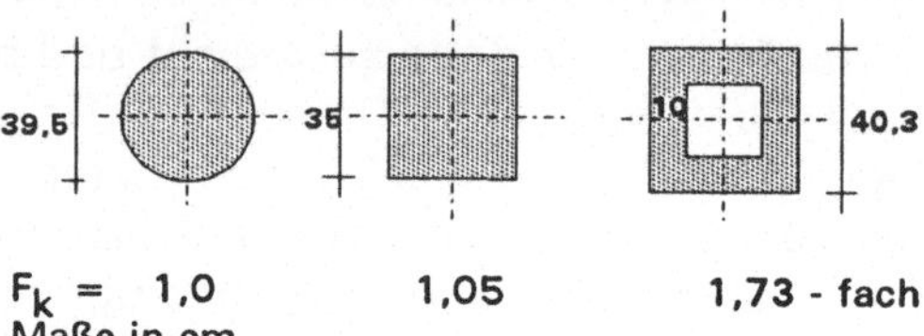

F_k = 1,0 1,05 1,73 - fach
Maße in cm
Bild 3.3.17: Querschnittsabhängige Vergrößerung von F_k

Der häufigste Lagerungsfall 2 mit der größten Knickgefährdung in Feldmitte führt bei Ausführung mit Stahlrohren mitunter zu Lösungen, wie sie in Bild 1.21 skizziert sind. Die Ausfühung der Stütze als Doppelkegel nach Bild 1.21b mit max. Dicke im mittleren Drittel, folgt dem Verlauf der Knickbiegelinie in Bild 3.3.15.
Die abgespannte Stütze nach Bild 1.21c dagegen basiert auf der Tatsache, daß eine mittige Unterstützung die Knicklänge halbiert und damit die Tragfähigkeit erheblich vergrößert, ähnlich der Tragkonstruktion beim unterspannten Träger in Bild 3.3.48.
Der Hohlkastenquerschnitt in Bild 3.3.17 legt den Gedanken nahe, den Gesamtquerschnitt in Einzelteile aufzuspalten mit entsprechendem gegenseitigem Abstand, sog. *gespreizte Stütze.* Dies ist typisch für Holz- und Stahlstützen. Damit jedoch nicht vier kleinere Einzelquerschnitte tragen sondern ein Verbundquerschnitt, müssen die Elemente mindestens in den h/3-Punkten durch Verbindungsstücke gekoppelt werden.

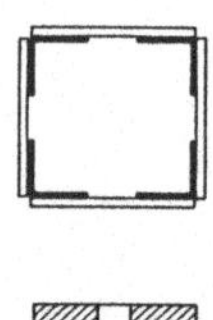

Bild 3.3.18:
Gespreizte Stützenquerschnitte
aus Stahl bzw. Holz

3.3.3 Vollwandige Biegeträger

Dies sind stabförmige Tragelemente, die mit ihrer Längsachse einen oder mehrere Räume überdecken und Lasten auf Unterstützungen abtragen.

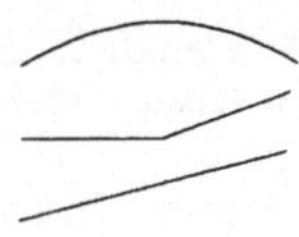

Ihre Stablängsachse kann gerade, geknickt oder gekrümmt sein; sie kann waagrecht oder schräg den Raum überspannen.
Baulängen und Stabquerschnitte sind materialabhängig.

Bild 3.3.20: Achsenformen:

Tabelle 3.3.21:

Holzquerschnitte:

Max. Lieferlänge (m)	10	35	35	35	15
Max. Bauhöhe (cm)	30	250	250	250	60
	Vollholz	BSH	zusammengesetzt		Wellsteg

Tabelle 3.3.22:

Stahlquerschnitte:

Max. Lieferlänge (m)	18	18	18	16	unbegrenzt
Max. Bauhöhe (cm)	60	100	40	40	unbegrenzt
	IPE	IPB	U	Hohlprofil	geschweißt

Tabelle 3.3.23:

Stahlbetonquerschnitte:

Max. Lieferlänge (m)	10	10	30	30	unbegrenzt
Max. Bauhöhe (cm)	50	100	180	180	Ortbeton

In der Längsansicht müssen die Träger nicht durchgehend vollwandig sein. Bei Trägern aus Brettschichtholz (BSH), Walzprofilen IPE und IPB, Schweißträgern und Stahlbetonbindern sind Lochungen im Steg gemäß nebenstehender Skizze möglich.

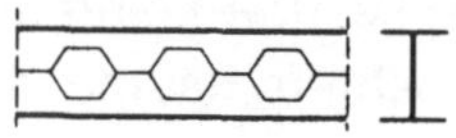

Bild 3.3.24: Steglochung bei Walzprofilen

Die Stablängsachse kann sich an 1, 2 oder n≥ 3 Punkten abstützen. Man spricht dann von einem:

- 1-Punkt-gestützten Träger (Freiträger, Kragträger)
- 2-Punkt-gestützten Träger (Einfeldträger, Träger auf 2 Stützen)
- n ≥ 3-Punkt-gestützten Träger [Mehrfeldträger, Durchlaufträger, Träger auf n-Stützen, (n - 1)-Feldträger]

die in Klammern stehenden Bezeichnungen sind synonyme Ausdrücke.

Stützpunkte (Lagerpunkte, Auflager) werden symbolisiert durch ein Dreieck, auf dessen Spitze der Träger ruht. Dadurch werden für die Vermaßung des Systems genaue Positionierungen und für die statische Berechnung eindeutige Vorgaben geschaffen. In der Praxis sind solche punktuellen Lager nur vorhanden in Fällen einer notwendigen Zentrierung der Auflagerkraft. Sonst lagern die Träger flächig auf, schon wegen der begrenzten Druckfestigkeit der Unterkonstruktion; eine Abweichung, die mitunter konstruktive Probleme aufwirft.
Auf der Dreiecksspitze kann sich der Träger ungehindert verdrehen, was durch einen Kreis auf dem Dreieck symbolisiert wird. Doch auch diese notwendige Rechnungsannahme muß in der Praxis häufig revidiert werden.
Eine Verankerung des Lagerdreieckes mit der Unterkonstruktion erfolgt auf 3 Arten:

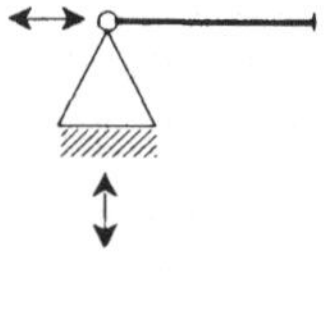

Unverschieblich, mit drehbarer Trägerlagerung.
Das Lager kann sich weder horizontal noch vertikal bewegen, d. h. es kann auch Stützkräfte nach 2 Richtungen abtragen.

Bild 3.3.25: Festlager

Verschieblich, mit drehbarer Trägerlagerung.
Das Lager kann sich parallel zur dargestellten Gleitebene bewegen, jedoch nicht senkrecht dazu, d. h. es kann nur eine Stützkraft senkrecht zu dieser Gleitebene abtragen.

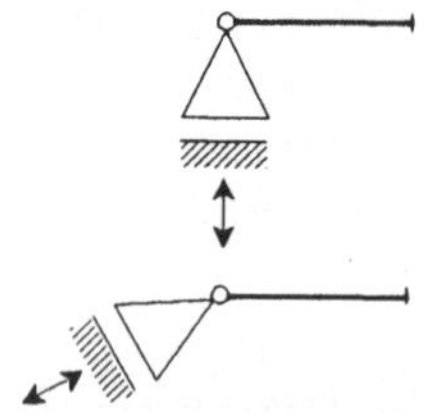

Bild 3.3.26:
Verschiebliches Lager mit unterschiedlichen Gleitebenen

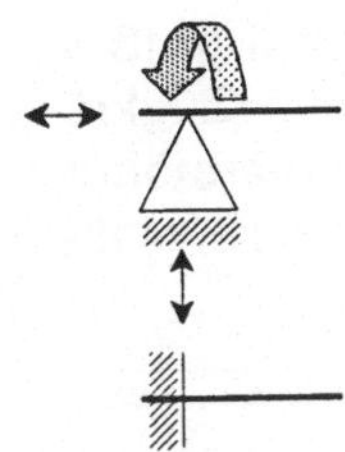

Bild 3.3.27: Eingespanntes Lager

Eingespannt; sämtliche Lagerbewegungen sind aufgehoben.
Es überträgt vertikale und horizontale Stützkräfte und muß ein Moment erzeugen, das die Verdrehung des Trägers verhindert. Durch welche Konstruktion am Bauwerk diese Einspannung erzeugt werden kann, ist mitunter nicht unproblematisch.

Die Entscheidung, welche Auflager an einem Träger erforderlich werden, ergibt sich anhand einer Beweglichkeitsstudie des sog. *statischen Systems* und der örtlichen Baubedingungen.

Am *1-Punkt-gestützten Träger* verschieben die ständige Last g und die Vertikalkomponente von F den Träger nach unten und kippen ihn um den Lagerpunkt A. Die Horizontalkomponente von F versucht den Träger nach rechts zu verschieben. Es muß ein eingespanntes Lager angesetzt werden, das sämtliche Bewegungen verhindert, wodurch 3 Lagerkräfte entstehen.

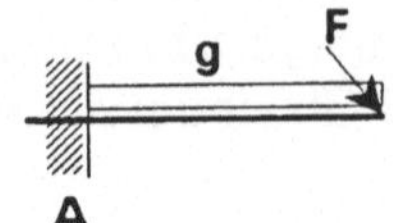

Bild 3.3.28: Freiträger

Der *2-Punkt-gestützte Träger* schließt das Kippen infolge der angreifenden Lasten durch die 2 Lagerpunkte aus; daher ist auch kein eingespanntes Lager erforderlich. Die Vertikalverschiebung wird durch die beiden vertikalen Lagerkräfte verhindert. Eine Horizontalverschiebung nach rechts könnte Auftreten, wären beide Lager verschieblich. Durch ein Festlager wird auch diese Bewegung aufgehoben. Welches der beiden Lager unverschieblich ausgeführt wird, ist von der Konstruktion her interessant, nicht seitens der Berechnung.

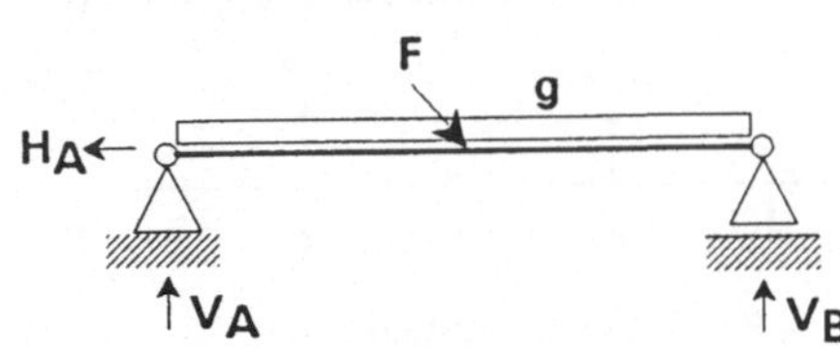

Bild 3.3.29: Einfeldträger

Am *Einfeldträger mit einseitigem Kragarm* ändern sich die Gleichgewichtsverhältnisse gegenüber dem vorhergehenden Bild auch dann nicht, wenn der Kragarm sehr lang und dadurch die Kippgefahr um B sehr groß wird. Das Kippmoment versucht den Träger in A abzuheben (sofern das Gegengewicht

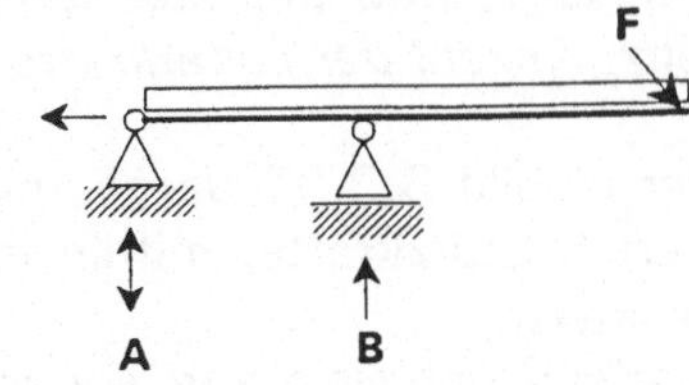

Bild 3.3.30: Träger mit Kragarm

der Belastung zwischen den Punkten A und B nicht ausreichend groß ist). Das Auflager in A muß folglich imstande sein, auch vertikale Zugkräfte auszuüben, was die Statik bei solchen Lagern zwar als selbstverständlich voraussetzt, die Konstruktion jedoch manchmal Mühe hat, sie zu realisieren.

Analoges gilt beim *Einfeldträger mit beidseitigen Kragarmen*. Um horizontalen Kräften am System die Verschiebungsmöglichkeit zu nehmen, genügt auch hier, nur eines der beiden Lager unverschieblich auszuführen.

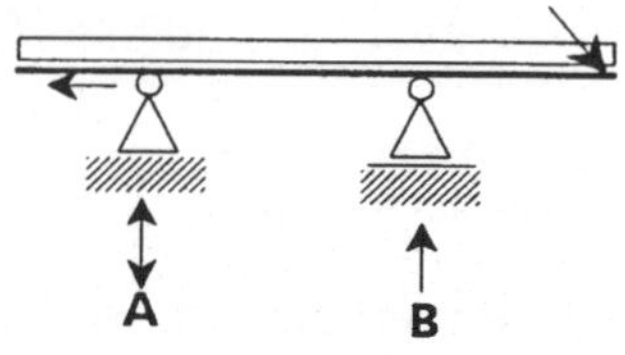

Bild 3.3.31: Beidseitiger Kragarm

In allen Fällen von 2-Punkt-Lagerungen, bei denen ein unverschiebliches und ein verschiebliches Lager vorhanden ist, entstehen ebenso 3 Lagerkräfte, wie beim Freiträger. Solche Systeme werden als **statisch bestimmt gelagert** bezeichnet; ihre Auflagekräfte lassen sich ermitteln mit Hilfe der 3 Gleichgewichtsbedingungen:

$$\Sigma V = 0; \Sigma H = 0; \Sigma M = 0$$

Ein *Mehrfeldträger* dagegen aktiviert mehr als 3 Lagerkräfte. Zur Aufrechterhaltung der horizontalen Unverschieblichkeit genügt zwar nach wie vor ein festes Lager in beliebiger Position. An allen anderen Lagerpunkten entstehen Stützkräfte nur jedweils senkrecht zur angenommenen Gleitebene. Dies sind insgesamt mehr als die 3 Lagerkräfte, die mittels der vorgenannten Gleichungen bestimmt werden können. Solche Systeme werden als **statisch unbestimmt gelagert** bezeichnet.

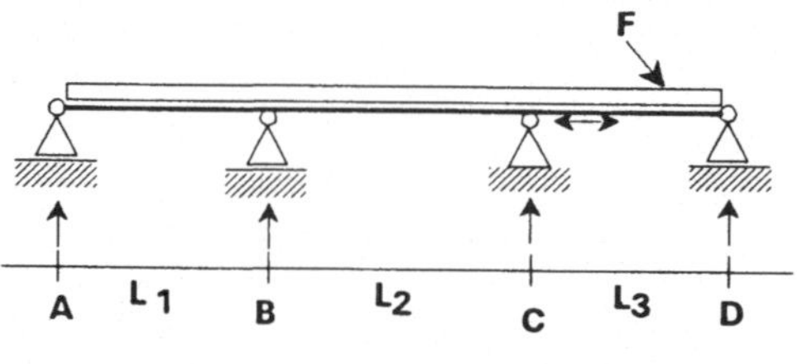

Bild 3.3.32: Dreifeldträger

Der sog. *Grad der statischen Unbestimmtheit* ergibt sich aus der Differenz: *Anzahl der Lagerkräfte - 3.*

Der in Bild 3.3.32 dargestellte Dreifeldträger (Träger auf 4 Stützen) aktiviert 5 Stützkräfte, mithin ist er (5 - 3) = zweifach statisch unbestimmt gelagert.
Statisch unbestimmte Lagerung ist jedoch auch bei Einfeldträgern möglich.

Am nebenstehend dargestellten Einfeldträger ist das linke Auflager verschieblich, das rechte eingespannt. Demzufolge entstehen 4 Lagerreaktionen, das System ist (4 - 3) = einfach statish unbestimmt gelagert.

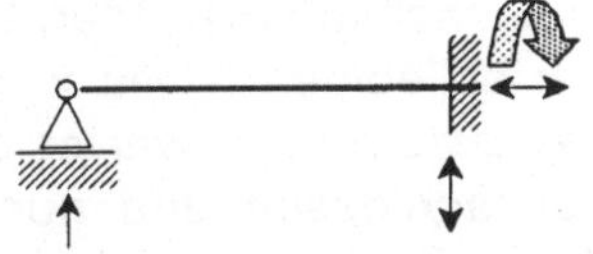

Bild 3.3.33: Eingespannter Einfeldträger

Solche Angaben sind Stichpunkte für den Rechenaufwand, der mit dem Grad der statischen Unbestimmtheit steigt. Gleichzeitig vergrößert sich damit die Steifigkeit des Systems, was mit Vorteilen für dessen Tragfähigkeitsreserven verbunden ist, jedoch auch mit Nachteilen bezüglich seiner Anfälligkeit gegenüber Zwängungskräften.

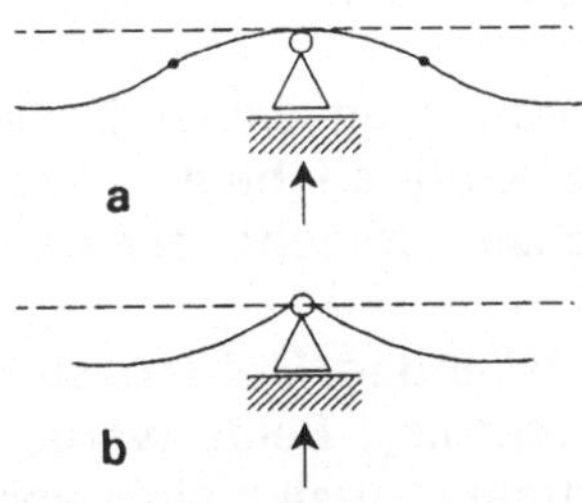

Bild 3.3.34: Lagerverdrehung
a Elastische Krümmung
b Knicken im Gelenk

Bei Betrachtung der Drehbarkeitssymbole an den Zwischenauflagern des Mehrfeldträgers Bild 3.3.32 bzw. des Einfeldträgers mit Kragarm Bild 3.3.30 und 31 ist zu erkennen, daß diese unter der Trägerachse liegen: der Träger kann sich über ihnen verkrümmen.
m Gegensatz dazu würde eine Lage in der Trägerachse ein Gelenk erzeugen, beide Trägerenden knicken ab.

Beim Kragträger ist ohne weiteres einsichtig, daß dies keinen Sinn machen würde; beim Mehrfeldträger würde eine solche Lösung nur eine Serie von Einfeldträgern erzeugen.
Daß es trotzdem Sinn haben kann, solche Gelenke in den Träger einzubauen, zeigt der *Gelenkträger* in Kapitel 4.2.1.

Die Belastungen, die von den Trägern auf die Auflager abzusetzen sind, treten als gleich- und ungleichförmige Streckenlasten auf infolge ständiger Lasten und Verkehrslasten bzw. als Einzellast.

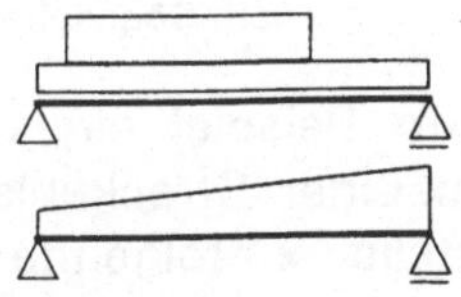

Bild 3.3.35: Lastarten

Die Auflagerkräfte halten diese Lasten im Gleichgewicht, wodurch der Träger äußerlich in Ruhe zu sein scheint (Gleichgewicht der äußeren Kräfte). Im Träger jedoch arbeitet es: über den Stützen verdreht er sich, außerhalb verformt er sich d. h. er biegt sich in Richtung der senkrecht zu

Längsachse wirkenden Lasten durch. Sägt man das Brett in Bild 3.3.36 an der beliebigen Stelle x durch, leimt es mit einer dickeren Leimschicht wieder zusammen, wartet den Zeitpunkt ab, zu dem die Leimhärtung nahezu abgeschlossen und nur noch geringe Plastizität vorhanden ist und legt dann das Brett wieder auf die Böcke, wird sich an der Stelle x eine Verformungssituation gemäß Bild 3.3.37b zeigen: beide Schnittufer verschieben sich vertikal und verdrehen sich gegeneinander.

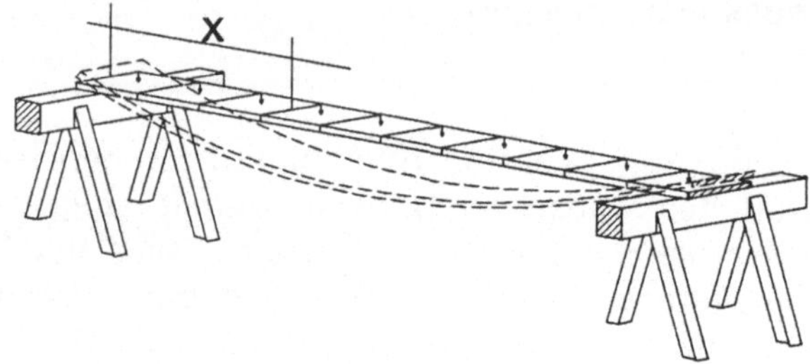

Bild 3.3.36: frei aufliegendes Brett

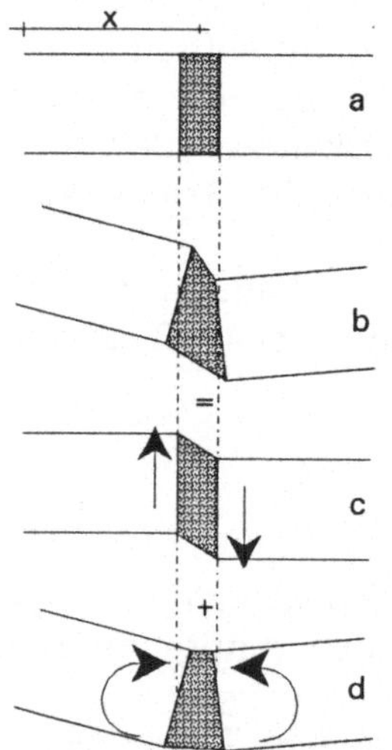

Bild 3.3.37: Verformungen am Sägeschnitt x

Ursache der vertikalen Schiebung an dieser Stelle ist die resultierende äußere Kraft an beiden Trägerstücken quer zur Stabachse; Ursache der Verdrehung ist ein Moment.

Die das Gleichgewicht herstellenden Größen sind *Querkraft Q_x und Biegemoment M_x*. Beide werden als **Schnittgrößen** bezeichnet, weil sie von Schnittstelle zu Schnittstelle ihre Größe ändern.

a Leimfuge am Schnitt x
b Gesamtverformung aus:
c Querverschiebung
d Verdrehung

Am Beispiel eines Einfeldträgers unter gleichmäßiger Streckenlast q gelten an der Schnittstelle x folgende Gleichgewichtsbeziehungen am linken Trägerteil:

$Q_x = A - q \cdot x$ und $M_x = A \cdot x - q \cdot x \cdot \frac{1}{2}x$

Am rechten Trägerteil ergeben sich gleiche Größen.

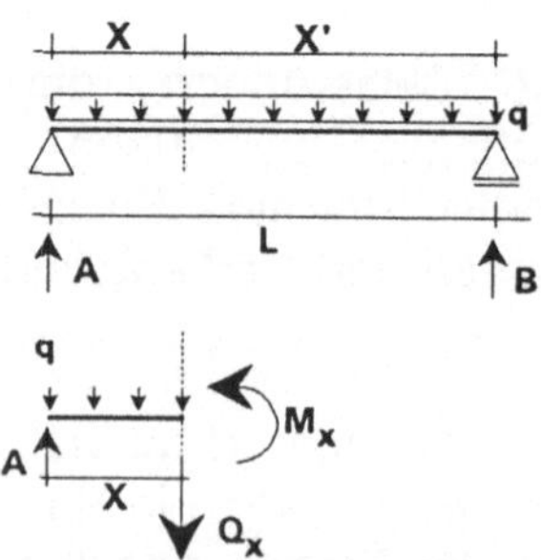

Bild 3.3.38: Schnittgrößen

Trägt man die so ermittelten Werte an den Stellen x jeweils senkrecht zur Stabachse auf, ergibt sich der Schnittgrößenverlauf über die ganze Trägerlänge:

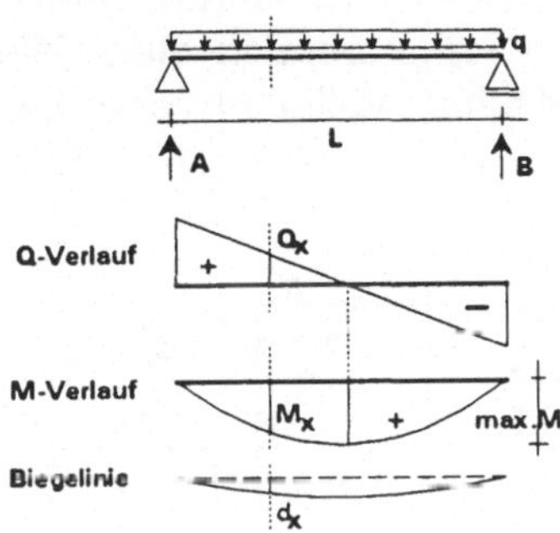

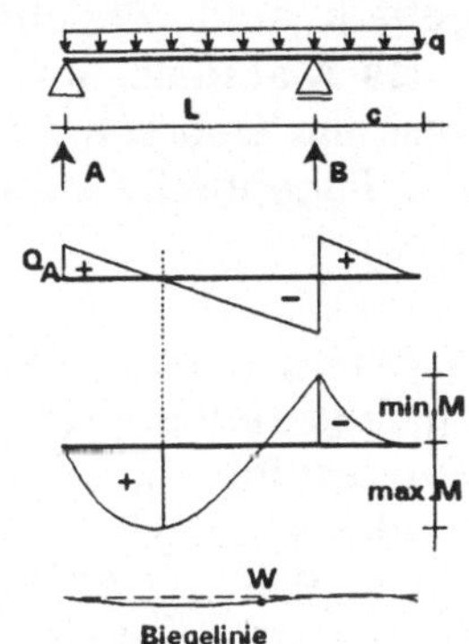

Bild 3.3.39: Einfeldträger 3.3.40: Einfeldträger mit Kragarm
mit Schnittgrößenverlauf für Q und M, sowie Biegelinie infolge gleichmäßiger Streckenlast.

Positive Momente dehnen den unteren Rand eines Trägers (bzw. den inneren einer biegebeanspruchten Stütze), negative Momente den oberen Rand.

Identifiziert man den Fugenleim in Bild 3.3.37a mit dem realen Trägermaterial, so erzeugt die Querkraft in diesem so lange eine Schrägdehnung (Bild 3.3.37c) bis sich im Material ausreichende Widerstandskräfte gegen eine weitere Verschiebung aufgebaut haben. Diese inneren Materialkräfte werden allgemein als **Spannungen** bezeichnet; hier folglich *Schubspannungen* (vgl. hierzu auch Kap.3.3.1).

Ihre Größe hängt zum einen ab von der Querkraft Q, zum andern vom Trägerquerschnitt, ihr zulässiger Wert von der Materialfestigkeit. Q_x wird, wie aus den Bildern 3.3.39 und 40 ersichtlich, am Auflager am größten. Der Trägerquerschnitt nimmt den Schub nicht gleichmäßig auf: an den Rändern ist die Schubspannung 0, ihr Maximum liegt in der Trägerachse.

Konstruktive Probleme bei der Aufnahme von Schubspannungen treten daher häufig bei I-Querschnitten aller Baustoffe im Auflagerbereich auf. Der maximalen Querkraft steht weitgehend nur der schmale Stegquerschnitt zur Verfügung, da die großen Flächenanteile am Trägerrand liegen. Es sind dann *Stegverstärkungen* auszuführen.

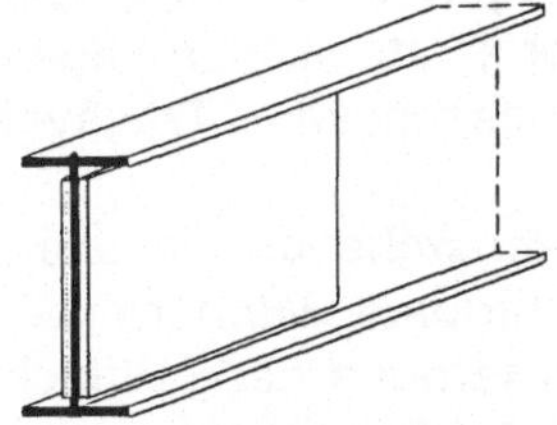

Bild 3.3.41: Stegverstärkung an IPE durch aufgeschweißte Bleche

Das Biegemoment M_x verdreht gemäß Bild 3.3.37d die beiden Schnittflächen gegeneinander bis im Material auch hier gleich große Widerstandskräfte aufgebaut sind. Ersichtlich ist, daß im oberen Trägerquerschnitt Stauchung des Materials, im unteren Dehnung auftritt, mit ihren Größtwerten jeweils am Querschnittsrand. Im mittleren Trägerbereich bleibt die ursprüngliche Fugenbreite nahezu, in der Mittelachse völlig unverändert erhalten.

Bei der Stauchung bauen sich Druckspannungen, bei Dehnung Zugspannungen auf. Da sie aus dem Biegemoment resultieren, spricht man von Biegedruck σ_D und Biegezug σ_Z. Analog zum Verlauf der Leimfuge in Bild 3.3.37d läßt sich der Spannungsverlauf im Querschnitt darstellen. In der Trägerachse 0 - 0 ist nach obigem die Biegespannung 0, daher lassen sich die Träger längs dieser Achse problemlos lochen, vgl. Bild 3.3.24.

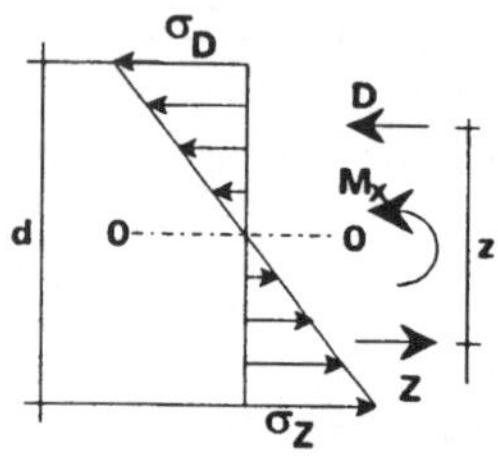

Bild 3.3.42: Biegespannungen

Summiert man alle Druck- bzw. Zugspannungen über die Fläche auf, erhält man eine Druck- und eine Zugkraft, jeweils im Schwerpunkt der zugehörigen Teilflächen. Beide sind entgegengesetzt gleich groß und bilden ein Kräftepaar, das dem Schnittmoment M_x das Gleichgewicht hält. Da M_x nur vom statischen System und der Belastung, nicht vom Querschnitt abhängt, ist einsichtig, daß der Hebelarm z zwischen dem Kräftepaar dessen Größe und damit die Materialbeanspruchung steuert. z aber ist abhängig von der Schwerpunktlage des gedrückten bzw. gezogenen Querschnittes. Je weiter deren Flächenanteile von der Trägerachse entfernt sind, desto größer wird der Hebelarm. Es kommt also nicht so sehr auf die Querschnittsgröße A an sondern vielmehr darauf, wie ihre Flächenanteile zur Trägerachse angeordnet sind. Ein Kennwert dafür ist das **Trägheitsmoment** J_0 bezüglich der Trägerachse.

Wegen dieser Abhängigkeit der Tragfähigkeit vollwandiger Biegeträger von der strategischen Lage der Fläche zur Trägerachse bezeichnet Engel sie als "massenaktive Tragsysteme".

Nachstehende Tabelle 3.3.43 verdeutlicht diese Abhängigkeit: das aufnehmbare Moment M einer konstanten Gesamtfläche A steigt mit der Entfernung der Teilflächen zur Achse 0 - 0.
Das Trägheitsmoment J_0 ist eine reine Querschnittskenngröße, die nichts mit dem Material zu tun hat, aus dem ein Träger besteht. Diese Verbindung wird durch einen weiteren Kennwert hergestellt, der das Spannungs-

Dehnungsverhalten charakterisiert: der *Elastizitätsmodul E*. Das Produkt beider Größen ist die *Biegesteife EJ*. Sie ist bei Holz am kleinsten, bei Stahl am größten.

Tabelle 3.3.43: Variierende Trägheitsmomente J_0 bei konstanter Fläche A = 1000 cm^2.

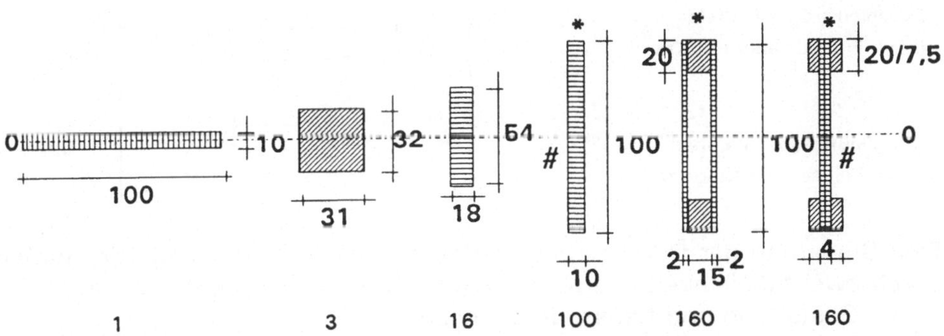

1 3 16 100 160 160

Steigerung des Trägheitsmomentes bzw. Zunahme der Tragfähigkeit

* Diese Querschnitte sind am oberen Rand gegen Kippen zu sichern (d/b > 4)

Steglochungen in Trägerlängsachse möglich

Der Aufbau des Gleichgewichtszustandes zwischen Schnittgrößen und Materialbeanspruchung ist, wie oben schon erwähnt, durch Verformungen gekennzeichnet. Während die von der Querkraft hervorgerufenen meist vernachlässigbar klein sind, müssen die bei Biegung entstehenden nachgewiesen und häufig in ihrer zulässigen Größe beschränkt werden, um Schäden oder Nutzungseinschränkungen zu vermeiden. So beispielsweise bei Trennwand tragenden Decken (vgl. Kap.2) oder bei Flachdachdecken mit Randentwässerung und der Gefahr sich mittig bildender Wassersäcke. Die Werte zulässiger Größtdurchbiegungen liegen zwischen 1/200 und 1/500 der *ideellen Stützweite* L_i eines Trägers.

Ideelle Stützweite ist der Abstand zwischen den Wendepunkten der Biegelinie, die dann auftreten, wenn das Krümmungsvorzeichen wechselt. Die Biegelinie des Einfeldträgers (Bild 3.3.39) hat ihre Wendepunkte in den Auflagern. Reelle Stützweite L und ideelle Stützweite L_i sind gleich groß. Beim Einfeldträger mit Kragarm wendet die Biegelinie an der Übergangsstelle vom positiven zum negativen Feldmoment. L_i wird kürzer als die reelle Feldweite L.

Allgemein gilt: $L_i = \alpha \cdot L$ (Werte für α siehe Tabelle 3.3.44), wobei das kleiner werdende L_i nicht nur die Durchbiegungen, sondern auch die Biegemomente im Feld verringert.

Tabelle 3.3.44: Größen des Beiwertes α

Statisches System	Biegelinie	α
Einfeldträger	L_i	1,0
Durchlaufträger-Endfeld (bzw. Einfeldträger mit Kragarm)	L_i	0,8
Durchlaufträger-Innenfeld (bzw. beidseitiger Kragarm)	L_i, L	0,6

Eine Steuerung der Durchbiegung langer Träger ($L_i \geq 4{,}50$ m) wird mithin durch zwei Möglichkeiten erreicht, die auch Rückwirkungen auf die planerische Gestaltung und Baustoffwahl haben:

- Vergrößerung des Trägheitsmomentes beispielsweise analog Tabelle 3.3.43
- Veränderung des statischen Systems vom Einfeldträger zu einem mit Kragarm und zum Durchlaufträger.

Ähnlich entwurfsbeeinflussend können zwei weitere Querschnittsmodifikationen sein:

Der Vierendeel- und der unterspannte Träger.

Stellt man sich das in Bild 3.3.24 gelochte Walzprofil noch weiter aufgelöst vor, entsteht der **Vierendeelträger**, benannt nach seinem Erfinder, ein strebenloses Pfostentragwerk oder Rahmenträger. Die Tragwirkung auf Biegung bleibt erhalten, nur wird die Materialbeanspruchung als Folge der maximalen Auflösung sehr hoch, der konstruktive Aufwand beträchtlich. Die Pfosten sind biegesteif an die Gurte anzuschließen, da sonst das System beweglich wird.

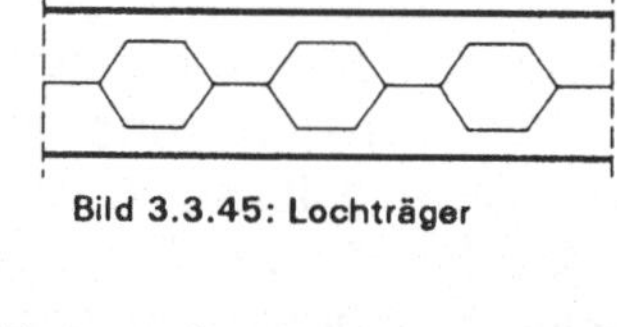

Bild 3.3.45: Lochträger

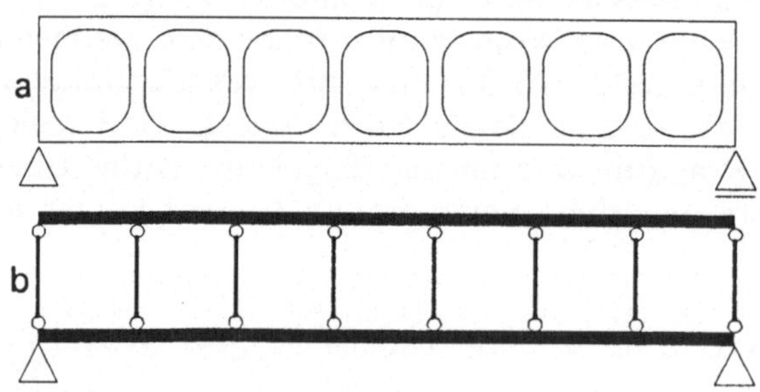

Bild 3.3.46: a Vierendeelträger
b bewegliches System

Bild 3.3.47: Vierendeelträger als geschoßhoher Abfangträger

Es eignet sich im Hochbau besonders für die geschoßhohe Ausführung stark belasteter Abfangträger, da die große Öffnungsfläche eine Querbegehbarkeit planerisch nicht beeinträchtigt oder für gedeckte Fußgängerstege zwischen Gebäuden, wenn die erforderliche Trägerhöhe die Geländerhöhe übersteigt.

Bei unterspannten Trägern schafft die Abspannung Zwischenauflager, die es erlauben, den Trägern intern als Mehrfeldträger anzusehen, obschon er nach außen ein Einfeldträger bleibt, der seine gesamte Belastung auf die zwei reellen Auflager abträgt. Die Unterspannung macht den Träger bei großen Spannweiten wirtschaftlich, da Biegemomente und Querschnitt erheblich reduziert werden. Bei den Abspannseilen ist wichtig, daß jeder Abspannpunkt nach zwei verschiedenen Richtungen umgelenkt wird (Bild 3.3.48e). Die Spannseile sind an den Auflagern am Träger angeschlossen. Damit gelangen die Lasten der Zwischenstützung als Längsdruckkräfte wieder in den Träger und beanspruchen ihn zusätzlich zur Biegung auf Knicken. Der untere Abspannpunkt 2 der Zwischenstützung ist ebenfalls gedrückt. Dadurch kann das Spannseil quer zu seiner Ebene ausweichen, ähnlich dem Drahtseil unter den Füßen des Artisten. Die Stabilisierung erfolgt im allgemeinen mittels Spannseilen bis in den Druckgurt der Nachbarträger, wie in Bild 3.3.48f dargestellt.

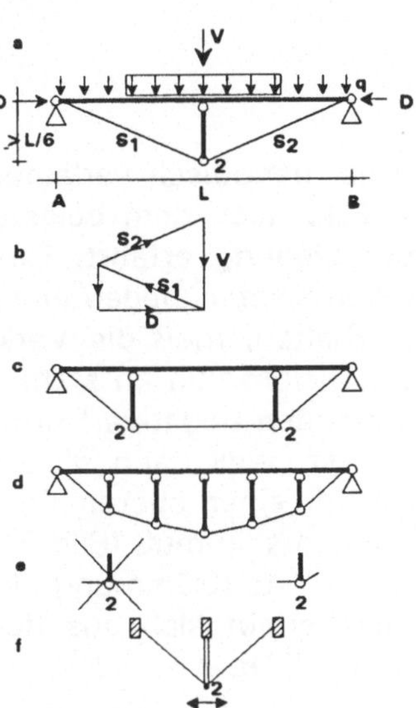

Bild 3.3.48: Unterspannter Träger

a einfach unterspannt
b Umlenkungen der Stützkraft V
c zweifach unterspannt
d mehrfach unterspannt
e zulässige Spannseilumlenkung
f Querabspannung der Zwischenstütze

Die Rückdrehbarkeit der Biegelinie über dem Auflager in Bild 3.3.34a ist die Ursache für die Funktionsfähigkeit des Kragarmes und des **Durchlaufträgers.** Ermöglicht wird sie durch das kontinuierliche elastische Materialverhalten eines Trägers in Holz oder Stahl, der nicht durch ein Gelenk wie in Bild 3.3.34b unterbrochen ist (Stahlbeton erfordert für dieses kontinuierliche Verhalten Bewehrung am gezogenen Trägerrand). Erzeugt wird die Rückdrehung durch Belastung der Nachbarfelder, die über der Stütze jeweils ein die Biegelinie zurückdrehendes Moment aufbauen.

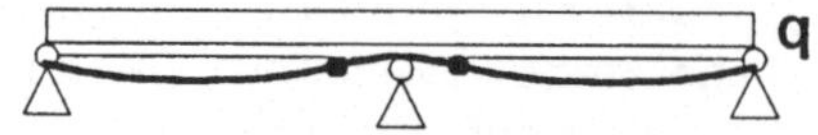

Bild 3.3.49: Rückdrehung durch Nachbarfeldbelastung

Wird keines der Nachbarfelder belastet (gewichtslos gedachter Träger) erfolgt die Rückdrehung durch die Verankerungskräfte an den Nachbarauflagern. Diese werden erforderlich, da sonst der Träger abgehoben würde.

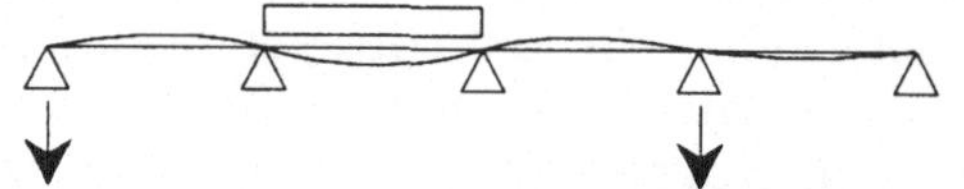

Bild 3.3.50: Rückdrehung durch Verankerungskräfte

An der periodisch verlaufenden Biegelinie zeigt sich, daß jedes übernächste Feld nach dem belasteten eine gleichgerichtete, wenn auch kleinere Durchbiegung erfährt. Hinsichtlich der "ungünstigsten Laststellung" für Verkehrslasten bedeutet dies: um die größte Durchbiegung eines Feldes zu erhalten, muß die Verkehrslast im übernächsten Feld angesetzt werden. Gleichzeitig entsteht im dazwischenliegenden Feld die kleinste unter Umständen negative Durchbiegung, was für Stahlbetonträger von Bedeutung ist, weil dann dieses ganze Feld mit einer oberen Bewehrung versehen sein muß (Bild 3.3.51a). Die stärkste Krümmung über einer Stütze ergibt sich aus dem Lastbild 3.3.51b.

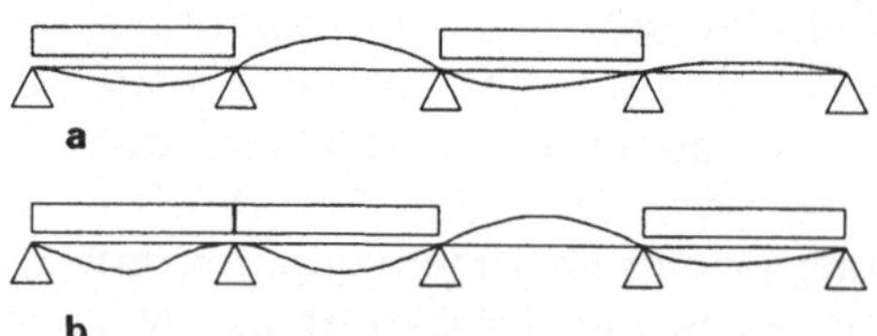

Bild 3.3.51: ungünstigste Laststellungen

Durchlaufträger haben ihre größten Feldmomente und Durchbiegungen im Endfeld. Gegenüber einem Einfeldträger gleicher Stützweite und Belastung verringern sich diese um 25 - 30%. Der Träger ist folglich in den Feldern mit geringeren Querschnitten dimensionierbar. Dafür treten Momente über den Stützen auf, die durchweg höher sind als die Feldmomente. Als Folge

davon vergrößern sich die Quer- bzw. Stützkräfte über den Innenstützen und verringern sich die über den Endstützen.
Beim Zweifeldträger beträgt diese Vergrößerung an der Mittelstütze gegenüber dem Anteil der tatsächlichen Belastung + 25%, die Verringerung an den Endstützen liegt bei - 12,5%. Bei Mehrfeldträgern reduzieren sich diese Größen auf + 15% bzw. - 10%.

Daraus resultieren konstruktive Konsequenzen, die mitunter auch auf die Entwurfsplanung des Architekten zurückwirken:

- Die über den Innenstützen notwendigen größeren Querschnitte werden vielfach durch *Vouten* bewältigt, die mit ihrer veränderlichen Höhe sich gleichermaßen dem Momenten- wie Querkraftverlauf anpassen. Diese Voutenbildung kann auch in der Breite erfolgen, was man bei I-Bindern häufig macht (vgl. Bild 4.3.11).

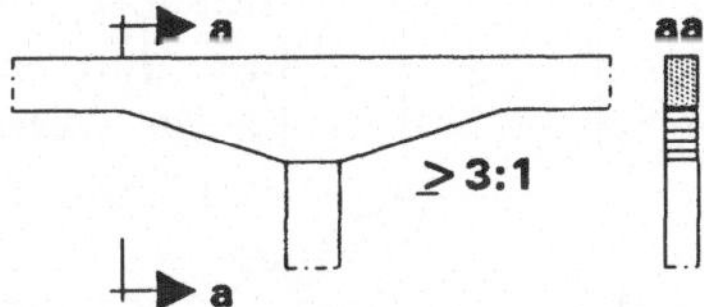

Bild 3.3.52: Vouten über Innenstützen

- Stützenabmessungen folgen den Stützkräften mit geringeren Querschnitten an den Rand- und größeren an den Innenstützen.

- Reduzierung der Endfeldmomente auf die Größe derer in den Innenfeldern durch Verkürzung des Endfeldes (vgl.Kap.4) oder durch Kragarme über den Randstützen.

Wegen ihrer Wirtschaftlichkeit sind Durchlaufträger häufig verwendete Tragelemente. Ihre Grenzen ergeben sich durch Lieferlängen, Transportbedingungen und Kupplungsprobleme der Einzelstücke beim Zusammenbau von Fertigteilen. Im Ortbetonbau mit seinen Möglichkeiten der kontinuierlichen Bewehrung sind Durchlaufträger ein nahezu zwangsläufiges Tragelement.

3.3.4 Fachwerkträger

Löst man in Bild 3.3.46b und 3.3.48 die Kontinuität der Gurtträger dadurch auf, daß sie gelenkig aufgeschnitten werden, sind die Systeme instabil bis auf das in Bild 3.3.48a. Ursache für dessen unveränderte Stabilität ist das Vorhandensein von *Dreieckszellen.*

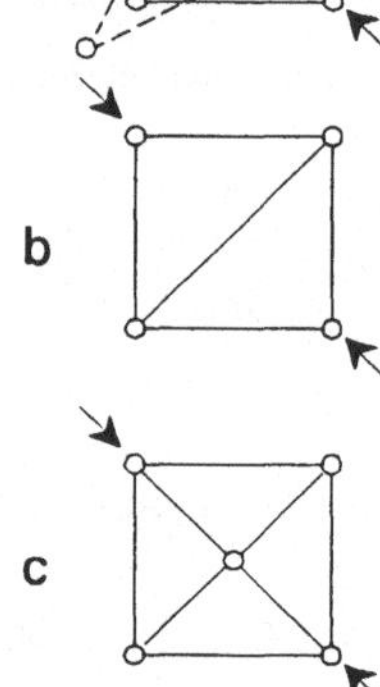

Gelenkvierecke sind beweglich, der Einbau einer Diagonalen macht sie stabil. Eine zweite Diagonale erhöht zwar die Steifigkeit, ist jedoch zur Stabilisierung unnötig, wenn die Diagonalen zug- und druckfest ausgebildet werden können. Sind die Diagonalen nur Zugstäbe, müssen beide eingebaut werden. Macht man dasselbe bei den zuvor genannten Gelenkträgern, entstehen Fachwerkträger, ein jeweils gelenkiger Zusammenschluß von Stäben in einer kontinuierlichen Folge von Dreiekken.

a Bewegliches Gelenkviereck
b ausgesteift durch zug- und druckfähige Diagonale
c ausgesteift durch 2 Zugdiagonalen

Bild 3.3.53: Dreieckszellen

Im einfachsten Fall sind Fachwerke Träger auf zwei Stützen, deren äußere Belastung in Richtung der Stäbe umgelenkt wird und dort nur Normalkräfte - Druck- bzw. Zug - längs der Stabachsen, jedoch keine Biegung erzeugt. Dies setzt voraus, daß die äußeren Lasten in den Gelenkpunkten (Knoten) eingetragen werden und die Stabachsen so angeordnet sind, daß sie sich ohne Exzentrizität in den Knoten schneiden. Daher stammt auch der von H. Engel geprägte Begriff "vektoraktive Tragsysteme".

Die Tragwerksform erzeugenden Hüllstäbe werden als *Gurte (Ober- und Untergurt)* bezeichnet, die Ausfachung erfolgt mit *vertikalen (Pfosten, Ständer) und schrägen Füllstäben (Streben, Diagonalen).*

Die Einteilung der Fachwerkträger erfolgt nach ihren Hüllformen und der Füllstabanordnung (Tabelle 3.3.54).

Tabelle 3.3.54: Regelformen symmetrischer Fachwerkträger

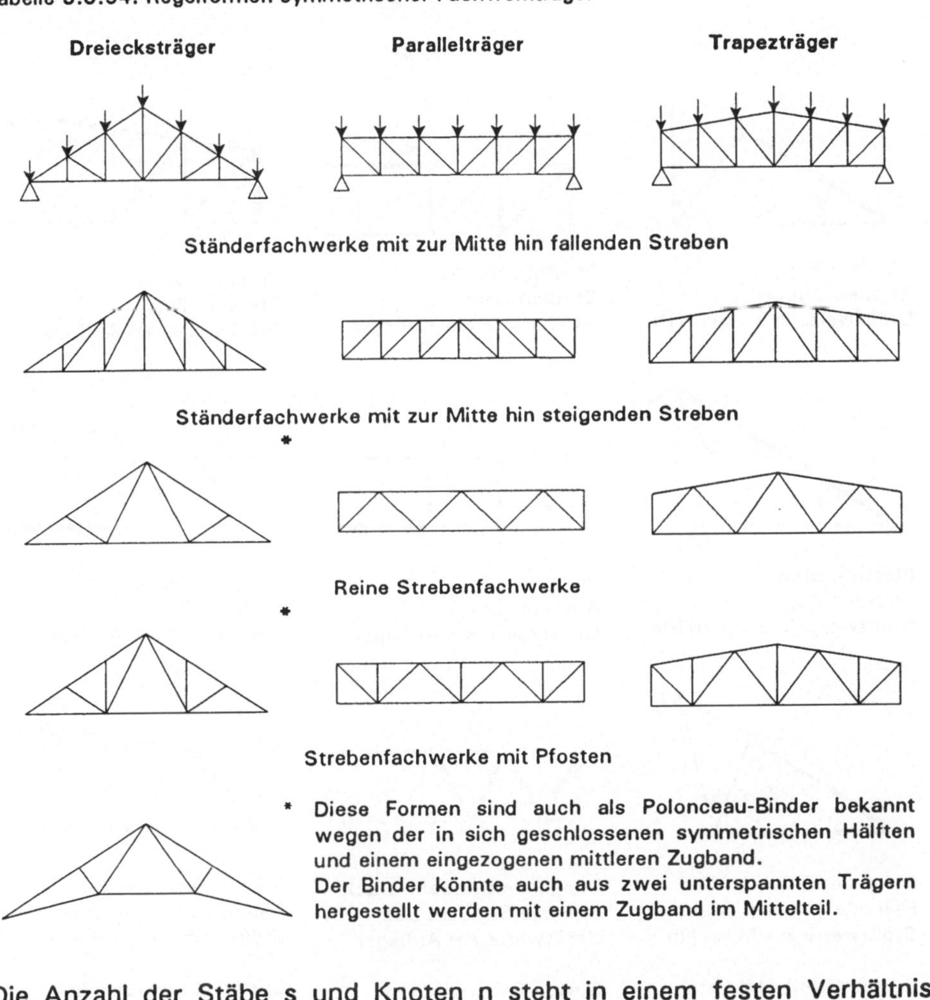

Die Anzahl der Stäbe s und Knoten n steht in einem festen Verhältnis zueinander. Es muß gelten: $s = 2 \cdot n - 3$, damit das Fachwerk nicht beweglich ist.

Mit $s > 2 \cdot n - 3$ wird das Fachwerk zunehmend steifer analog dem Gelenkviereck in Bild 3.3.49c. Aus Gründen der Stabilität ist dies jedoch dann nicht erforderlich, wenn die Stäbe entsprechend zug- und druckfest ausgebildet und angeschlossen werden können.

Die Verteilung der Stabkräfte für den Fall einer gleichförmigen Streckenlast über die gesamte Trägerlänge wird in Tabelle 3.3.55 quantitativ angegeben.

Tabelle 3.3.55: Stabkräfte in Regelfachwerken bei gleichförmiger Obergurtstreckenlast

Dreiecksträger	Parallelträger 	Trapezträger
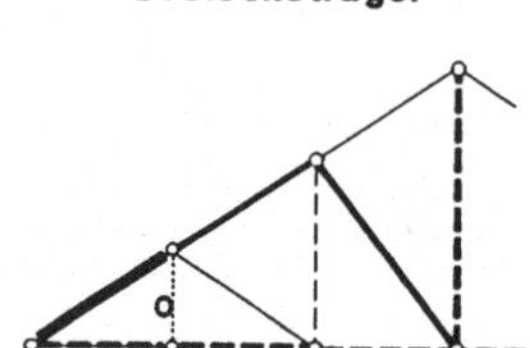	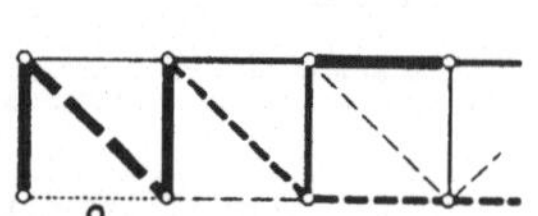	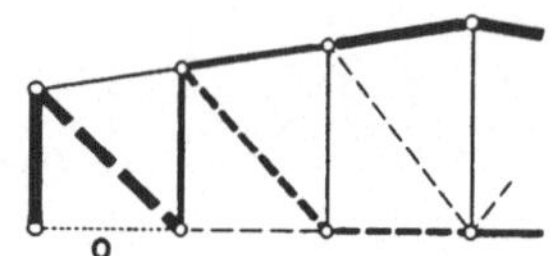
Pfosten: Zug Streben: Druck Größtwerte in Trägermitte	Pfosten: Druck Streben: Zug Größtwerte am Auflager	Pfosten: Druck Streben: Zug Größtwerte am Auflager
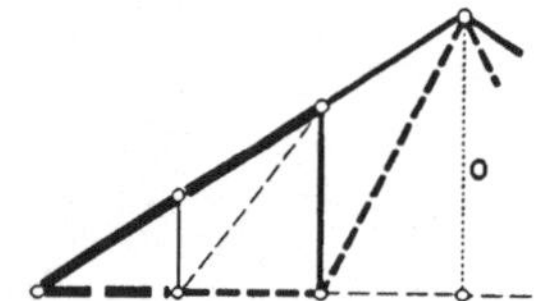	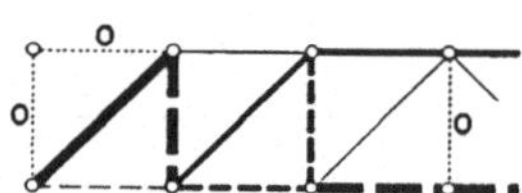	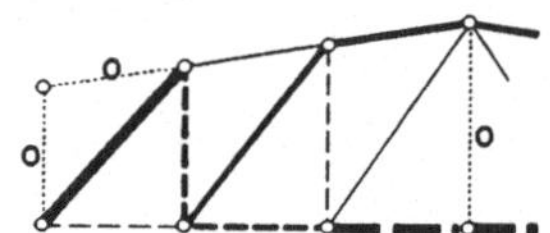
Pfosten: Druck Streben: Zug Größtwerte in Trägermitte	Pfosten: Zug Streben: Druck Größtwerte am Auflager	Pfosten: Druck Streben: Zug Größtwerte am Auflager
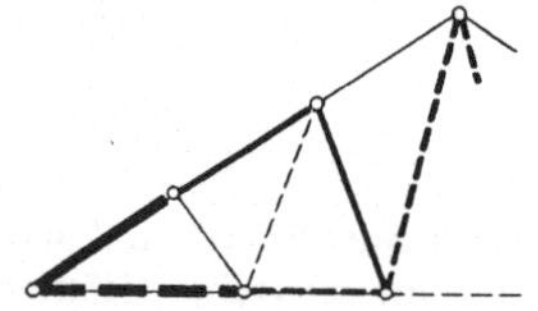	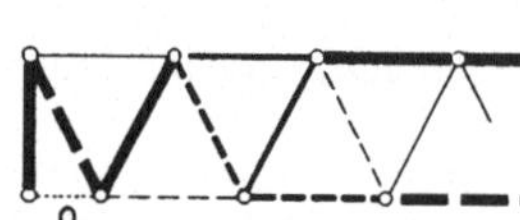	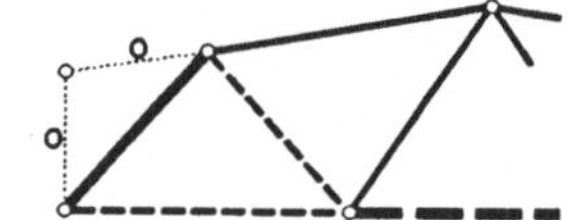
Steigende Streben: Zug Fallende Streben: Druck Größtwerte zur Mitte hin	Steigende Streben: Druck Fallende Streben: Zug Größtwerte am Auflager	Steigende Streben: Druck Fallende Streben: Zug Größtwerte am Auflager
Gurte: Größtwerte am Auflager	Gurte: Größtwerte in Trägermitte	Gurte: Größtwerte in Trägermitte Die Kombination aus Dreieck und Parallelträger verteilt die Stabkräfte gleichmäßiger

——— ≡ Druckstab; - - - - ≡ Zugstab ----0---- ≡ Nullstab

Bei weitmaschigen Netzbildungen der Füllstäbe können Druckstablängen und damit die Knickbeanspruchung groß werden.

Engmaschige Lösungen ergeben sich beim sog. K-Fachwerk (Bild 3.3.56) und den variablen Rautenfachwerken (Bild 3.3.57).

Beide Formen sind im Hochbau selten, obschon die engmaschige Ausführung geringere Stabkräfte und günstigere Knotenausbildung ermöglicht.

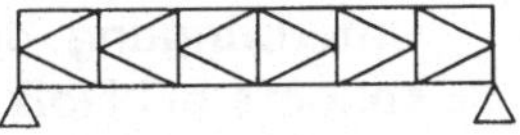

Bild 3.3.56: K-Fachwerk

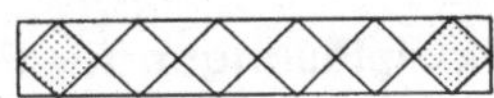

Bild 3.3.57: Rautenfachwerke

a unsymmetrische Netzenden; innerlich stat.best., s = 2n - 3

b symm.halbes Netzende innerlich stat.überbest. s > 2n - 3

c symm.volles Netzende beweglich, s < 2n - 3 Zusatzstab erforderlich

Aus gestalterischen Gründen bevorzugt man im Hallenbau bei sichtbar bleibenden Konstruktionen Füllsysteme, die als Sekundärstruktur einfach auf eine der Regelformen aufgesetzt werden, um verkürzte und kleinquerschnittige Obergurtstäbe zu erhalten.

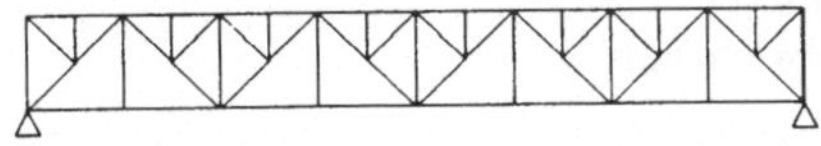

Bild 3.3.58: Weiträumiges Streben-FW mit Pfosten und engmaschiges Obergurt-Sekundärnetz.

Bevorzugte Einsatzbereiche von Fachwerkträgern sind Dachkonstruktionen mit weitgespannten Bindern, in geringerem Umfang auch Deckenträger im Stahlskelett- Geschoßbau. Während bei Vollwandbindern die maximale Stützweite auf ca. 35 m beschränkt wird infolge Eigengewicht und Transportlängen, erlauben die sehr viel leichteren Fachwerkbinder Stützweiten bis ca. 70 m bei möglichen Transportteillängen. Neben der sehr viel geringeren Flächenmasse des Fachwerkbinders einem vergleichbaren Vollwandbinder gegenüber ($m_{FW} : m_{VW} \sim 1 : 3$) sprechen weitere Vorteile für ihn:

- Wirtschaftliche Materialauslastung
- Leichte Anpassungsfähigkeit der erforderlichen Querschnitte an den Kraftfluß
- Transport in Teilen und einfacher Zusammenbau vor Ort
- Großräumige Öffnungen für die Querdurchführung von Installationstrassen
- Weitgehende Gestaltungsfreiheit der Form
- Kraftflußbetonende Materialkombinationen in Holz/Stahl.

Probleme treten auf bei:

- Behinderung der gelenkigen Knotenausführung
- Exzentrische Anschlüsse der Stäbe
- Zusätzliche Biegebeanspruchung infolge direkt auf die Stäbe einwirkender äußerer Belastung

- Unterbringung der erforderlichen Verbindungsmittel im Knoten, besonders bei Holz, und Verwendung sichtbarer Knotenbleche
- Durchbiegung infolge des Schlupfes der mechanischen Verbindungsmittel (Schrauben, Dübel, Bolzen).

Prinziplösungen für Fachwerkträger

Stahl

Bild 3.3.59: Parallelgurtiges Strebenfachwerk

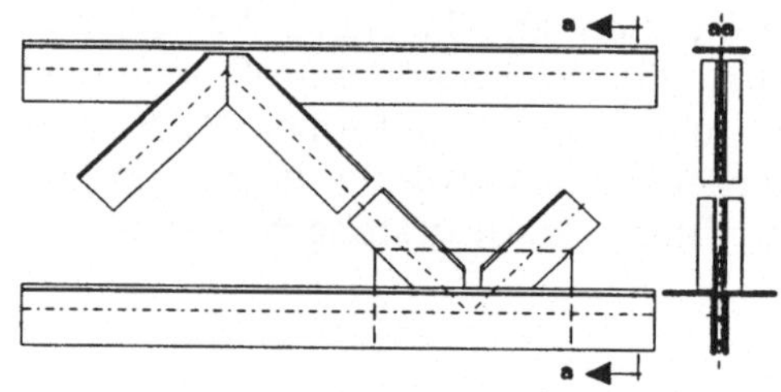

Einfachgurte T-Profile
Füllstäbe L-Profile möglichst symmetrisch
(zweiteilig)

Zwillingsgurte][mit zwischenliegendem Knotenblech.
Füllstäbe L, T, am Knotenblech verschweißt.

Bild 3.3.60: Fachwerk aus Walzprofilen

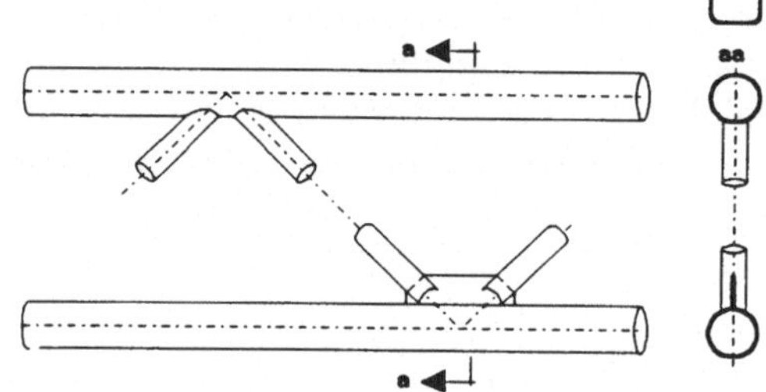

Gurte und Füllstäbe aus Rund- oder Rechteckrohren.
Füllstäbe mit den Gurten verschweißt.

Gurte und Füllstäbe wie vor.
Verschweißung mittels Knotenblechen, die in die Rohre eingeschlitzt werden.

Bild 3.3.61: Fachwerk aus Rohrprofilen

Holz

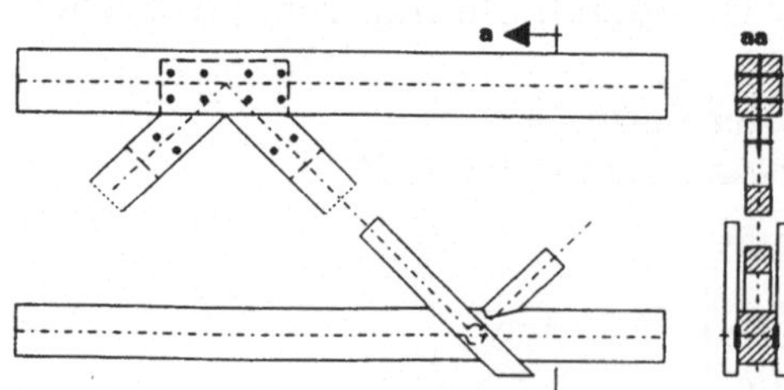

Einteilige Gurte und Füllstäbe aus Kantholz (VH bzw. BSH). Eingeschlitzte Knotenbleche mit Stabdübelverbindung.

Einteiliger Gurt + gedrückter Füllstab; Zugstrebe zweiteilig mit Dübeln. Wegen erf. Vorholzlänge Binderüberstand!

Bild 3.3.62: Fachwerk aus Kanthölzern

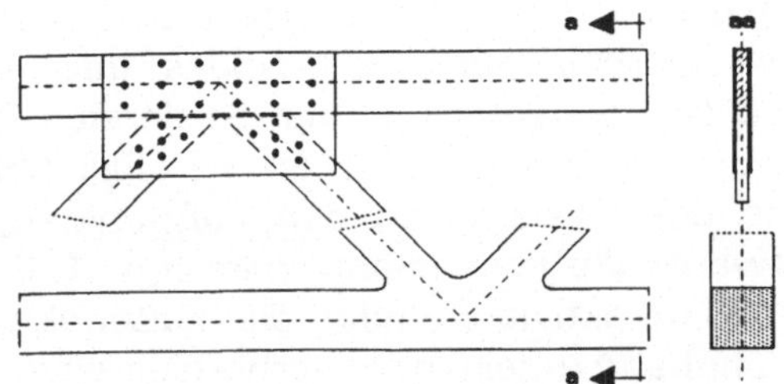

Einteiliger Bretterbinder für leichte Dachkonstruktionen und Windverbände; Verbindungen mittels beidseitigen Nagelplatten.

Stahlbetonlösung mit ausgerundeten Ecken und gleich breiten Gurt- und Füllstäben.

Bild 3.3.63: Oben hölzernes Bretterfachwerk
Unten STB Fertigteilfachwerk

3.3.5 Rahmen

Eine ganz erhebliche Verringerung der Felddurchbiegung ist zu erreichen, wenn man den Einfeldträger mit zwei symmetrischen Kragarmen folgender Modifizierung unterwirft: der gewichtslos gedachte Träger wird an den Kragarmenden mit zwei Einzelkräften belastet, wobei er sich nach Bild 3.3.64 verformt.

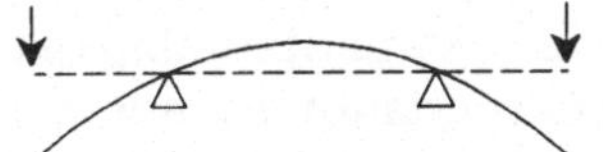

Bild 3.3.64: Feldverformung durch Kragarmbelastung

Dieselbe Verformung ergibt sich am System des Bildes 3.3.65, wenn in der Ecke die Kontinuität eines Trägers mit Kragarm beibehalten werden kann. Dies wird ermöglicht durch eine entsprechend biegesteife Ausführung, welche die Eckenform auch bei Drehung mitnimmt.

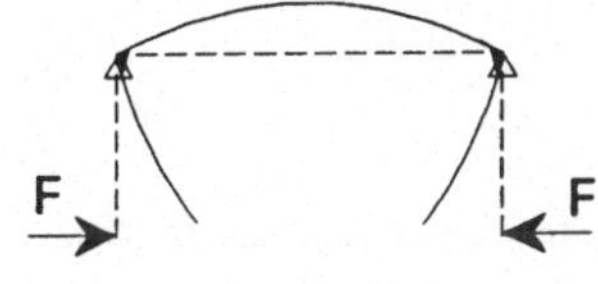

Bild 3.3.65: Verformung eines in den Ecken gelagerten geknickten Stabzuges infolge F

Wird jetzt das Feld mit der Streckenlast q beansprucht, verformt sich das System nach Bild 3.3.66.

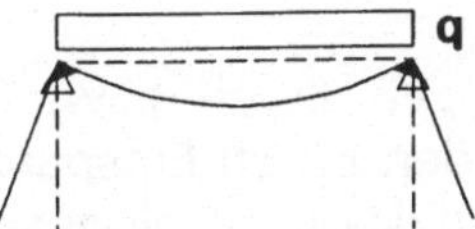

Bild 3.3.66: Verformung des obigen Systems infolge q

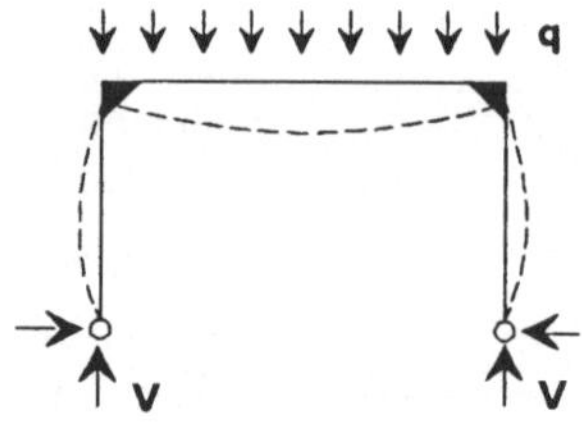

Bild 3.3.67: Mit q belasteter Zweigelenkrahmen

Eine Überlagerung beider Fälle ergibt dann die tatsächliche Durchbiegung des Feldes infolge der Streckenlast q - sofern an den Stielenden 2 Kräfte F vorhanden sind. Dies ist der Fall bei Abstützung des Systems an den Fußpunkten, wobei entweder die Fundamente derartige Kräfte als Reaktion aktivieren oder die Fußpunkte durch ein Zugband miteinander verbunden sind.

Die zwei unverschieblichen gelenkigen Auflager aktivieren vier Stützkräfte. Das System ist einfach statisch unbestimmt gelagert. Es wird als Zweigelenkrahmen bezeichnet mit Stielen und Riegel. Legt man im Riegel ein weiteres Gelenk an, etwa in der Mitte oder anstelle einer biegesteifen Ecke, entsteht eine zusätzliche Bedingung Σ M = 0. Das System wird statisch bestimmt gelagert, sog. Dreigelenkrahmen.

Die Momentenfähigkeit der biegesteifen Ecke erlaubt es auch, Horizontalkräfte im Riegel durch Biegung in die Fundamente abzuleiten, was zusätzliche Tragelemente erspart bei der Stabilisierung des Bauwerkes (vgl. Kap. 4.4).

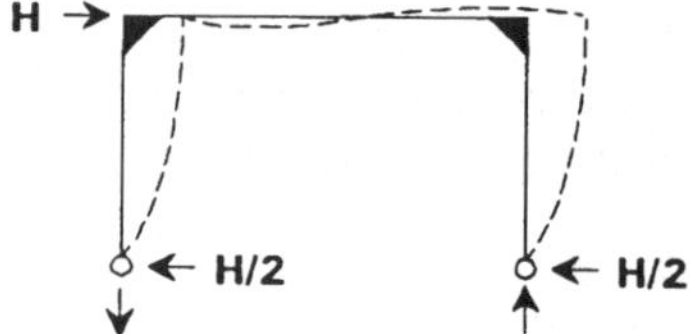

Bild 3.3.68: Zweigelenkrahmen unter H-Krafteinwirkung

Die Verringerung der Durchbiegung hängt weitgehend von der Verformungssensibilität des Systems ab. Diese orientiert sich an den Trägheitsmomenten von Riegel und Stielen, außerdem, wie aus Bild 3.3.64 ersichtlich, von dem Verhältnis der Stiel- zur Riegellänge: je größer der Stielquerschnitt und je geringer die Stielhöhe, desto größer werden die Eckmomente.

Bei den Zwei- bzw. Dreigelenkrahmen können die Fußgelenke versteift werden durch Einspannung in die Unterkonstruktion. Es entsteht dann der gelenklose voll eingespannte Rahmen mit großer Biegesteifigkeit aber auch mit großer Anfälligkeit gegenüber Zwängungskräften aus Temperatur- und Schwindverformungen.

4. SKELETTBAU

4.1 Definition

Der zu schaffende Raum ist mit einem Gerippe umstellt und überdeckt, das die Standsicherheit des Bauwerks gewährleisten muß und dessen Tragfähigkeit die Last der Hülle und die auf sie einwirkenden Kräfte aufnimmt.
Die waagrechte oder schräge Überdeckung erfolgt durch ein System von Trägerlagen, deren Hauptträger sich von Stütze zu Stütze spannen, während die Nebenträger auf den Hauptträgern liegen. Die vertikale Verbindung mit dem Baugrund bzw. einer tragenden Unterkonstruktion stellen Stützen her.

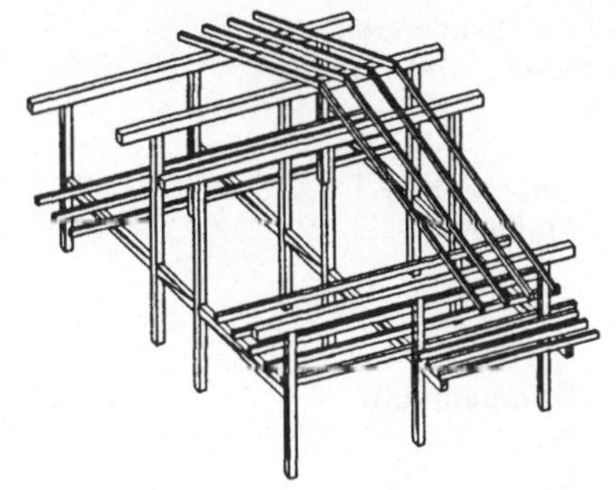

Bild 4.1.1:
Holzskelett für ein Wohnhaus

Ohne Zuhilfenahme von Stützen tragen Bogenelemente die gesamten Auflasten und Windkräfte direkt in die Fundamente ab.

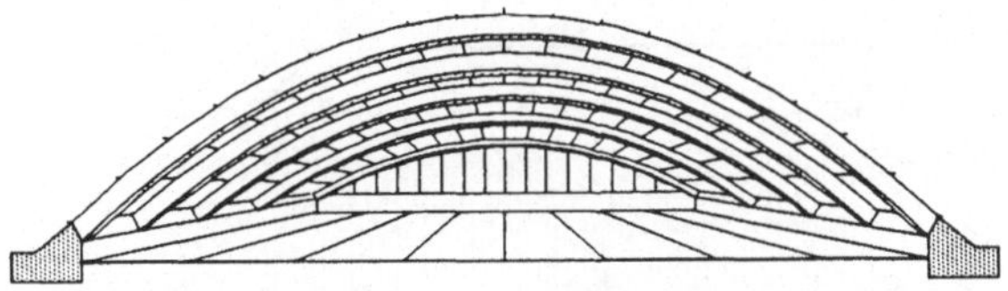

Bild 4.1.2:
Bogenkonstruktion in Brettschichtholz für eine Sporthalle.

Ohne Zuhilfenahme von Trägern setzen flächenüberspannende Tragelemente ihre Lasten und die einwirkenden Kräfte unmittelbar auf die Stützen ab.

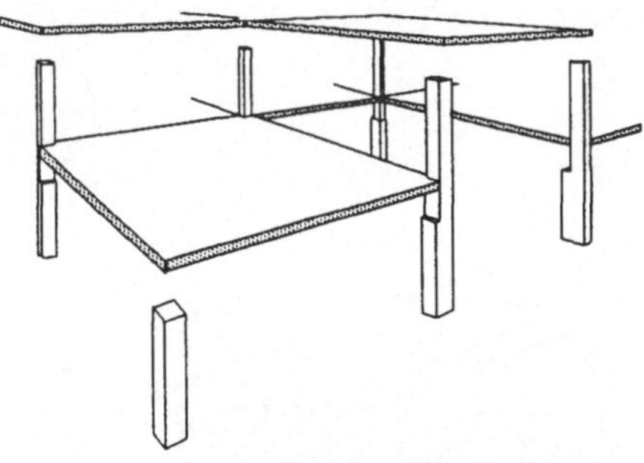

Bild 4.1.3:
Großformatige Trägerroste als Stahlbetonplattentragwerk für quadratische Stützenstellung.
Die Platten können höhenversetzt sein.

Die Bauwerkshülle - Überdeckung und seitlicher Raumabschluß - wird über das Gerippe gestülpt, ohne dessen Tragwirkung zu unterstützen und ohne den Zwang, das Gerippe völlig umhüllen zu müssen.

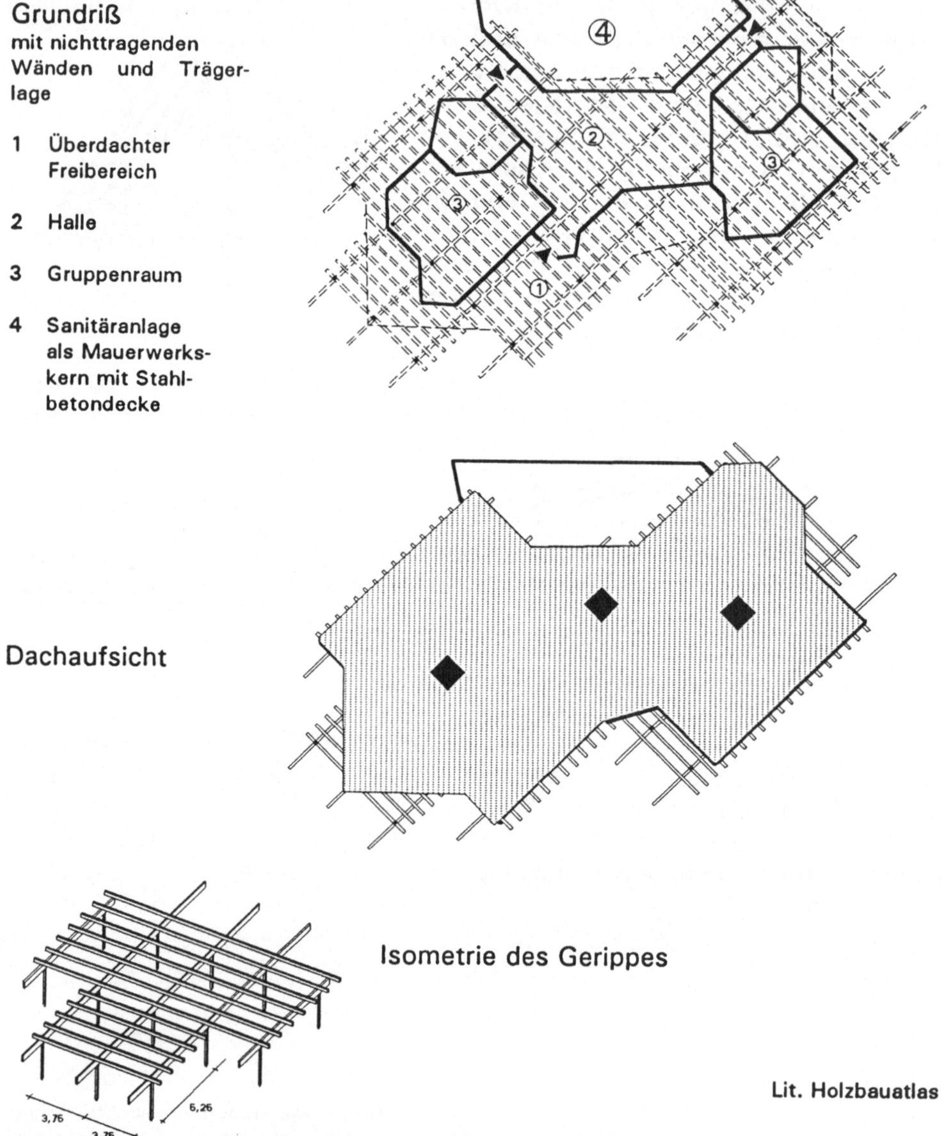

Bild 4.1.4: Kindergarten in Stuttgart, Architekten: Behnisch & Partner

Die Formenvielfalt der Gerippeelemente gestaltet und strukturiert das Bauwerk: der Raum folgt der Konstruktion ebenso, wie diese sich den funktionellen Forderungen anpasst:

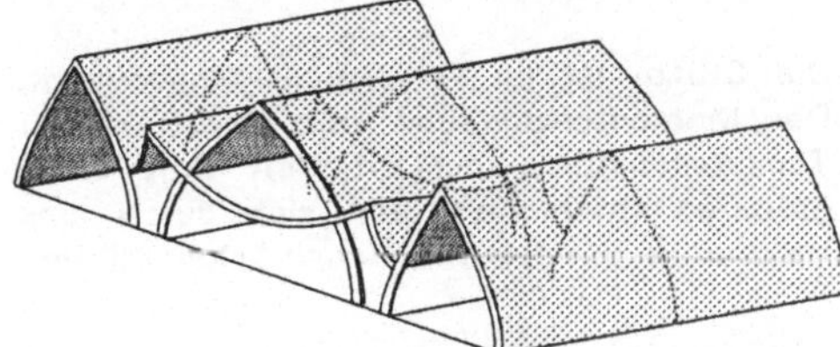

Die geschwungene Brettschichtkonstruktion der Markthallen in Quimper gestaltet Innenraum und das Bauwerk.

Bild 4.1.5: Markthallen in Quimper/Bretagne (Ausschnitt)

Das nationale Eisenbahnmuseum in Mulhouse ist ebenfalls eine Konstruktion aus Brettschichtholz.
Schräg zur Längsachse verlaufen gebogene Hauptträger (1) über die beiden Hallenschiffe, auf denen ebenfalls in Längsrichtung gebogene Dachpfetten (2 - 4) lagern. Sie dienen zur Erlangung von Dachöffnungen, die jeweils an einer Ecke so angehoben werden, daß dreieckige Oberlichter in zwei Richtungen entstehen. Dieses weitgehend blendungsfreie Belichtungssystem wirkt sich vorteilhaft auf das Innere der weitgestreckten Hallen aus.

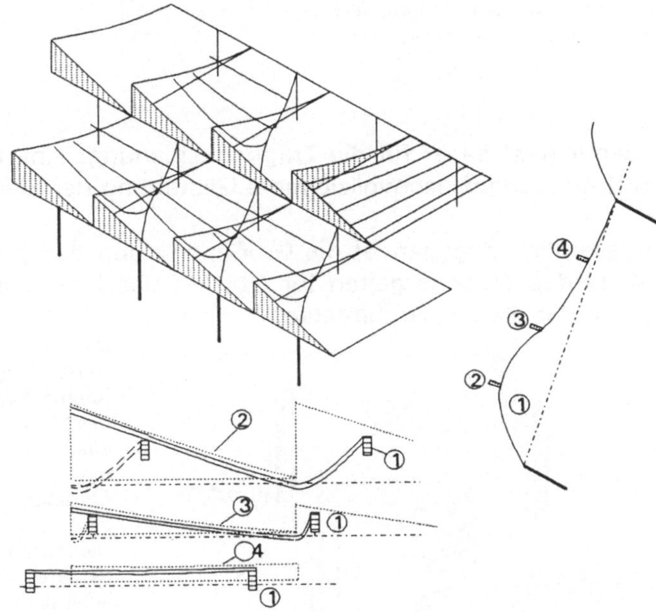

Bild 4.1.6: Eisenbahnmuseum in Mulhouse/Alsace (Ausschnitt)

Durch die Sichtbarkeit der Konstruktion werden jedoch auch Unglaubwürdigkeiten in ihrer Gestaltung offengelegt:

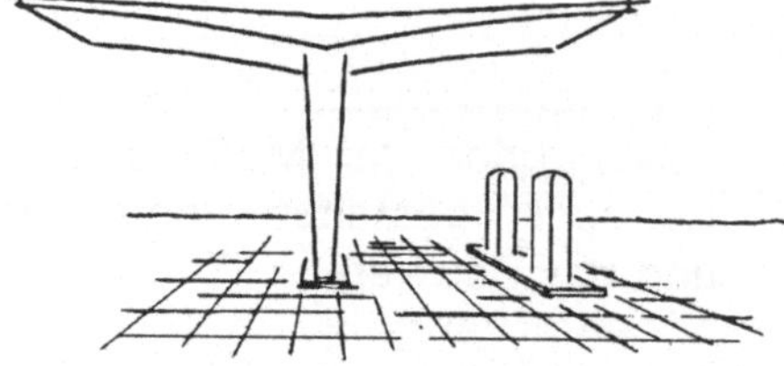

Die Stütze ist im Fundament eingespannt. Der Momentenzuwachs zum Fußpunkt der Tankstellenstütze hin erfordert dort einen größeren Querschnitt, der sich durch eine Verbreiterung nach unten ausdrücken müßte.

Bild 4.1.8: Tankstellenüberdachung

Die trapezförmigen Stützen der Längsseite deuten auf einen 2-Gelenkrahmen als Tragwerk in Querrichtung der Halle. Die gleichen Stützenformen an der Giebelseite sind rein formalistisch und ohne statisch begründete Notwendigkeit.

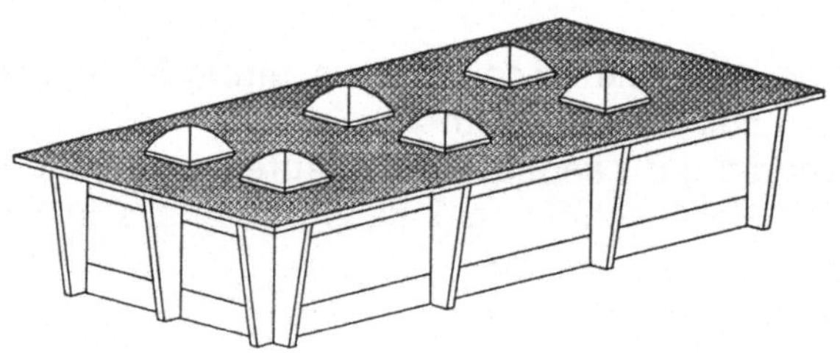

Bild 4.1.9: Halle

Wesentlich ist daher für die Tragwerksplanung: eine konstruktiv klare und den Kräfteverlauf nachvollziehbare Gestaltung der Elemente.

Unwesentlich dagegen ist die Größenordnung des Bauwerkes: die Grundgesetze des Tragens gelten für Objekte des Innenarchitekten gleichermaßen wie für die des Architekten.

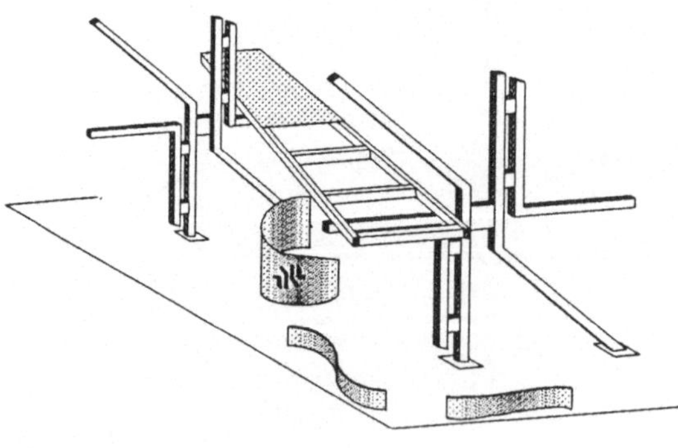

Das nach einem Modellphoto skizzierte Tragwerk besteht aus zwei Rahmenkonstruktionen, dem Logo des Deutschen Stahlbauverbandes aus Walzprofilen nachempfunden, mit Galeriesteg (die auf diesen Steg führende Treppe wurde weggelassen).

Die Konstruktion dient als demontierbarer Messestand und wurde anlässlich eines Studentenwettbewerbes für den DSTV 1987 preisgekrönt. Er stammt von einer Innenarchitektin der Akademie der Bildenden Künste, München.

Bild 4.1.10: Messestand des DSTV

4.2 Typologie der Skelettbauten

4.2.1 Bezeichnungen

Skelettkonstruktionen tragen ihre Lasten und Kräfte punktuell über Stützen nach unten ab, wobei die planerische Anordnung der Stützen einem Raumraster folgt, das als sog. Tragwerksraster im allgemeinen ein räumlich-rechtwinkliges Koordinatensystem darstellt. Es soll ein Rechtssystem sein, gemäß Bild 4.2.1

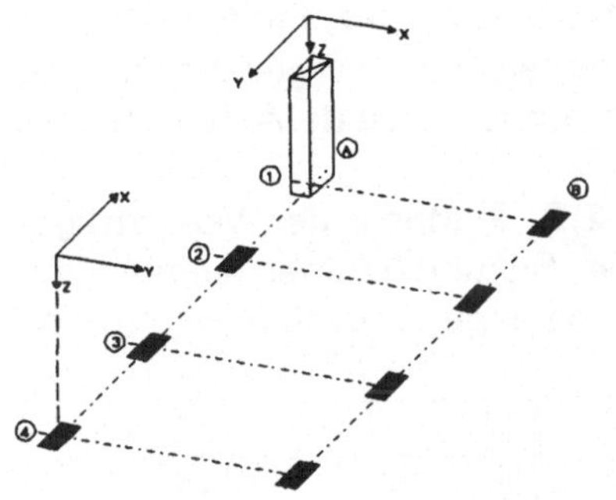

Bild 4.2.1: Koordinatensysteme

Werden die Lasten der Deckenkonstruktion nicht durch trägerlose Flächenelemente abgetragen (vgl.Bild 4.1.3), ergibt sich ein Trägerstapel, dessen Primärträger unmittelbar auf den Stützen lagern. Sie werden bezeichnet als: *Binder* bei Hallenüberdachungen, *Deckenhauptträger (-unterzüge)* bei Geschoßdecken. Stützweite = L, Rasterabstand = a.

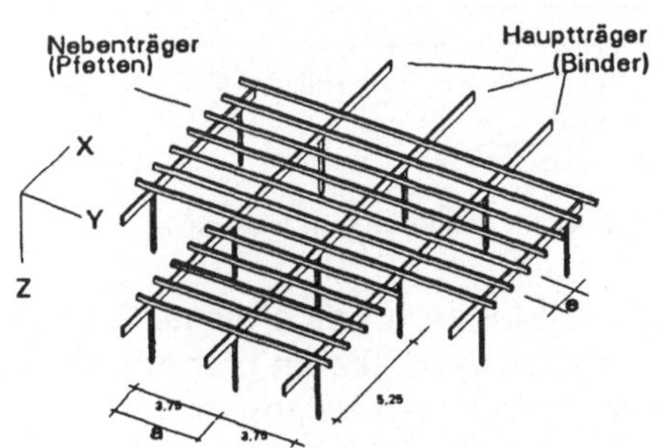

Bild 4.2.2: Eingeschoßiger Bau

Sekundärträger liegen im allgemeinen senkrecht zu den Primärträgern, mit der Stützweite = a und einem gegenseitigen Abstand = e.

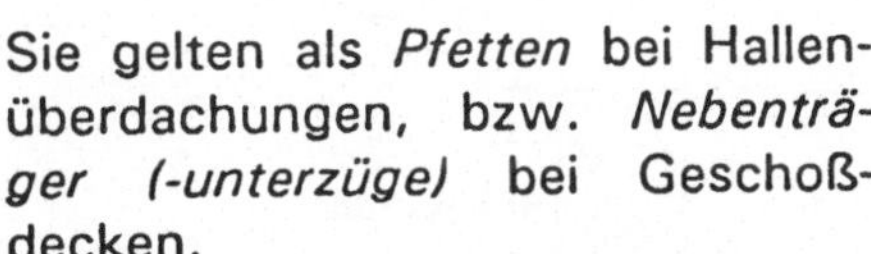

Sie gelten als *Pfetten* bei Hallenüberdachungen, bzw. *Nebenträger (-unterzüge)* bei Geschoßdecken.

Bei Pfettendachstühlen im Hausbau zählen die auf den Pfosten liegenden Hauptträger als Pfetten, die Nebenträger als *Sparren.* Bei Sparren- und Kehlbalkendächern hingegen fehlen die Pfosten und Pfetten; Hauptträger sind hier die Sparren.

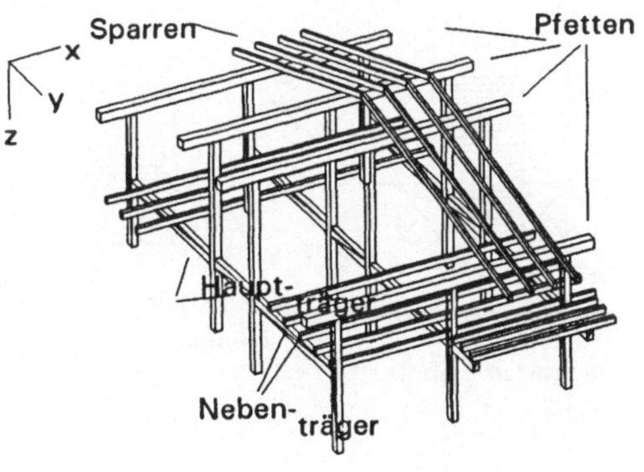

Bild 4.2.3: Geschoßbau mit Pfettendachstuhl

Stabilitäts- und Festigkeitsuntersuchungen zum Nachweis der Standsicherheit der Tragelemente gegenüber Lasten und Kräften sind jeweils getrennt für beide Achsenrichtungen vorzunehmen.

4.2.2 Systeme der Nebenträger

Die Sekundärträger liegen unmittelbar auf den Hauptträgern auf. Ihre Einbaulage ist in den folgenden 3 Positionen möglich:

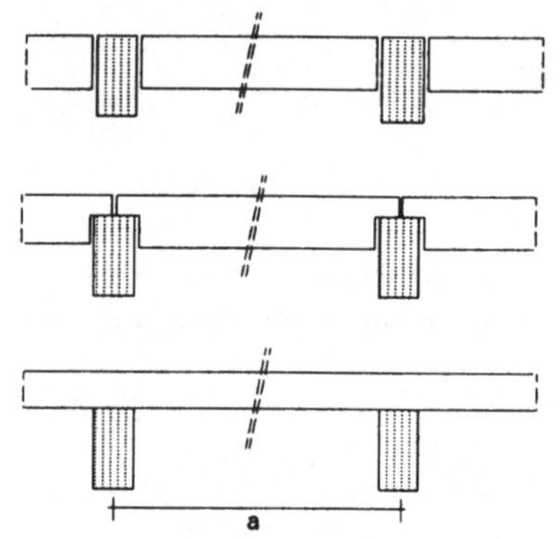

1. Zwischen den Hauptträgern liegend.
2. Auf die Hauptträger aufgesattelt (Nebenträger ausgeklinkt).
3. Über den Hauptträgern liegend als Durchlaufträger, Gelenkträger (Gerberträger), Koppelpfetten.

a = Spannweite der Nebenträger zwischen den Hauptträgern.

Bild 4.2.4: Einbaulagen von Nebenträgern

Entscheidungen für eine dieser 3 Einbaupositionen hängen ab:

- von der verfügbaren planerischen Konstruktionsgesamthöhe
- von statischen Belangen
- von der Baustoffwahl und dem erforderlichen konstruktiven Aufwand.

Prinziplösungen eingeschnittener und aufgesattelter Anschlüsse.

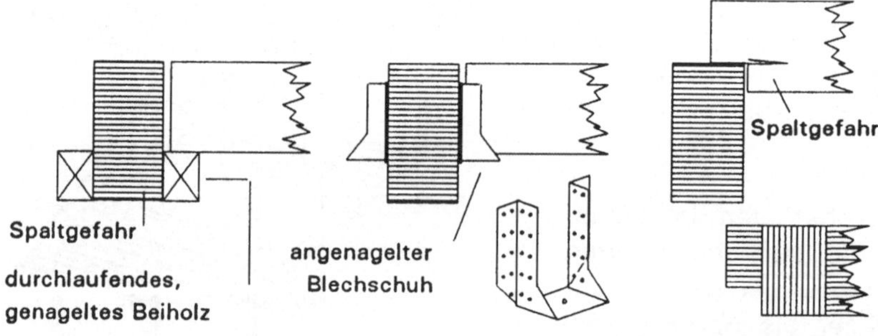

Bild 4.2.5:
Voll- und Brettschichtholz; nur Querkraft übertragende Anschlüsse

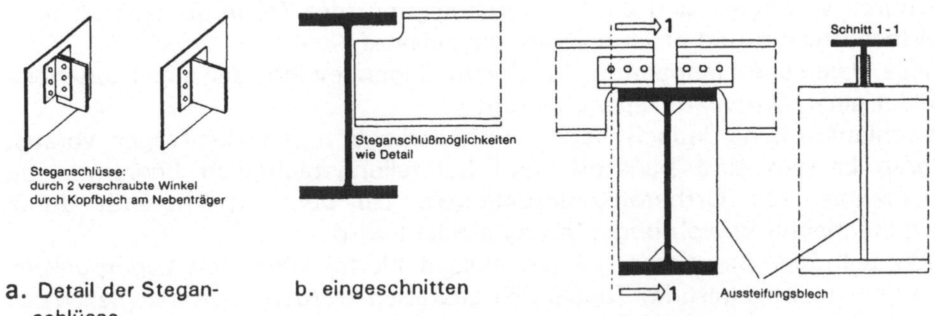

Bild 4.2.6: Stahl; nur Querkraft übertragende Anschlüsse

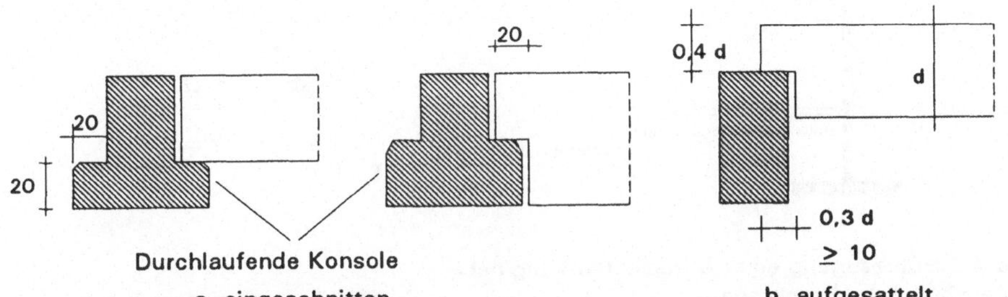

Bild 4.2.7: Stahlbeton- und Spannbetonfertigteile; nur Querkraftanschlüsse

Prinziplösungen aufliegender NT als Durchlaufträger, Gelenkträger, Koppelpfetten.

Eingeschnittene bzw.aufgesattelte Nebenträger sind gelenkig gelagerte Einfeldträger derenBelastung Momente erzeugt, die hohe Querschnitte erfordern, um die entstehenden Durchbiegungen in zulässigen Grenzen zu halten.

Eine Minderung der Auflagerverdrehung α_0 infolge elastischer Einspannung auf α_1 verteilt das Gesamtmoment M_0 auf ein reduziertes Feldmoment M_F und ein Stützmoment M_S.

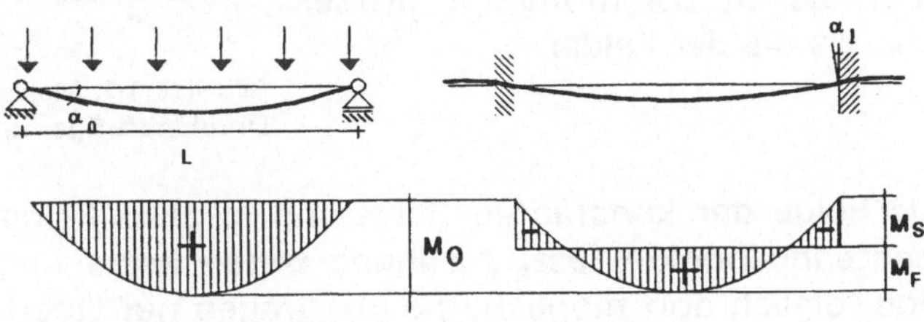

Bild 4.2.8: Momentenverlauf bei
a. gelenkiger b. eingespannter Lagerung

Dadurch verringert sich die Felddurchbiegung; der Trägerquerschnitt wird wirtschaftlicher und gleichmäßiger ausgelastet.
Diese elastische Einspannung wird vom Gegengewicht der anschließenden Felder eines *Durchlaufträgers* erzeugt.
Durchlaufwirkung jedoch setzt kontinuierliche fugenlose Träger voraus. Deren Längen sind baustoff- und herstellungstechnisch begrenzt, mit Ausnahme von Ortbetonkonstruktionen, bei denen Kontinuität durch entsprechende Bewehrungsführung erreicht wird.
Fertigteilträger begrenzter Länge müssen hierfür über den Lagerpunkten auf den Hauptträgern im Zugbereich gestoßen werden, was beispielsweise durch Gurtlaschen im Stahlbau bzw. Spannschrauben im Stahlbetonbau erfolgen kann. Vgl. hierzu Bild 4.2.9.

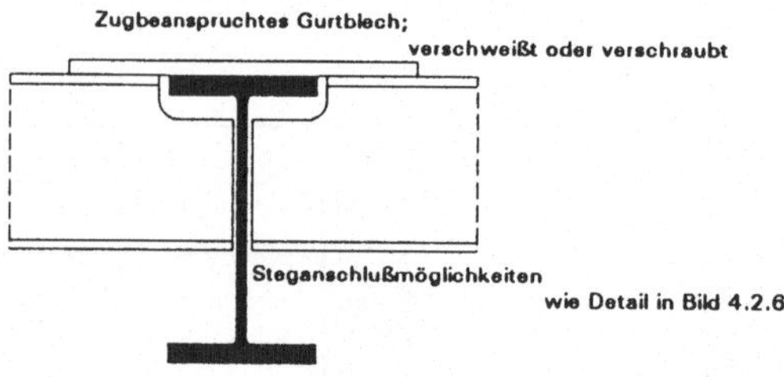

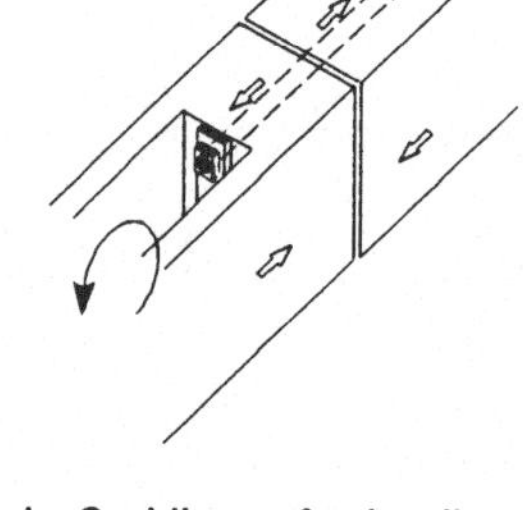

Bild 4.2.9: Erzeugung einer Durchlaufwirkung bei
a. eingeschnittenen Stahlträgern b. Stahlbetonfertigteilträgern

Durchlaufende Pfetten für Dachdeckungen unterliegen einer konstanten Verkehrslast infolge Schnee, die sich feldweise nicht verändert. Bei gleichen HT-Abständen a ergeben sich für die NT gleiche Stützweiten und daraus der in Bild 4.2.10 dargestellte Momentenverlauf, bei dem die Stützenmomente größer sind als die der Felder.

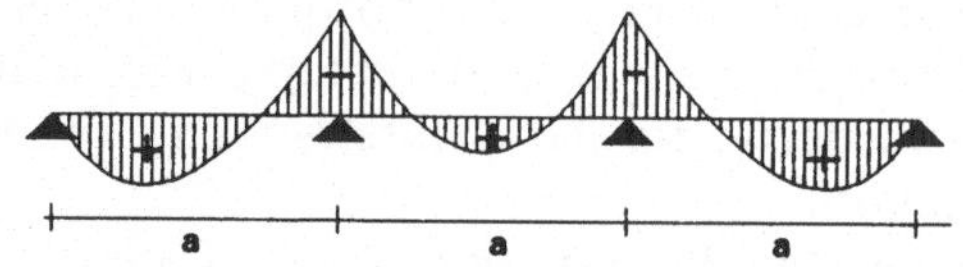

Bild 4.2.10: Momentenverlauf beim Durchlaufträger unter konstanter Belastung

Als Folge der konstanten Belastung in allen Feldern liegen die sog. Momentennullpunkte fest. An ihnen treten keine Biegemomente auf, Fugen sind folglich dort möglich; sie übertragen nur Querkräfte.

Diese Tatsache nutzt man zur Herstellung sog. *Gelenkträger*, nach ihrem Erfinder auch *Gerber*träger genannt. An diesen Momentennullpunkten werden die Träger durch Fugen getrennt, etwa nach Art des Bildes 4.2.11

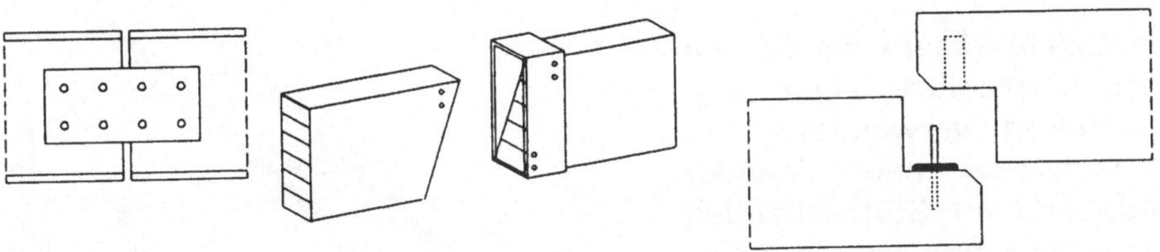

Bild 4.2.11: Gelenkausbildung durch

a. Beidseitige, verschraubte Steglaschen im Stahlbau

b. Querscnittsumgreifender Blechschuh Im Holzbau

c. Ausgeklinkte Stahlbetonfertigteile mit Neoprenplatte in der Lagerfuge und Sicherungsdorn

Würde man an sämtlichen Momentennullpunkten Gelenke anbringen, könnten die Trägerteile wegkippen; das System wäre nicht mehr stabil. Stabiler Zusammenhalt der Trägerteile ist nur möglich, wenn die Anzahl der Gelenke im Träger der Anzahl der Innenstützen entspricht.
Bei Mehrfeldträgern ist die Anordnung der Gelenke variabel.

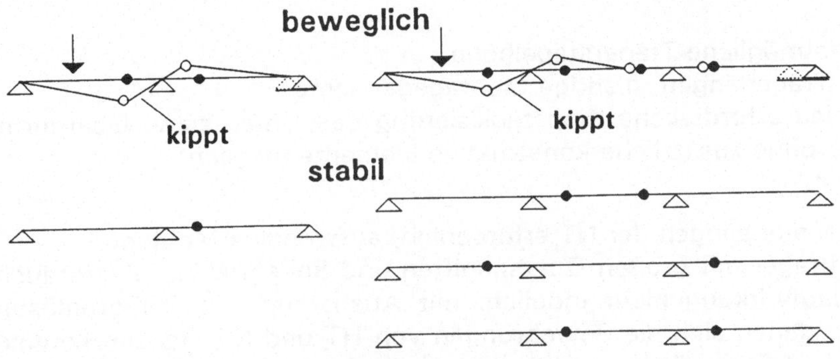

Bild 4.2.12: Anzahl und Lage notwendiger Gelenkpunkte

Der Gelenkabstand zu den Stützen wird so gewählt, daß Stützen- und Innenfeldmomente gleich groß werden.

Die Momente in den Endfeldern dagegen sind größer. Sollen auch diese den Übrigen gleich werden, was aus wirtschaftlichen Gründen sinnvoll ist, muß das Rastermaß des Endfeldes um ca. 15% verkürzt werden auf a_1 = 0,85 x a. Im Hallenbau ist dies häufig anzutreffen.

Neben Gelenkträgern werden im Holz- und Stahlbau auch sog. *Koppelpfetten* verwendet. Dies sind feldweise nebeneinander liegende und im Stützenbereich sich überdeckende Einfeldträger, die durch Überdeckung und Verschraubung zum Durchlaufträger verbunden werden.

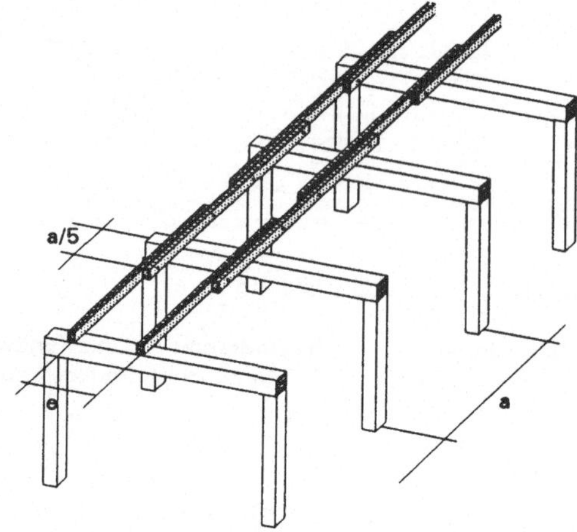

Bild 4.2.13: Koppelpfetten

Bewertung:

Zwischen den Hauptträgern (HT) liegende Nebenträger (NT)

Vorteile:
- Geringstmögliche Trägerstapelhöhe
- Kurze Trägerlängen, niedrige Montagegewichte
- Fallweise erforderliche Kippstabilisierung des Unter- bzw. Obergurtes der HT ohne zusätzliche konstruktive Elemente möglich.

Nachteile:
- Passgenaue Längen der NT erforderlich, aufwendige Montage
- Einfeldträger mit großen Querschnitten und hohem Materialverbrauch. Durchlaufwirkung nicht möglich, mit Ausnahme von Ortbetonlösungen, in denen sich die Bewehrungen von HT und NT kreuzen können, sowie von Stahlträgern und Stahlbetonfertigteilen nach Bild 4.2.8
- Auflagerung auf HT mit teilweise erheblichem Materialmehrbedarf (Konsolen) und Herstellungsaufwand (Stahl)
- Gestalterische Probleme bei verbindungsmittelabhängigem Querkraftanschluß (Balkenschuhe).

Aufgesattelte Nebenträger

Vorteile:
- Kurze Trägerlängen, niedrige Montagegewichte
- Geringere Ansprüche an Passgenauigkeit und Montageaufwand
- Einfache und wirtschaftliche Auflagerung auf HT.

Nachteile:

- Einfeldträger wie vor
- Gesamtkonstruktionshöhe wird größer
- Eventuell erforderliche Kippstabilisierung des HT-Untergurtes bei Kragträgern ist ohne Zusatzkonstruktionen im allgemeinen nicht mehr gewährleistet
- Hohe Schubbeanspruchung im NT infolge Ausklinkung mit zum Teil erforderlichen Querschnittsverstärkungen vgl. Bild 4.2.5 und 6.

Durchlaufträger

Vorteile:

- Hohe Wirtschaftlichkeit durch geringe Querschnitte
- Gleichmäßige Querschnittsauslastung

Nachteile:

- Transport- Montageprobleme infolge langer Teilstücke
- Großer Verbindungsaufwand zur Sicherung der Durchlaufwirkung

Gelenkträger:

Vorteile:

- kurze Teilstücke
- wirtschaftlichere Querschnitte gegenüber den Durchlaufträgern.

Nachteile:

- Vergrößerter Herstellungs- und Montageaufwand für die Gelenke
- Größere Durchbiegungen als beim Durchlaufträger
- Nur in Dachdecken einsetzbar
- In ausgesteiften Dachfeldern keine Gelenke zulässig.

Koppelpfetten:

Vorteile:

- Kurze Teilstücke
- Unkomplizierte wirtschaftliche Verbindung
- Geringere Trägerhöhe gegenüber den Durchlaufträgern als Folge des Doppelquerschnitts über den Stützen

Nachteile:

- Größerer Materialverbrauch gegenüber dem Durchlaufträger infolge der Koppelungslängen
- Wie die Gelenkträger nur in Dachdecken einsetzbar
- Gestalterische Probleme, wenn Dachuntersicht offen bleibt.

4.2.3 Haupttragsysteme

Hauptträger sammeln die Lasten der Nebenträger in der Deckenebene und setzen sie auf den Stützen ab. Bei den hier untersuchten Skeletten aus stabförmigen Tragelementen müssen folglich Hauptträger und Stützen in einer vertikalen Schnittebene durch das Bauwerk liegen; im allgemeinen ist dies die Querschnittsebene x - x.
Die Abstützung der Hauptträger kann an

1, 2 oder ≥ 3 Punkten

erfolgen, wodurch sogenannte

Krag-, Einfeld-, Mehrfeldträger

entstehen. Planerische Vorgaben wie Stützenabstände, Geschoßhöhen, Nutzungskriterien, Brandschutzbedingungen und statische Stützungsbedingungen beeinflussen dabei die möglichen Tragwerkstrukturen und die Baustoffwahl.
Daneben interessiert die Anzahl der übereinandergestapelten Deckenebenen, was zu *eingeschoßigen Skeletten*, mit im allgemeinen nur leichten Dachebenen und zu *Mehrgeschoßigen* mit entsprechenden Verkehrslasten in den einzelnen Ebenen führt.
In dieser Differenzierung Ein- bzw. Mehrgeschoßig sind verschiedene Faktoren enthalten, die das Tragwerk beeinflussen. Mit steigender Geschoßzahl wachsen

- Bauwerksbelastung und damit Baustoff- und Baugrundbeanspruchung
- Verformungsanfälligkeit des Bauwerkes gegenüber Windkräften
- Brandschutzforderungen an planerische Maßnahmen und Bauteile
- Intensität der vertikalen Erschließung mit massiven Treppenhäusern, Aufzugsschächten etc.
- Horizontale Installationstrassen die Trägerachsen kreuzen

Horizontalkräfte wirken aus jeder Richtung auf das Bauwerk ein und sind in mindestens zwei, im allgemeinen senkrecht zu einander liegenden, vertikalen Schnittebenen zu untersuchen: Querschnittsebene x - x, Längsschnittebene y - y. Üblicherweise werden diese Kräfte als in der Deckenebene wirkend angenommen und fließen von dort über die Hauptträger durch die Stützen in den Baugrund ab. Um Standsicherheit in der Haupttragebene zu erlangen ist daher stets das Zusammenwirken von Hauptträgern und Stützen zu untersuchen.

In der Ebene y - y, die keine unmittelbare vertikale Abflußmöglichkeit für die in ihr wirkenden horizontalen Kräfte hat, sind solche Möglichkeiten zur Gewährleistung der Standsicherheit erst zu schaffen.

Tragwerksplanung verlangt mithin stets eine zusammenhängende Analyse der Last- und Kraftabtragung in beiden Untersuchungsebenen.

Die Typisierung der Haupttragsysteme folgt der vorgenannten Unterteilung in ein-, zwei-, mehrpunktgestützte eingeschoßige Hallen und mehrgeschoßige Skelettbauten.

Bei den *freistehenden, einhüftigen Rahmen* sind die Varianten des linearen Grundtragsystems im wesentlichen geprägt von dem Bemühen, die hohen Biegemomente der steifen Ecken wie der Fußeinspannung und ihre kostenintensiven Ausführungen zu ersetzen durch gespreizte Stäbe, Abstützungen oder Abspannungen. Bei weitauskragenden Bindern werden Fachwerklösungen oder Aufhängungen von Bedeutung. Bei radialer symmetrischer Anordnung werden Gegenausleger wirksam, die vor allem die Fußeinspannung entlasten.
Einschiffige Hallen in der Tragkombination Binder auf Stützen lassen sich bei linearer Reihung über Rechteckgrundrissen einteilen nach ihrem Stabilisierungssystem in der Haupttragebene:

- abgestützt bzw. abgespannt
- aufgehängt an Pylonen, die entweder durch Abspannung oder Fußeinspannung standsicher sind
- mit fußeingespannten Stützen
- Drei- oder Zweigelenkrahmen

Fußeingespannte Stützen sind besonders vorteilhaft, da sie sämtliche Horizontalkräfte unmittelbar durch Biegung ableiten können und die Binder durch keine zusätzlichen Normalkräfte belasten. Dadurch sind sie prädestiniert zur Aufnahme schräger, geknickter, gebogener Träger.
Geknickte und gebogene Binder erzeugen Auflagerschübe nach außen, welche die Stützen auf Biegung beanspruchen und zu erheblichen Verformungen führen. Durch den Einbau eines Zugbandes wird beides vermieden. Entsprechend gestaltbare Zugbandkonfigurationen schlagen dabei die Brücke zum unterspannten Träger.
Fußeinspannung ist in zweierlei Hinsicht baustoffabhängig: einmal von der Tragfähigkeit des Baugrundes, zum andern vom Stützenmaterial und der Möglichkeit einer dauerhaften Verbindung mit dem Fundament.

Radiale Systeme über polygonalen Grundrissen bestehen aus Rahmen, Dreigelenkstabzügen und Bogen. Als Folge ihrer gegenseitigen Stützung ist die Stabilisierungsproblematik geringer.

Mehrschiffige Hallen bauen auf den gleichen Stabilisierungssystemen auf wie die einschiffigen, wobei der Binder neben dem Rahmen als Durchlauf- oder Gelenkträger ausgeführt wird. Die Gelenkträgerlösung erweitert mit dem freiformbaren Einhängeträger als Zwischenelement die Gestaltungsmöglichkeit des Hallenquerschnittes wesentlich.

Mehrgeschoßige Skelette sind in der Bildung ihrer Tragstrukturen baustoffabhängig.
Holz und Stahl stapeln die von den eingeschoßigen Skeletten her bekannten Strukturen übereinander, wobei die Fußeinspannung durchweg entfällt.
Bei zentralen vertikalen Erschließungsanlagen (Treppen, Aufzugsschächte, Naßräume) sog. Kernen in meist massiver, der Montage vorauslaufender Stahlbetonausführung, lehnt sich das gesamte Bauwerk daran an oder wird an diesem Kern aufgehängt (Hängekonstruktion).
Stahlbetonfertigteilkonstruktionen neigen aufgrund ihrer völlig anderen Verbindungstechnik gegenüber Holz und Stahl sehr viel mehr zu Rahmenkonstruktionen mit durchweg fußeingespannten Stützen, auch wenn die biegesteifen Anschlüsse erst nach Montage hergestellt werden. Diese Verbindungstechnik führt zu einer Erstellung der Skelettypen mit

- ungestoßenen Stützen
- gestoßenen Stützen
- Rahmenteilen.

In der Nebentragachse (im allgemeinen die Längsachse des Bauwerkes) erfolgt die Abtragung der Horizontalkräfte sowohl durch schubsteife Dekken- und ausgekreuzte Außenwandfelder, als auch durch Rahmenfelder (Portalrahmen) bzw. Stützenfußeinspannungen wie die folgenden Kapitel detailliert belegen.

Tabelle 4.2.14: Systeme freistehender, einhüftiger Rahmen

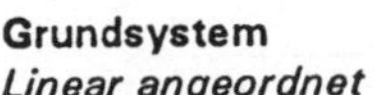

Grundsystem
Linear angeordnet

Varianten

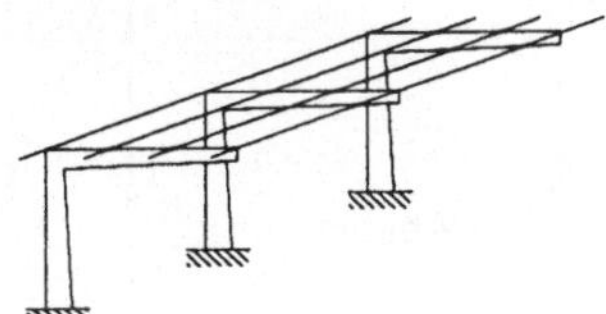

Lösen der Fußeinspannung

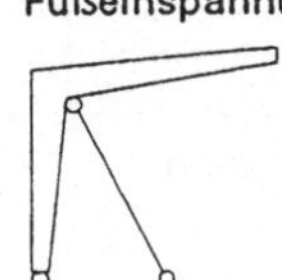

Variation der biegesteifen Ecke

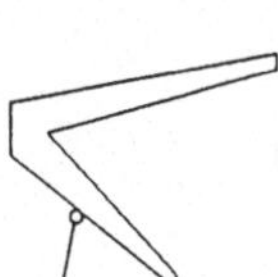

Auflösen der biegesteifen Ecke

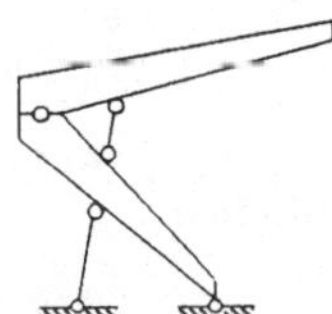

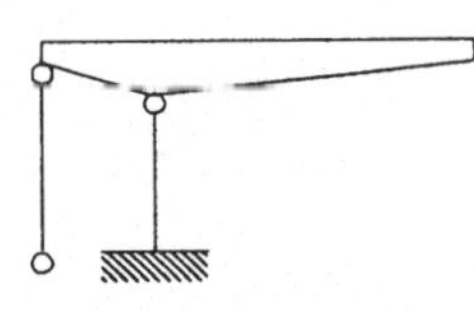

Aufhängen des Kragarmes; Fachwerke

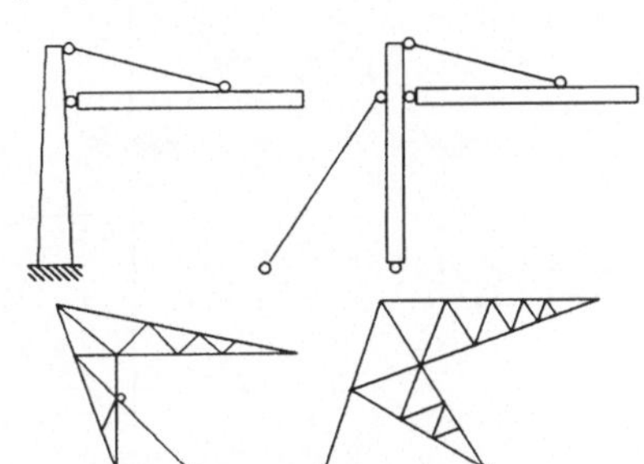

Radial angeordnet; "Schirme".

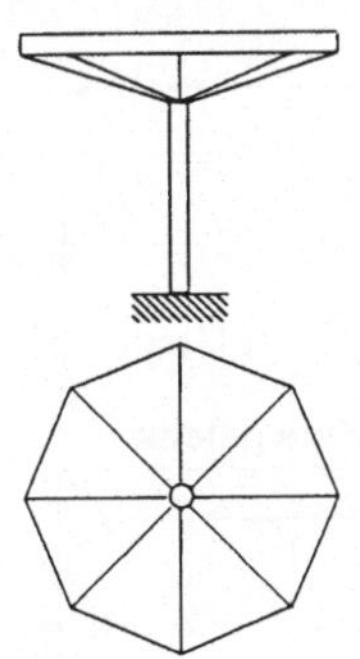

Gegenausleger

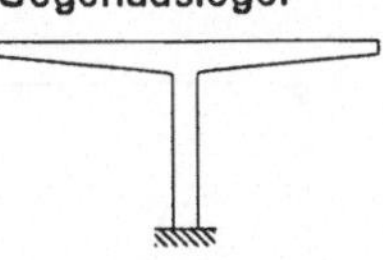

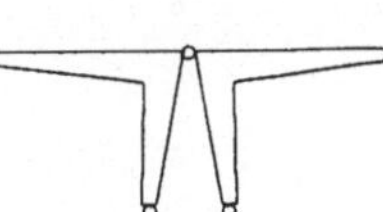

Schirmvarianten

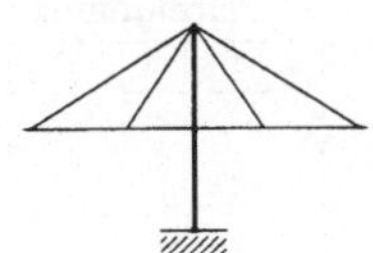

Tabelle 4.2.15: Systeme einschiffiger Hallen

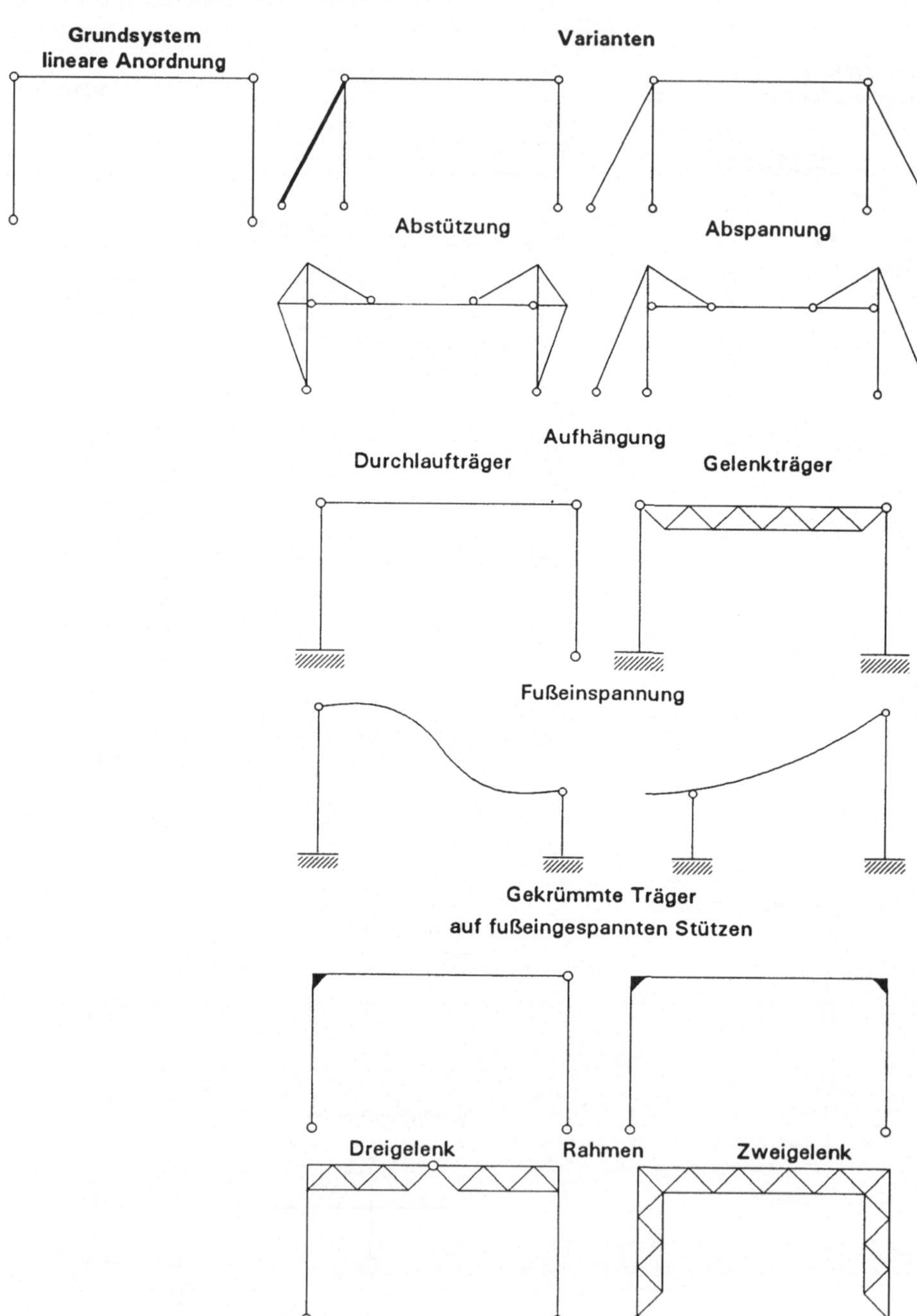

Tabelle 4.2.15: Systeme einschiffiger Hallen (Fortsetzung)

Sondersysteme, lineare Anordnung

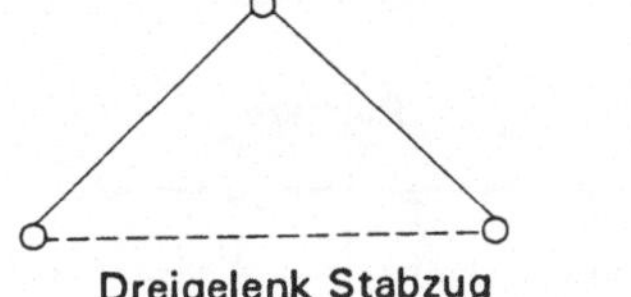

Dreigelenk Stabzug

Dreigelenk Bogen

Zweigelenk Bogen

Varianten

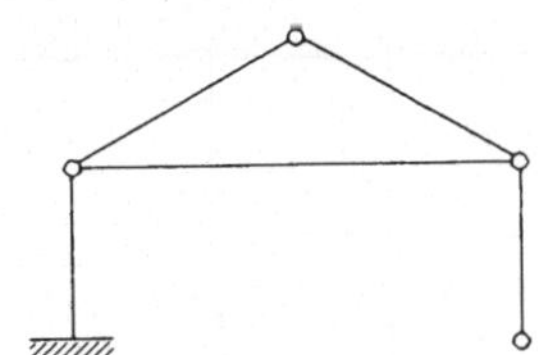

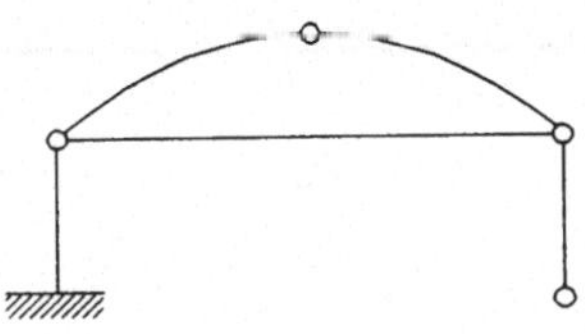

Bei hochgesetzten Systemen wird das Zugband zum sichtbaren Teil der Konstruktion.

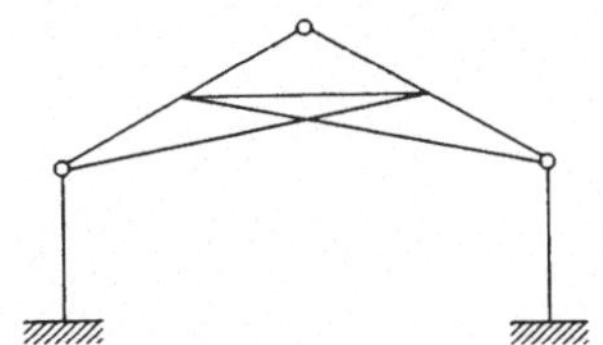

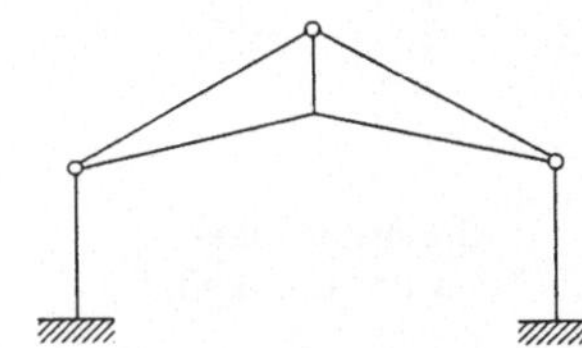

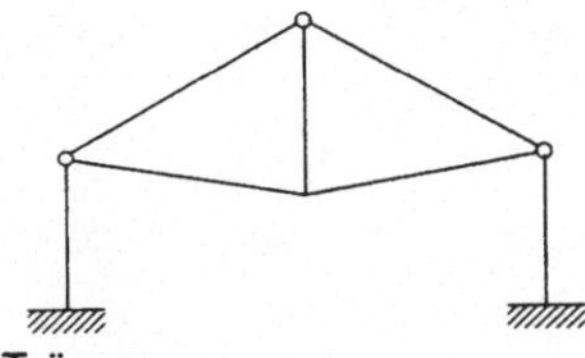

Zugbandvarianten; unterspannter Träger

Radiale Anordnung

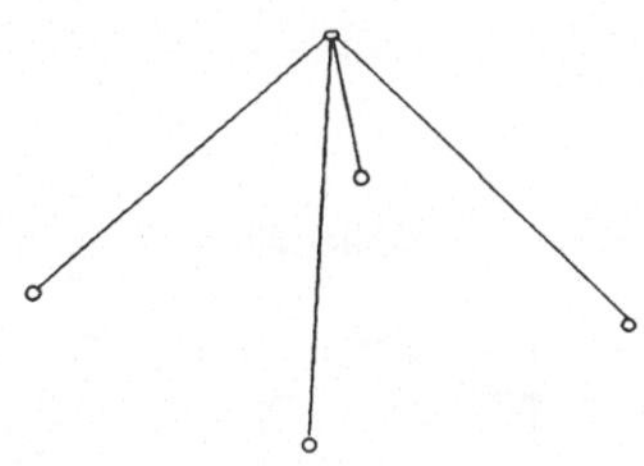

← Dreigelenkstabzug
Dreigelenkbogen →
mit gemeinsamen First
über quadratischem
Grundriß

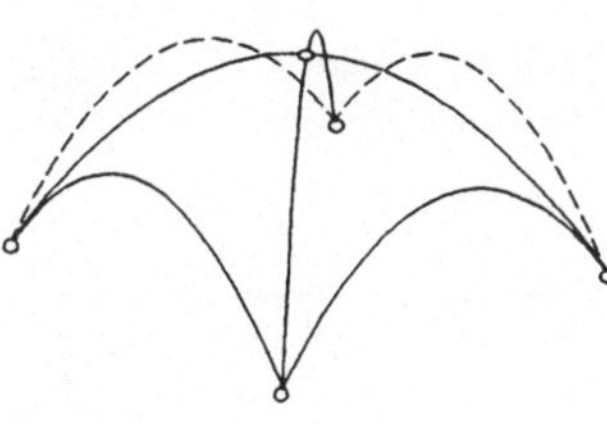

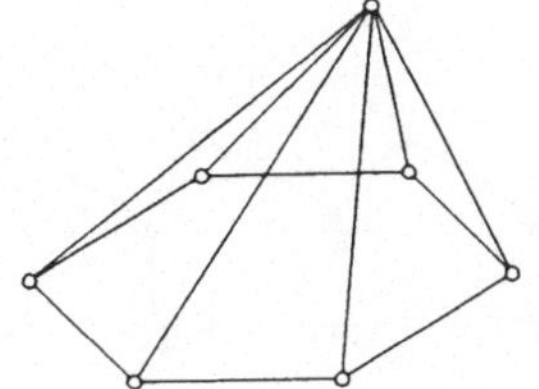

← Assymmetrische Stabzüge über symmetrischem Grundriß.

Gelenkrahmen über assymmetrischem Grundriß →

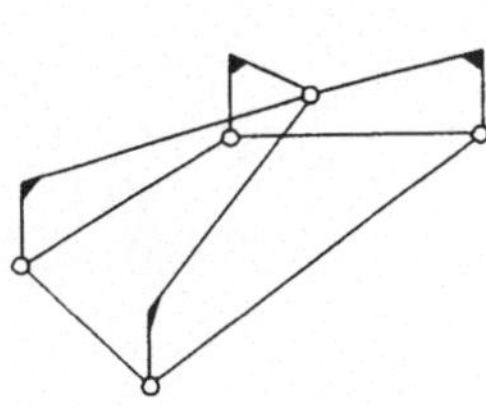

Tabelle 4.2.16: Systeme mehrschiffiger Hallen

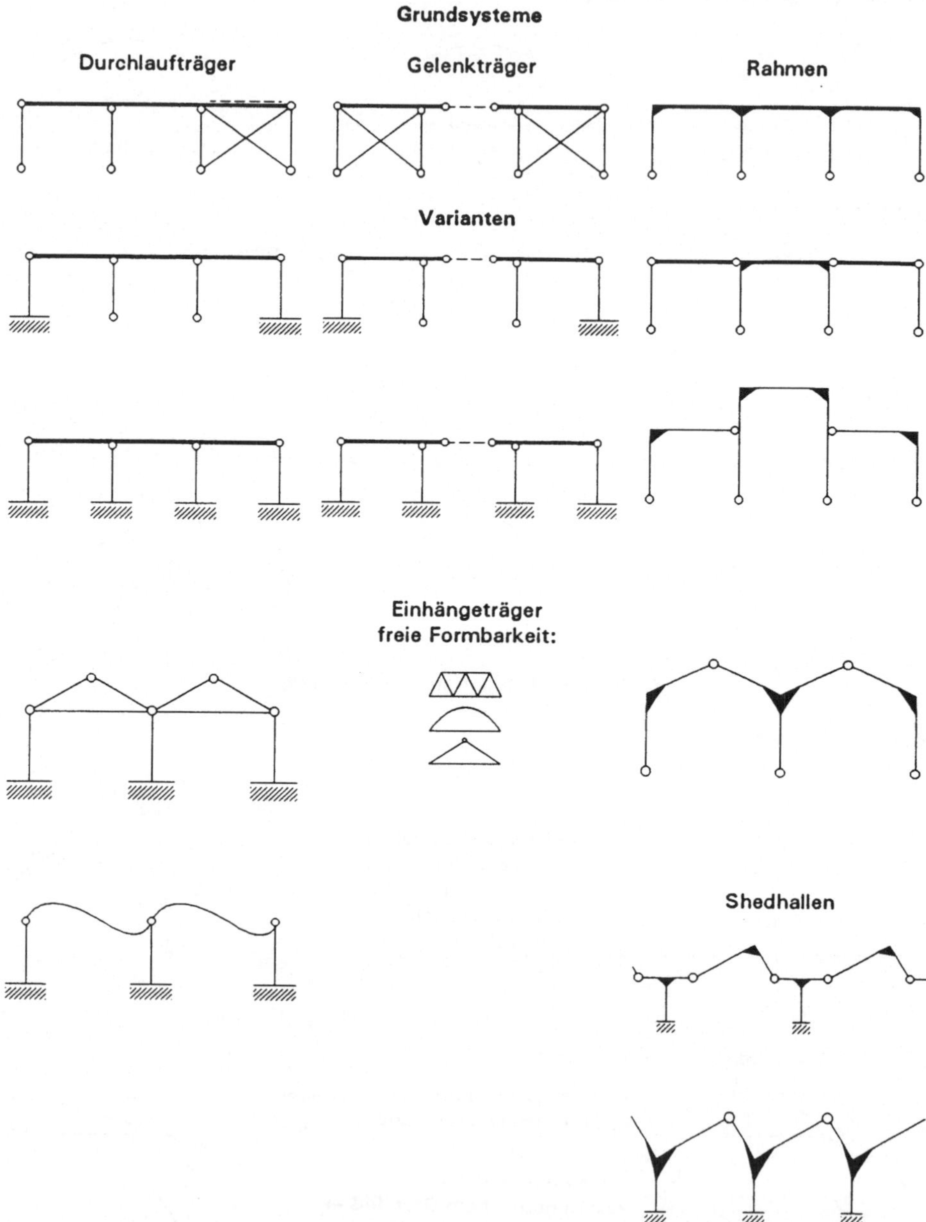

Tabelle 4.2.17: Systeme mehrgeschoßiger Skelettbauten

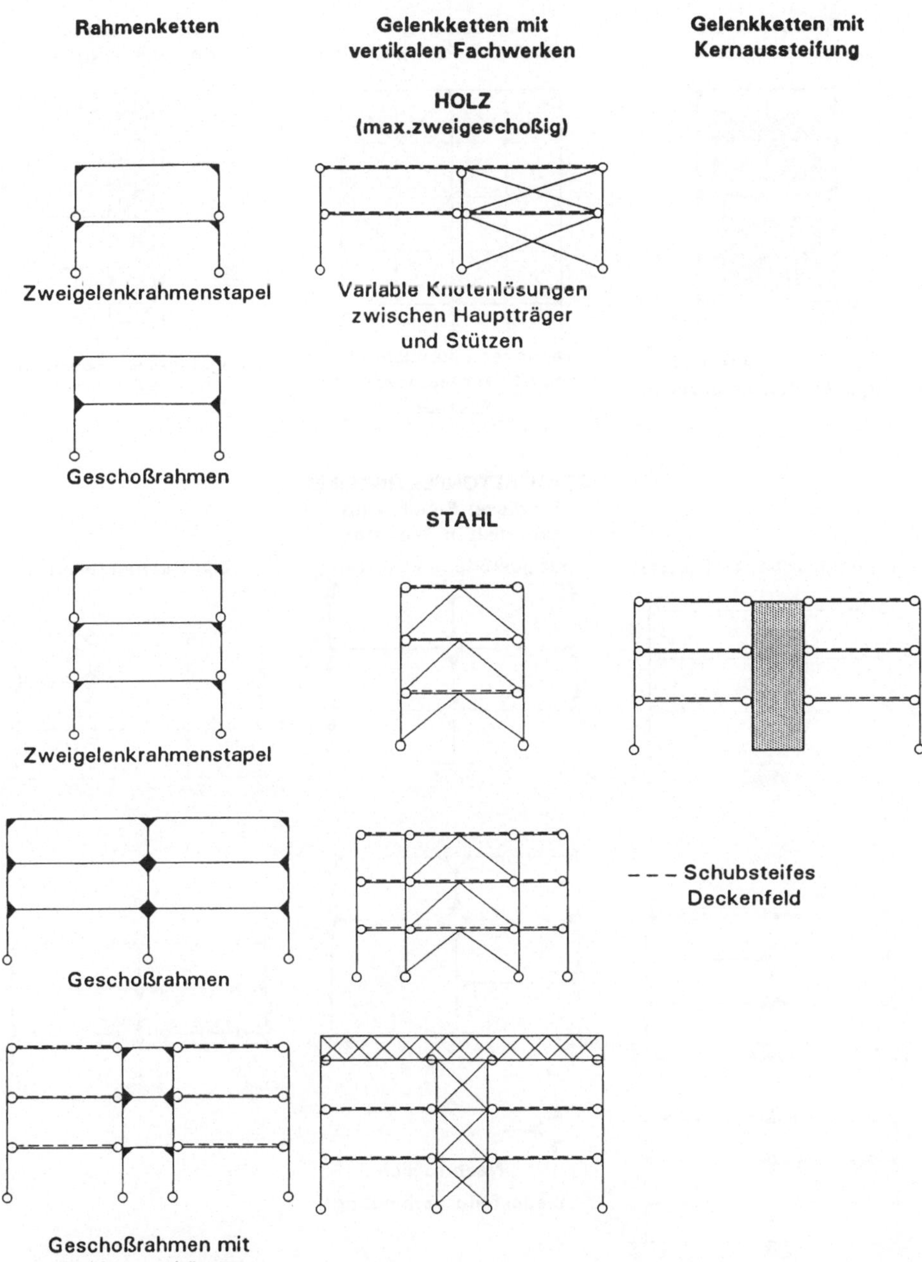

Tabelle 4.2.17: Systeme mehrgeschoßiger Skelettbauten (Fortsetzung)

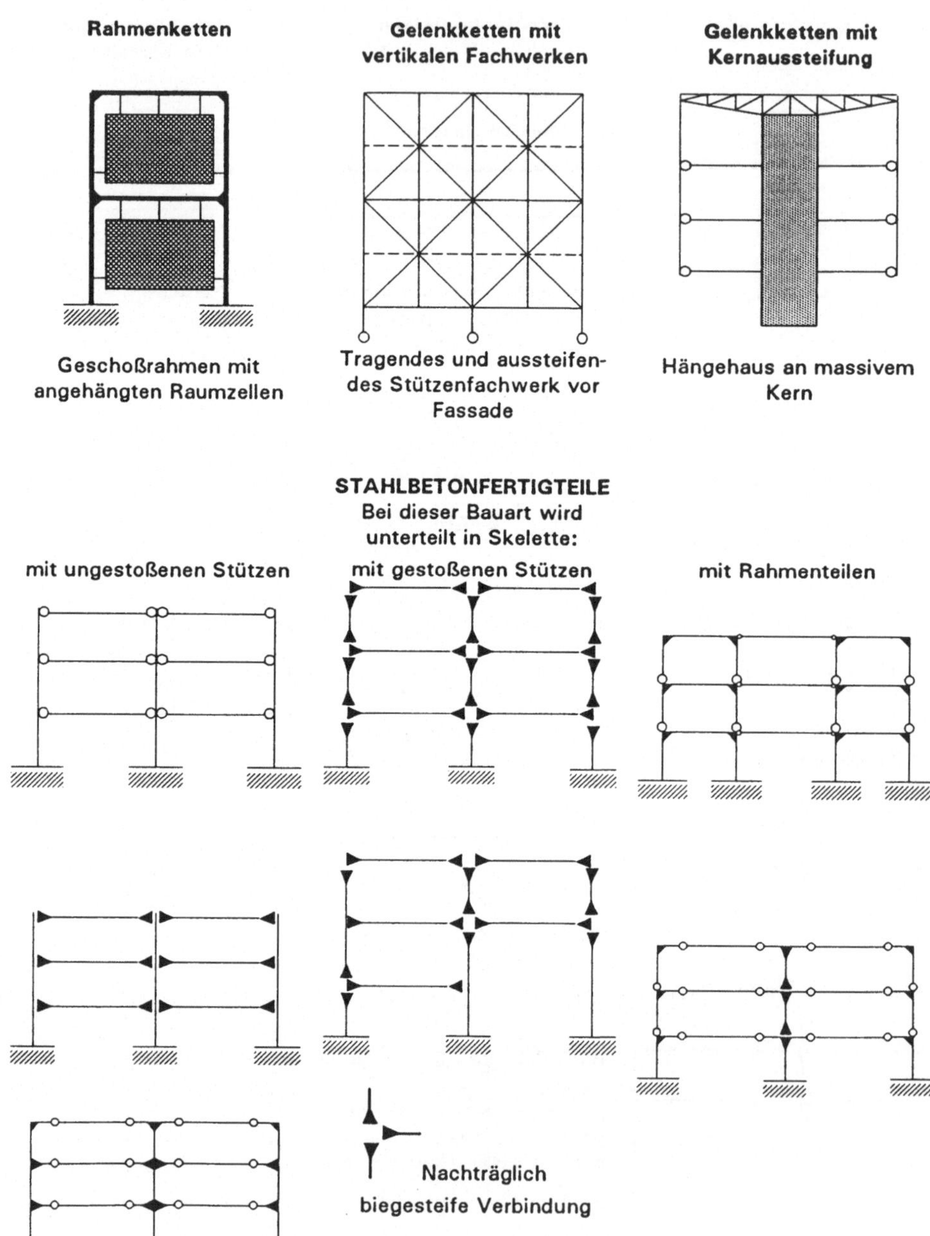

4.3 Freistehende Kragträger

4.3.1 Grundsystem

Die Sicherung der Funktionsfähigkeit verlangt bei verschiedenen Bauwerken Einschränkungen der vertikalen Stützungsmöglichkeiten zwischen den Lastentstehungs- und Lastaufnahmeebenen.

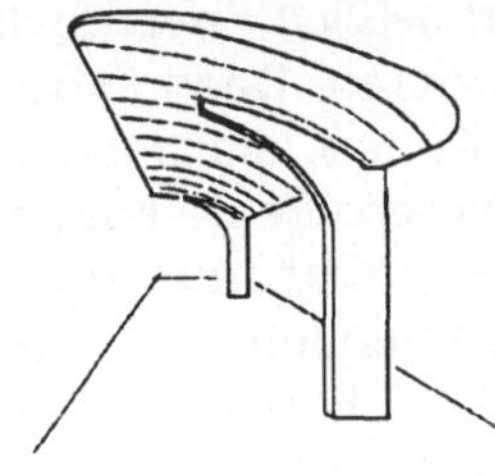

Bild 4.3.1 Haltestelle

So sind beispielsweise Stützen zu vermeiden an den Überdachungsrändern von Haltestellen im Ein- und Aussteigebereich, von Tribünen im Sichtfeld zur Arena, von Flugzeughangars im Rollbereich zum Flugfeld.

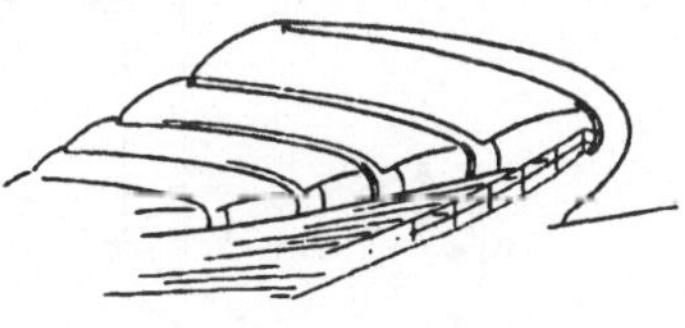

Bild 4.3.2 Tribüne

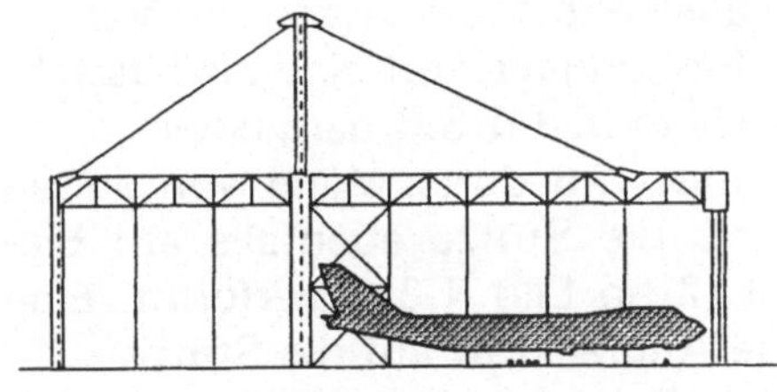

Bild 4.3.3: Hangar

Lastebene ist die Überdachung, in der das Eigengewicht der Dachkonstruktion entsteht, auf die Schneelasten und Windkräfte einwirken und die eventuelle Dachrandlasten erhält aus Werbeträgern, Flutlichtanlagen, eingehängten Schiebetoren.

Ein ähnliches Problem ergibt sich auf der Beschickungsseite freistehender Schwerlastregallager. Lastebenen dort sind die Regalböden, die das Lagergut aufnehmen.

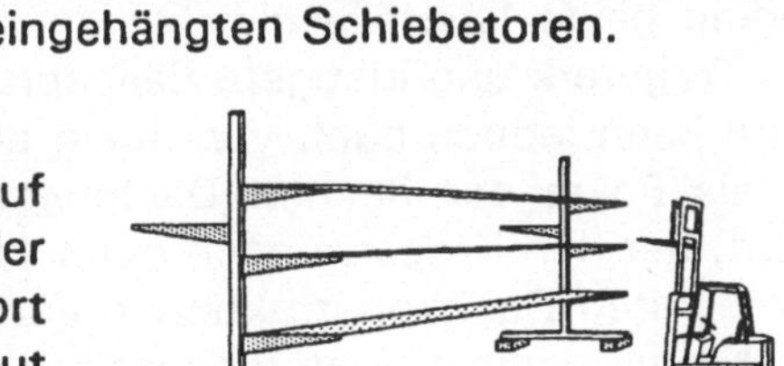

Bild 4.3.4: Schwerlastregal

Alle diese linear angeordneten Lastebenen sind nur in einer zurückgesetzten Vertikalebene abgestützt und dadurch der Kippgefahr ausgesetzt. Tragsystem ist der einseitig eingespannte Träger, der an die Stütze biegesteif anzuschließen ist. Zusammen mit der im Fundament ebenfalls einzuspannenden Stütze entsteht das *Grundsystem* dieser Tragwerke: der freistehende, einhüftige Rahmen mit Fußeinspannung.

Auf dieses Grundsystem wirken folgende Lasten und Kräfte ein:

Kräfte in der Rahmenebene x-x

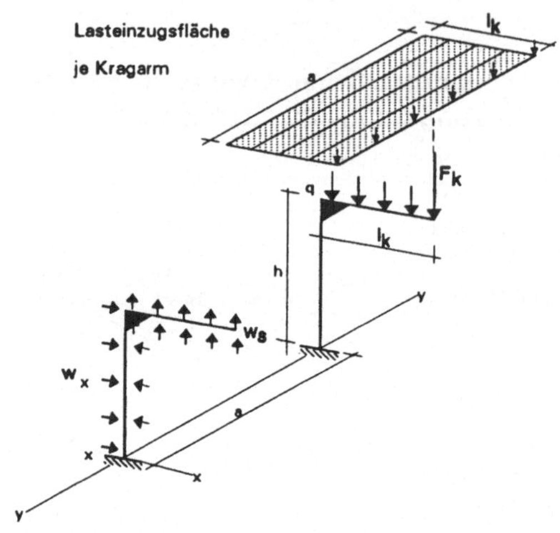

Bild 4.3.5: Kräfte in der Rahmenebene x-x

Die linear angeordneten Rahmen haben den Abstand a. Der Riegel kragt auf die Länge l_k aus und muß aus der Dachkonstruktion die schraffierte Lasteinzugsfläche tragen, einschließlich eventuell längs des vorderen Dachrandes verteilter Randlasten, die sich zur Last F_k summieren. Beide Lasten verbiegen den Kragarm nach unten und erzeugen in der biegesteifen Ecke ein Einspannmoment, das in konstanter Größe über die Stütze in die Fußeinspannstelle wandert und die Stütze in Rahmenebene auslenkt. Momenten- und Verformungsverlauf sind als Lastfall (1) in Bild 4.3.6 dargestellt.

Die im allgemeinen geschlossene Rückwand wird durch Wind von außen beansprucht, der als waagrechte Kraft w_x die Stütze ebenfalls auf Biegung beansprucht und entsprechend Fall (2) in Bild 4.3.6 verformt. Eine ähnliche Wirkung erzeugt eine waagrechte Anprallkraft auf die Stütze.
Wirken beide Lastfälle gleichzeitig auf den Rahmen ein, entsteht der für das Tragwerk ungünstigste Beanspruchungszustand gemäß Fall (4).
Wind kann jedoch auch von innen auf die Stütze wirken, wobei gleichzeitig als Folge der flachen Dachneigung am Kragarm Unterwind w_s entsteht, der den Kragarm nach oben verbiegt, Lastfall (3) nach Bild 4.3.6.
Bei leichten Dachkonstruktionen entsteht dabei die Gefahr des "Flatterns" der Kragarmspitze, was rechnerisch zu untersuchen ist, vgl. Fall (5).
Bei der Analyse der Biegeverformungen ist zu beachten, daß am eingespannten Fußpunkt die Biegelinie sich tangential an die unverformte Stabachse anschmiegt und in der biegesteifen Ecke, auch bei dessen Verdrehung, der ursprüngliche Winkel zwischen Stütze und Kragarm erhalten bleibt.
Die Stütze nimmt neben diesen Biegemomenten auch die gesamten vertikalen Lasten der Konstruktion auf, wodurch sie der Knickgefahr unterliegt. Im Gegensatz zu einer ausschließlich druckbeanspruchten Stütze wird die Knicklast als Folge der momentenbedingten Auslenkung sehr viel früher erreicht, was durch entsprechende Querschnittsvergrößerung zu kompensieren ist.

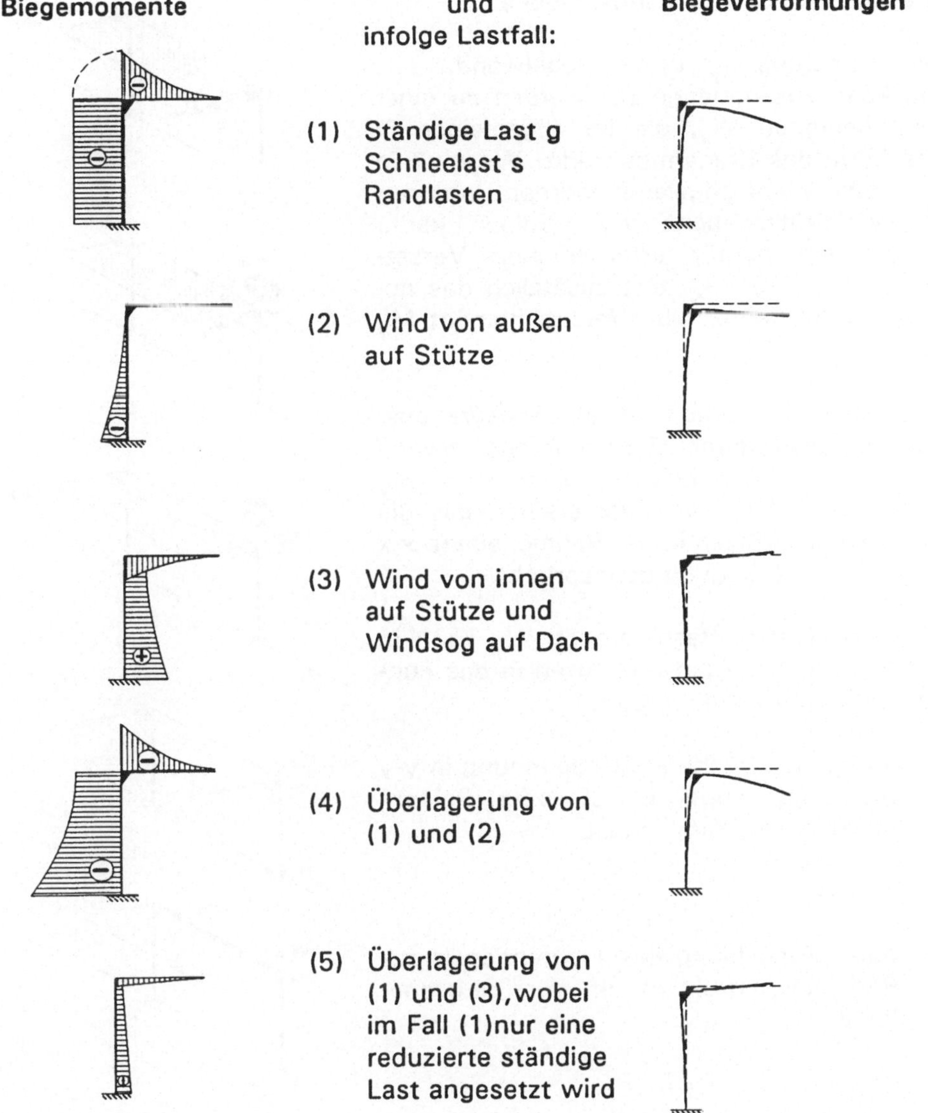

Bild 4.3.6: Momente und Verformungen am Grundsystem

Anmerkung:
Durch die mit (-) gekennzeichneten Momente entstehen an Kragarmoberseite und Stützenaußenrand Zugspannungen. Umgekehrt erzeugen (+) positive Momente Zugspannungen an Kragarmunterseite und Stützeninnenrand.

Kräfte senkrecht zur Rahmenebene

Windbelastung w_y auf die Giebelwand. Sie kann zusammengefaßt werden zu einer Resultierenden W_y, die im allgemeinen in der Mitte des Kragarmes wirkt. Wy muß in das Fundament abgeleitet werden, was nur in der Stützenebene y-y erfolgen kann. Durch den hierfür erforderlichen Versetzungsweg (0,5 x l_k) tritt zusätzlich das nebenstehend dargestellte Versatzmoment M_y auf.

Die Dachkonstruktion ist als *Scheibe* auszubilden oder durch einen *Diagonalverband* auszukreuzen. In beiden Fällen wird M_y dann durch das Kräftepaar ersetzt, das die betroffenen Stützen in der Rahmenebene x-x zusätzlich auf Biegung beansprucht.

Die verbleibende Resultierende W_y kann in der Stützenebene auf drei Arten in das Fundament abgetragen werden:

- durch zusätzliche Fußeinspannung in y-y Richtung, wobei Einzel- oder Reihenstabilisierung möglich ist;

- durch Ausbildung des Traufenriegels zur Rahmenkonstruktion in der Stützenebene y-y.

- durch Einbau einer Zugdiagonalen in der y-y Ebene, bei gelenkiger Fußpunktlagerung. Der angeschlossene Traufenriegel und die zweite Stütze erhalten dadurch zusätzliche Druckbeanspruchung.

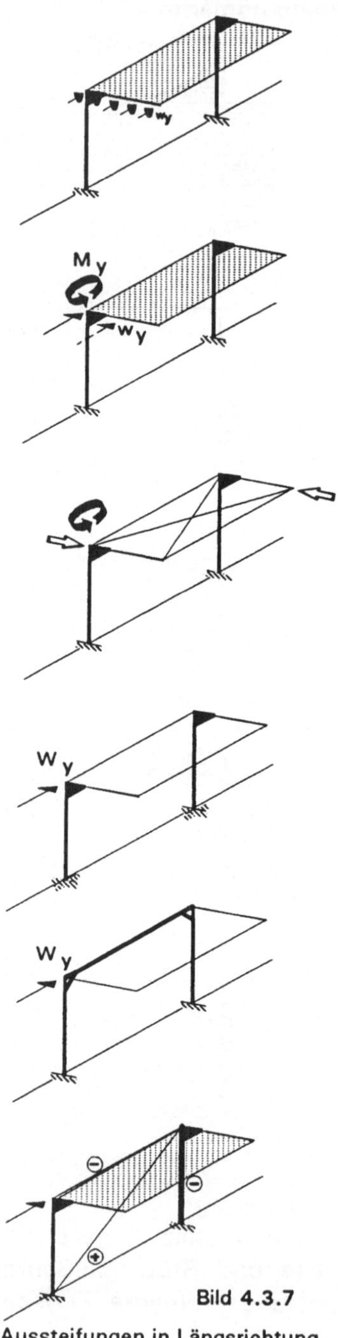

Bild 4.3.7
Aussteifungen in Längsrichtung

Wird durch das gleiche Rahmenpaar auch Wind aus Gegenrichtung aufgenommen, ist eine gegenläufige Zugdiagonale vorzusehen, wodurch eine Auskreuzung des Stützenfeldes entsteht. Neben dem Traufenriegel wird die erste Stütze druckbeansprucht.

Bei Vorhandensein längerer Rahmenreihungen (Bild 4.3.8) kann die Anordnung des ausgesteiften Rahmenfeldes am Ende der Reihe oder in der Mitte erfolgen. Im Allgemeinen genügt bis zu einer Gesamtbaulänge von ca. 30 m ein Aussteifungsfeld. Wegen eines erforderlichen Kippverbandes für die Rahmenriegel siehe Kap. 4.4

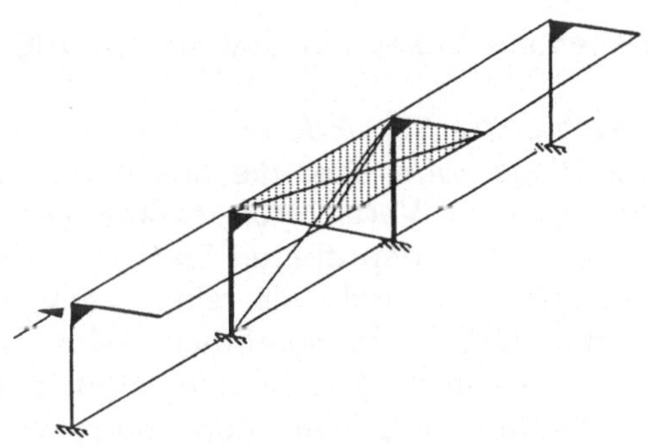

Bild 4.3.8: Aussteifung einer Rahmenreihung

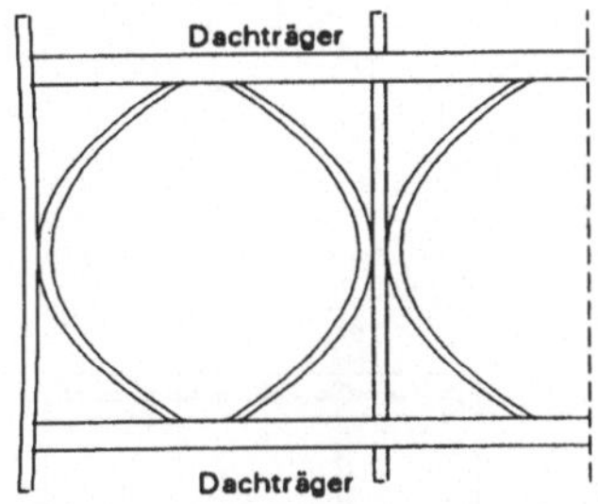

Eine formal wie konstruktiv interessante Variante der Horizontalaussteifung eines Tribünendaches zeigt Bild 4.3.8a, wobei halbbogenförmige Verstrebungen aus Brettschichtholz den Verband in jedem Feld herstellen.

Bild 4.3.8a:
Tribünendach in Tours
Grundriß

Querschnitte und Anschlußpunkte. Dem nach Bild 4.3.6 Fall 4 ungünstigsten Momentenverlauf ist in Bild 4.3.9 der Querschnittsverlauf des Rahmens angepasst. Der Riegelanzug zwischen Schnitt 1 und 2 folgt aus Gewichtsersparnis- und gestalterischen Gründen vor allem bei langen Kragarmen, sowie der Tatsache, daß Auslenkungen der Kragarmspitze durch die Querschnittsverjüngung weniger auffallen.Die Querschnitte in Schnitt 2 und 3 müssen, als Folge des gleichen Momentes, auch gleiche Trägheitsmomente aufweisen.

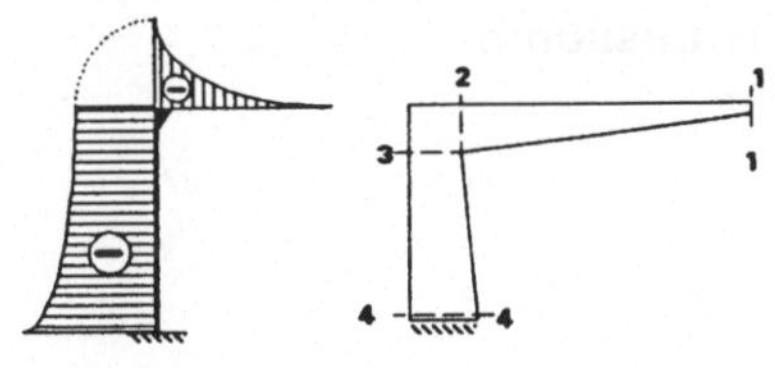

Bild 4.3.9
Momentenangepaßte Querschnitte

Die Stützenverbreiterung zum Schnitt 4 hin entfällt vielfach aus Kostengründen und entstehenden Einschränkungen des Nutzraumes. Der Stüt-

zenquerschnitt ist dann gleichbleibend über die gesamte Höhe für die erforderlichen Beanspruchungen in Schnitt 4 zu dimensionieren.
Querschnittsgestaltung, Ausführung der biegesteifen Ecken und der Fußeinspannungen sind baustoffabhängig. Folgende Prinziplösungen sind üblich:

Biegesteife Ecken mit Stahlbetonfertigteilen.

Geschraubte Verbindung
Der Riegel wird über die aus der Stütze herausragenden Verankerungsstäbe gestülpt. In diese sind an den oberen Enden Gewinde eingeschnitten, durch die eine Verschraubung erfolgt. Das Einspannmoment wird durch ein Kräftepaar in die Stütze eingeleitet, das in den verschraubten Stäben Zug- und Druckkräfte erzeugt.

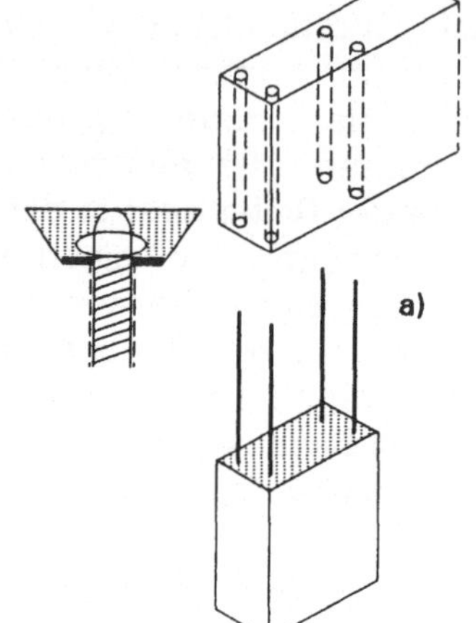

Vorgespannte Verbindung
Der Riegel wird auf einer in der Stütze ausgebildeten Konsole aufgesetzt, die Spanndrähte werden in die Leerrohre eingefädelt und nach der Montage vorgespannt.
Bis zur Erhärtung des Fugenmörtels muß der Riegel unterstützt werden.
Das Einspannmoment wird in ein waagrechtes Kräftepaar umgesetzt, das die Stahldrähte zieht und unten in die Mörtelfuge drückt.
In beiden Fällen liegt der Riegel auf der Stütze und überträgt die vertikalen Auflasten durch Kontaktpressung.

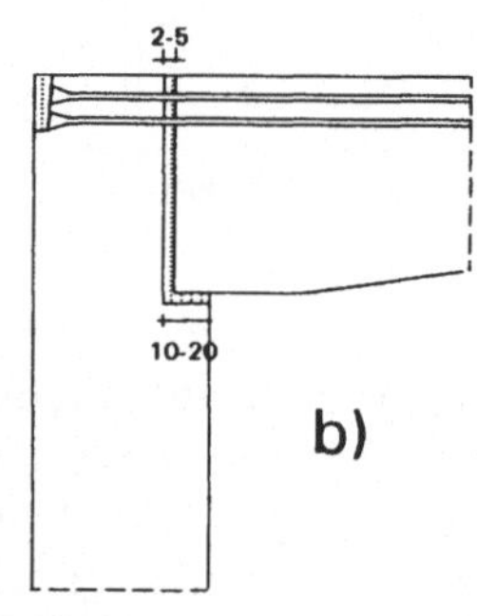

Bild 4.3.10: Biegesteife Ecken beiStahlbetonfertigteilen
a) Geschraubt
b) Vorgespannt

Übliche Querschnittsformen von Stütze und Riegel sind Rechtecke, bei Riegeln auch, wegen der Gewichtsersparnis, I-Querschnitte.

Im Auflagerbereich von I - Querschnitten muß der Steg zu einem vollen Rechteck erweitert werden, zur ausreichenden Aufnahme von Schubspannungen.

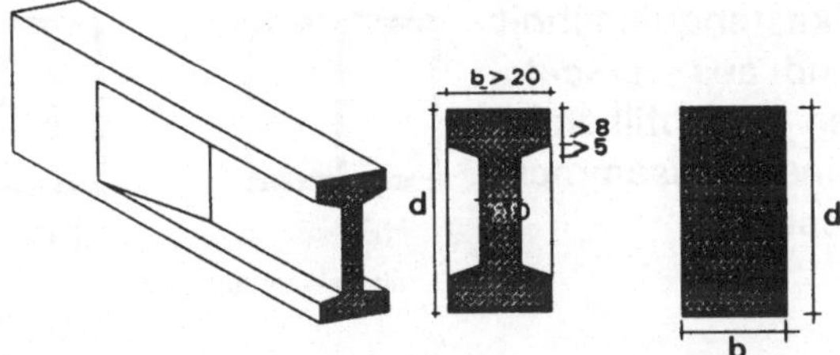

Bild 4.3.11:
Stegverbreiterung von I-Querschnitten im Auflagerbereich

Biegesteife Ecken geschraubter Stahlrahmen

Auf Gehrung geschnittener Stoß.

An den Schnittflächen sind Kopfplatten angeschweißt und miteinander verschraubt. Die Auflast wird längs der Gehrung durch Verschraubung übertragen. Das Einspannmoment wird in ein schräges Kräftepaar der Verschraubung umgesetzt.

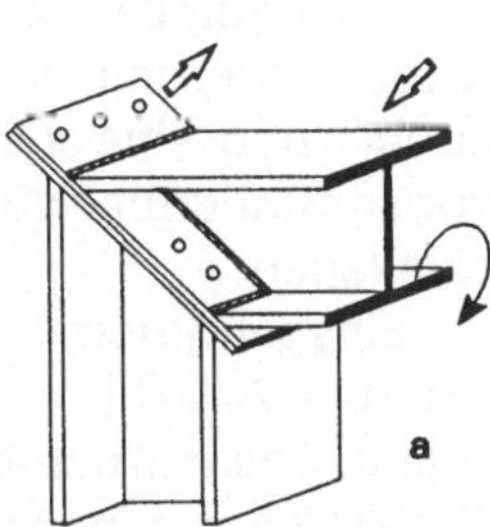

Riegel seitlich an Stützenflansch geschraubt.

Die Vertikallast muß durch Flanschverschraubung übertragen werden. Das Einspannmoment wird in ein waagrechtes Kräftepaar umgeleitet, das die Decklasche auf Zug beansprucht und den unteren Riegelflansch drückt. Daher ist dort Stegaussteifung der Stütze erforderlich.

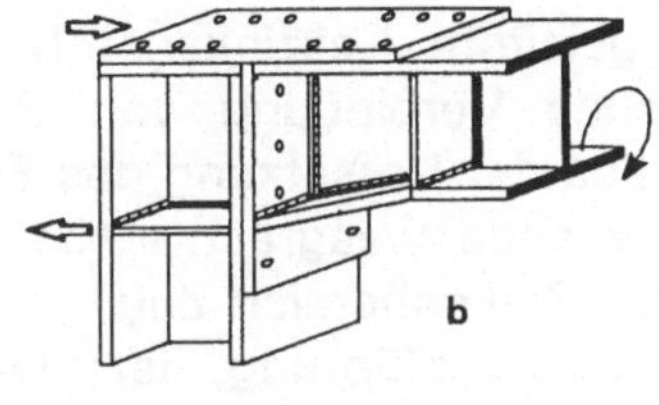

Riegel lagert auf Stütze.

Vertikallast wird durch Kontaktpressung übertragen. Das Einspannmoment wird als vertikales Kräftepaar in die Stütze eingeleitet durch Zug an der hinteren Stützenlasche und Druck an der vorderen Flanschkante. Dort Stegaussteifung des Riegels. Statt Verschraubung ist Schweißung möglich, besonders bei Hohlkastenquerschnitten.

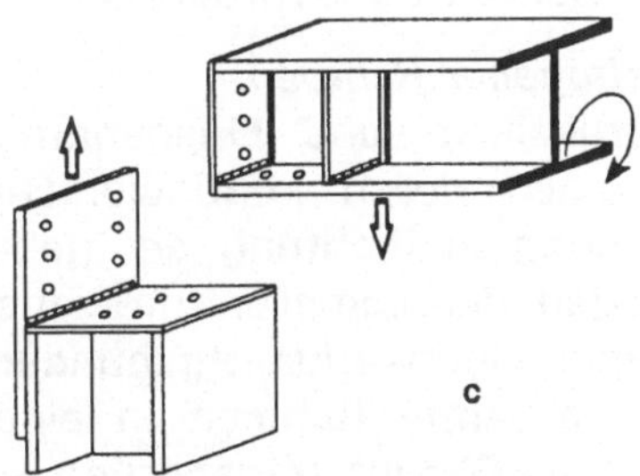

Bild 4.3.12:
Biegesteife Ecken bei Walzprofilen
a) auf Gehrung b) angeflanscht
c) aufgesetzt auf Stütze

Hohlkastenquerschnitte sind aus verschiedenen Profilkombinationen zusammensetzbar:

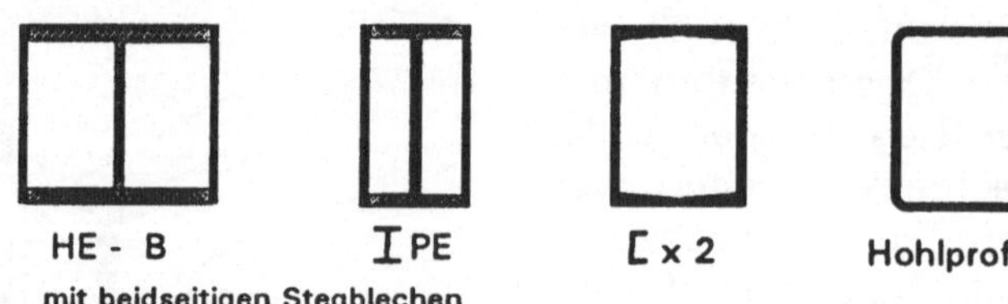

Bild 4.3.13: Geschweißte Hohlkastenquerschnitte

Biegesteife Ecken aus Brettschichtholzträgern,
Anschluß mit einem Dübelkreis.
Die drei Bauteile - zweiteilige Stütze, einteiliger Riegel - werden in kreisförmiger Anordnung gebohrt und eine symmetrische Anzahl n stählernder Stabdübel durch die ganze Bauteilbreite geschlagen.

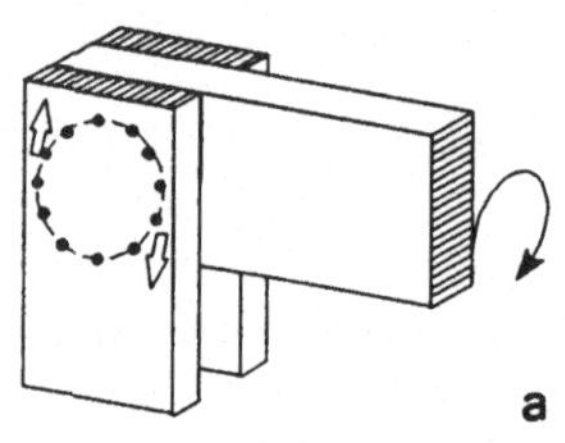

Das Einspannmoment wird in tangentiale Kräftepaare - Anzahl = ½n - gesplittet. Diese Kräftepaare und die vertikale Auflast beanspruchen die Dübel auf Abscheren. Erforderlicher Mindestdübelkreisdurchmesser = 50 cm.

Anschluß mit zwei Keilzinkenstößen und einem Zwischenstück.
Der geleimte Keilzinkenstoß ist eine erprobte tragende Verbindung von Brettschichtträgern. Das aus der Umsetzung des Einspannmomentes entstehende waagrechte Kräftepaar erzeugt im oberen Zinkenbereich Zug.
Die Stoßausführung ist werkstattgebunden, sodaß der gesamte Rahmen dort hergestellt und als Ganzes transportiert werden muß.

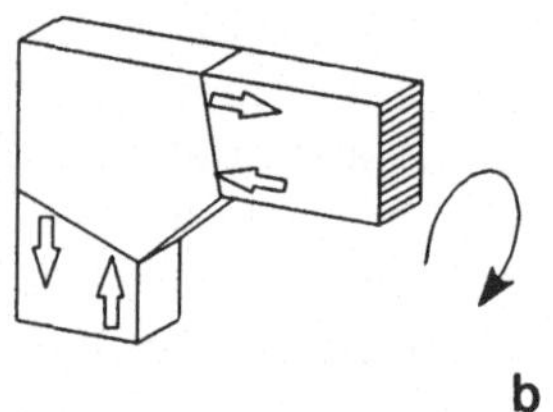

Gebogener Rahmen.
Vertikallast- und Einspannmomentenaufnahme erfolgen durch kontinuierliche Spannungsumlenkung in Richtung der gebogenen Lamellen. Biegen der Lamellen und anschließendes Verleimen sind werkstattgebunden. Wie bei b. muß der gesamte Rahmen in einem Stück erstellt und als Ganzes transportiert werden. Erforderlicher Mindestbiegeradius R >200 x d_l, wobei mit d_l die Lamellendicke in cm bezeichnet wird.

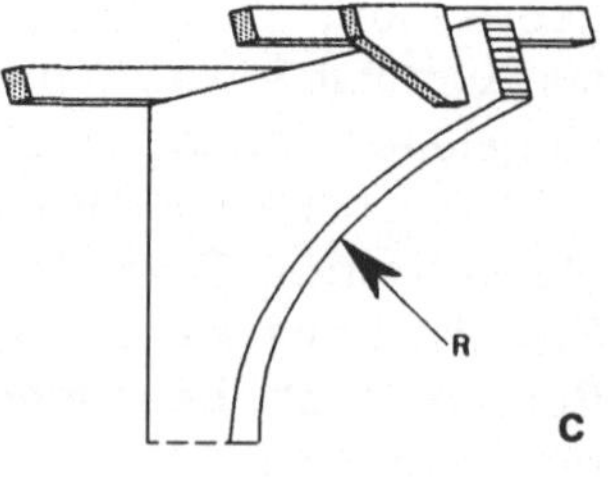

Bild 4.3.14:
Biegesteife Ecken bei BSH

Stützenfußeinspannungen

Stahlbetonfertigteilstützen werden in Fundamentausspa-rungen, sog.Köchern, eingestellt, justiert und vergoßen. Die Einspannung ist durch entsprechende Einstelltiefe zu gewährleisten. Das Einspannmoment erzeugt ein waagrechtes Kräftepaar, das oben und unten gegen die Köcherleibung drückt (s.Bild 4.3.15a).

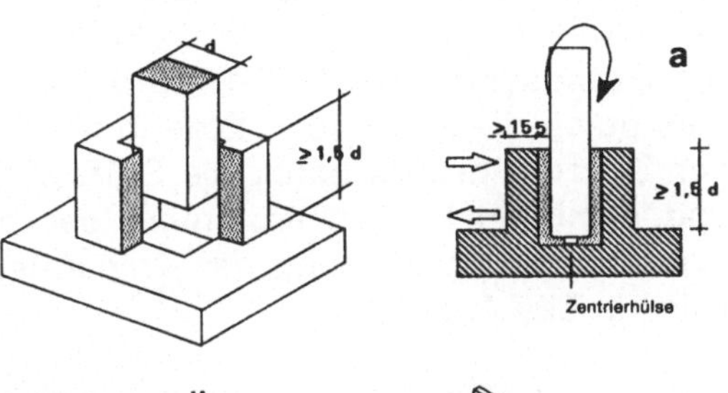

Neben Ortbetonfundamenten bietet die Industrie typengeprüfte Fertigteilfundamente an. Ihre maximale Grundrißabmessung beträgt 2,40 x 2,40 m (s.Bild b).

Stahlstützen sitzen üblicherweise auf der Fundamentoberkante mittels Fußplatten auf. Ein vertikales Kräftepaar in der Verschraubung (s.Bild c) trägt das Moment in das Fundament ein. Die Größe des Kräftepaares bedingt Anzahl und Durchmesser der Schrauben, sowie deren Verankerungsaufwand im Fundament, z. B. durch einbetonierte U-Profile. Neben dieser Lösung sind jedoch auch Köcherfundamente wie in Bild b möglich.

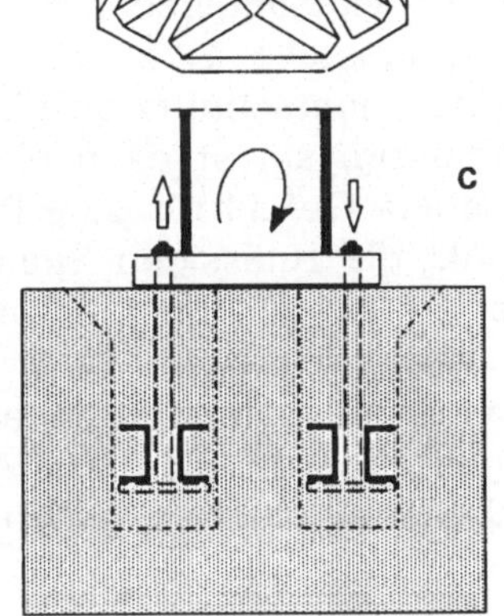

Holzstützen werden mittels einzubetonierender Stahlprofile eingespannt. Die Stütze sitzt im allgemeinen unmittelbar auf der Fundamentoberkante auf mit zwischengelegter Bleiplatte zum Schutz vor aufsteigender Feuchtigkeit. Die mit der Stütze verdübelten Profile übertragen das Moment als vertikales Kräftepaar in das Fundament.

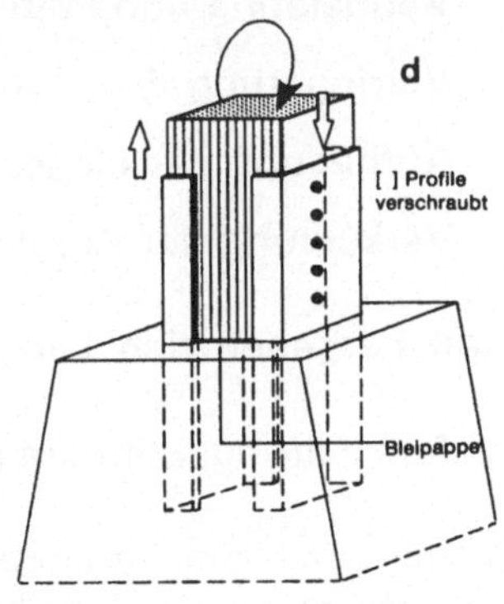

Bild 4.3.15: Stützenfußeinspannung in Fundamenten: a) Kocherfundament in Ortbeton, b) als Fertigteil, c) verschraubte Stahlplatte, d) einbetonierte Stahlprofile

Problembereiche des Grundsystems

Am Grundsystem nach Bild 4.3.9 wird das Einspannmoment des Kragarmes durch die biegesteife Ecke in die Stütze geleitet, was zur Verbiegung der Stütze führt. Je höher die Stütze, desto größer wird ihre Ausbiegung und damit auch die Verdrehung der biegesteifen Ecke. Dies wiederum verstärkt die Auslenkung der Kragarmspitze: vgl.hierzu die Verformungslinien in Bild 4.3.6.

Ein von der Wirkung her ähnlicher Vorgang folgt aus der Verdrehungsempfindlichkeit eingespannter Fundamente.

Zu dieser Problematik tritt, wie Bild 4.3.9 auch zeigt, die im gesamten System vorhandene hohe Biegebeanspruchung. Sie fordert entsprechend große Bauteilquerschnitte im gesamten Stabzug, die größten an der Fußeinspannstelle 4. Insofern ist die häufig anzutreffende Verjüngung des Stützenquerschnitts an diesem Punkt - vgl. Bild 4.1.8 - konstruktiv nicht schlüssig, selbst dann nicht, wenn für diese gestalterische Lösung das "sichere Gefühl für gute Proportionen" herangezogen wird. Da an diesem Punkt die zulässigen Spannungen nicht überschritten werden dürfen, ist der größere Querschnitt am Schnitt 3 überdimensioniert.

Das Grundsystem ist daher für große Kraglängen und hohe Stützen ungeeignet. Trends, die diese Widrigkeiten am freistehenden Kragträger auszuschalten versuchen, gehen in Richtung einer

- Vermeidung von Fußeinspannungen
- Verringerung der Momentenbelastung der Stütze
- Aufhebung der biegesteifen Ecke
- Verkürzung der Kraglänge durch Zwischenstützungen

Daraus ergeben sich *Variantenbildungen* in der Rahmenebene x - x.

Die Aussteifungskriterien in der Längsrichtung y - y bleiben unverändert.

Solche Varianten verändern jedoch die Form des Bauwerkes, sind daher entwurfsrelevant und müssen in ihren Möglichkeiten vom Planer beurteilt werden können.

4.3.2 Variantenbildungen zum Grundsystem

Lösen der Fußeinspannung

Das Kippmoment des Kragarmes wird nicht länger durch ein Einspannmoment am Stützenfuß aufgefangen: der Rahmen wird an der biegesteifen Ecke abgestützt oder abgespannt, der Fußpunkt ist gelenkig gelagert.

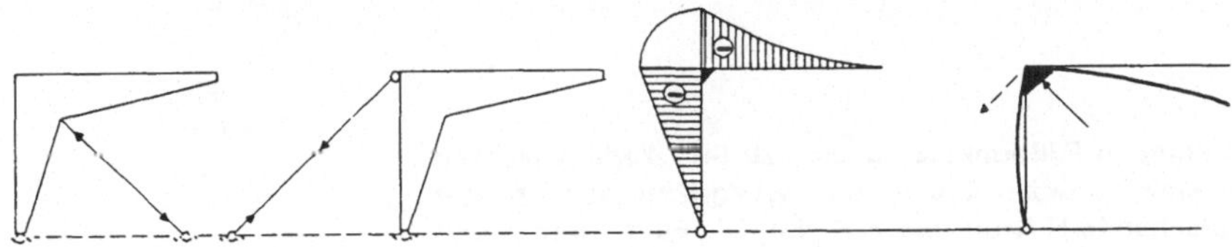

Bild 4.3.16: Gelenkig gelagerter einhüftiger Rahmen

Das gegenüber Bild 4.3.9 unveränderte Kragmoment wird zwar in den Stützenkopf umgelenkt, jedoch in der Stütze bis zum Fußgelenk abgebaut. Der höchstbeanspruchte Querschnitt liegt damit in der biegesteifen Ecke, wodurch deren Ausbildung unverändert den Bildern 4.3.10 - 4.3.13 entspricht. Die Stütze selbst verjüngt ihren Querschnitt nach unten. Das Verformungsbild des Rahmens ändert sich gegenüber dem in Bild 4.3.6. Bei der Aufnahme des Einspannmomentes entstehen folgende Kräftepaare:

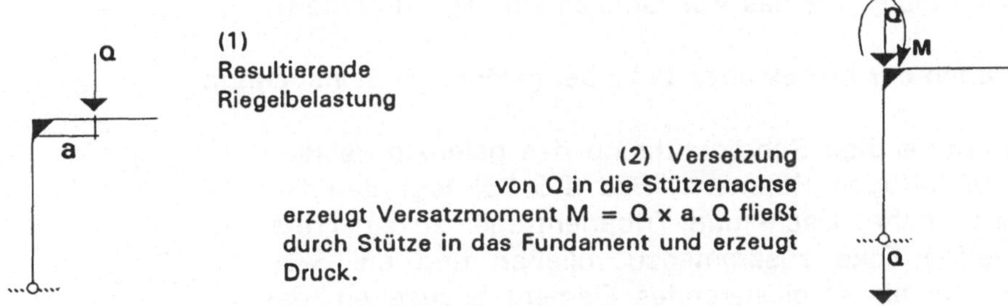

(3) Versatzmoment = Einspannmoment. Es kann durch das waagrechte Kräftepaar $H_o = H_u$ ersetzt werden.
$H_o = H_u = \pm M/h$.
H_u versucht den Fußpunkt nach links zu schieben, H_o die biegesteife Ecke nach rechts.

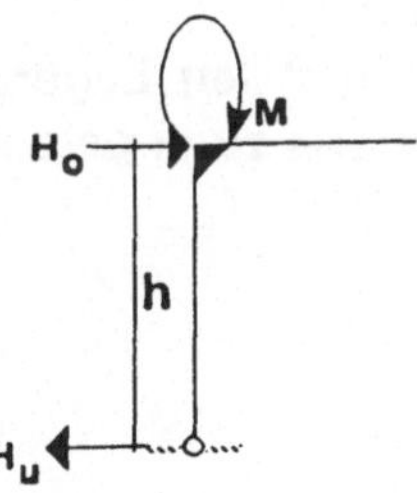

Bild 4.3.17: Aufnahme des Kragmomentes bei gelenkiger Fußpunklagerung (Schritte 1 - 3)

(4) Der Einbau des Schrägstabes bringt die Schubwirkung von H_o ins Gleichgewicht. H_o wird zerlegt in zwei Komponenten V und D, wobei V die Stütze nach oben, D den Stab schräg nach unten drückt.

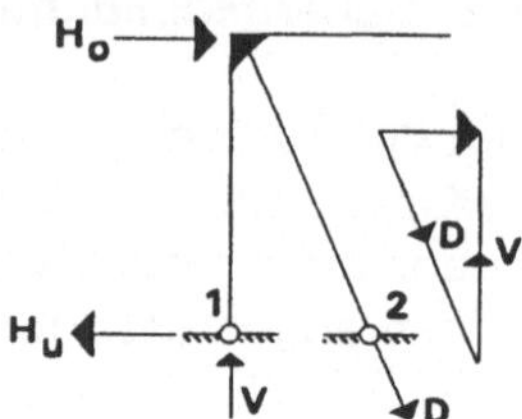

(5) D kann im Fußpunkt 2 - analog zu (4) - zerlegt werden in eine vertikale Druck- und waagrecht nach rechts schiebende H-Kraft, die $=H_o$ ist. Die Fußpunkte 1 und 2 versuchen waagrecht auszuweichen. Können die Fundamente diesen Schub nicht aufnehmen, muß zwischen beiden Punkten ein Zugband eingebaut werden. Letztlich ersetzt das Kräftepaar $\pm V$ das Einspannmoment M. $V = \pm M/b$.

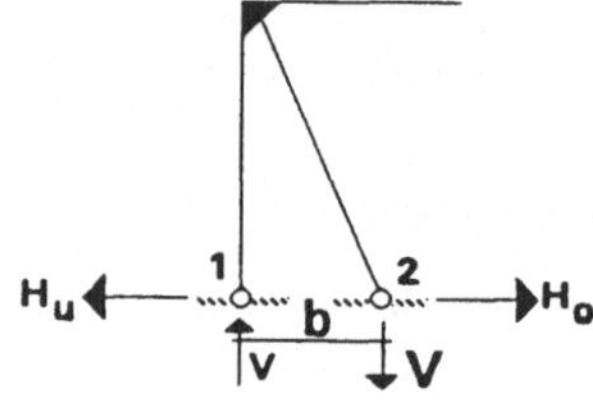

Bild 4.3.17:
Aufnahme des Kragmomentes bei gelenkiger Fußpunktlagerung (Schritte 4-5)

Bei Abspannung anstelle Abstützung entstehen gleiche Kräfte, jedoch in jeweils umgekehrter Richtung. Dabei ist zu beachten, daß das Einspannmoment des Kragarmes bei allen Lastfällen eine solche Kipprichtung aufweisen muß, daß das Abspannseil ständig Zug erhält.

Variation der biegesteifen Ecke bei gelöster Fußeinspannung

Die notwendige Schrägstützung des gelenkig gelagerten einhüftigen Rahmens (Bild 4.3.16) legt den Gedanken nahe, Dach- und Tribünenträger zu einer biegesteifen Ecke zusammenzuschließen und die Stützung nur als stabilisierendes Element anzusehen, das an unterschiedlichen Punkten positioniert werden kann.
Zur stabilen Lagerung in der Rahmenebene sind mindestens zwei gelenkige Lagerpunkte erforderlich.

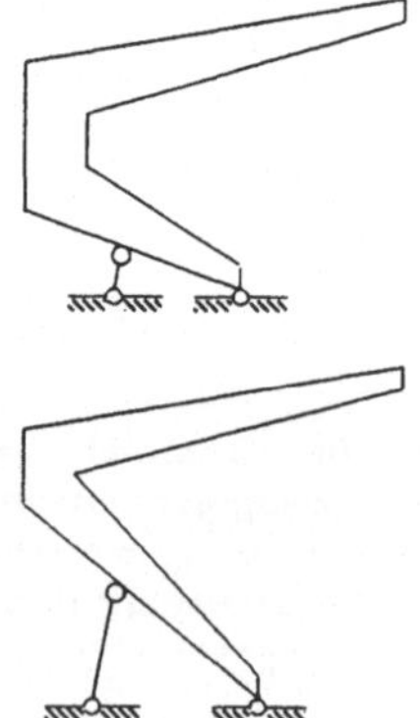

Bild 4.3.18:
Biegesteifer Zusammenschluß von Dach- und Tribünenträger, mit gelenkiger Fußpunktlagerung

Eine solche Lösung wurde bei der Überdachung des Universitätsstadions von Caracas/Venezuela gefunden.

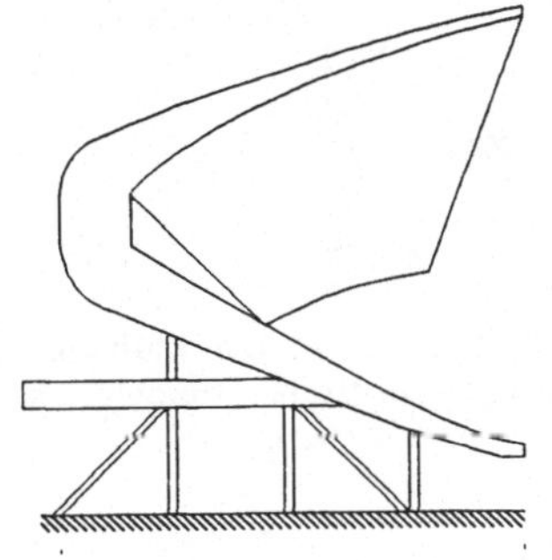
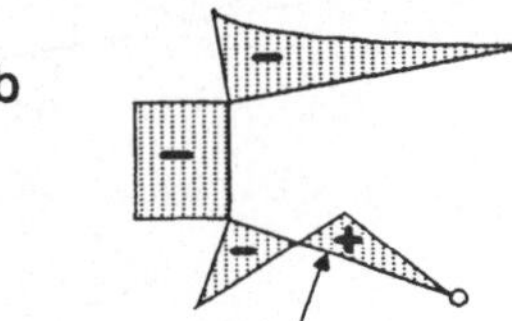

a b

Bild 4.3.19:
Stadion Caracas

a Ansicht
b.Momentenverlauf
infolge Kragarmbelastung

Auflösen der biegesteifen Ecke.
Diesen Varianten liegen zwei Konstruktionsrichtungen zugrunde, die auf sehr unterschiedlichen Tragwerksvorstellungen aufbauen:

Die *erste Richtung* geht aus , wie vor, von der formalen Beibehaltung der Eckausbildung zwischen Dach- und Tribünenträger, löst die ursprünglich biegesteife Ecke jedoch in ein Kräftepaar auf, das durch Stabzüge fortgeleitet wird. (Vgl.Bild 4.3.20) →

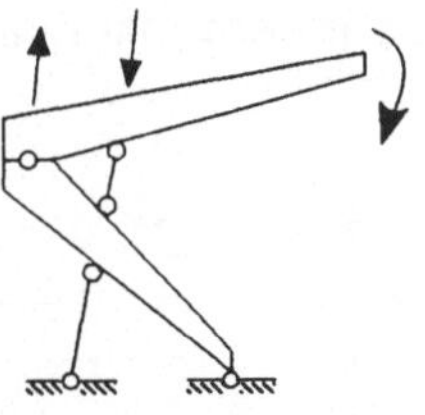

Beispiellösungen hierfür finden sich bei Ausführungen in allen Konstruktionsmaterialien:

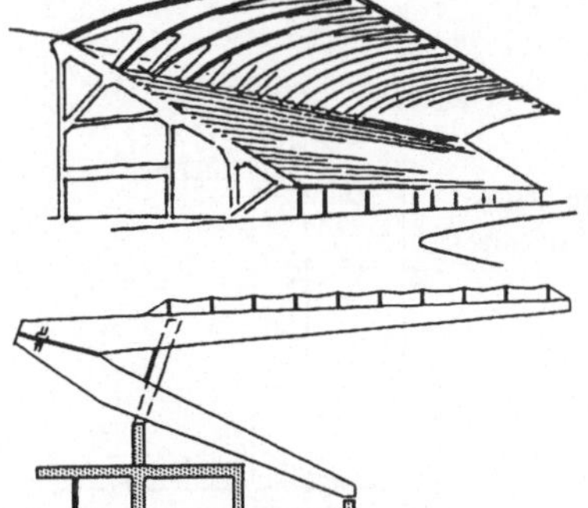

Stadion Florenz,
Ausführung in Stahlbeton, örtlich gegossen.

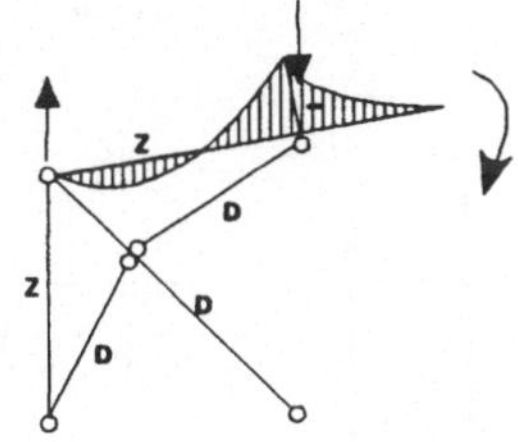

Olympia-Radstadion München
Ausführung in Brettschichtholz

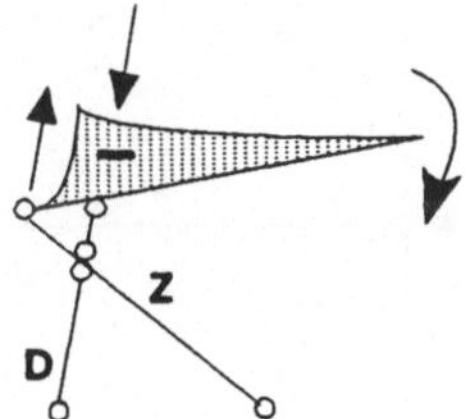

Bild 4.3.21: Beispiellösungen:
links Ansichten -
rechts Schnittgrößen aus Dachträgerbelastung

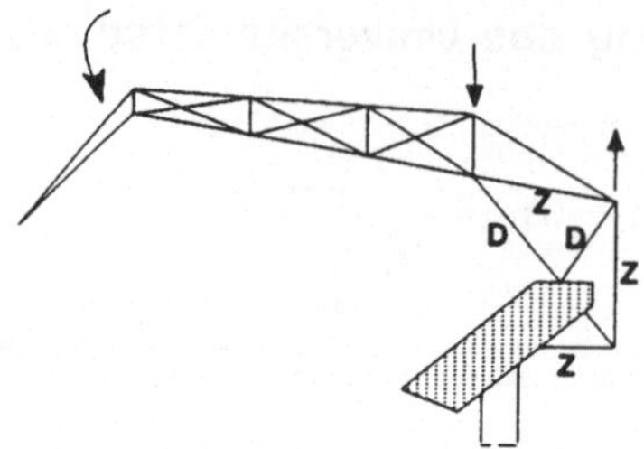

Stadiondach Bharein,
Fachwerkkonstruktion in Stahl.

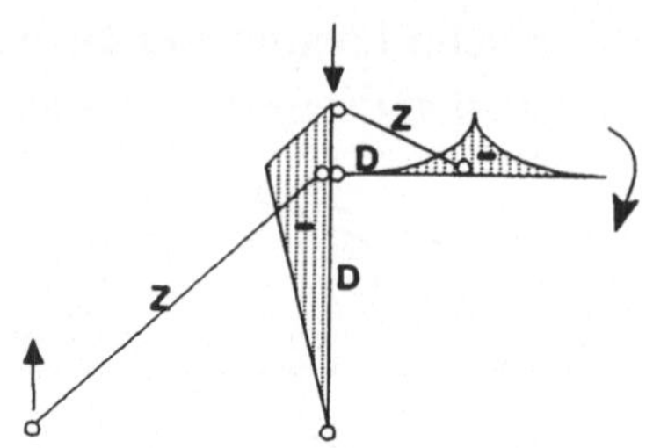

Stadiondach in München,
Brettschichtträger auf Stahlbetonpylonen.

Bild 4.3.21: Fortsetzung der Beispiellösungen

Die zweite Richtung löst sich auch formal von der biegesteifen Ecke, indem sie den Kragträger mit einem Gegenausleger verlängert und das Einspannmoment durch ein Kräftepaar in zwei senkrechten Stützen aufnimmt.

Lösungsmöglichkeiten:

Momente und Normalkräfte infolge Kragarm- und H-Belastung

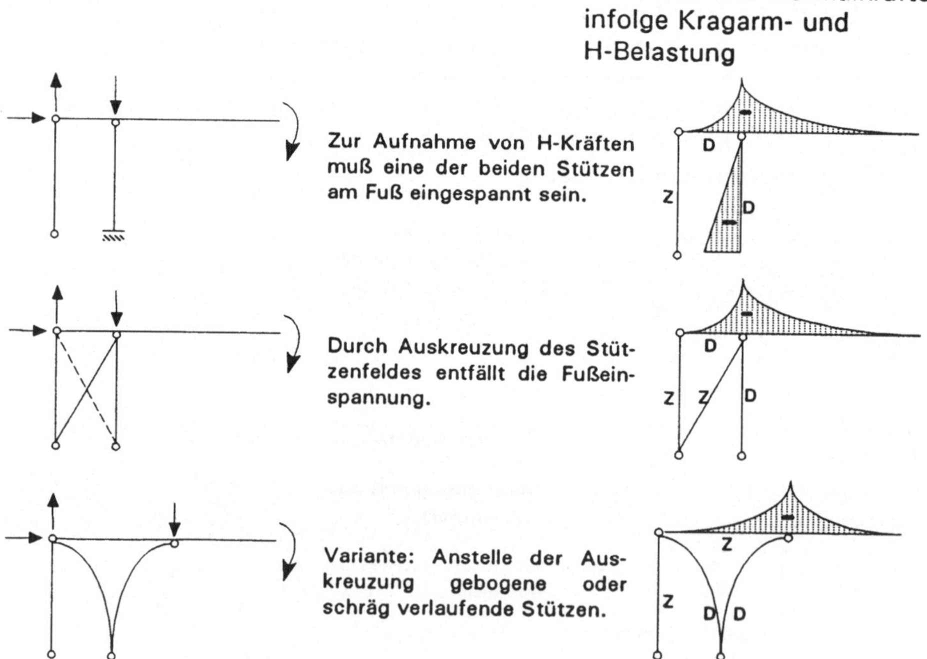

Bild 4.3.22: Auflösung der biegesteifen Ecke durch Doppelstütze und Gegenausleger

Lösungen für diese Konstruktionsmöglichkeiten bestehen vielfach aus einer Kombination der Konstruktionsmaterialien Stahlbeton für die Stützen, Holz bzw. Stahl für die Kragträger.
Probleme treten bei diesen Varianten hinsichtlich der Längsaussteifung auf: Sie sind im Allgemeinen nur zu lösen durch den Einbau sog. Portalrahmen entsprechend Bild 4.3.7.

Aufhängung des Kragarmes; Fachwerke
Die Momentenbeanspruchung des Riegels variiert gegenüber den bisherigen Lösungen am Kragarm; die sonst große Absenkung der Riegelspitze wird verringert.
Trotz aufgelöster biegesteifer Ecken beansprucht das entstehende Zug- Druckkräftepaar jedoch den eingespannten Stiel unverändert.

Erst durch eine erforderliche Abspannung bei gelenkig gelagertem Stützenfußpunkt wird die Momentenbeanspruchung des Stiels verringert.

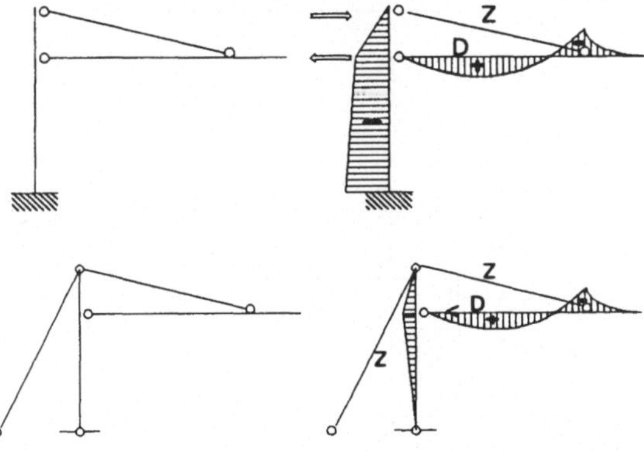

Bild 4.3.23: Aufgehängte Kragträger

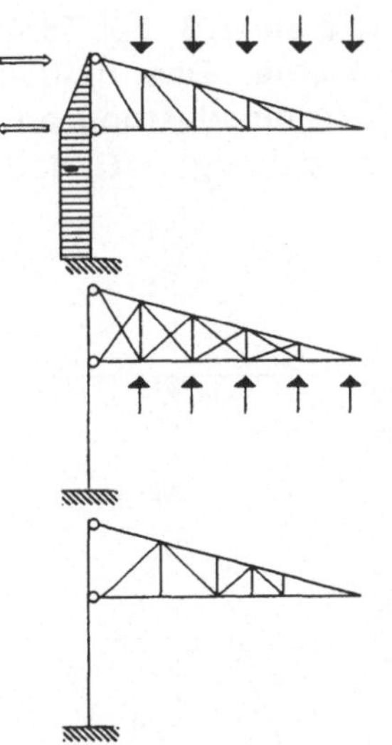

Bild 4.3.24: Wechseldiagonalen

Bei sämtlichen Tragwerksformen vermeidet die aufgelöste biegesteife Ecke die üblicherweise dort auftretenden konstruktiv notwendigen Anschlüsse.
Bei allen Aufhängelösungen ist jedoch zu überprüfen, ob die ständigen Minimallasten der Riegelkonstruktion so groß sind, um bei Unterwind ein Hochklappen des Riegels zu vermeiden: die Aufhängung unterliegt in diesem Fall nicht aufnehmbaren Druckkräften.

Die Spreizung des Kragarmes tendiert zur Konstruktion eines Fachwerkes, mit dem Zuggestänge als Obergurt und dem Riegel als Untergurt, einer wirtschaftlicheren Lösung als bei dem biegebeanspruchten Einhängeträger.

Nach unten gerichtete Vertikallasten rufen in den dargestellten Diagonalen nach Bild 4.3.24 Zugkräfte hervor. Wegen der genannten Gefahr der möglichen Kraftumkehrung bei Sogkräften müßten auch die Richtungen der Zugdiagonalen sich umkehren, es entsteht eine Feldauskreuzung.
Meist jedoch legt man die Stäbe des Systems als Wechselstäbe aus, die Zug- und Druckkräfte aufnehmen können, was insofern von Bedeutung ist, als der Entwurf eines Fachwerkes auch gestalterische Elemente enthält, wie beispielsweise die nachfolgenden Konstruktionsformen erhärten:

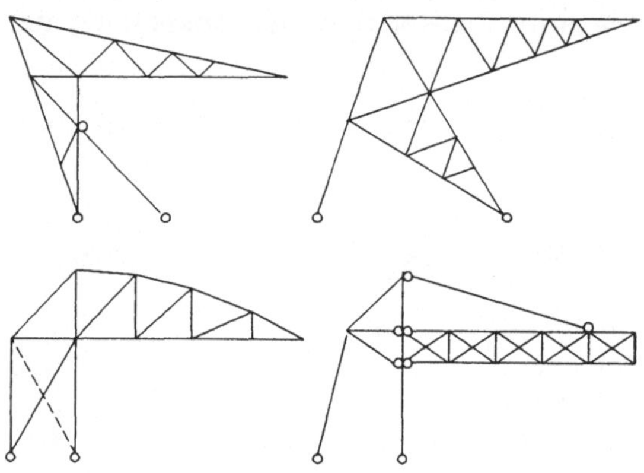

Bild 4.3.25: Fachwerkkragarme

An Einzelmasten (Pylone) aufgehängte Kragdächer, wie sie z.B. bei Tankstellen anzutreffen sind, entstehen zusätzliche Probleme: Das freihängende Dach ist waagrechten Drehschwingungen aus Windbelastung ausgesetzt und, sofern es schräg oder asymetrisch aufgehängt ist, auch waagrechten Schüben.

Stabilisierung läßt sich auf zwei Wegen erzielen:

a) Der Pylon ist fußeingespannt und muß die entstehenden Beanspruchungen übernehmen, wozu die Dachebene mit ihm kraftschlüssig verbunden sein muß; Bild 4.3.26a:.

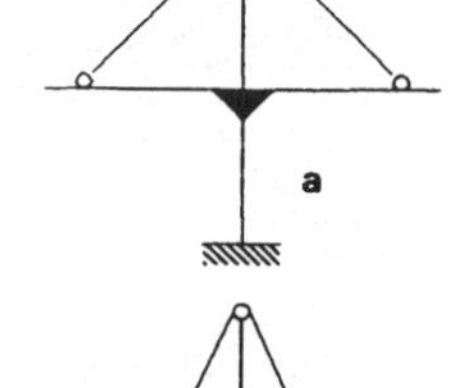

b) Der Pylon ist gelenkig gelagert. Die Gesamtkonstruktion ist bis zum Boden abzuspannen. Der Pylon kann berührungsfrei durch die Dachkonstruktion geführt werden. Bild 4.3.26b:

Abgestützte Auslegerkonstruktionen

Grundsystem ist der einhüftige Rahmen mit angebautem Gegenausleger, der die Kippwirkung um den Fußpunkt mindert.

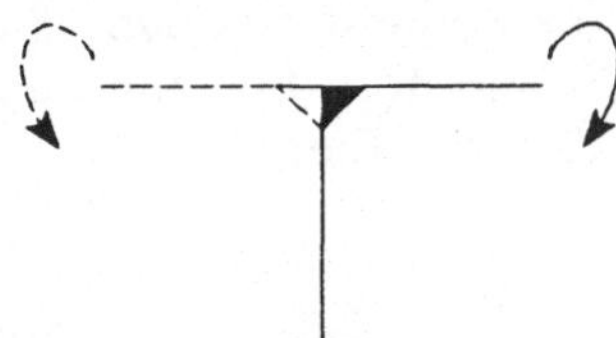

Bei vollkommener Symmetrie beider Riegelhälften, sowie der Riegelbelastung, heben sich auch die Kippmomente auf, das System ist in einem labilen Gleichgewichtszustand, die Stütze und der Fußpunkt ohne Einspannmoment. Biegemomente beanspruchen nur die Riegel.

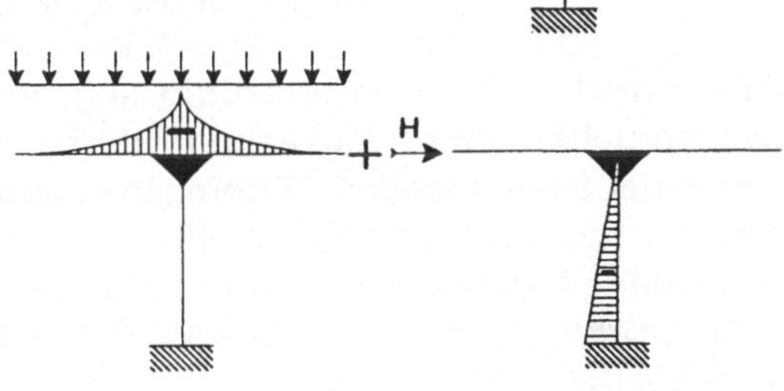

Bild 4.3.27: Symmetrische Ausleger

Lediglich beim Auftreten einer H-Kraft erhält die Stütze ein nach unten anwachsendes Moment.
Derartige Systeme sind bei radial angeordneten Kragarmen üblich (sog."Schirme") gem.Bild 4.3.28.

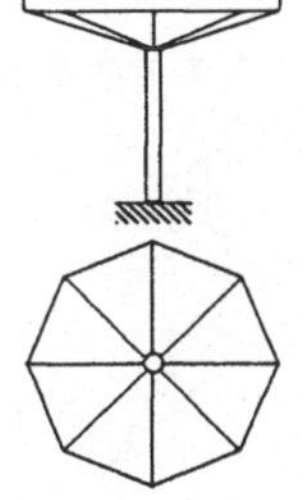

Unsymmetrische Riegellängen oder einseitige Mehrbelastung lassen über der Stütze aus den Kragarmen unterschiedliche Momente mit der Differenz ΔM entstehen. Dieses läuft mit konstanter Größe über die Stütze durch und aktiviert, zusammen mit dem Moment aus der H-Kraft, ein Fußeinspannmoment.

Bild 4.3.28: "Schirm"

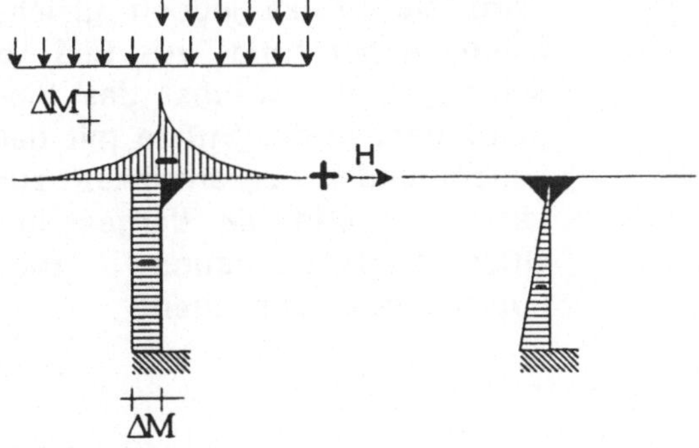

Bild 4.3.29a: Unsymmetrischer Ausleger

Ein momentenangepaßter Querschnittsverlauf entspricht dem in Bild 4.3.9.

Die Ausleger können auch höhenversetzt sein. Das Eckmoment aus dem längeren Riegel setzt sich in der Stütze fort bis zum entlastenden Ansatzpunkt des kürzeren Riegels.

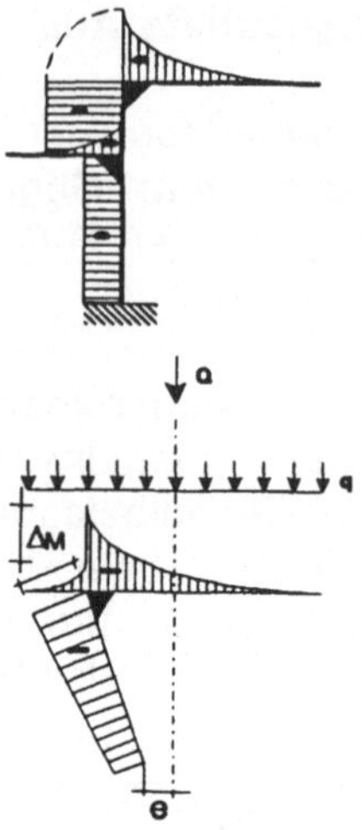

Bild 4.3.29b: Höhenversetzter Ausleger

Aus formalen Gründen ausmittig angesetzte Stützen beanspruchen den Stützenkopf durch ein mit der Ausmitte zunehmendes Differenzmoment ΔM. Werden die Stützen schräggestellt, mit Neigung zum längeren Kragarm hin, nimmt das Stützenmoment zum Fuß ab, da auch die Exzentrizität e zur Lastachse Q kleiner wird.

Bild 4.3.30 a: Nach innen geneigte Kragarmstütze

Ein labiler Grenzzustand - bei dem das Fußeinspannmoment verschwindet - stellt sich ein, sobald die Lastachse durch den Fußpunkt läuft. Der Stützenquerschnitt kann sich in beiden Fällen nach unten verjüngen.

Bild 4.3.30 b: Exzentrizitätsfreie Stützenneigung

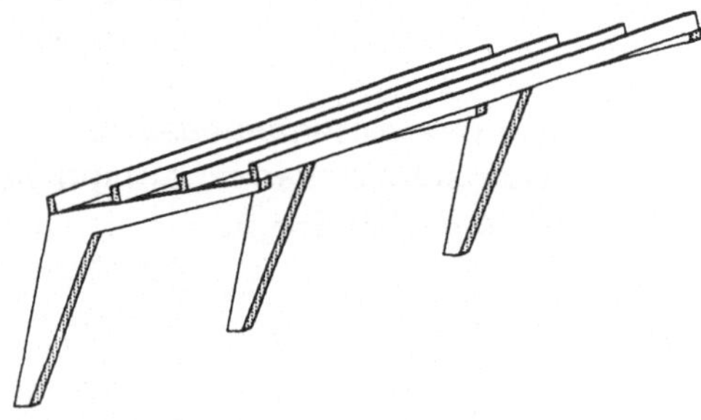

Wird die Stütze jedoch gleichzeitig gegenläufig zu Bild b schräggestellt, wächst das Biegemoment in der Stütze mit der zunehmenden Exzentrizität zur Lastachse und die dargestellte Querschnittsverjüngung zum Fuß hin ist inkonsequent.

Bild 4.3.30 c: Ausgestellte Stütze

Die aufgelisteten Systeme sind infolge der Fußeinspannung in der Rahmenebene stabil.

In der Längsrichtung sind Aussteifungen erforderlich mit Möglichkeiten, wie sie bereits im Bild 4.3.7 erläutert wurden.

Eine Auflösung der Fußpunkteinspannung ergibt sich durch *Spreizung der Stütze* mit den nebenstehend dargestellten Möglichkeiten eines biegesteifen bzw. gelenkig angeschlossenen Stützenkopfes.

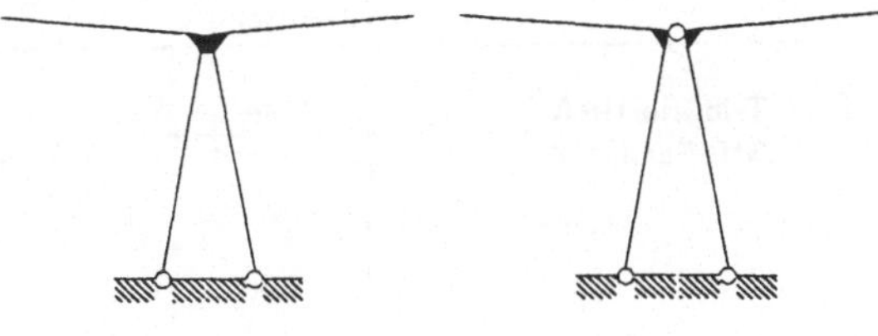

Bild 4.3.31:
a Kopf eingespannt, b. Köpfe gelenkig verbunden

Nachteile der Stützenspreizung liegen vor allem in derVerkehrsraumbehinderung unter dem Schutzdach. Gestalterische Probleme treten auf bei der Stabilisierung in Längsrichtung: der mittige Längsträger muß an die Stützen biegesteif angeschlossen werden. Andernfalls sind entweder Kopfbügen, beidseitige Abspannungen oder einseitige Abstützung erforderlich.

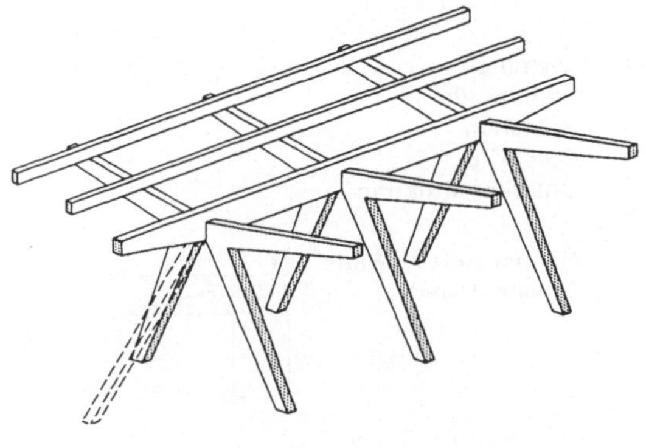

Bild 4.3.32: Kragarme auf gespreizten Stützen

Eine verkehrsraumfreundlichere Variante zu diesen Spreizungslösungen, wie sie vorzugsweise bei radialer Anordnung verwendet wird, ergibt sich mit der nebenstehenden Systemskizze: Vertikale Stützen mit biegesteif angeschlossenen Fußauslegern.

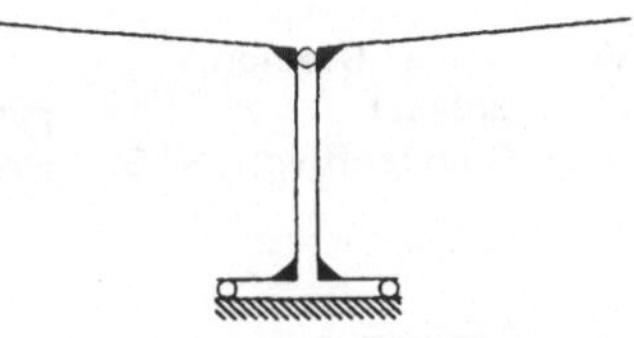

Bild 4.3.33:
Ausleger auf geteilten Stützen und gespreiztem Fußpunkt

4.3.3 Objektbeispiele

Nr.	Objekt und Baustoff	Tragsystem im Querschnitt;	Reihung	Längsaussteifung in Dachebene; Wandebene
I	Tribüne USA StB-Fertigteile	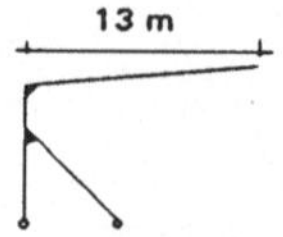 13 m	Linear a = 6 m	Stahlbetondachscheibe aus Fertigteilen; Portalrahmen durch Versteifungswand
II	Olympia-Radstadion München Brettschichtholz	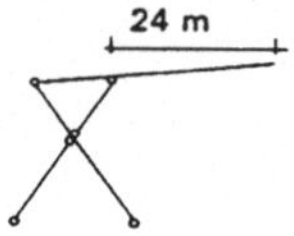 24 m	Oval a = 6 m	Aussteifungsverbände; Portalrahmen durch Versteifungswand
III	Olympia-Ruderstadion München BSH/STB-Unterkonstruktion	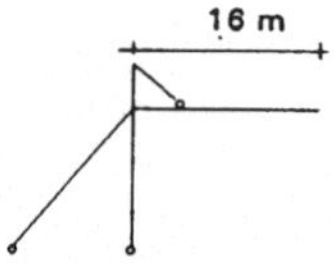 16 m	Linear a = 12,50 m	Verbretterte Dachscheibe; STB-Längsrahmen
IV	Hangar Roissy, Paris Stahlfachwerk	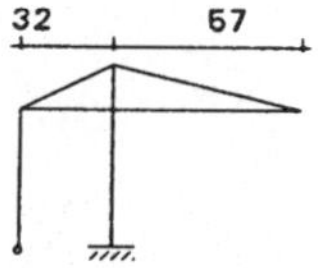 32 57	Linear a_1 = 36 m a_2 = 50 m	Aussteifungsverbände; Auskreuzungen, Fußeinspannung
V	Tankstelle Stahlwalzprofile	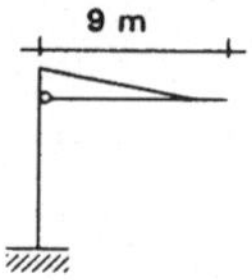 9 m	Linear a = 6,70 m	Aussteifungsverbände; Portalrahmen
VI	Heysel-Stadion Brüssel Stahlfachwerk/STB	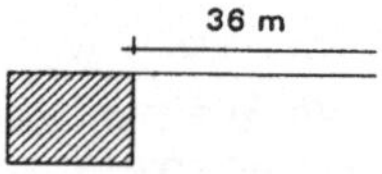 36 m	Linear a = 5 m	Windverbände; an steifem Stahlbetonkasten angehängt
VII	Tankstelle Stahlrohr	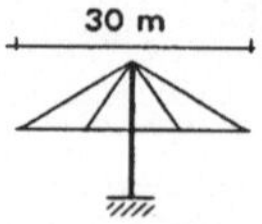 30 m	Radial 1 Pylon	Dachscheibe drehsteif an Pylon angehängt; Pylon fußeingespannt, drehsteifes Rohr
VIII	Tankstelle Stahlrohr	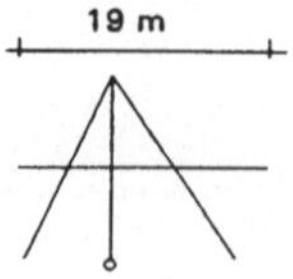 19 m	Radial 1 Pylon	Ausgekreuztes Dach verdrehungsstabil abgespannt; Abgespannter Pylon

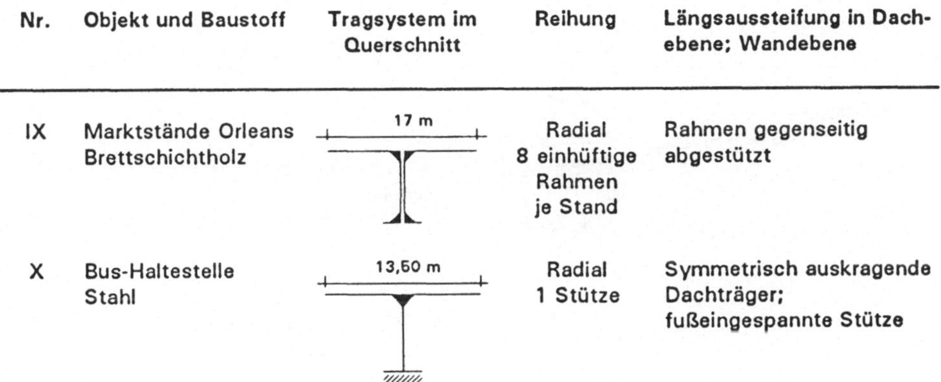

Nr.	Objekt und Baustoff	Tragsystem im Querschnitt	Reihung	Längsaussteifung in Dachebene; Wandebene
IX	Marktstände Orleans Brettschichtholz	17 m	Radial 8 einhüftige Rahmen je Stand	Rahmen gegenseitig abgestützt
X	Bus-Haltestelle Stahl	13,50 m	Radial 1 Stütze	Symmetrisch auskragende Dachträger; fußeingespannte Stütze

Die aufgelisteten Objektbeispiele sind allgemein zugänglichen Literaturquellen entnommen und werden hier nur im Rahmen des interessierenden Tragwerkentwurfes dokumentiert.

Die Form der in Kapitel 4.3 behandelten Bauwerke aus freistehenden einhüftigen Rahmen wird zwangsläufig durch die Konstruktion bestimmt, was den Schluß erlaubt: Form ist Konstruktion.

In der Beispielauswahl bestätigt sich diese Aussage. Parallel dazu findet sich eine breite, wenngleich keinesfalls erschöpfende, Palette von Möglichkeiten, die Grundprobleme dieser Tragwerksform einzeln oder kombiniert zu lösen durch:

- Auflösen der biegesteifen Ecke in den Beispielen II, III, IV
- Auflösen der Fußeinspannung mittels Spreizstäben bei I, II, III oder Gegenauslegern bei VI
- Aufhängung der Ausleger um große Kragarmdurchbiegungen zu reduzieren IV, V

Neben der linearen Reihung solcher Tragwerke zu Schutzdächern über meist rechteckigem Grundriß gibt es auch eine radiale, bei der das Tragwerk -einem Schirm vergleichbar- symmetrisch um eine Stütze angeordnet ist. Die Tragwerksmöglichkeiten solcher Schirmdächer erstrecken sich auf Abhängung und Abstützung, wobei das an einem Pylon aufgehängte Dach entweder im Stützenfußpunkt durch Einspannung stabilisiert wird, was zu erheblichen Stützenquerschnitten führt (Beispiel VII), oder durch Abspannungen von Dach und Pylon mit sehr leichten Konstruktionen, jedoch hohem Konstruktionsflächenbedarf (Beispiel VIII).

Abgestützte Schirme stehen mit Hilfe gespreizter Fußausleger wie Beispiel IX, oder durch fußeingespannte Stützen des Beispiels X. In beiden Fällen bleibt das Eckmoment erhalten, im letzten Beispiel auch das der Fußeinspannung, womit das Ursprungstragwerk wieder hergestellt, der Kreis von Konstruktionsmöglichkeiten mithin geschlossen wäre.

Objektbeispiel I

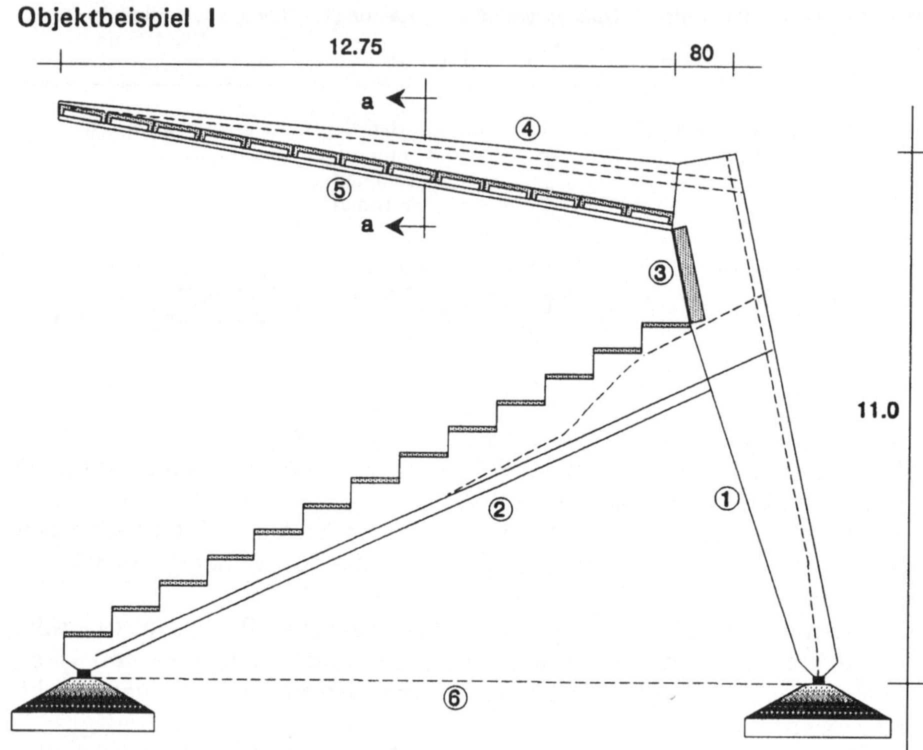

Bild I.1:
Tribüne in den USA aus zusammengespannten Fertigteilen in Stahlbeton

Rahmenabstand a = 6,0 m

1. Stütze b/d = 35/60 - 1,57
2. Tribünenträger b/d max. = 35/1,50
3. Versteifungswand b/d = 2=/2,00
4. Dachträger b/d = 20/40 - 1,40 mit beidseitigen Konsolen zur Auflagerung der
5. vorgespannten Trogplatten, gemäß Schnitt a - a
6. Zugband

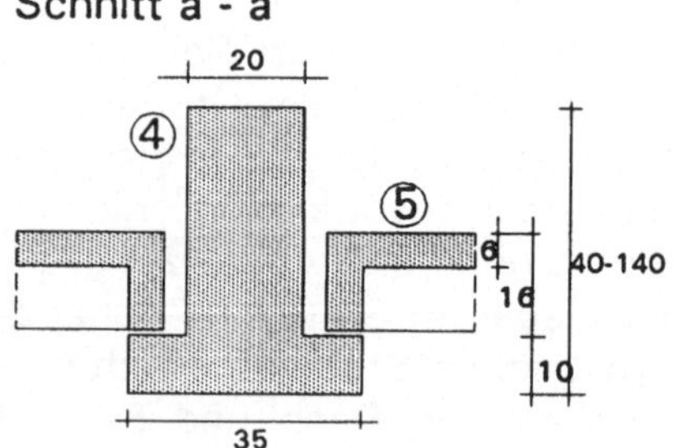

Bild I.2:
Auflagerung der Dach- Trogplatten auf Konsolen des Dachträgers

Das Tragwerk entspricht dem nebenstehenden System: Rahmen mit biegesteifen Ecken und zwei gelenkigen Fußpunkten, die infolge ihrer Spreizung die Kippsicherheit des Systems in der Rahmenebene gewährleisten. Der gezeichnete Momentenverlauf ergibt sich aus Dach- und Tribünenträgerbelastung. Die Bauteilquerschnitte sind dem Momentenverlauf angepaßt.

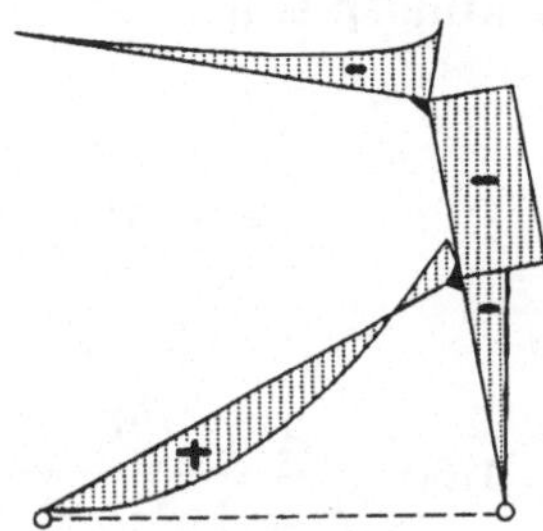

Bild I.3: Biegemomente infolge Dach- und Tribünenbelastung

Der Montageablauf entspricht der Reihenfolge: Stütze - Tribünenträger - Versteifungswand - Dachträger.

Die strichlierten Linien in den Einzelbauteilen von Bild I.1 stellen die Vorspanndrähte dar, die jeweils an den Anschlußquerschnitten aus dem Bauteil herausstehen und in das anzuschließende Teil durch Leerrohre eingefädelt. Nach dem Zusammenbau erfolgt die Vorspannung. Die Spannstähle liegen jeweils auf der zugbeanspruchten Seite der Bauteile.

Zur Stabilisierung des Bauwerkes werden die Trogplatten zu einer Scheibe verbunden (durch Mörtelfüllung der Fugen). Die am unteren Trägerrand liegende Scheibe gewährleistet auch die Kippsicherheit der Dachträger (die am unteren Rand auf Druck beansprucht werden und dadurch ausknicken könnten).

In Längsrichtung wird die Versteifungswand Ziff. 3 mit den Stützen zu einer Rahmenkonstruktion zusammengespannt.

Lit. Koncz, Handbuch der Fertigteilbauweise Band II, Wiesbaden 1975.

Objektbeispiel II

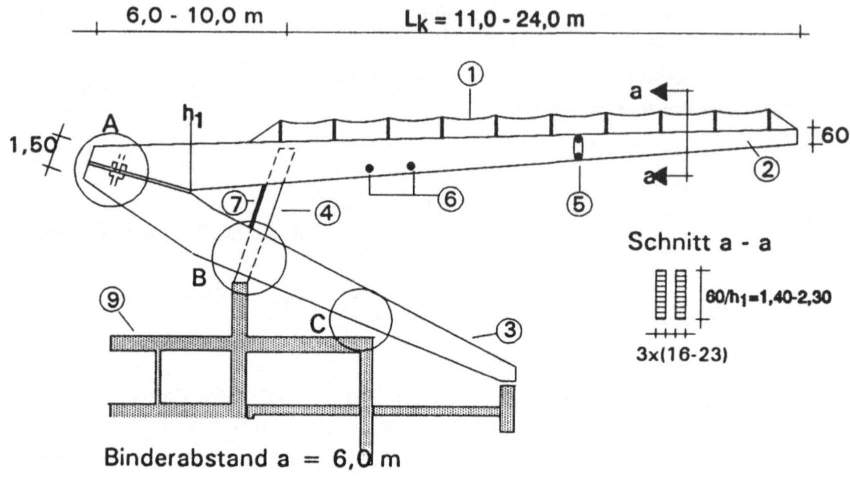

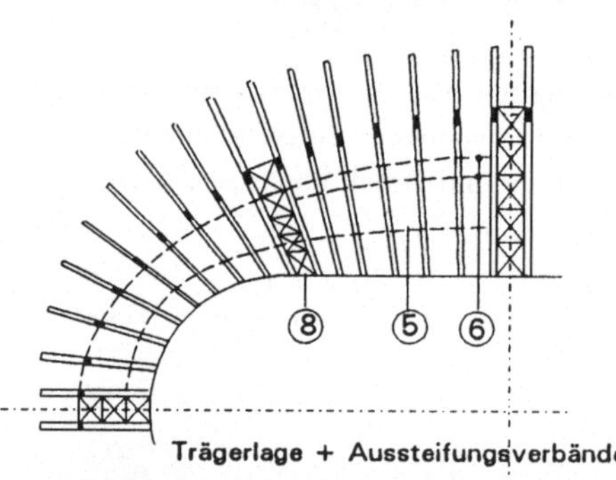

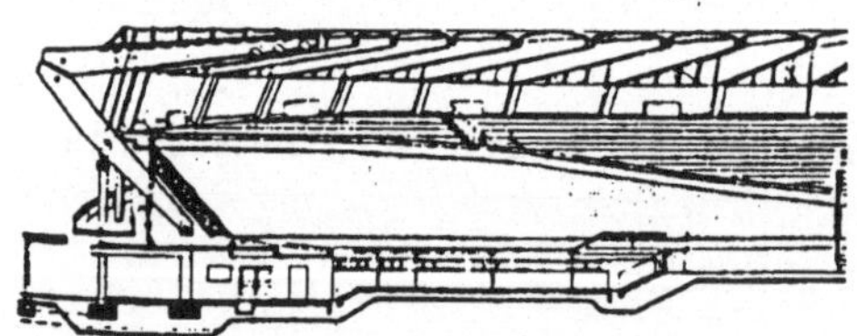

Teilansicht

1. Transparentes Allwetterdach, selbsttragend auf Stahlrohrkonstruktion
2. Kragarm als Brettschichtholzdoppelträger Dargestellt ist die maximale Auskragung
3. Tribünenträger als Doppelquerschnitt wie vor
4. 3-teiliger Brettschichtholzdruckriegel ≤ 70/70
5. Stahlgitterträger h = 1,0 m, zur Kippstabilisierung der Kragträger
6. Stahl- Aussteifungsrohre Ø ≤ 168 mm
7. Umlaufende Stegplatte, max 10/2,40, verleimt, zur Längsaussteifung
8. Windverbände
9. Stahlbetonunterkonstruktion

Bild II.1: Olympia-Radstadion München, 1971/72
Ausführung in Brettschichtholz

Lit. Detail 4/1972

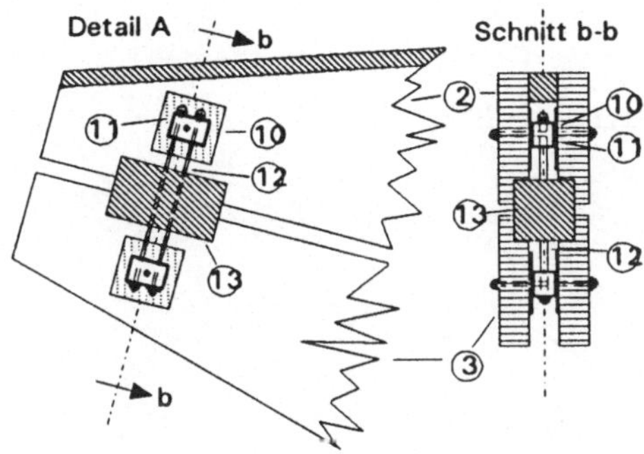

10. Nagelplatten
11. Stahl- Ankerkasten
12. Zugstangen, justierbar
13. Hartholzdübel

Die Zugkraft aus der ausgelösten biegesteifen Ecke wird durch ein Zuggelenk übertragen. Dieses besteht aus Stahlkästen und justierbaren Zugstangen. Kraftübertragung in das Holz über Nagelplatten und Gelenkbolzen.

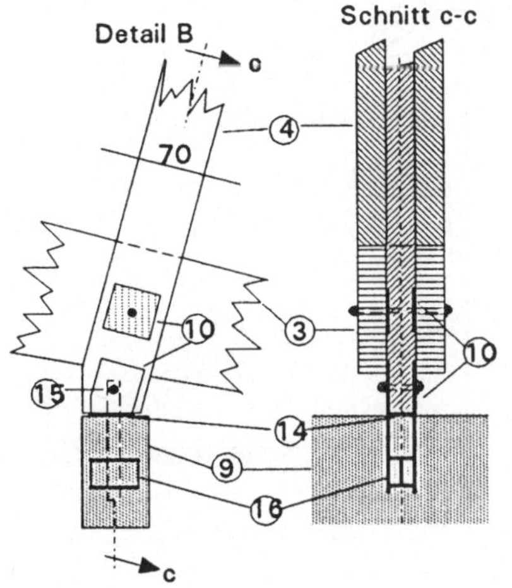

14. Elastomeres Lager
15. Gelenkbolzen M 60
16. Ankerbarren I 240

Die Druckkraft wird durch einen 3-teiligen Stab aus Brettschichtholz in die Unterkonstruktion geleitet. Kraftübertragung in das Holz über Nagelplatten und Bolzen.

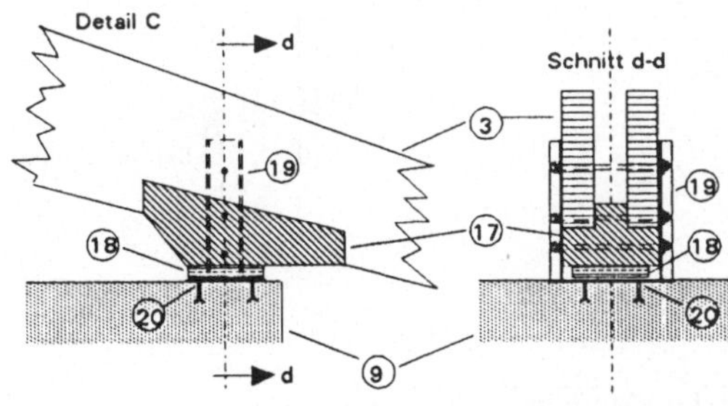

17. Verleimtes Auflagerfutterholz
18. Elastomeres Lager
19. U 200
20. Stahlplatte 20 mm

Anmerkung: Die elastische Absenkung der Kragarmenden infolge Bindereigengewicht beträgt 5 - 14 cm. Eine Überhöhung um diese Beträge erfolgte beim Einbau.

Bild II.2: Olympia-Radstadion München
Konstruktive Details der Verbindung von Dach- und Tribünenträger, Auflagerung des Tribünenträgers auf der Unterkonstruktion.

Objektbeispiel III

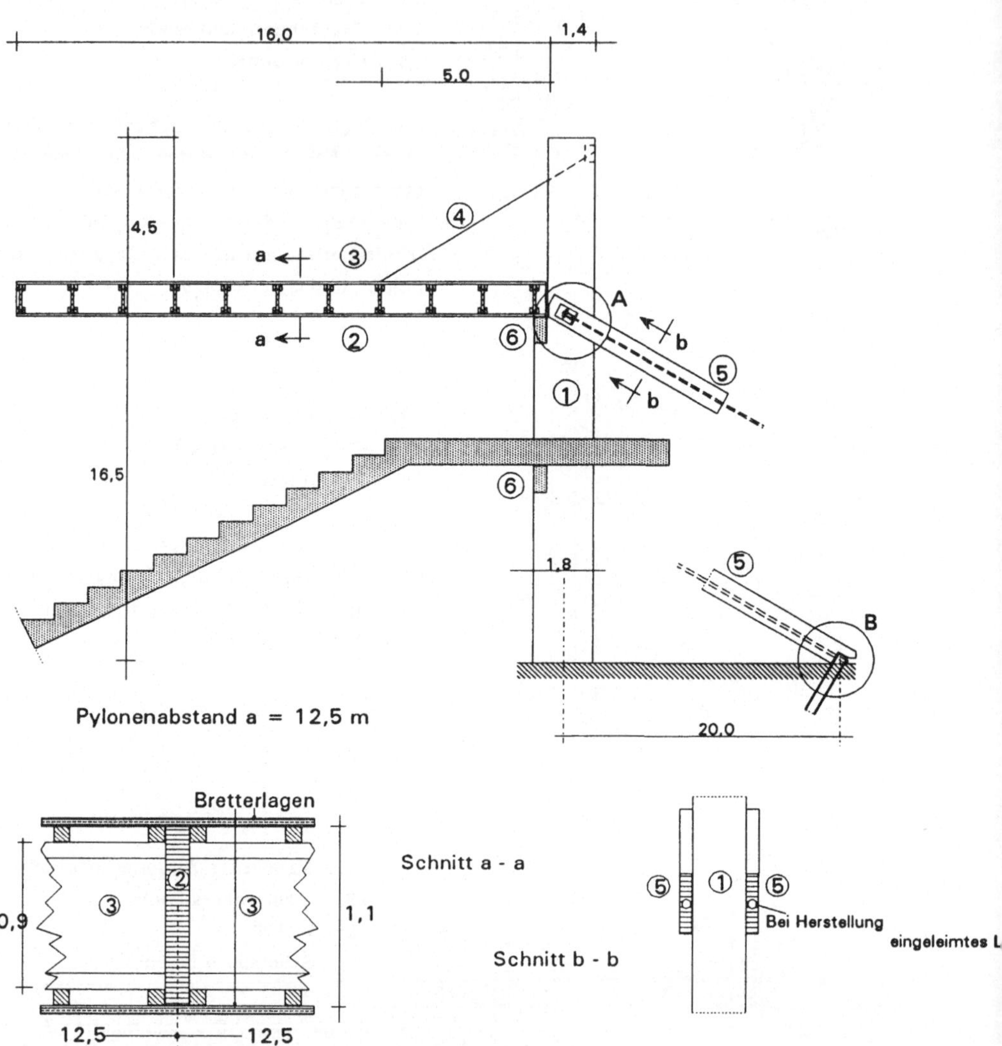

Bild III.1: Olympia-Ruderstadion, Feldmoching bei München, 1971/72

1. Stahlbetonfertigteilpylon
2. Brettschichtholzkragbinder h = 1,10 (≅ L_k / 10)
3. Brettschichtholznebenträger (Kämpfsteg) h = 0,90 (≅ L/14)
4. Kragträgeraufhängung, am Pylon justierbar
5. Rückwärtige Stahlseilabspannung, im Schrägbinder geführt
6. Tragende Stahlbetonfertigteilunterzüge mit Aussteifungsfunktion in Längsrichtung

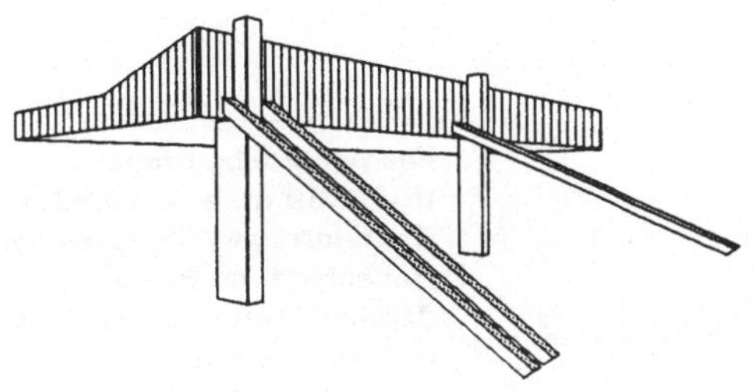

Bild III.2: Verbrettertes Tribünendach

Mit dem geschlossen verbretterten Tribünendach und der flachen rückwärtigen Abspannung fügt sich das ca. 215 m lange Bauwerk vorteilhaft in die weiträumige, ebene Hecken- und Moorlandschaft westlich von München ein. Das Tragwerk entspricht im Querschnitt dem nachstehenden statischen System: gelenkig am Pylon

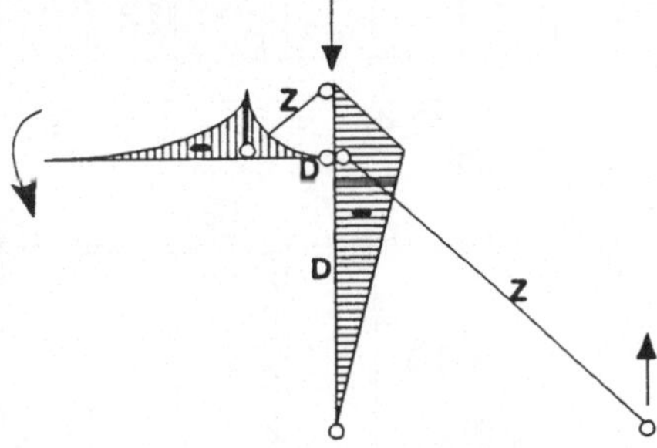

Bild III.3: Statisches System und Momentenverlauf aus Dachlast

angeschlossener und aufgehängter Kragträger. Aufgehobene Fußeinspannung des Pylons durch Abspannung. Das Tribünendach weist durch die kreuzweise liegenden Haupt- und Nebenträger in Zusammenhang mit der Verbretterung Scheibenwirkung auf.

Aussteifung in Längsrichtung erfolgt durch die Stahlbetonfertigteilträger der Dach- und Tribünenauflagerung.

Detail A

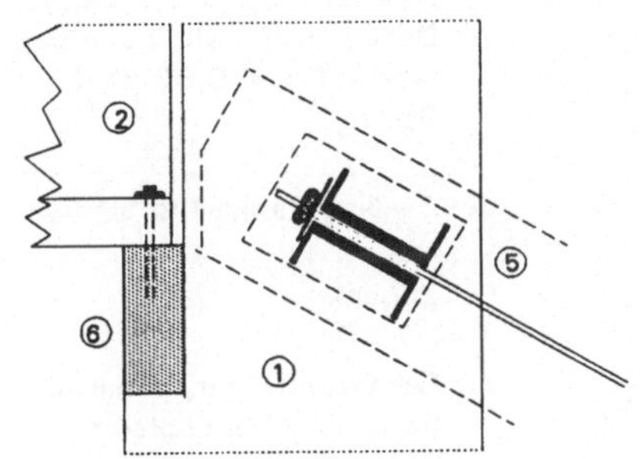

Bild III.4:
Nachspannbare Verankerung derSchrägbinder (5) am Pylon (1):Der Spannstahl liegt zwischen den im Pylon einbetonierten U-Profilenund drückt sich mittels einer Stahlplatte an diese an. Analoge Verankerung am Fußpunkt B.

Die Pylone sind trotz ihrer großen Querschnitte nicht eingespannt und kippsicher nur für die Aufhängung der Kragträger. Danach mußten die rückwärtigen Schrägbinder (in die bei Herstellung Leerrohre eingeleimt wurden) mit den eingezogenen Spannstählen montiert und die Konstruktion teilvorgespannt werden. Erst dann konnte der Einbau von Nebenträgern und der Dachaufbau erfolgen. Nach Fertigstellung wurde die Gesamtkonstruktion durch Nachspannen ausgerichtet.

Lit. Detail 4/1972

Objektbeispiel IV

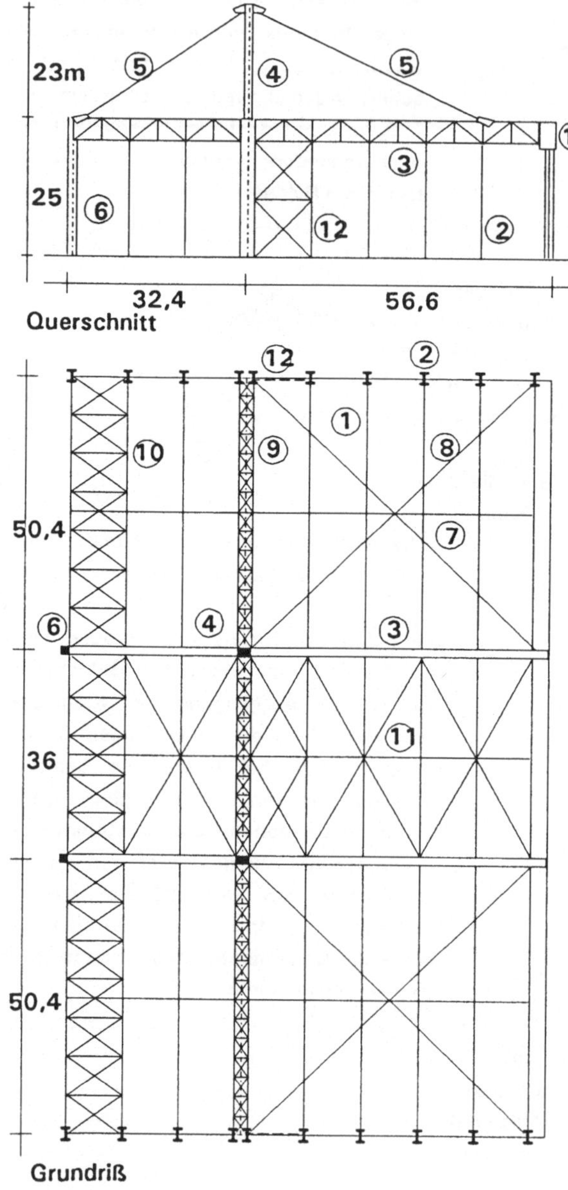

1. Fachwerknebenträger h = 2,50 m, e = 10,80m Dreifeldträger in gleicher Höhenlage mit Pos.3; darüber Pfetten e = 3,60m und wärmegedämmte Trapezblechdeckung

2. Giebelstütze unter Pos. 1; Hohlkasten aus 2 U mit Blechen verschweißt; b/d = 24/92 cm

3. Binder h = 3,80 m als Zwillingsfachwerkträger b = 0,90 m

4. Pylon als parallelgurtiges Strebenfachwerk, Gurtbreite 1,20 m, d = 1,70 m; zweiachsig im Fundament eingespannt mittels angeschweißter Fußplatte 2,5 x 1,7 x 0,12 Der obere Mastteil verjüngt sich auf d = 0,90 an der Spitze

5. Zwillingstahlseil Ø 59 mm

6. Zuganker

7. Fachwerkträger, konstruktions- und höhengleich mit Pos. 1 zu deren Queraussteifung

8. Feldauskreuzung zur Stabilisierung von Pos. 7

9. u. 10. Windverband in Obergurtebene von Pos. 1 für Wind auf Längswände

Bild IV.1: Hangar in Roissy, Paris

11. Windverband zur Aufnahme des Giebelwindes

12. Ausgekreuztes Wandfeld

13. Torträger als Zwillingsfachwerk mit 2,60 m Spreizung zur Unterbringung der Torflügel

Das Tragsystem in der Querschnittsebene entspricht Bild IV.2.
In Längsrichtung setzen sich Dreifeldträger auf die Giebelwandstützen und die beiden aufgehängten Binder ab. Die gesamte Fachwerkkonstruktion ist sehr verformungsempfindlich, was sich an den Binderenden der Pos. 3 am stärksten bemerkbar macht: maximal zulässiger Abhub infolge Windsog und Wärmedehnung = 54 cm; maximal zulässige Absenkung infolge Schnee + Betriebslasten + Wärmedämmung = 25 cm. Der Torträger kann vertikal an den Torflügeln gleiten, sodaß die Verformungen nicht das Tor belasten.

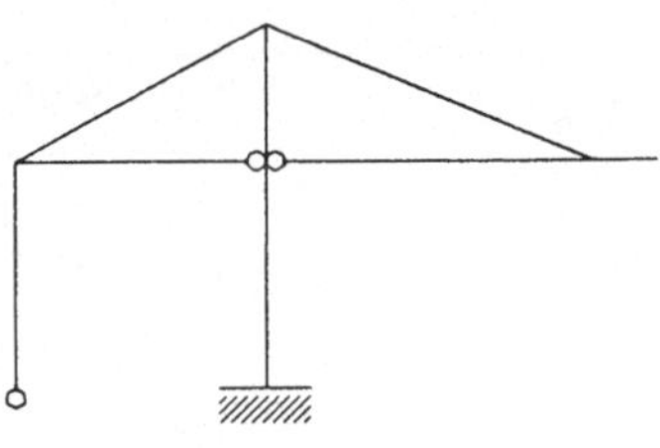

Bild IV.2.: Tragsystem im Querschnitt

Die Aufnahme der Windkräfte auf die Längswand erfolgt durch die Verbände Pos. 9 u. 10, die Wandaussteifung Pos. 12 und die eingespannte Hauptstütze Pos. 4.
Für die Aufnahme der Windkräfte auf Giebel stehen nur die zweiachsig fußeingespannten Hauptstützen Pos. 4 zur Verfügung. Die Giebelwindkraft W_y wird in die Achse der Hauptstützen verschoben und von diesen aufgenommen. Das Versatzmoment M_y = Wy x e verdreht die Dachscheibe. Das stellvertretende Kräftepaar in X-Richtung wird in die Hauptstützen eingetragen.

Anmerkung: Stellvertretend für die Pos. 4 könnten auch die Wandjoche Pos. 12 zu dieser Aufgabe herangezogen werden, wenn der Verband Pos. 11 auch in den Randfeldern vorhanden wäre. Offenbar wurde auf diese Lösung verzichtet wegen der Verformungsweichheit der 136 m langen Scheibe.

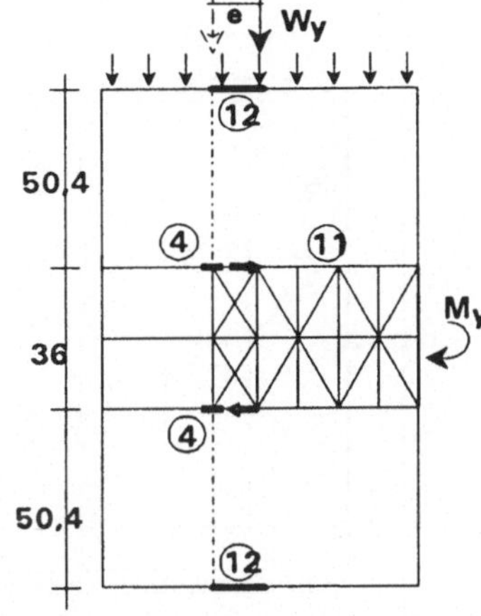

Bild IV.3: Aufnahme des Versatzmomentes My durch die Hauptstützen Pos. 4

Lit.: acier stahl steel 1/1980

Objektbeispiel V

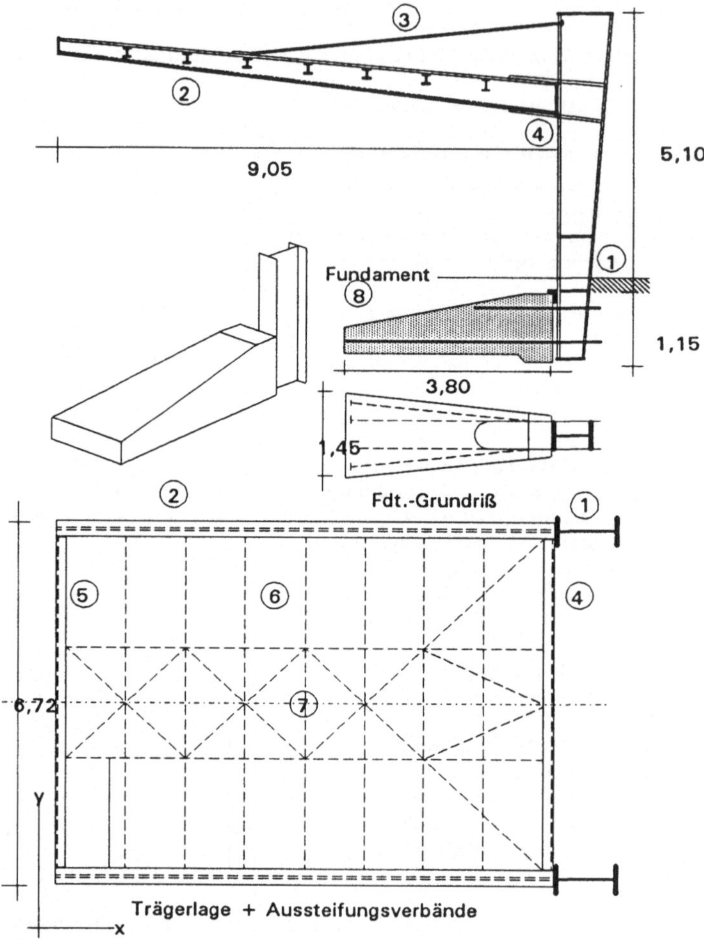

Bild V.1:
Aufgehängtes Tankstellendach mit fußeingespannten Stützen.
Leichte Dachdeckung mit Trapezblechen.

1. IPB 600, durch diagonale Stegtrennung zur Trapezform aufgeweitet mit h_o = 800 mm, h_u = 400 mm. Mit Stegblechen ausgesteift und durch Seitenbleche zum Hohlkasten geschlossen.
   Die Beanspruchung des Tragwerkes entspricht der in Bild 4.3.23 mit erforderlichem Größtquerschnitt am eingespannten Fuß. Der aus gestalterischen Gründen hier umgekehrte Querschnittsverlauf führt zu erheblicher Überdimensionierung am Stützenkopf.

2. Kragträger I 360; durch Stegtrennung wie vor verläuft der untere Flansch konisch. An der Stütze durch oben und unten liegendes Deckblech verschweißt, um Hochklappen des Trägers bei Unterwind zu vermeiden.

3. Zugstange aus Rundstahl Ø 30, an der Stütze nachspannbar verschraubt.

4. U 240 für Aussteifung in y-Richtung. Mit beiden Stützen zu einem Portalrahmen verbunden.

5. U 140 am Kragarmende.

6. I 160 als längslaufende Nebenträger, e = 1,12 m.

7. Aussteifungsverbände aus L-Profilen, mittels Knotenblechen an den Trägern verschraubt.

8. Stahlbetonfundament. Die Stützen sitzen über angeschweißte Winkel auf der Fundamentoberkante auf und tragen dort die Vertikallasten ab. Das Einspannmoment wird als Zug- Druckkräftepaar mittels einbetonierter Ankerstäbe Ø 20 übertragen. Anschluß durch Verschraubung an einbetonierten Ankerplatten und hinter den Stützen liegenden Ankerbarren. Die interessante Ausführung verdeutlicht eine konsequente Lasteintragung in das Fundament ebenso wie die Überleitung in den Baugrund: ein weitausladender und dort, wo die größte Bodenpressung entsteht, sehr breiter Fundamentkörper. Am Stützenanschluß mit dem einzuleitenden Einspannmoment sehr hoch, um dem Kräftepaar einen großen Hebelarm zu gewährleisten und nur so breit wie das Anschließen der Stütze dies erfordert.

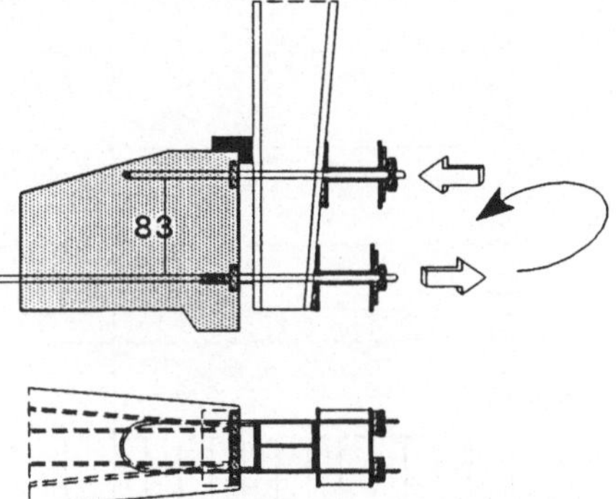

Bild V.2:
Detail der Fußpunkteinspannung in Querschnitt und Grundriß

Lit. Merkblatt 277, Tankstellen, Beratungsstelle für Stahlverwendung.

Objektbeispiel IV

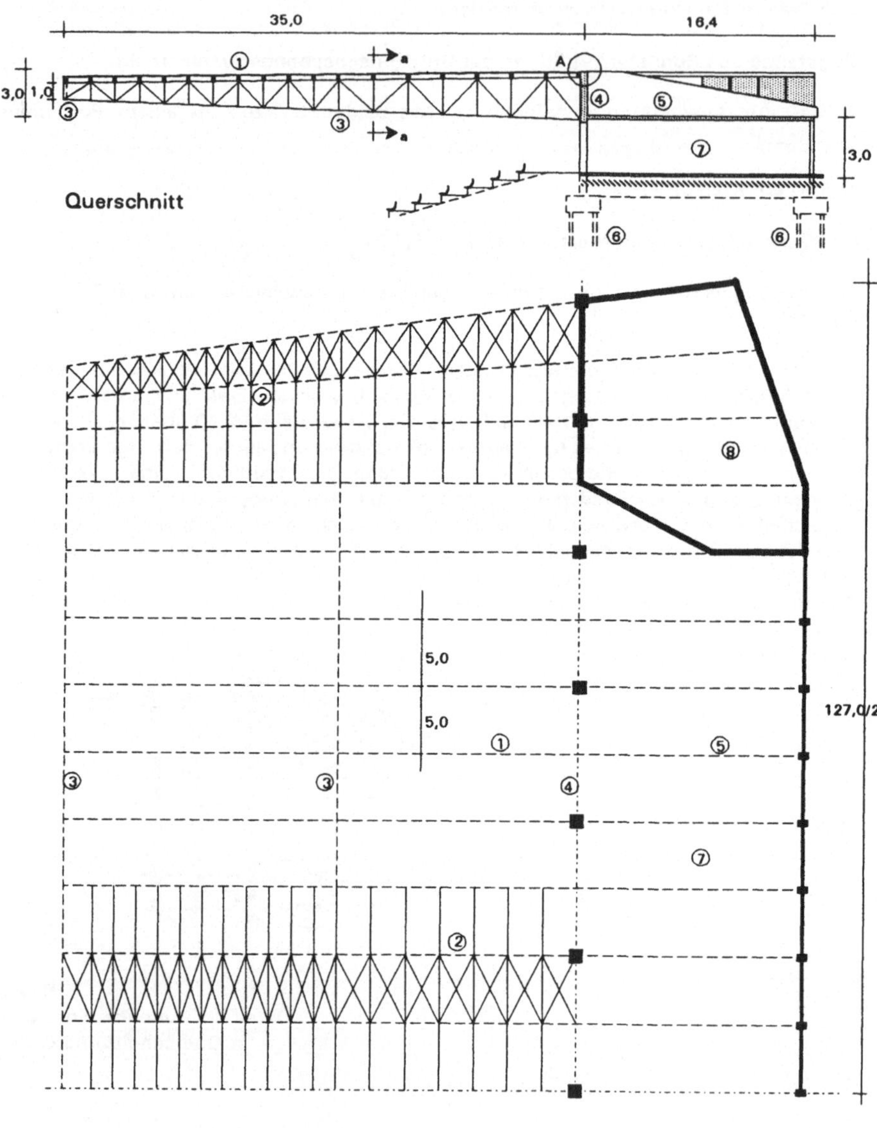

Bild VI.1: Tribünenüberdachung Heysel-Stadion, Brüssel 1978/79.

1. Stahlrohr-Fachwerkbinder h = 1,0 - 3,0 m
2. Windverbände
3. Fachwerklängsverband zur Kippsicherung
4. Stahlbetonwandträger auf Stützen zur Aufnahme der Position 1
5. Stahlbetonträger als Gegenausleger
6. Pfahlgründung
7. Foyer
8. Trainingshalle

Das statische System der Tribünenüberdachung ist eine Auslegerkonstruktion gemäß Bild VI.2. Die Einspannung des Kragträgers wird von einem horizontalen Kräftepaar aufgenommen, das ebenso wie die Querkräfte über die angeschraubten Füße nach Bild VI.3. in die Stahlbetonwand 4 eingetragen wird. Die Kippsicherung erfolgt durch schwere Stahlbetongegenausleger 5 in jeder Binderachse, sodaß die Stützen nur Druckkräfte in die Pfahlgründung abtragen.

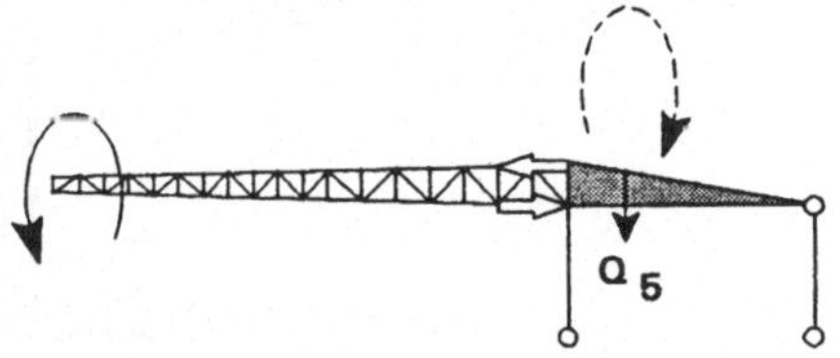

Bild VI.2: Statisches System

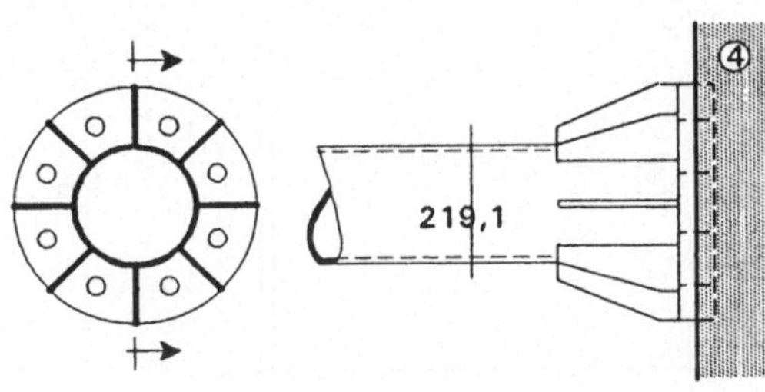

Bild VI.3: Binderanschluß an Stahlbetonwand 4

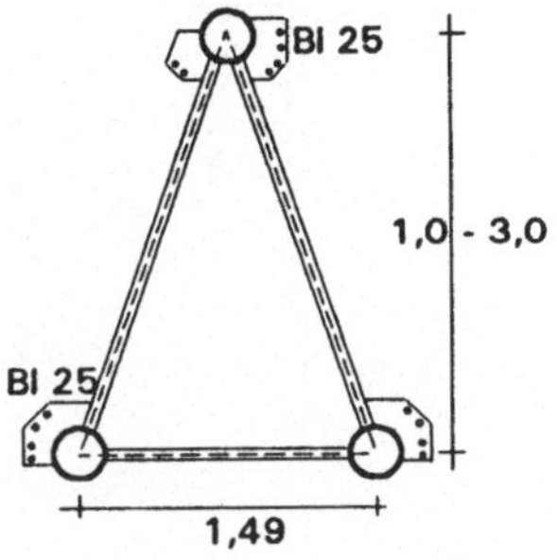

Bild VI.4: Binderquerschnitt am Montagestoß

Der Binderquerschnitt entspricht Bild VI.4. Er wurde in zwei Teilen vorgefertigt, transportiert und auf der Baustelle mittels der dargestellten Laschen verschraubt.

Die Stahlbetonkonstruktion im Bereich des Foyers 6 und der Trainingshallen 7 steift die Gesamtkonstruktion aus, sodaß nur die Tribünenüberdachung für sich stabilisiert werden mußte, durch waagrechte Windverbände 2 im Zusammenhang mit den Pfetten. Zur Kippstabilisierung der Kragbinder 1 genügten wegen der Doppelrohrausbildung des gedrückten Untergurtes zwei Kippverbände in Längsrichtung, Pos.3.

Lit.: acier - stahl - steel 2/1980

Objektbeispiel VII

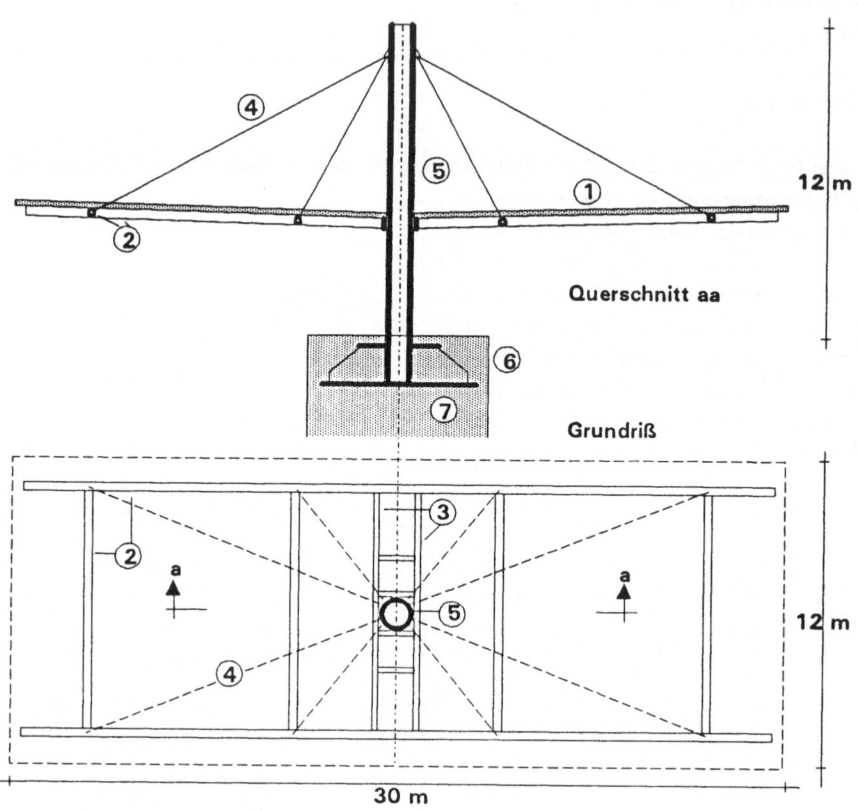

Bild VII.1: Verdrehungsteif aufgehängte BAB-Tankstellenüberdachung

1. Trapezblechdeckung
2. Geschweißter Rohrrahmen
3. Versteifungsrahmen an Stütze angeschlossen
4. Zugstangen
5. Geschweißtes Blechrohr Ø 900 mm
6. Fußplatte mit oberem und unterem Auflager; zwischengeschweißte Aussteifungsbleche, sternförmig
7. Stahlbetonfundament

Das Flächengewicht der Dachkonstruktion muß so groß sein, daß sie gegen Hochklappen infolge Unterwind stabil bleibt und Flattergefahr vermieden wird.

Lit.: Merkblatt 277, Tankstellen, Beratungsstelle für Stahlverwendung

Objektbeispiel VIII

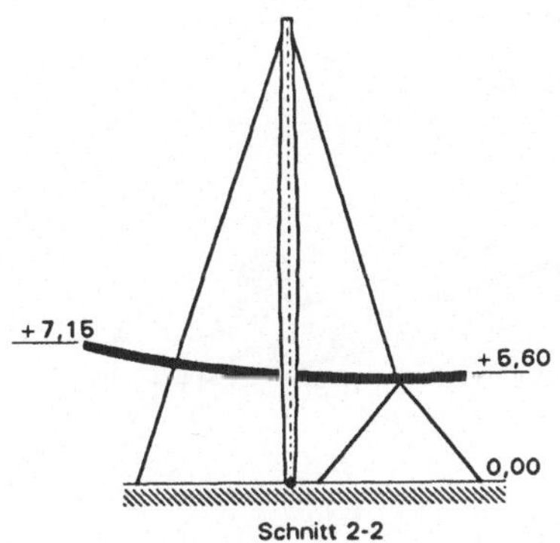

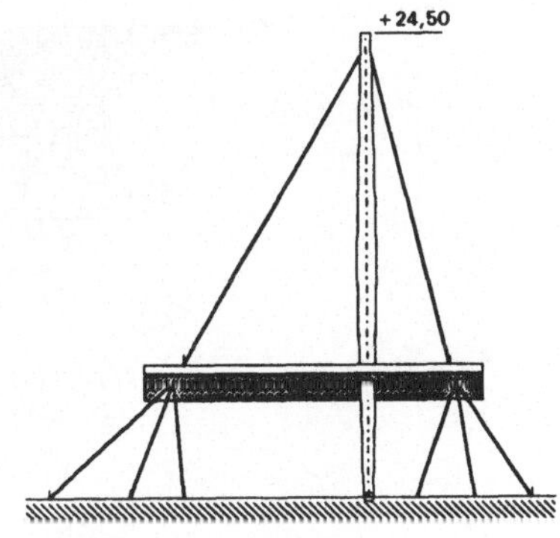

Tankstellendach an Pylon mit 4 Stahlseilen aufgehängt und zum Boden asymetrisch verspannt.

Der Pylon, ein Rund- Hohlprofil aus verschweißtem Stahlblech, zeigt den typischen Querschnittsverlauf sehr schlanker, nur auf zentrischen Druck beanspruchter Stützen. Er durchstößt das Dach berührungsfrei.

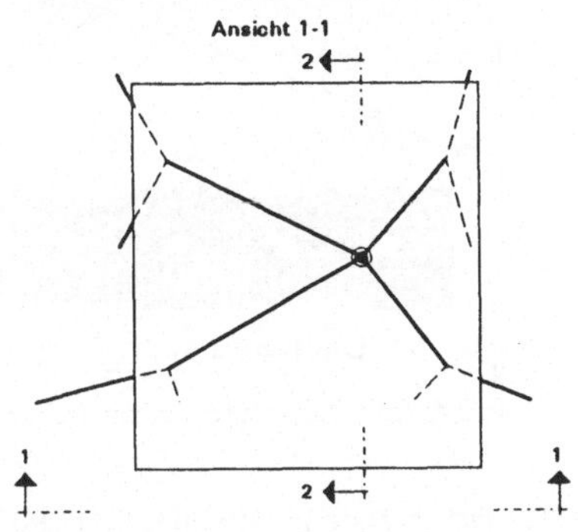

Dachdraufsicht mit Seilverspannungen

Der Trägerrost der Dachkonstruktion aus Walzprofilen, oben und unten mit Trapezblechen beplankt, erhält waagrechte Verdrehungen aus Wind sowie infolge Dachneigung und asymetrischer Aufhängung eine Schubwirkung. Wegen der fehlenden kraftschlüssigen Verbindung zum Mast müssen diese Bewegungen durch Abspannungen zum Boden ins Gleichgewicht gebracht werden.

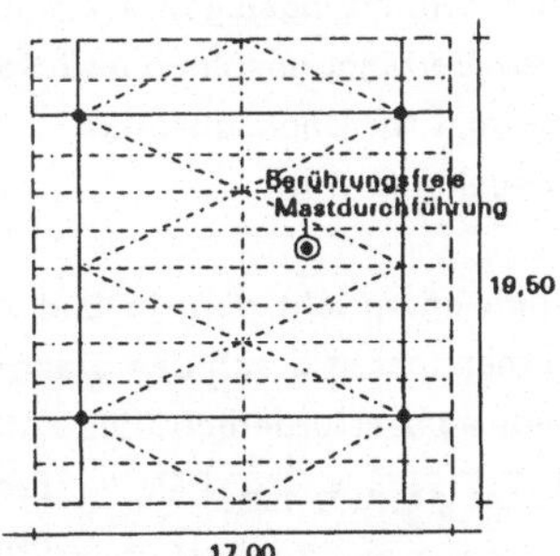

Trägerlagen und Aussteifungsverband
— Hauptträger --- Nebenträger
-- Randträger • Abspannpunkte

Bild VIII.1: Aufgehängtes und abgespanntes Schutzdach

Lit. Merkblatt 277, Tankstellen, Beratungsstelle für Stahlverwendung

Objektbeispiel IX

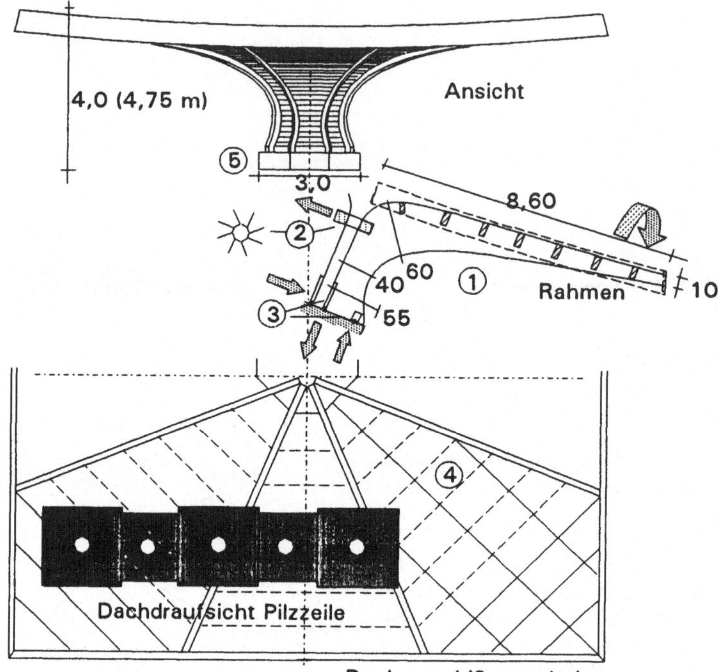

Bild IX.1: Marktstände in Orleans, F, 1980

1. 8 BSH-Rahmen je Pilz, d = 10 cm
2. Oberes Verbindungsblech als 8-eckiger Zylinder mit Konsolen
3. Unteres Verbindungsblech und Sockelverschraubungen
4. Pfettenrost für Dachschalung
5. Betonsockel Ø 3 m

Das System entspricht dem in Bild 4.3.33. Bei symmetrischer Belastung wird die Kippung eines Rahmenpaares durch das waagrechte Kräftepaar in 2 und 3 aufgenommen. Dazu wäre kein Fußausleger erforderlich (Bild IX.2).

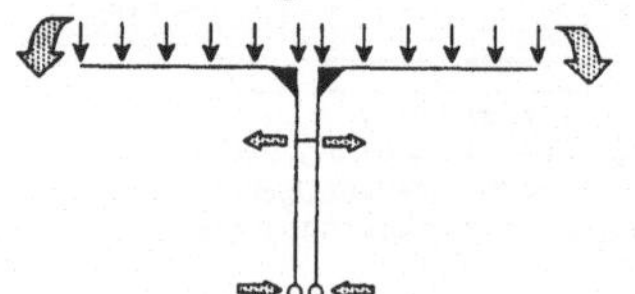

Erst einseitige Lasten fordern dies, um das Kippmoment durch ein vertikales Kräftepaar aufnehmen zu können (Bild IX.3).

Bild IX.2: Gegenseitige Stützung eines Rahmenpaares

Bild IX.3: Stützung durch Fußausleger

Lit.: DETAIL 6/1980

Objektbeispiel X

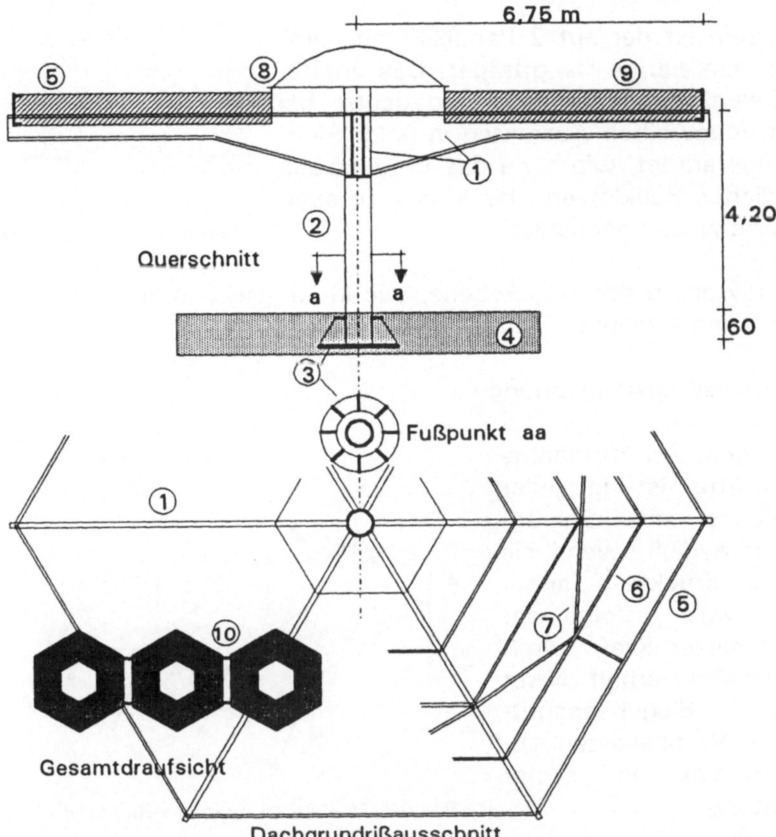

Bild X.1: Überdachung einer Bushaltestelle in München

1. Geschweißter Blechträger: Gurte 120/12 mm; Steg 400 - 1200/12 mm
2. Stütze Ø 558/12 mm
3. Fußplatte Ø 1500/35 mm mit oberem Versteifungsring und sternförmigen Blechaussteifungen
4. Gemeinsames Stahlbetonfundament d = 60 cm unter allen 3 Pilzen
5. Randprofil U 200 umlaufend
6. Dachträger I 160 mit Kantholzauflagen und Dachschalung
7. Kippaussteifung der Blechträger-Untergurte
8. Lichtkuppeln
9. Dachaufbau
10. Zug- Druckverbindung zwischen den 3 Pilzen

Lit.: DETAIL-Konstruktionstafel VST 4

4.4 Eingeschoßige Tragsysteme auf 2 Stützen (einschiffige Hallen)

Grundsystem ist der auf 2 Pendelstützen aufgelagerte, einfeldrige Hauptträger. Das entstehende Gelenkviereck ist labil und schon bei geringen ungewollten Ausmitten in jeder Richtung kippgefährdet, wie etwa das Produkt aus drei länglichen Bauklötzen, das Kinder zu eben dieser Form zusammensetzen.

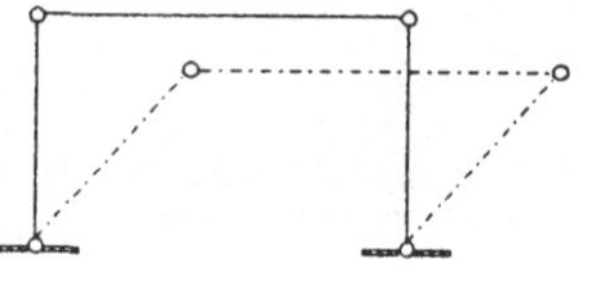

Bild 4.4.1: Gelenkviereck

Es muß sowohl in der Trägerebene, wie in Längsrichtung stabilisiert werden. Dies kann erfolgen durch:

4.4.1 Abstützung/Abspannung

Abstützungen. Zur Aufnahme der H_x-Kräfte ist in jeder Rahmenebene eine Schrägstütze erforderlich, wenn sie zug- und druckfest angeschlossen wird. Infolge der Ableitung dieser Kraft durch den Hauptträger erhält dieser zu seiner Biegebeanspruchung aus Vertikallasten zusätzlich Druck in seiner Längsrichtung.

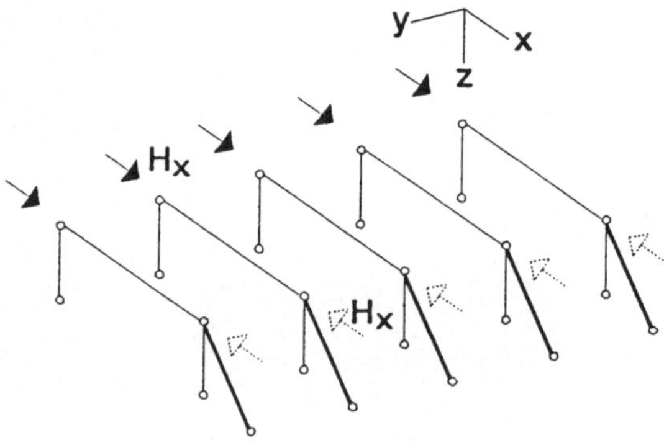

Bild 4.4.2: Abstützungen in x-Richtung

Zur Aufnahme der H_y-Kräfte sind jeweils Abstützungen an beiden Enden der Giebelwandträger notwendig. Die Zwischenfelder müssen an diese Giebelträger durch die Randnebenträger angekoppelt werden, sofern die Decke keine Scheibenwirkung aufweist.

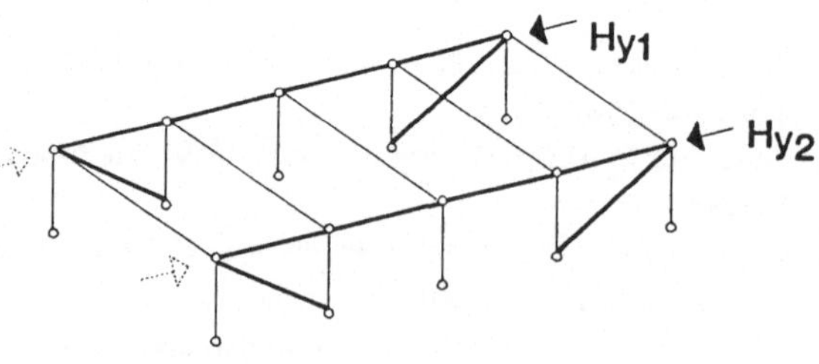

Bild 4.4.3: Abstützungen in y-Richtung

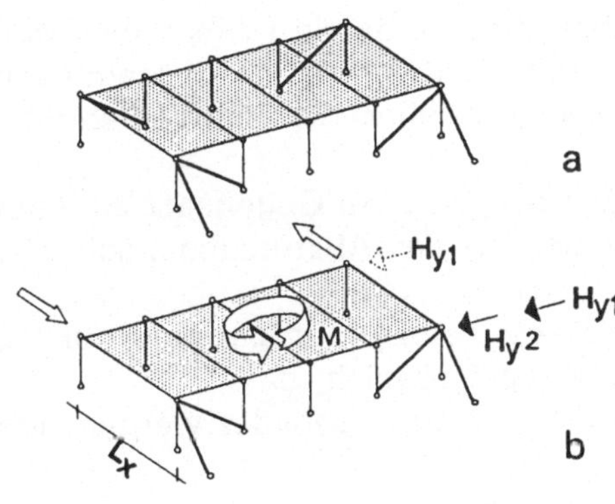

Bild 4.4.4 Reduktionsmöglichkeiten der Abstützung

Weist die Decke *Scheibenwirkung* auf läßt sich die Zahl der Abstützungen verringern auf die in nebenstehendem Bild 4.4.4a angegebenen Schrägen, da sämtliche H-Kräfte durch die Scheibe in die Tragwerksendpunkte übertragen werden.

Anmerkung:

Prinzipiell können, bei vorhandener Scheibenwirkung, die Schrägen auf das Minimum in Bild 4.4.4b reduziert werden, da das Versatzmoment $M = H_{y1} \times L_x$ in ein Kräftepaar umgewandelt wird, das die Schrägstützen in x-Richtung aufnehmen. H_{y1} und H_{y2} gehen in die Schrägstützen der Längsrichtung ein.

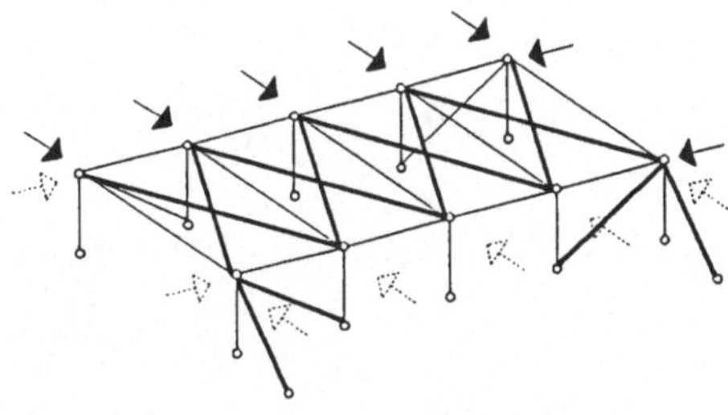

Bild 4.4.5: Auskreuzung der Dachebene.

Erzeugt die Dachebene keine Scheibenwirkung, kann eine Reduzierung der Schrägstützung nach Bild 4.4.4 nur dann erfolgen, wenn auch die Hauptträger der Zwischenfelder bis zu den Giebelrandträgern abgespannt werden, durch Flach- , Rundstähle, bzw. Bretter im Holzbau.

Bei großen Spannweiten L_x der Hauptträger werden diese Abspannungen zu lang und die als Folge der Zugbeanspruchung entstehenden elastischen Verlängerungen zu groß, sodaß sie als sog. *Windverbände* ausgeführt werden.

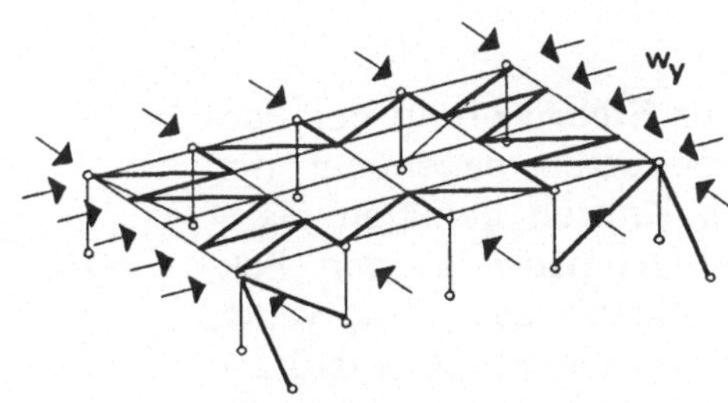

Bild 4.4.6: Windverbände

Diese sind als *Längswindverbände* an beiden Traufenseiten anzuordnen. Die Giebelträger werden durch die Windkräfte w_y horizontal beansprucht, wofür sie im allgemeinen unzureichend bemessen sind und daher ebenfalls zwischengestützt werden müssen. Folglich sind auch hier Windverbände vorzusehen: sog. *Giebelwindverbände.*

Bezüglich ihrer Tragwirkung stellen diese Windverbände einfeldrige *Fachwerkträger* dar, zum einen über die gesamte Bauwerkslänge gespannt mit Auflagerung an beiden Giebeln, zum andern über die Bauwerksbreite, aufgelagert an den Längswänden.
Das Ganze bildet ein liegendes Gelenkviereck, das -im Gegensatz zu einer Scheibe- labil ist. Daher ist eine Minimierung der Abstützung nach Bild 4.4.4b nicht möglich.
Zur Herstellung der Funktionsfähigkeit dieser Fachwerkträger sind nur die zusätzlichen Zugdiagonalen nach Bild 4.4.6 erforderlich, da
bei Längswindverbänden die Gurte von den Pfetten gebildet werden und die Pfosten von den Hauptträgern.
Bei den Giebelwindverbänden ist es umgekehrt.
Damit die Diagonalen auch tatsächlich Zug- und keine Druckbeanspruchungen erhalten, müssen sie den in Bild 4.4.6 eingezeichneten Richtungen entsprechen: zur Trägermitte hin fallende Diagonalen, entsprechend den Ausführungen in Kap. 3.3.4.

Abspannung der Pendelstützen zur Stabilisierung gegenüber Kippwirkung aus den H_x-Kräften muß an jeder Stütze erfolgen, da Spannelemente nur Zugkräfte aufnehmen.

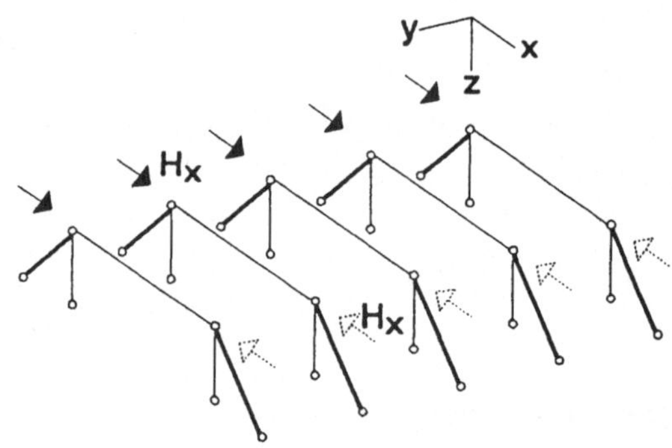

Bild 4.4.7: Abspannung in x-Richtung

Zur Stabilisierung der Pendelstützen gegenüber den H_y-Kräften genügen die 4 Abspannseile in den Eckpunkten des Tragwerks, wenn die Zwischenstützen in Längsrichtung durch die Randnebenträger miteinander gekoppelt sind.

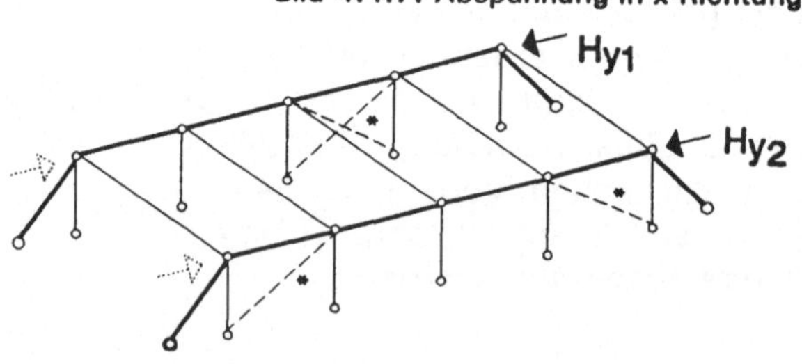

Bild 4.4.8: Abspannungen in y-Richtung

* Werden die Spannelemente in das Bauwerk verschoben, so sind beide in Bild 4.4.8 angegebenen Lösungen - Diagonale in je einem Endfeld bzw. Auskreuzung eines prinzipiell beliebigen Feldes - möglich.
Die angeschlossenen Randnebenträger erhalten als Folge der durchgeleiteten Kräfte H_y Druck.

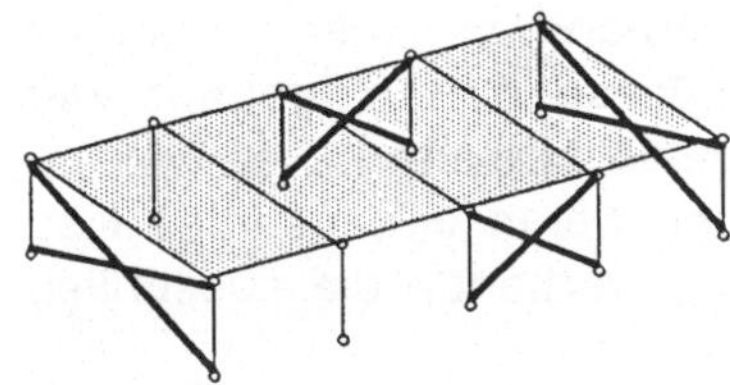

Bild 4.4.9: Vertikale Abspannungen

Bei Scheibenwirkung der Dachebene läßt sich die Zahl der Abspannungen ebenso reduzieren, wie zuvor die der Abstützungen. In Analogie zu Bild 4.4.4a entsteht die Lösung nach Bild 4.4.9, wenn -wie allgemein üblich- die Spannelemente in die Hüllwände des Bauwerkes verlegt werden.

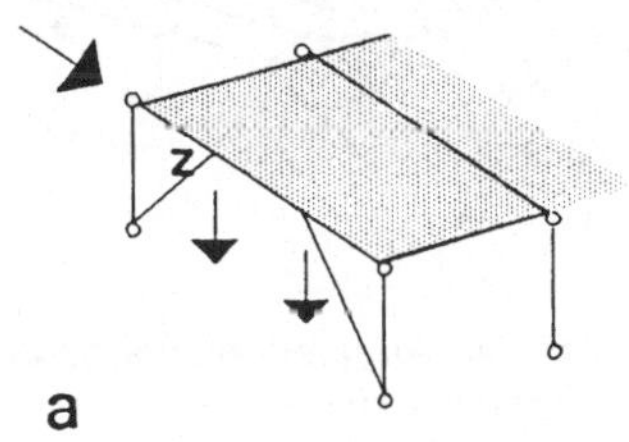

Die Auskreuzung der Giebelwand führt zu langen Spannelementen und zu funktionalen Einschränkungen.
Bei Varianten mit verkürzten Spannelementen ist zu beachten: der Schrägzug Z im Spannseil erzeugt im Giebelbinder vertikale nach unten wirkende Kraftkomponenten, die im Binder zusätzliche Biegung hervorrufen. Dies wird vermieden durch zusätzliche Stützen an den Krafteintragungspunkten von Z.

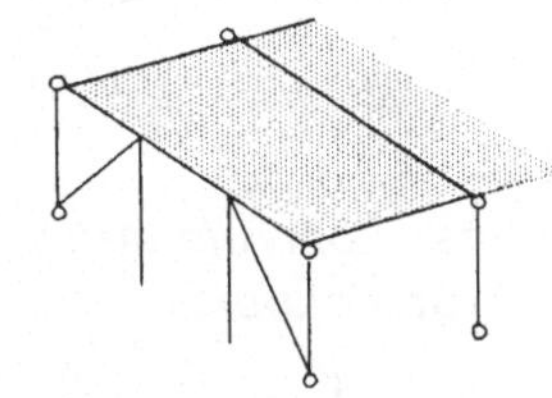

Auch diese Lösung kann ersetzt werden durch die Auskreuzung eines Stützenfeldes, das prinzipiell an beliebiger Stelle der Giebelwand liegt.

Bild 4.4.10: Möglichkeiten verkürzter Auskreuzungsfelder der Giebelwände (a - d)

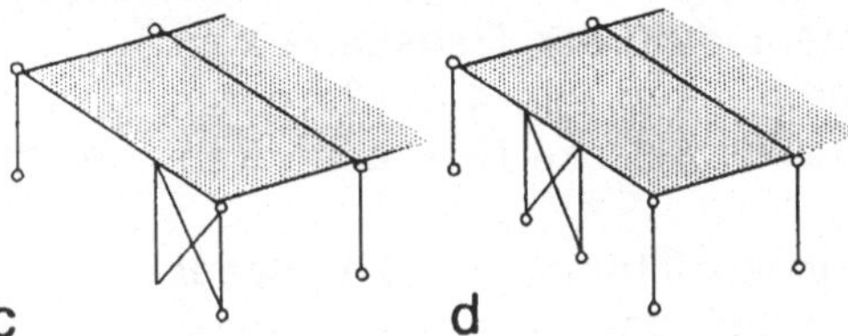

Hat die Dachebene keine Scheibenwirkung, so werden Windverbände erforderlich, entsprechend den Erläuterungen zu den Bildern 4.4.5 und 4.4.6

Die Giebelwindverbände müssen auch ein seitliches Ausweichen der Binderobergurte vermeiden. Dieses Ausweichen quer zur Binderachse resultiert aus einer durch die Biegebeanspruchung entstehenden *Knickgefährdung* der gedrückten Binderoberseite. Durch den Verband werden die Obergurte gegenseitig abgestützt. Wie bei Windverbänden muß diese Abstützung bis ins Fundament geführt werden.

Giebelverbände sind mithin Wind- und Kippverband in einem; man bezeichnet sie als *Aussteifungsverbände.* Sie müssen dort eingebaut werden, wo die Kippgefährdung auftritt: an der Binderoberseite.
Da diese Kippgefährdung alle Binder betrifft und deren gegenseitige Koppelung nur durch die Pfetten erfolgt, führen Kippverbände die ausschließlich in den Endfeldern vorhanden sind, zu verformungsanfälligen Konstruktionen. Bei Hallenlängen über 25 m sollen daher in Hallenmitte zusätzliche ausgekreuzte Querverbände eingebaut werden, die die von ihnen aufzunehmenden Kräfte bis ins Fundament abzuleiten haben.

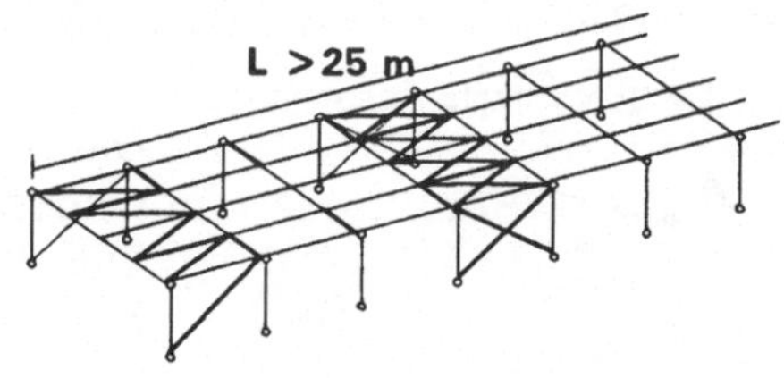

Bild 4.4.11: Zusätzlicher Aussteifungsverband in Hallenmitte bei L >25 m

Varianten abgespannter Hallenbinder
Weitspannende Hallenbinder werden zur Verringerung ihrer erforderlichen Konstruktionshöhe häufig zwischenaufgehängt an den Hallenstützen, die dann pylonenartig über das Dach geführt werden.
Folgende Lösungen sind möglich:

Der Hallenbinder läuft ungestoßen als Mehrfeldträger über die Aufhängepunkte weg. Spannseil liegt zwischen Träger und Stützenkopf.

Das System ist in der Tragebene x - x stabil durch die in Bild 4.4.12a unterlegten Gelenkdreiecke (vgl. auch Kap. 3.3.4).
In Hallenlängsrichtung y - y dagegen sind, wie bei den Systemen zuvor, Aussteifungsverbände einzubauen.
Durch die Kräfte F bzw. H erhält das System die dargestellten Verformungen, wobei als Folge der Stützenkopfverschiebungen die Binderabhängung in ihrer beabsichtigten Wirkung reduziert wird und in den Stützen selbst Biegemomente auftreten (Bild 4.4.12b und c).

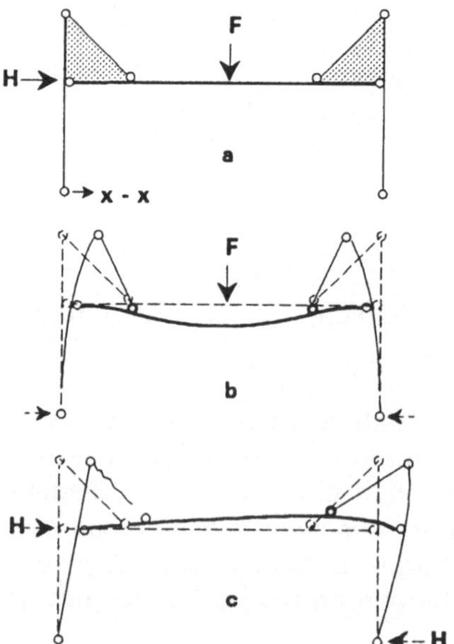

Bild 4.4.12:
a stabiles Tragsystem
b Verformung infolge F
c Verformung infolge H

Um die Stützenköpfe unverschieblich zu halten, werden sie zweckmäßigerweise zum Boden hin abgespannt, gemäß Bild 4.4.13a.
Die Umlenkung des Abspannseiles nach Bild 4.4.13b und c durch Einführung eines gedrückten Spreizstabes D wird praktiziert, um Freiflächenverluste zu minimieren und die Stützen biegungsfrei zu halten. Die Verformungsanfälligkeit des Systems jedoch nimmt von b) nach c) zu.

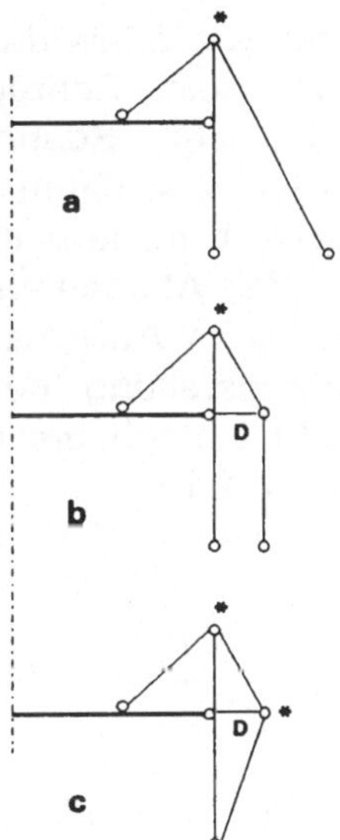

Bild 4.4.13: Abspannmöglichkeiten mit biegefreier, rein zentrischer Stützenbeanspruchung bei b und c

Stabendpunkte, die mit * gekennzeichnet sind, unterliegen Druckbeanspruchungen und können in Hallenlängsrichtung, in der sie nicht gehalten sind, ausknicken. Sie müssen daher in ihrer Lage gesichert werden, was im Allgemeinen durch Verspannungen etwa nach Bild 4.4.14 geschieht. Dargestellt sind dort in Achse A die notwendigen vertikalen Verspannungen für die Pylonenköpfe, in Achse B die waagrechten Verspannungen für die Spreizstäbe, sowie der erforderliche Aussteifungsverband - strichliert -für die Hallenbinder.

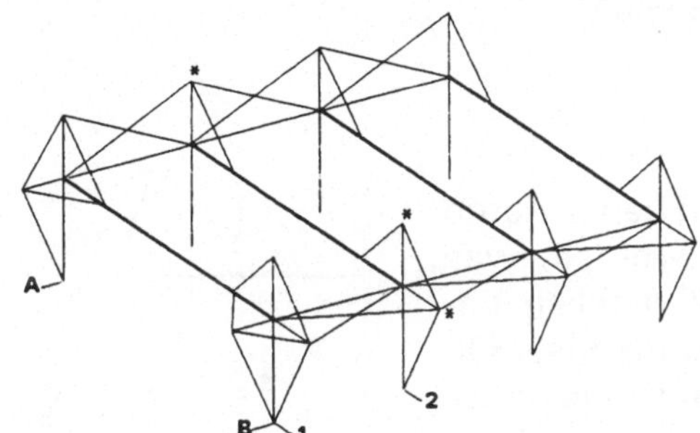

Bild 4.4.14: Knicksicherung der gedrückten Stabendpunkte * durch Abspannungen

Solche Abspannungen lassen sich vermeiden, wenn die betroffenen Druckstäbe für das Ausknicken in der y - y Ebene bemessen und konstruktiv entsprechend ausgeführt werden.

Bei der in Bild 4.4.13b dargestellten Abspannform ist keine waagrechte Verspannung des Spreizstabendes wie in Bild 4.4.14 erforderlich: beim waagrechten Ausweichversuch des Stabendpunktes 1 nach 1' infolge

einer Krafteinwirkung F_y entsteht in den Seilen durch die Schrägstellung in y-Richtung eine zusätzliche Spannung, die eine Rückstellkraft erzeugt und damit Gleichgewicht zur Knickkraft F_y herstellt, siehe Bild 4.4.15a.
Bei der Abspannung nach Bild 4.4.13c dagegen tritt beim Auftreten einer solchen Kraft F_y keine Schrägstellung der Seile auf, die Konstruktion dreht einfach um die Pylonenachse entsprechend Bild 4.4.15b.

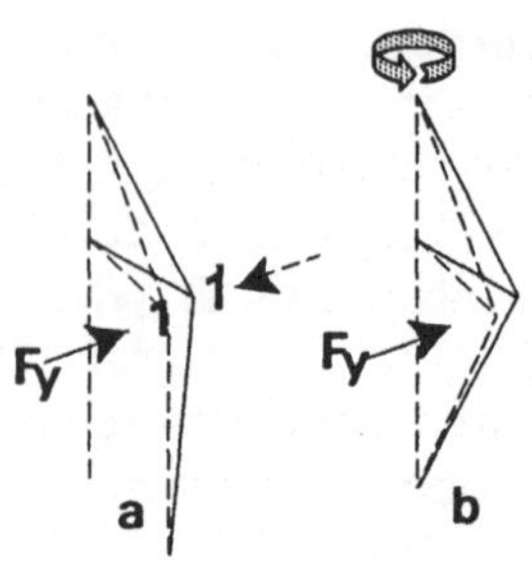

Bild 4.4.15: Ausweichen des in Längsrichtung freien Spreizstabendes

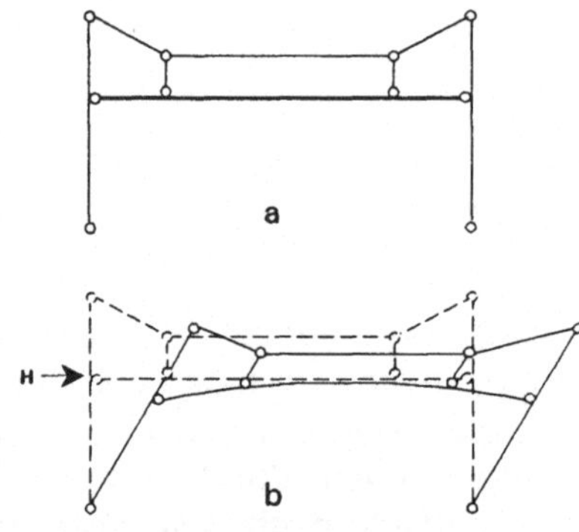

Bild 4.4.16: a labile Trägeraufhängung
b Verformung infolge H

Hallenbinder wie vor als Durchlaufträger, jedoch an ≥ 2 Punkten vertikal aufgehängt, wie beispielsweise in Bild 4.4.16a.
Das System ist in der Tragebene x - x labil wegen des Fehlens der in Bild 4.4.12a unterlegt dargestellten Gelenkdreiecke.

Das System muß in der x - x Ebene durch Schrägseile zum Boden abgespannt werden, was nach beiden Formen in Bild 4.4.17 möglich ist.
Die Lösung b weist erhebliche Verformungsanfälligkeit auf, die vermieden werden kann, wenn zusätzliche Druckstreben beidseitig mit eingebaut werden.
Die mit *versehenen Stabendpunkte müssen wie zuvor gegen seitliches Ausweichen gesichert werden.
In Hallenlängsrichtung sind die üblichen Aussteifungsverbände vorzusehen.

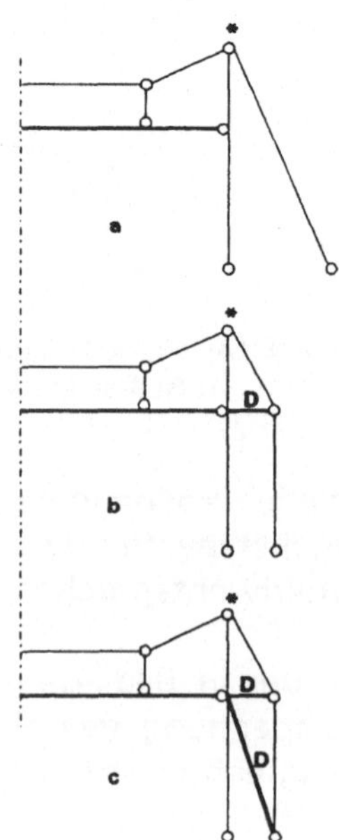

Bild 4.4.17: Abspannmöglichkeiten

Der Hallenbinder erhält in den Aufhängepunkten Gelenke und wird zwischen diesen durch einen Einhängeträger ersetzt, dessen Querschnitt völlig frei gestaltet werden kann.

Das System ist in der Tragebene x - x labil gegenüber allen einwirkenden Kräften und muß beidseitig abgespannt werden, wobei nur die dargestellten Lösungen in Bild 4.4.17c und 4.4.18c zu empfehlen sind, wegen der in diesem Fall minimierten Spannseilflexibilität.

In der Längsrichtung y - y ist das Tragwerk wie in allen vorherigen Fällen durch Aussteifungsverbände zu stabilisieren.

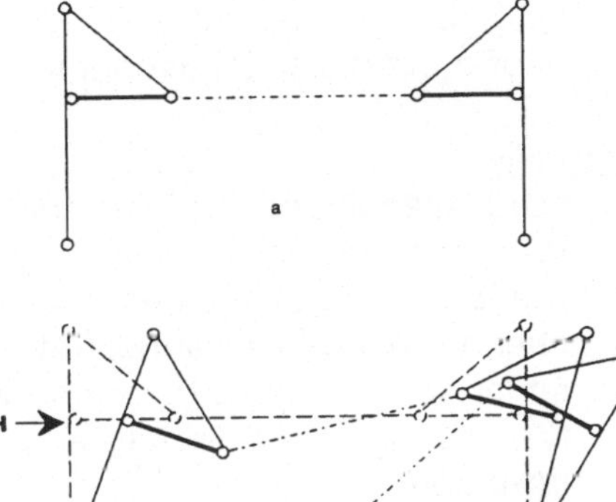

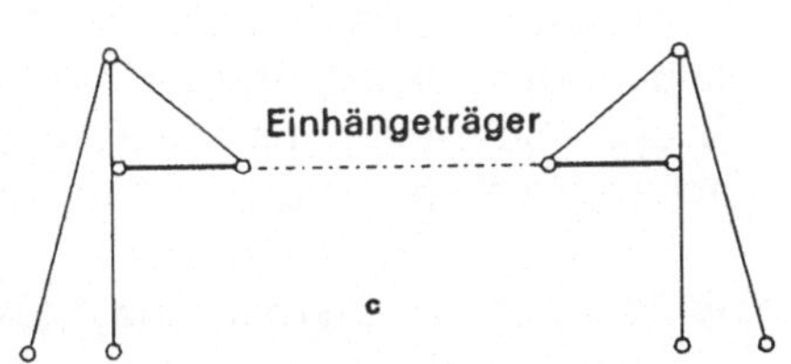

Bild 4.4.18: a labiler Gelenkträger
b Verformung infolge H
c stabile Abspannung

Vor- und Nachteile abgespannter/abgestützter Tragwerke

Vorteile:

- Statisch bestimmt gelagerte Tragelemente mit einfachen, unkomplizierten Beanspruchungsverhältnissen
- Im wesentlichen zentrische Baugrundbelastung mit wirtschaftlichen Fundamentabmessungen
- Ungleichmäßige Baugrundsetzungen mit einer Schiefstellung des Tragsystems als Folge verursachen keine Zwängungen im Tragwerk
- Keine Fußeinspannung der Stützen; daher sind diese Lösungen vorteilhaft für Holz- und Stahlkonstruktionen
- Stützen durch Abspannung im allgemeinen momentenfrei; dadurch schlanke Querschnitte möglich
- Herstellung, Transport und Montage der Fertigteile sind unproblematisch

- Die gelenkige Verbindung der Elemente untereinander bestehen aus einfachen, wirtschaftlichen und baustellengerechten Konstruktionen
- Seilverspannte Tragsysteme mit zwischenaufgehängten Hallenbindern sind als dominierendes Gestaltungsmittel für kubische Industriebauten häufig praktizierte Lösungen

<u>Nachteile:</u>
- Die Hallenbinder (Einfeldträger) sind infolge ihrer gelenkigen Auflagerung querschnittsintensiv
- Die Standsicherheit des Tragwerkes ist erst nach Einbringen sämtlicher Verbände gewährleistet, d. h. jede Stütze muß bei der Montage so lange für sich selbst standsicher sein, bis das Tragwerk erstellt ist
- Der Ausfall eines Stabilisierungselementes gefährdet die Gesamtkonstruktion
- Bei nachträglichen Hallenerweiterungen ist ein Ankoppeln zusätzlicher Tragelemente konstruktiv aufwendig zu realisieren
- Schrägabstützungen, die auf Druck beansprucht werden, sind selten gegenüber Abspannungen und im allgemeinen nur im Holzbau üblich. Große Schräglängen führen zu erheblicher Knickgefährdung und erfordern dadurch große Querschnitte.

Prinziplösungen der Elementanschlüsse

Gelenkige Binderauflager

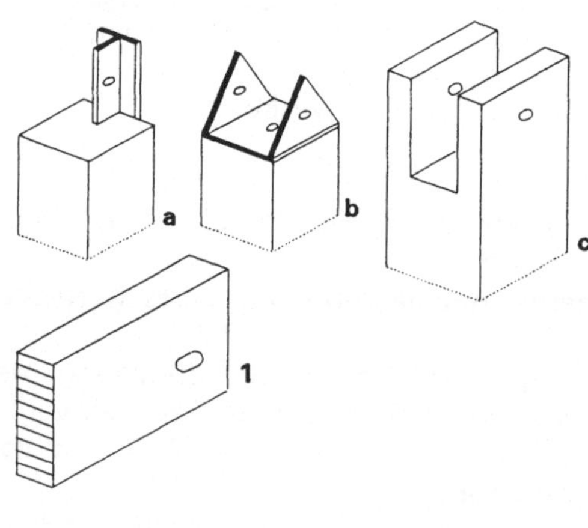

Holz

1. Binder mit Langloch
a eingeschlitzter T-Stahl
b Kopfplatte mit dreieckförmiger Aufkantung
c Gabelstütze

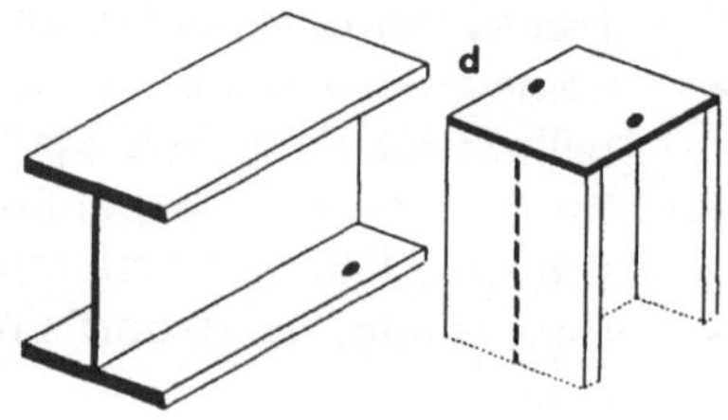

Stahl

d Kopfplatte verschraubt mit Binderflansch

Bild 4.4.19: Gelenkige Auflager von Holz- und Stahlbindern

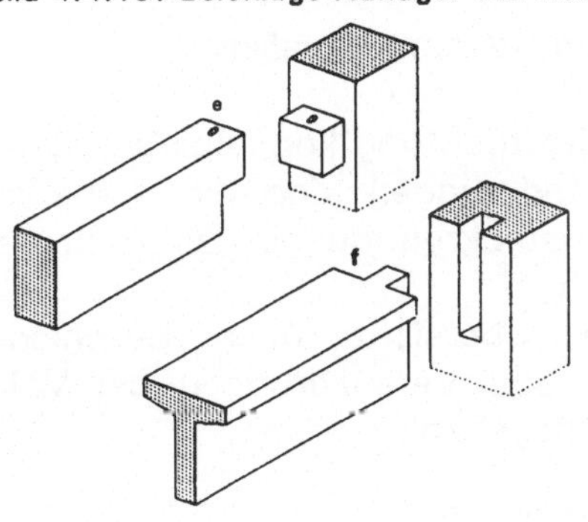

STB-Fertigteile

e Auflagerung auf Stützenkonsole; Binder ausgeschnitten

f Stützenauflagerung mittels Stegschlitzung bei T-Binderquerschnitten

Bild 4.4.19: Gelenkige Lagerung von Stahlbetonfertigteilbindern

Gelenkig gelagerte Stützenfüße

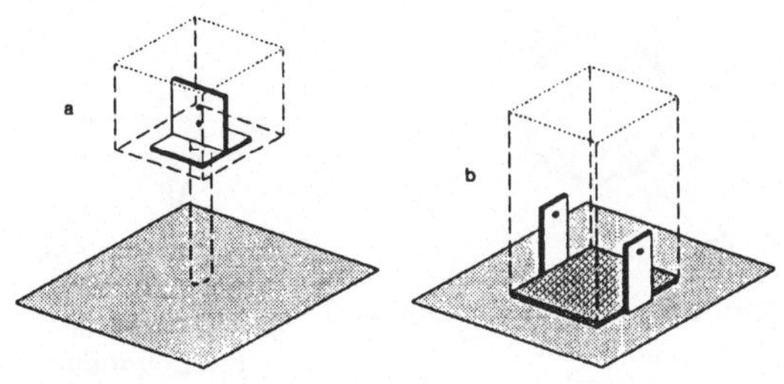

Holz

a hochgesetzter Stützenfuß auf Bolzen, Rohrstücken und Lagerplatte bei Außenstützen

b Verankerung mittels Seitenlaschen bei Innenstützen; zwischen Holz und Fundament Pappe mit Bleizwischenlage

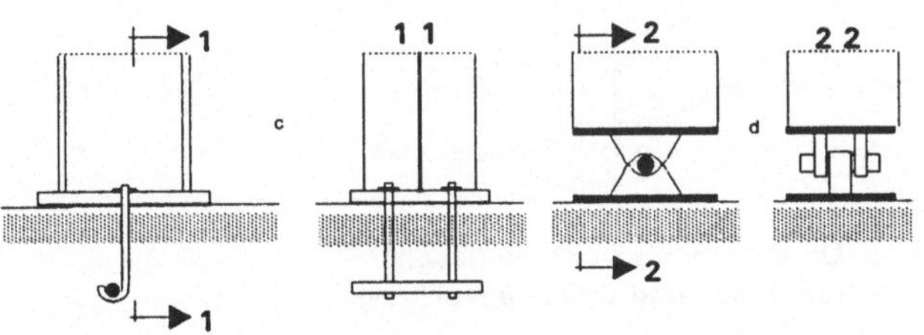

Stahl

c angeschweißte Fußplatte mit Schraubenverankerung

d Gelenkbolzen bei größerer Drehbarkeit. Auch bei Holzstützen und Gelenkrahmen verwendbar

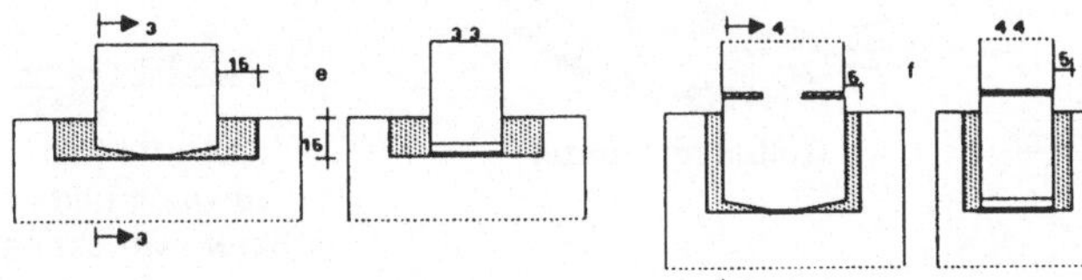

STB-Fertigstützen

e Fundamentgelenk mit Ortbetonverguß

f Gelenkstütze in Hülsenfundament; beide auf elastomerer Unterlage

Prinziplösungen für Abspannungen

Zur Verwendung gelangen drei Gruppen von Spannmaterialien: Vollstäbe, Spiralseile, Litzen.
Vollstäbe können nur als gerade, in ihrer Kraftrichtung koppelbare Teilstäbe eingebaut werden. Bei Kraftrichtungsänderungen sind die Stäbe zu stoßen. Richtungsänderungen durch Spannstabkrümmungen sind nur bei Seilen und Litzen über Umlenksattel möglich.
In der folgenden Tabelle wird eine Übersicht über Beschläge (Kopplungsstücke), Umlenkkonstruktionen und Verankerungen bei Vollstäben und vollverschlossenen Spiralseilen gegeben.

Tabelle 4.4.21: Beschläge und Verankerungen bei Abspannmaterialien

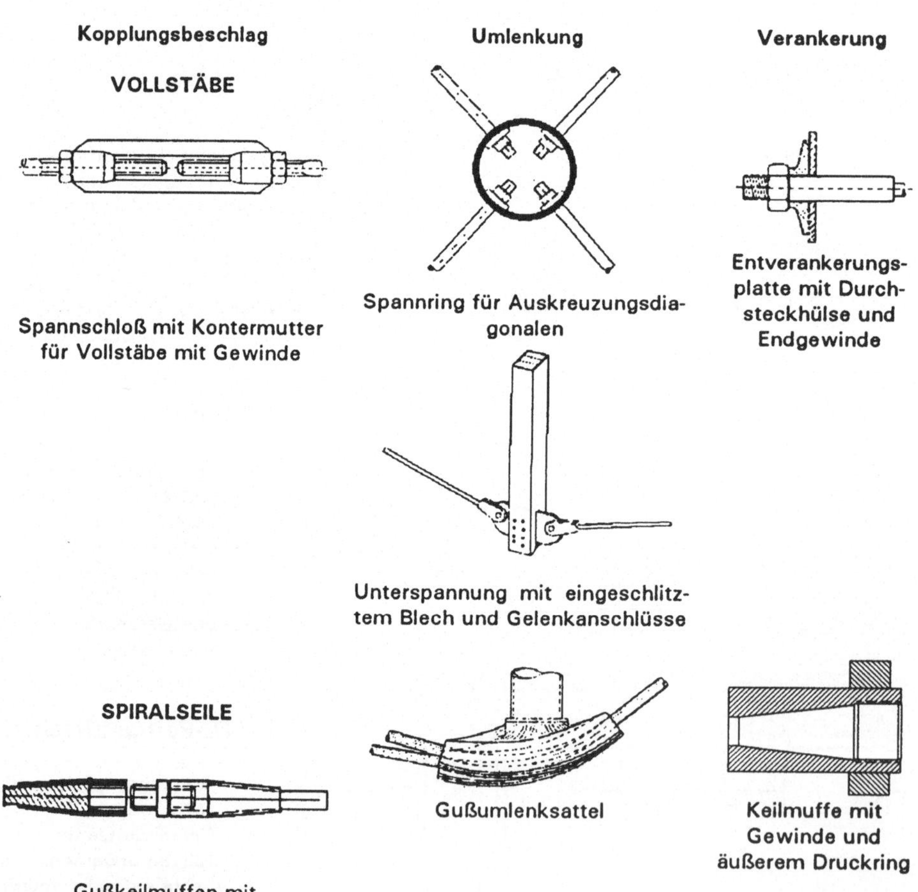

4.4.2 Fußeingespannte Stützen

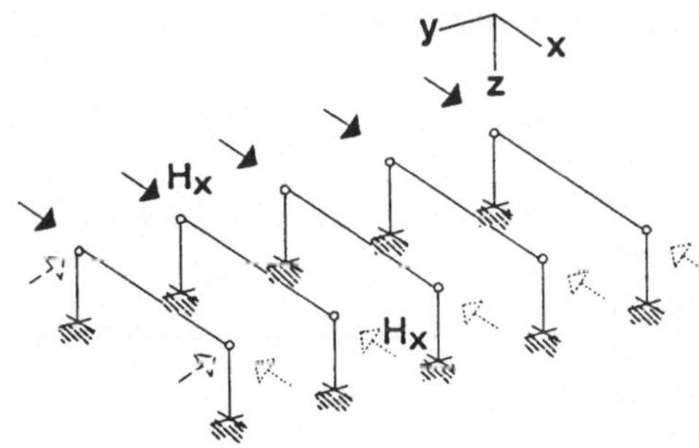

Bild 4.4.23: Einzelstabilisierte Fußeinspannung

Die Hallenbinder sind, wie im vorangegangenen Kapitel, gelenkig auf den Stützen gelagert. Die Stützen jedoch werden am Fuß zweiachsig biegesteif im Fundament verankert (sog. Einzelstabilisierung). Dadurch entsteht schon im Montagezustand ein nach beiden Richtungen x und y stabiles Tragwerk,

Unverändert erforderlich bleiben - sofern die Dachebene keine Scheibenwirkung aufweist bzw. die Binder nicht selbst kippstabil sind - *Aussteifungsverbände* in Hallenlängsrichtung. Wegen der Stützenfußeineinspannung entfällt aber die notwendige Ableitung der Festhaltekräfte dieser Verbände in das Fundament durch vertikale Auskreuzungen in den Außenwänden (Bild 4.4.24).

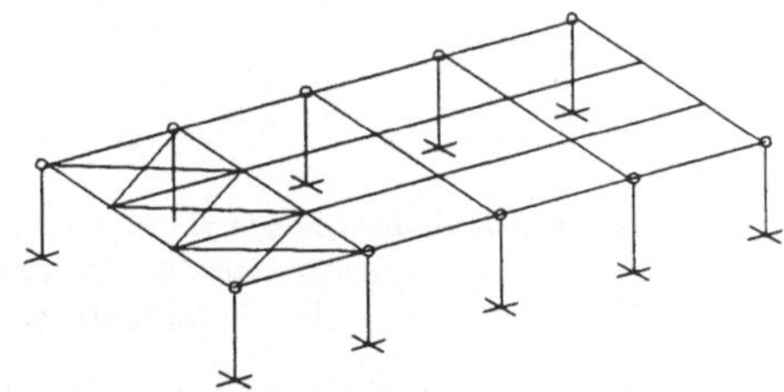

Bild 4.4.24: Aussteifungsverband bei einzelstabilisierten Stützen

Eine Reduktion der Anzahl eingespannter Stützen ist prinzipiell möglich, wenn entsprechende Windverbände vorgesehen werden bzw. die Dachebene Scheibenwirkung aufweist. In beiden Fällen läßt sich die notwendige Anzahl auf 3 eingespannte Stützen reduzieren, wobei nur eine davon zweiachsig biegesteif im Fundament anzuschließen ist (Bild 4.4.25). Alle übrigen Hallenstützen sind Pendelstäbe.

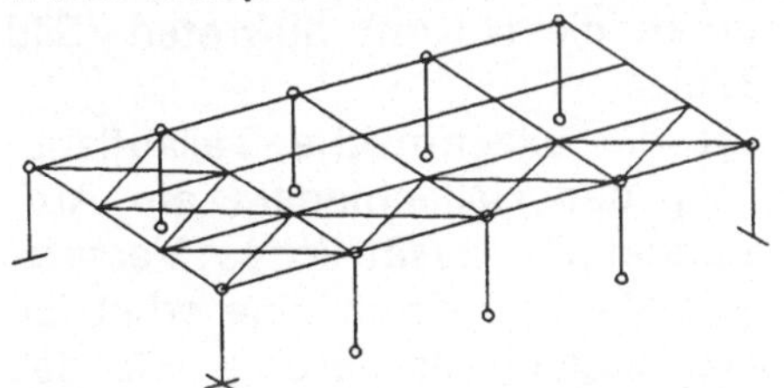

Bild 4.4.25: Aussteifungsverbände bei reihenstabilisierten Stützen

Abgesehen von der Verformungsanfälligkeit dieser Lösungen erfordert die Konzentration der Abtragung von H-Kräften durch Biegung in einige

wenige Stützen dort große Querschnitte und entsprechend ausladende Fundamente.
Einzelstabilisierung ist daher konstruktiv sinnvoller als die in Bild 4.4.25 aufgelistete Reihenstabilisierung.

Varianten

Wie bei den abgespannten Systemen nach Kapitel 4.4.1 ist es auch bei den fußeingespannten Stützen möglich, weitspannende Hallenbinder durch Schrägseile an Pylonen zwischenaufzuhängen, wobei beide Lösungen der Aufhängung - Mehrfeld- oder Gelenkträger - unverändert ausführbar sind. Die Standsicherheit des Tragsystems in der x - x Ebene bleibt ohne zusätzliche Konstruktionen gewährleistet.

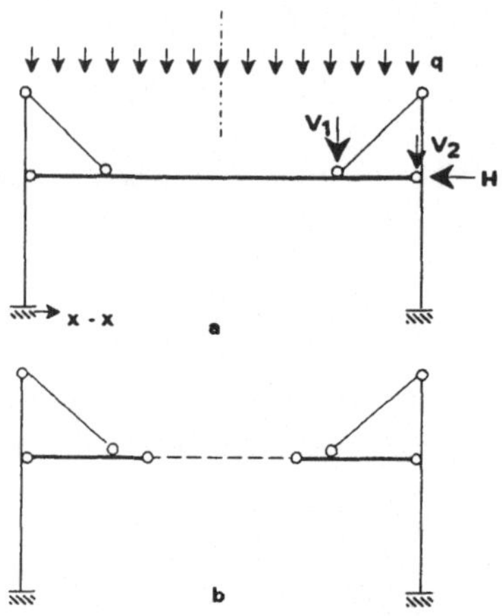

Bild 4.4.26: Aufgehängte Hallenbinder
a Durchlaufträger
b Einhängeträger

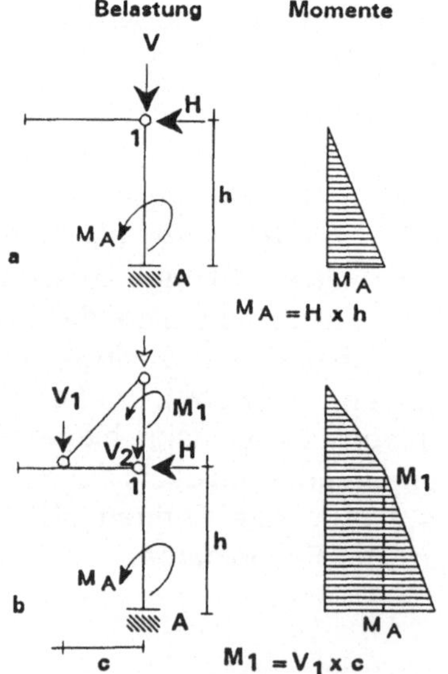

Bild 4.4.27: Biegebeanspruchung der Stützebei
a direkter bei b versetzter Auflagerung der Binder

Die Momentenbeanspruchung der fußeingespannten Stütze wird jedoch größer:
Während bei der direkten Auflagerung der Binder auf den Stützen Momente nur durch die H-Kraft auftreten (Bild 4.4.27a),
erzeugt die exzentrische Teilauflagerung V_1 des Hallenbinders am Aufhängepunkt ein zusätzliches Versatzmoment M_1 und damit eine erheblich größere Biegung der Stütze wie des Fundamentes (Bild 4.4.27b).

Minderung schafft schon eine geringe Schrägstellung der Pylonen, die zur wirksamen Entlastung von Stützeneinspannmoment und Fundament führt.

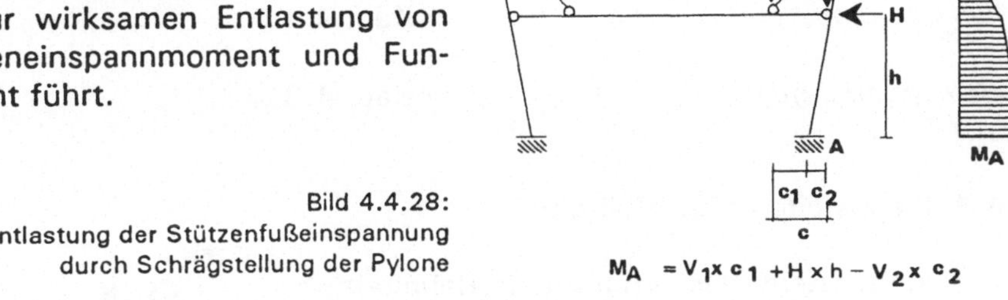

Bild 4.4.28:
Entlastung der Stützenfußeinspannung durch Schrägstellung der Pylone

Vor- und Nachteile der Fußeinspannung

Vorteile:

- Bei Einzelstabilisierung ist jede Stütze bereits nach Montage und Verankerung mit dem Fundament standsicher, bedarf keiner zusätzlichen Maßnahme zur Festhaltung.
- Dadurch benötigt das Tragwerk allenfalls nur Kippaussteifungen der Binderobergurte, sofern diese nicht selbst kippstabil ausgebildet sind, jedoch keine waagrechten Windverbände und vertikale Feldauskreuzungen der Außenwände.
- Fußeinspannung im Fundament ist besonders bei Stahlbetonstützen einfach zu realisieren, was diese Bauweise prädestiniert für Materialkombinationen aus Stahlbeton für Stützen und Holz oder Stahl für die Hallenbinder.
- Bauwerkserweiterungen, die ebenso feldweise stabil sind, können problemlos angekoppelt werden.

Nachteile:

- Die Stützen sind ihrem statischen System nach senkrecht stehende Kragträger (Eulerfall I, Kap.3.3) und dadurch sehr viel knickgefährdeter als beispielsweise Stützen, die an ihrem oberen Ende durch Abspannung gehalten sind.
- Die Stützen werden zusätzlich auf Biegung beansprucht. Beide Beanspruchungen zusammen ergeben sehr viel größere Querschnitte als bei den abgespannten Systemen nach Kap. 4.4.1.
- An ihrem oberen freien Ende erhalten diese fußeingespannten Stützen zum Teil erhebliche Auslenkungen, die sich nachteilig auf die Verformungsstabilität des Bauwerkes auswirken können.
- Vergrößerungen dieser Auslenkung können zusätzlich auftreten bei entsprechender Schiefstellung der Fundamente infolge exzentrischer Beanspruchung und evtl. einseitiger Baugrundsetzungen.
- Erforderliches Fundamentvolumen und Herstellungsaufwand sind höher als bei gelenkig gelagerten Tragsystemen.

Prinziplösungen der Elementanschlüsse

Gelenkige Binderauflagerung ⇒ Kap. 4.4.1

Fußeinspannungen ⇒ Kap. 4.3

4.4.3 Biegesteife Ecken (Rahmen)

Das Grundsystem des einhüftigen Rahmens in Kapitel 4.3.1 ist nur stabil bei gleichzeitiger Fußeinspannung der Stütze. Löst man diese Fußeinspannung, kippt das System, wie Bild 4.4.29 a zeigt. Wird der Rahmen jedoch am abgelegenen Binderende auch nur durch einen Pendelstab abgestützt, bleibt das Tragsystem gegenüber sämtlichen in seiner Ebene einwirkenden Kräfte stabil (Bild 4.4.29 b und c). Die in der biegesteifen Ecke zusammengeschlossenen Stäbe verdrehen sich dabei nicht gegeneinander, sondern nur miteinander, wodurch die in Bild 4.4.29 eingetragenen Verformungsläufe zustande kommen.

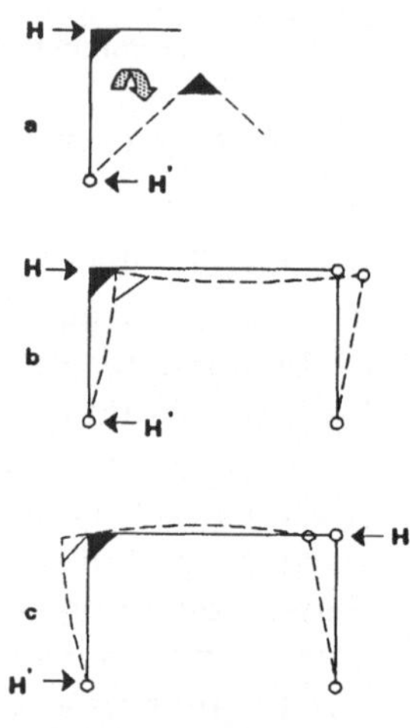

Bild 4.4.29: a Labiler einhüftiger Rahmen
b, c Durch Pendelstab stabilisiert;
Verformungen infolge H

Prinzipiell genügt es daher, an allen Bindern in der Haupttragebene x derartig abgestützte einhüftige Rahmen auszuführen, um Standsicherheit des Bauwerkes in dieser Ebene zu erlangen.Nach der Anzahl der Gelenke bezeichnet man dieses System als *Dreigelenkrahmen,* der wie sämtliche Systeme bisher, *statisch bestimmt* gelagert ist (vgl. auch Kapitel 3.3.5). Bei Rahmensystemen werden allgemein die Binder als *Riegel,* die Stützen als *Stiele* bezeichnet.

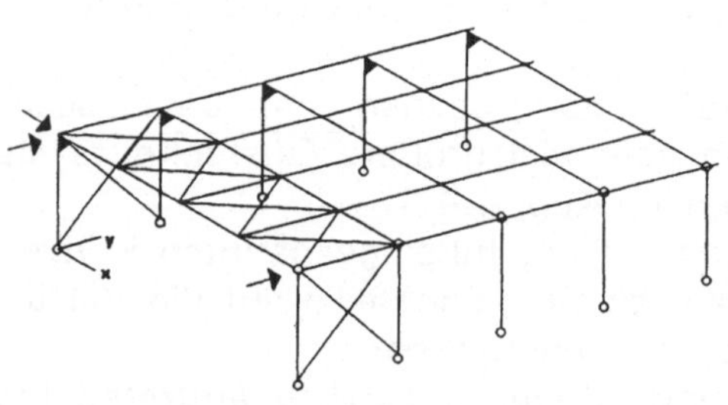

Bild 4.4.30: Stabilisiertes Bauwerk aus einhüftigen Rahmen mit Pendelstützen und Aussteifungsverbänden

Stabilität in Längsrichtung y erzeugt man, wie in allen vorangegangenen Abschnitten, nur, wenn Giebelwindverbände in Kombination mit Aussteifungsverbänden für die Binderobergurte ausgeführt werden, zusammen mit entsprechenden vertikalen Auskreuzungen in den Längsaußenwänden - sofern keine Scheibenwirkung der Dachebene vorliegt oder die Binderkonstruktion zur Aufnahme von Kräften in y-Richtung nachgewiesen ist. Doch auch in diesem Fall bleibt die Notwendigkeit der vertikalen Auskreuzungen (Bild 4.4.30).

Dieser einhüftige Dreigelenkrahmen mit nur einer biegesteifen Ecke weist konstruktive und wirtschaftliche Schwachpunkte auf:

Bei der Aufnahme vertikaler Lasten ist diese Ecke inaktiv; der Riegel verhält sich in seiner Biegebeanspruchung wie ein gelenkig aufgelagerter Binder der vorangegangenen Abschnitte. Dadurch werden die gleichen, großen Binderquerschnitte erforderlich (Bild 4.4.31a).

Die biegesteife Ecke wird nur aktiviert zur Aufnahme waagrechter Kräfte. Als Folge der Verformung aus H (vgl.Bild 4.4.29b) entsteht ein Momentenverlauf im System, der sich dem Moment aus q ungünstig überlagert, wie Bild 4.4.31b zeigt. (Die Pendelstütze kann keine H-Kräfte übertragen, erhält demzufolge auch kein Biegemoment.)

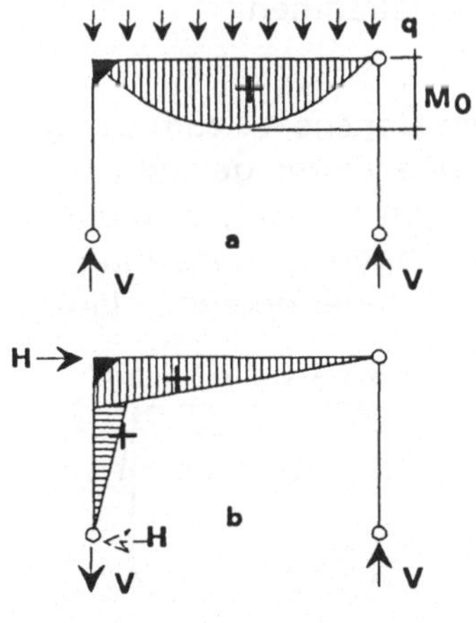

Bild 4.4.31:
Momente am einhüftigen Rahmen
a infolge q b infolge H

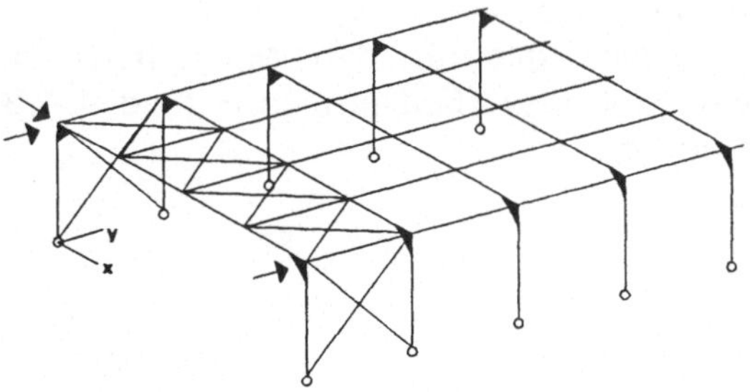

Bild 4.4.32

Zweigelenkrahmen mit Aussteifungsverbänden

Um diese Schwächen abzubauen ist es üblich, an beiden Riegelenden biegesteife Ecken zu den Stützen herzustellen (Bild 4.4.32). Dadurch reduziert sich die Anzahl der Gelenke um eines und es entsteht ein sog. *Zweigelenkrahmen*. Die Stabilisierungsbedingungen für die Längsrichtung y bleiben, wie in allen anderen Fällen zuvor, unverändert.

Anstelle der vertikalen Auskreuzungen in einem Außenwandfeld könnten dort biegesteife Ecken in Längsrichtung vorgesehen werden, was zu einem sog. *Portalrahmen* führt. Die Lage dieses Rahmens ist prinzipiell freibleibend. Die angeschlossenen Stützen erhalten dann *Doppelbiegung* - in x-Richtung aus dem Querrahmen, in y-Richtung aus dem Portalrahmen.

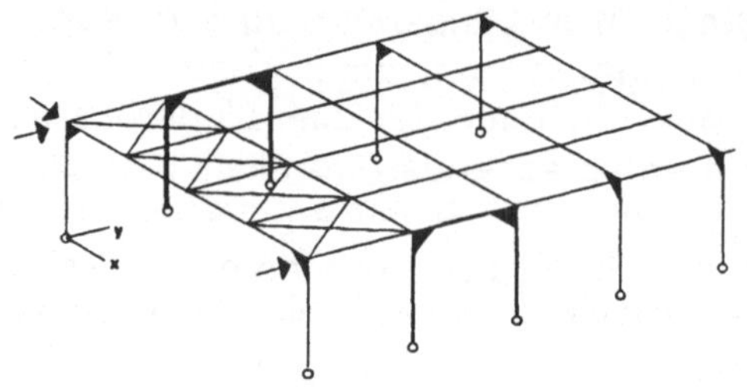

Bild 4.4.33: Ersatz der Wandauskreuzungen durch Portalrahmen

Im Gegensatz zum Dreigelenkrahmen ist dieser Zweigelenkrahmen *statisch unbestimmt* gelagert. Seine Vorteile gegenüber dem einhüftigen Rahmen liegen in der gleichmäßigeren Auslastung aller Stäbe, was insgesamt zu geringeren Verformungen und Biegemomenten führt, wie Bild 4.4.34 unschwer erkennen läßt.

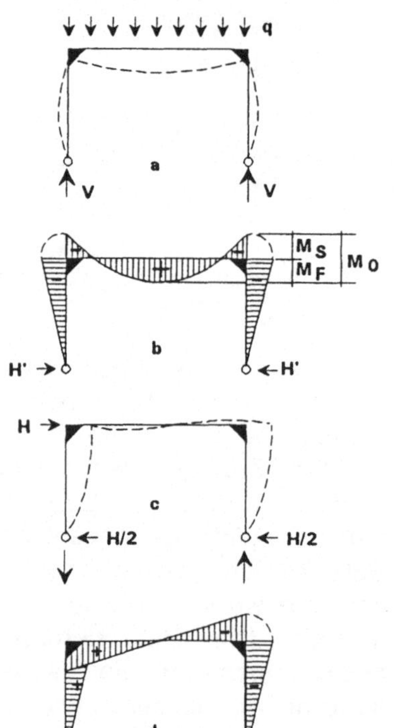

Das Größtmoment M_O aus der Belastung q, das in Bild 4.4.31 in Riegelmitte auftritt um nach den Stützen zu auf 0 abzusinken, bleibt in seiner Gesamtgröße zwar erhalten, wird nach Bild 4.4.34b jedoch gleichmäßig über den Riegel verteilt, mit einem Übergang in ein rückbiegendes Stützenmoment M_S. Nur der Anteil M_F erzeugt Durchbiegungen, die erheblich kleiner werden.
Ähnliches gilt für den Momenten- und Verformungsverlauf infolge H (Bild 4.4.34 c und d).

Bild 4.4.34:
Verformungen und Momente am Zweigelenkrahmen
a Rahmenverformung infolge q
b Momentenverlauf infolge q
c Rahmenverformung infolge H
d Momentenverlauf infolge H

Durch unterschiedliche Formgebung des Rahmens kann die Momentenverteilung wesentlich beeinflußt werden:

a. Schlanke Stiele an hohen Riegeln übernehmen nur geringe Stützmomente M_S.

b. Erhalten die Stützen einen trapezförmigen Anlauf nach oben zur biegesteifen Ecke mit dort (2) gleichem Querschnitt wie der Riegel (1), wird das Gesamtmoment etwa halbiert.

c. Verjüngt man gleichzeitig auch den Riegel, entstehen sehr biegesteife Ecken, beispielsweise wie nach Bild 4.3.14b, c, und das Moment verlagert sich mit seinem größeren Anteil dorthin. Die Querschnittshöhen an den Stellen 1 und 2 sind dabei gleich (sog. Vouten).

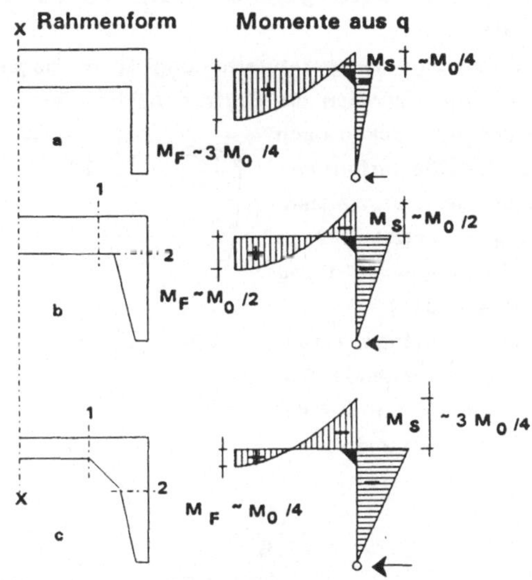

Bild 4.4.35: Momentenverlauf in Abhängigkeit von der Rahmenform

Das Auftreten waagrechter Festhaltekräfte in den gelenkigen Fußpunkten ist als Folge des Einwirkens der Kraft H einsichtig (vgl. Bild 4.4.34c). Sie müssen die verschiebende Wirkung von H aufheben. Gleichzeitig jedoch erzeugt H ein Drehmoment, welches das Tragsystem zu kippen versucht und nur durch ein vertikales Gegenkräftepaar V in den Stützenfußpunkten zum Gleichgeweicht gezwungen wird.

Analoges ergibt sich bei vertikaler Belastung q nach Bild 4.4.34a. Die Last versucht die Stützenfußpunkte nach unten zu verschieben und muß durch Gegenkräfte V im Gleichgewicht gehalten werden.
Das Stützmoment M_S verdreht die Stütze. Um sie im Fußgelenk ohne Ausweichmöglichkeit festzuhalten, muß dort eine entsprechend große waagrechte Festhaltekraft auftreten. Ihre Größe wächst mit zunehmendem M_S wie Bild 4.4.35 zeigt.

Aktiviert wird die waagrechte Festhaltekraft

- durch den Reibungswiderstand des Fundamentes in der Sohlfuge
- durch ein Zugband zwischen beiden Stützenfüßen
- in Ausnahmefällen durch den seitlichen Erdwiderstand an der Fundamentwandung

Diese statisch unbestimmt gelagerten Zweigelenkrahmen weisen gegenüber den statisch bestimmt gelagerten Dreigelenkrahmen Nachteile in einigen Belastungsfällen auf, die zu zusätzlichen Biegebeanspruchungen führen:

Gleichmäßige Temperaturerhöhung Δt im Riegel beispielsweise führt zu dessen Verlängerung, wodurch sich die Stützen nach außen schräg stellen und das System infolge der biegesteifen Ecken nach Bild 4.4.36a verformen.

Einseitige Stützensenkung s setzt analoge Verformungen in Gang (Bild 4.4. 36c).

Beide Vorgänge erzeugen entsprechende Biegemomente im System (Bild 4.4.36b und d).

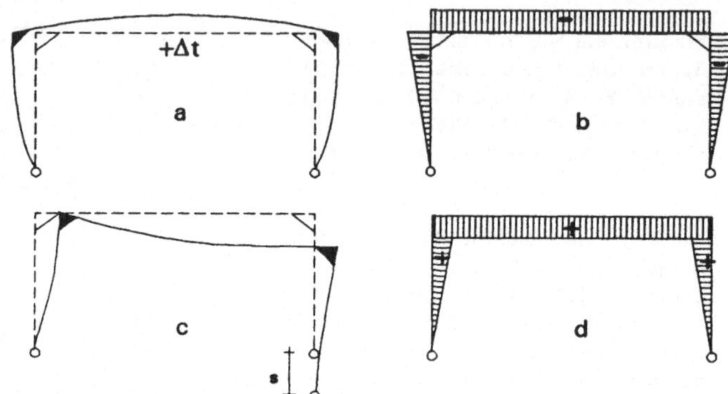

Bild 4.4.36: Zwängungsmomente im Zweigelenkrahmen durch:
gleichmäßige Temperaturerhöhung Δt des Riegels
a. Verformung - b. Momentenverlauf
einseitige Fundamentsetzung s
c. Verformung - d. Momentenverlauf

Man vermeidet diese Nachteile und bedient sich gleichzeitig der Vorteile von 2 biegesteifen Ecken, wenn ein statisch bestimmter *Dreigelenkrahmen mit Gelenk in Riegelmitte* hergestellt wird.
Es entstehen 2 einhüftige Rahmen, die sich gegenseitig abstützen und ihre maximale Beanspruchung bei allen Lastfällen in die biegesteifen Ecken verlagern (vgl. Bild 4.4.38). Auch hier ist, wie bei den Zweigelenkrahmen, zu beachten, daß aus der vertikalen wie horizontalen Belastung waagrechte Festhaltekräfte im Fußgelenk entstehen, welche von der Unterkonstruktion (z.B. dem Fundament) aufgebracht werden müssen.

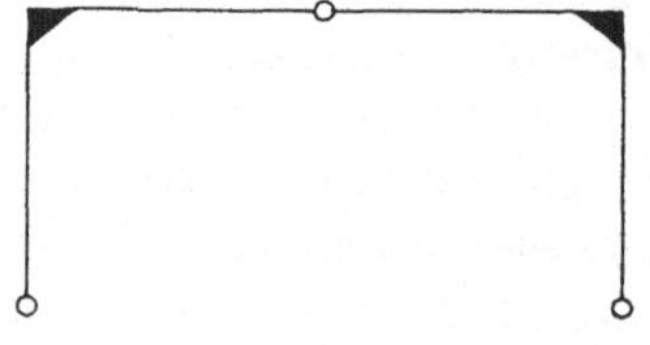

Bild 4.4.37: Dreigelenkrahmen mit Gelenk in Riegelmitte

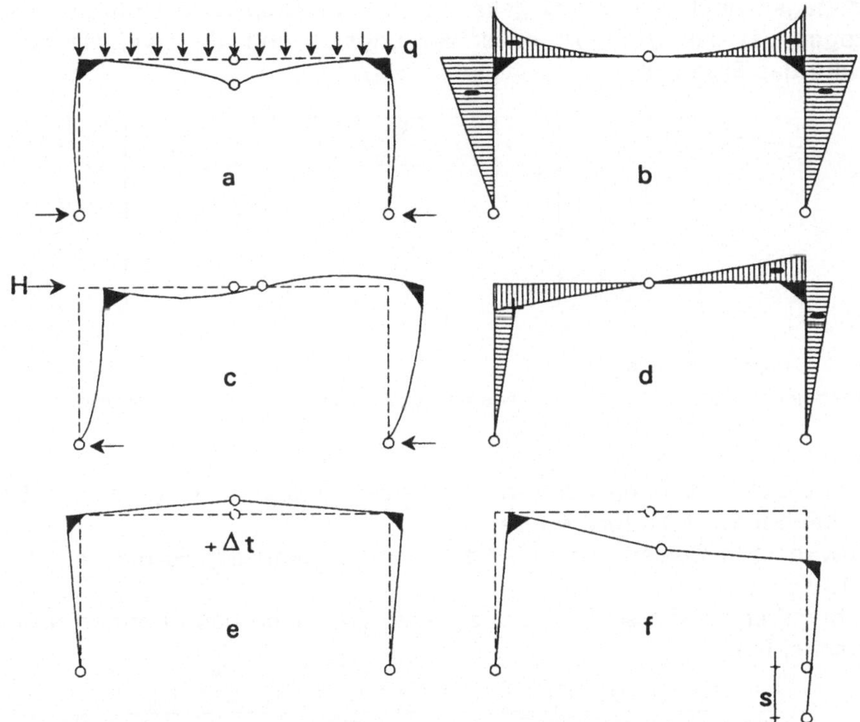

Bild 4.4.38: Kräfte, Verformungen, Biegemomente im Dreigelenkrahmen infolge:
a. vertikaler Belastung q
b. zugehöriger Momentenverlauf
c. horizontaler Kraft H
d. zugehöriger Momentenverlauf
Momentenfrei bleiben die Verformungen aus
e gleichmäßiger Riegelerwärmung +Δt
f einseitiger Fundamentsetzung s

Bei vollwandigen Rahmen paßt man im allgemeinen den Querschnittsverlauf entsprechend Bild 4.4.39a dem Momentenverlauf an, was bei den Baustoffen Brettschichtholz, Stahl, Stahlbeton problemlos möglich ist.

Werden Fachwerkriegel im Zusammenhang mit vollwandigen Stielen eingebaut, erzeugt die Riegelspreizung im Ober- und Untergurt ein waagrechtes Kräftepaar, welches das Eckmoment in den Stiel einleitet, wie Bild 4.4.39b zeigt. Dem entspricht ein Querschnittsverlauf im Stiel nach Bild 4.4.39c.

Ober- und Untergurt müssen kraftschlüssig mit dem Stiel verbunden sein. Würde der mit * bezeichnete Untergurtteil in Bild 4.4.39b fehlen, entstünde eine labile Konstruktion.

Wird dagegen noch der mit U gekennzeichnete strichlierte Untergurtstab eingezogen, ist das Obergurtgelenk wirkungslos und ein Zweigelenkrahmen wäre das Ergebnis.

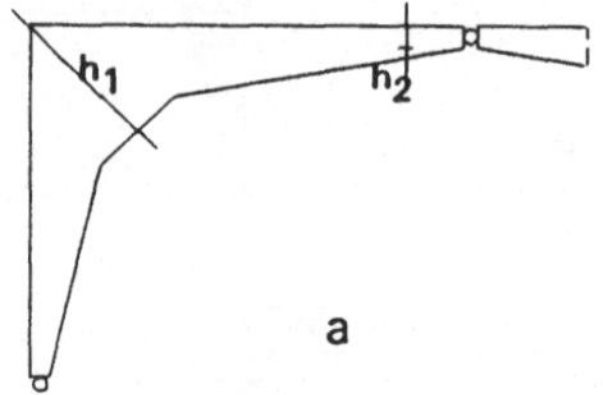

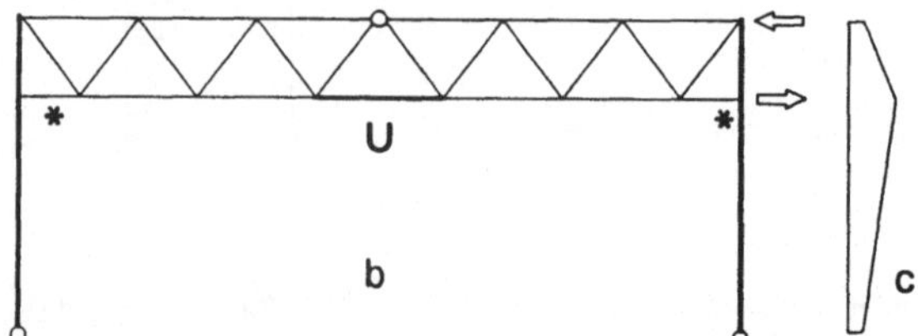

Bild 4.4.39: Dreigelenkrahmen
a. Vollwandiger Querschnitt b. Fachwerkriegel, Vollwandstützen c. Stützenquerschnitt

Varianten

Biegesteife Ecken können auch in den Stielen aufgelöst werden, wie bereits in Kapitel 4.3 erläutert wurde.
Bei vollwandigen Stielen führt dies zu Stabdreiecken der Formen a - c in Bild 4.4.40;
bei Fachwerken lassen sich die prinzipiellen Lösungen nach Formen d und e unterscheiden.

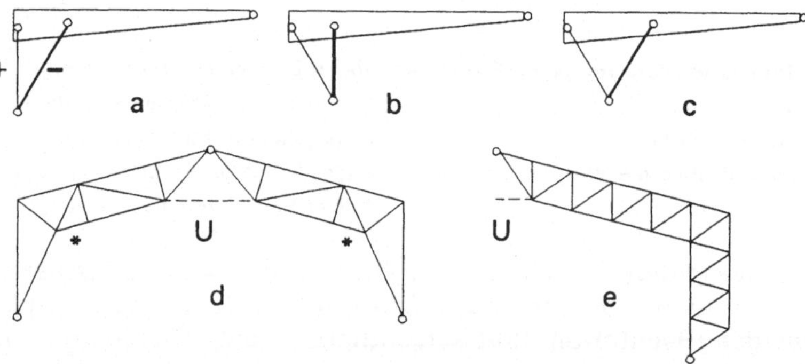

Bild 4.4.40: Variable Ausbildung der Rahmenstiele
a - c bei vollwandigen Stützen, d - e bei Fachwerken

Anmerkung zu Bild 4.4.40d: Entfallen die mit * gekennzeichneten Stäbe, entsteht wiederum ein labiles Mehrgelenksystem. Baut man andererseits den mit U gekennzeichneten strichlierten Stab ein, wird ein Zweigelenkrahmen daraus. Analoge Aussagen gelten für den Rahmen nach Bild e.

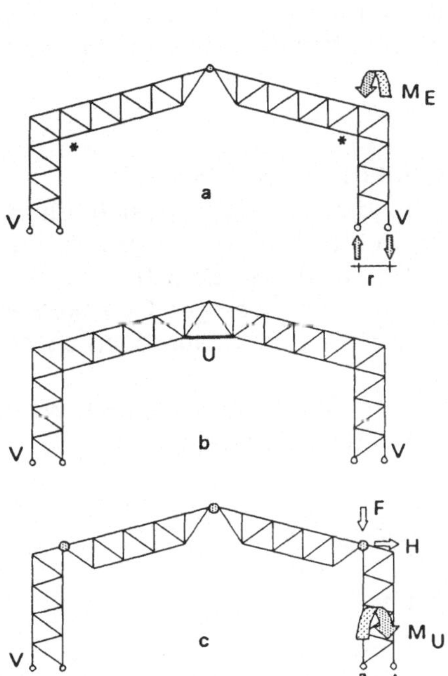

Erweitert man in Bild 4.4.40e die Stiele durch einen zusätzlichen Stab V am Fuß, so erzeugt dies eine Fußpunkteinspannung, da durch die Stielspreizung r das Eckmoment M_E von einem Kräftepaar aufgenommen werden kann. Das System stellt dann mit dem Firstgelenk einen *Eingelenkrahmen* dar (Bild 4.4.41a).

Beim Einbau des Stabes U wird das Firstgelenk wirkungslos und es entsteht ein gelenkloser, voll eingespannter Rahmen (Bild 4.4.41b).

Läßt man dagegen die in Bild 4.4.41a mit *gekennzeichneten Stäbe wegfallen, wird aus dem System ein Dreigelenkrahmen, der zwischen fußeingespannten Stützen eingehängt ist und die Kräfte F und H erzeugt, welche am Fußpunkt zu einem Moment M_U führen, das wiederum durch das vertikale Kräftepaar ins Gleichgewicht gebracht wird.

Bild 4.4.41: Gelenkvarianten am Fachwerksystem
a. Eingelenkrahmen
b. Volleinspannung
c. Dreigelenkriegel zwischen fußeingespannten Stützen

Vor- und Nachteile von Rahmen

Vorteile:

- Die Rahmenebene ist unmittelbar nach Montage stabil, Montagestützungen müssen nur in Längsrichtung erfolgen
- Die Riegel erhalten geringere Querschnitte als die Binder der bisher betrachteten Systeme
- Durch Anpassung der Querschnittsgestaltung wird eine gleichmäßigere Materialauslastung über die gesamte Systemlänge erreicht
- Die Biegesteifigkeit der Rahmen wächst mit abnehmender Gelenkanzahl, gleichzeitig steigt jedoch auch die Anfälligkeit gegenüber Zwängungskräften

- Statisch bestimmt gelagerte Dreigelenkrahmen sind von diesen inneren Zwängen (erzeugt durch Temperaturverformungen, unterschiedlichen Fundamentsetzungen etc.) frei.

Nachteile:
- Herstellung der Rahmenecken ist konstruktiv aufwendig
- Sofern diese Herstellung werkstattgebunden ist ergeben sich für die Rahmenteile u.U. erhebliche Transportprobleme aufgrund großer Baulängen oder es sind aufwendige Baustellenstöße erforderlich
- Die Biegesteifigkeit von Rahmen mit zwei oder weniger Gelenken erzeugt die oben erwähnten Zwängungskräfte und dadurch erhebliche zusätzliche Materialbeanspruchungen
- Infolge der Momentenbeanspruchung der Stiele treten große waagrechte Rückstellkräfte in der Unterkonstruktion (Fundament) auf.

Prinziplösungen der Elemente und ihrer Anschlüsse

Riegelgelenke ⇒ Kapitel 4.2.2 und 4.4.1
Biegesteife Ecken ⇒ Kapitel 4.3
Fußgelenke ⇒ Kapitel 4.4.1

4.4.4 Dreigelenkstabzug, Bogen

Dreigelenkstabzüge bestehen aus geraden Stäben, die sich schräg gegeneinander und gegen die Unterkonstruktion (Fundamente) abstützen. Die Stützpunkte werden gelenkig ausgeführt. Streckenlasten längs eines Stabes erzeugen in ihm Biegemomente, Einzelkräfte im First werden in Längskräfte beider Stabrichtungen umgelenkt.

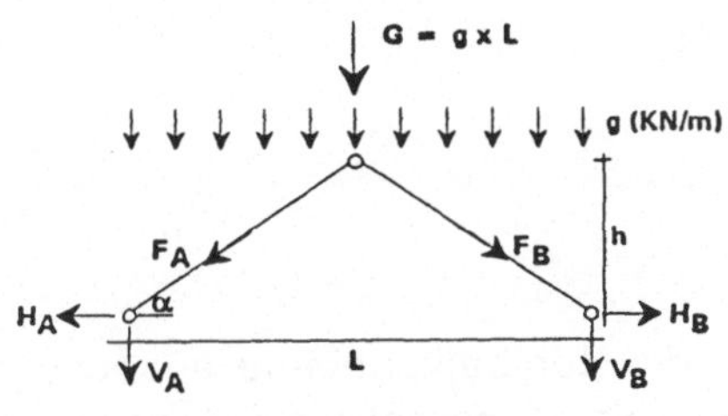

Bild 4.4.45: Dreigelenkstabzug

In den Auflagern können diese Stabkräfte in vertikale und horizontale Komponenten zerlegt werden. Die horizontalen versuchen die Lagerpunkte nach außen zu schieben, wodurch solche Tragsysteme entweder verschiebungsfeste Widerlager oder ein Zugband zwischen den Lagern benötigen.

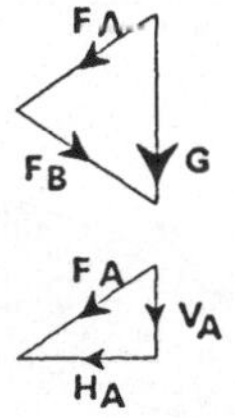

Bild 4.4.46: Grafische Zerlegung einer Firstlast in Stab- und Stützkräfte

Die Beanspruchungen durch Biegemomente und Stabkräfte werden mit abnehmender Neigung α' größer. Daher sind solche Konstruktionen nur bei steilen Dächern ($\alpha > 35°$) wirtschaftlich.

Breite Anwendung finden die Dreigelenkstabzüge als *Sparrendach* im Wohnungsbau. Bei Dächern über großen Haustiefen werden die dann recht langen Sparren durch Zwischenriegel gegenseitig abgestützt; es entsteht das *Kehlbalkendach*.

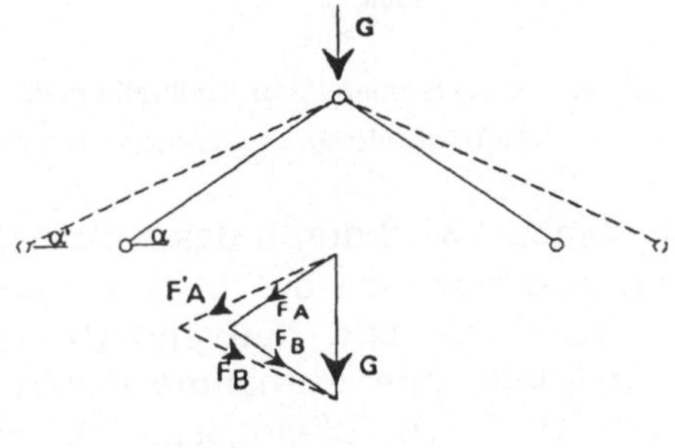

Bild 4.4.47: Zunehmende Stabkräfte bei abnehmender Neigung α '

Die erforderliche Verschiebungssicherung der Fußpunkte wird im allgemeinen durch die darunterliegende Geschoßdecke übernommen.

Ein *verschiebliches Kehlbalkendach* liegt vor, wenn beispielsweise in Folge der ungünstigsten Verkehrslaststellung aus einseitigem Schnee und der in

Druck und Sog gesplitteten Windlast das Dach eine Verformung wie in Bild 4.4.48 erfährt.

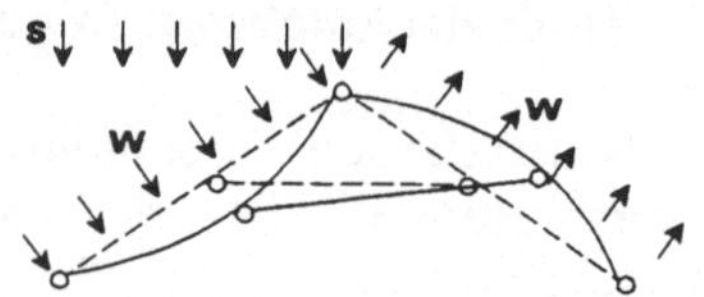

Bild 4.4.48: Verschieblicher Kehlriegel unter ungünstigster Verkehrslast

Kann die Kehlbalkenebene ausgesteift werden zu einer Scheibe, so wirkt sie wie ein waagrechter Träger unter Horizontallasten. Dieser Träger muß diese Lasten an horizontal unverschiebliche Elemente abgeben können, etwa gemauerte Giebel- oder Zwischenwände von mindestens 24 cm Dicke. Es entsteht das konstruktiv aufwendigere *unverschiebliche Kehlbalkendach.*

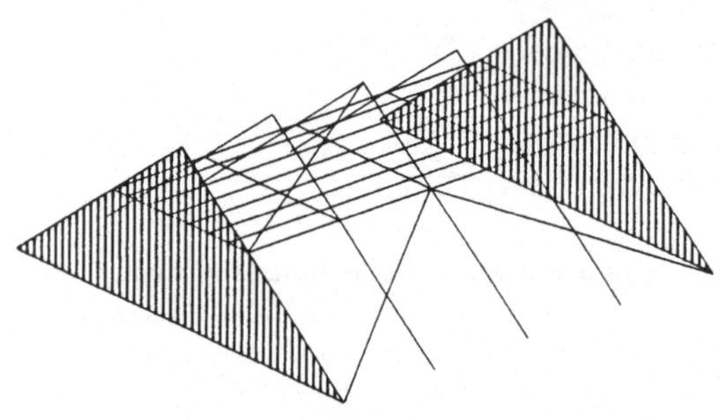

Bild 4.4.49: Unverschieblicher Kehlbalken als Horizontalträger zwischen Wandscheiben

In beiden Fällen jedoch ist die Stabilität in Bauwerkslängsrichtung nicht gesichert. Beim Wohnungsdach erfolgt die Aussteifung durch *Windrispen,* die meist aus gelochten Flachstahlbändern bestehen und wie in Bild 4.4.49 schräg über die Sparren genagelt werden.

Im Hallenbau wird durch das Aufsetzen des Dreigelenkstabzuges auf Stützen das Zugband sichtbarer und notwendiger Teil der Konstruktion; eine Aufnahme des Horizontalschubes durch fußeingespannte Stützen würde zu unverträglich großen Verformungen und Stützenbeanspruchungen führen.

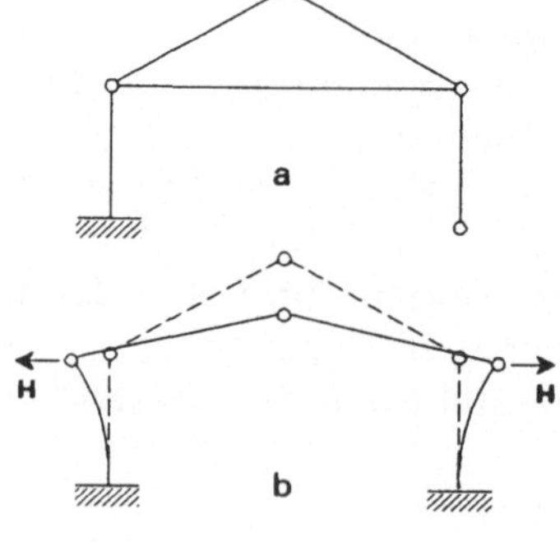

Bild 4.4.50: Dreigelenkstabzug auf Stützen a mit Zugband b ohne Zugband

Diese Einbeziehung des Zugbandes in die Konstruktion ermöglicht Systemvarianten, die letztlich zum *unterspannten Träger* führen.

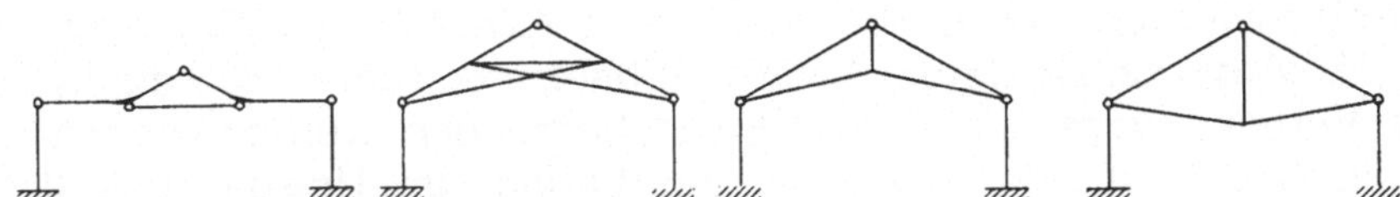

Bild 4.4.51: Varianten der Zugbandführung; unterspannte Träger

Die Systeme sind in der Querschnittsebene stabil. In Bauwerkslängsrichtung sind sie wie in Kapitel 4.4.4 auszusteifen.
Krümmt sich die Achse der Schrägstäbe nach oben, der Belastung entgegen, reduziert sich die Biegung in den Stäben und vergrößert deren Druckbeanspruchung. Es entstehen **Drei- und Zweigelenkbogen.**
Das Zugband bleibt nach wie vor erforderlich. Bei symmetrischen Lasten und entsprechender Krümmung (Stützlinie, vgl. Kap.1) treten nur Druckkräfte im System auf. Dies ist der Fall, wenn das Verhältnis von Stützweite L und Scheitelhöhe f (sog. Pfeilhöhe) den nachstehenden Werten entspricht:

Dreigelenkbogen $5 \leq L/f \leq 7$

Zweigelenkbogen $5 \leq L/f \leq 8$

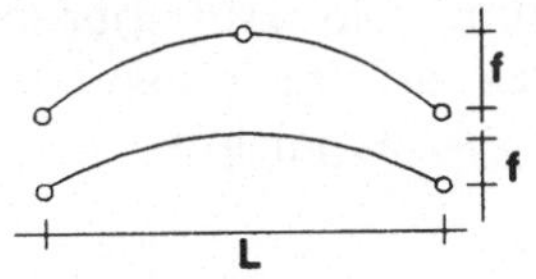

Bild 4.4.52: Pfeilverhältnisse

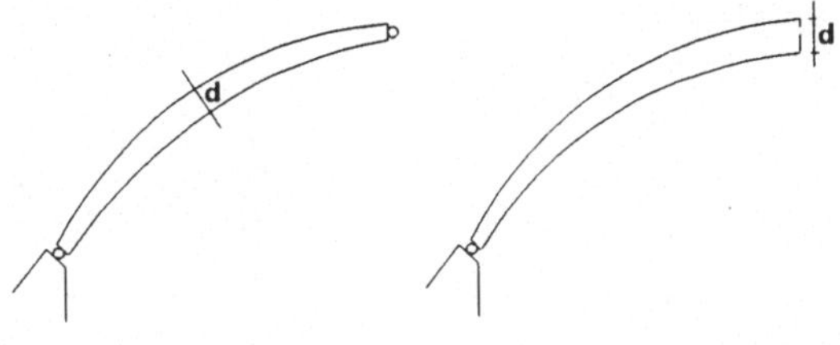

Bild 4.4.53: Querschnittsverlauf von Bogen

Bei flacheren Bogen überwiegt der Biegemomenteneinfluß.
Der Querschnittsverlauf vom Bogen wird vielfach dem Beanspruchungsverlauf angepaßt. Daher sind Dreigelenkbogen im Feld und Zweigelenkbogen im First dicker.

Die überwiegende Druckbeanspruchung der Bogen macht das Knicken zum wesentlichen Bemessungsfaktor und fordert in Hallenlängsrichtung entsprechende Kippsicherung, deren Ausführung im Zusammenhang mit Windverbänden wie in Kap. 4.4.4 erfolgt. Da beide Kriterien - Knickbemessung und Kippsicherung - wirtschaftlich zu lösen sind, eignen sich Bogentragwerke für große Spannweiten ($L \leq 120$ m).

Beide Tragsysteme - Stabzüge und Bogen - lassen sich in allen 3 Konstruktionsbaustoffen Brettschichtholz, Stahl, Stahlbetonfertigteile ausführen. Brettschichtholz hat sich dabei aufgrund seiner Flexibilität in gestalterischer Hinsicht, seiner Natürlichkeit und baubiologischer wie bauphysikalischer Vorteile wegen in den sichtbar bleibenden Konstruktionen des Hallenbaues unbestreitbare Vorteile geschaffen. Im Holzbauatlas findet sich eine Fülle entsprechender Praxisbeispiele.

4.4.5 Radiale Anordnung der Hallentragwerke

Die bislang vorhandene lineare Reihung über Rechteckgrundrissen wird hier aufgegeben. Der Tragwerksaufbau kann über quadratischen, polygonalen, kreisförmigen oder elliptischen Grundrissen erfolgen. Symmetrie ist dabei keine einschränkende Forderung.
Trotz der räumlichen Lastabtragung werden die Tragelemente mehrheitlich als lineare Systeme berechnet:

Einfeldträger auf Mittelstütze.
Rand- und Mittelstützen sind fußeingespannt. Die Auflagerung auf der Mittelstütze erfolgt meist über Konsolen bzw. einen Auflagerring.

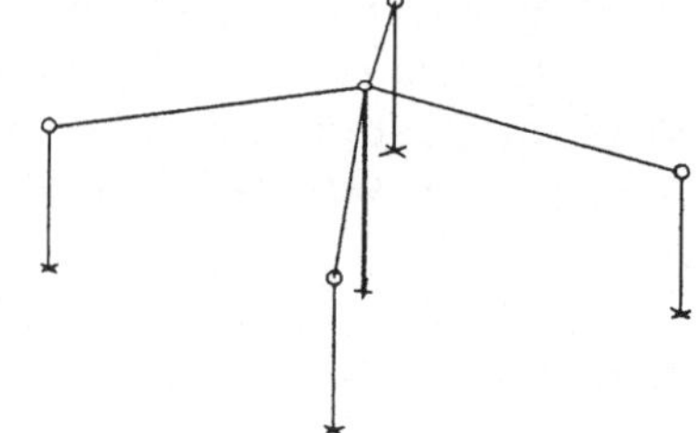

Bild 4.4.54: Einfeldträger auf Mittelstütze

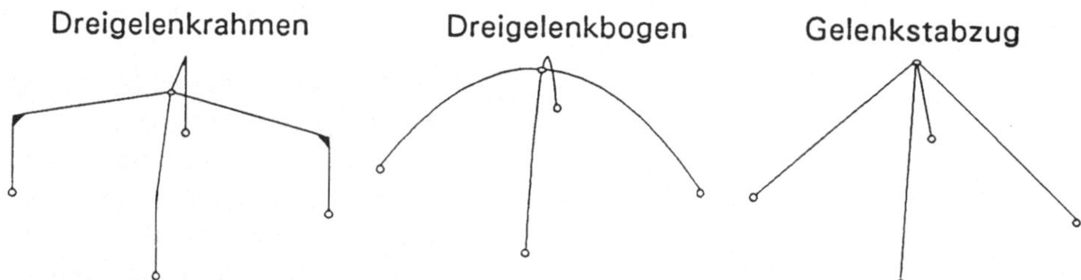

Bild 4.4.55: Radiale Tragsystemanordnungen

Bei allen angegebenen Lösungen tritt ein gemeinsames Firstgelenk auf. Dies wird meist als Stahlring ausgeführt, an den die einzelnen Stäbe angeflanscht werden.
Da die in ihrer Ebene stabilen Tragwerke bei radialer Anordnung in mehreren Richtungen vorhanden sind, wird das Problem der räumlichen Stabilisierung hier minimiert. Erforderlich sind, je nach Konstruktion, Aussteifungsverbände in der Dachebene, jedoch keine Lastableitung in die Fußpunkte.

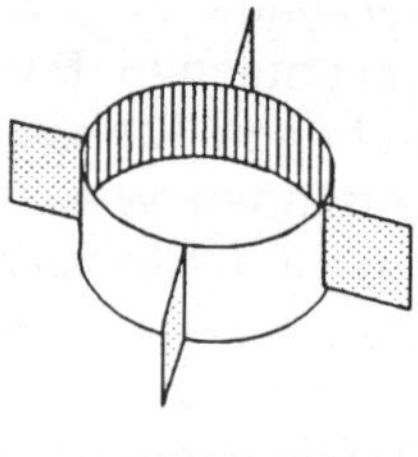

Bild 4.4.56: Firstring

4.4.6 Objektbeispiele

Nr.	Objekt und Baustoff	Tragsystem im Querschnitt	Längsaussteifung in Dachebene; Wandebene
XI	Supermarkt Canterbury, UK, 1984; Walzprofile, Abspannstangen	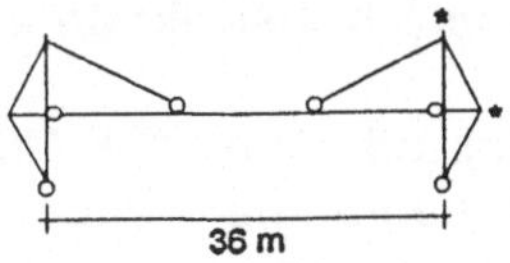 36 m	Windverbände; Auskreuzungen * Pylonenköpfe knickstabil durch Doppelrohr, Spreizstäbe ausgekreuzt
XII	Produktionsgebäude in Quimper, F, 1981 Walzprofile, Abspannstangen	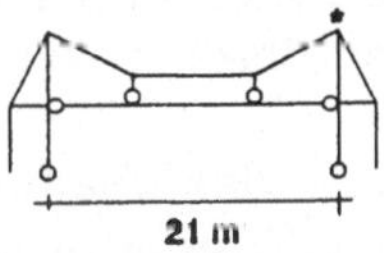 21 m	System in Längs- und Querrichtung gleich; *Pylonenköpfe stabilisiert durch Auskreuzung
XIII	Eislaufhalle in Bad Reichenhall, D, 1973; BSH-Binder auf Stahlbetonstützen	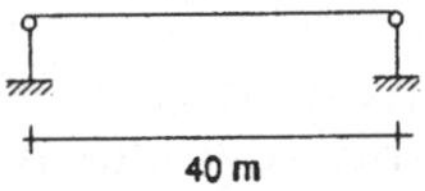 40 m	Windverbände; Kippstabilisierung durch K-förmige BSH-Riegel; fußeingespannte Stütze
XIV	Eisstadion Ingolstadt, D, 1971 BSH-Binder auf Stahlstützen	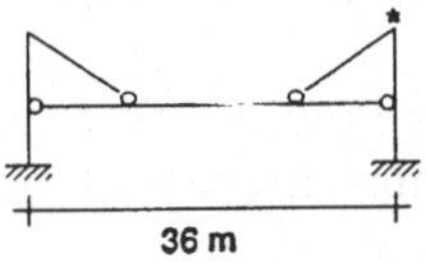 36 m	Riegel 2-achsig biegesteif, ohne Aussteifungsverbände; fußeingespannte Stütze; *Pylonenkopf kippstabil durch entsprechenden Querschnitt
XV	Feuerwehrhalle Regensburg, D; BSH-Binder auf Stahlbetonstützen	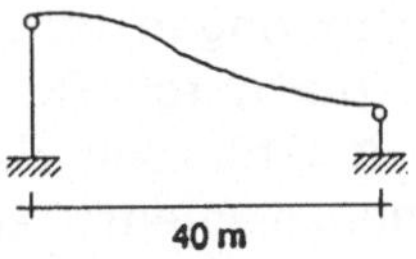 40 m	In Grund- und Aufriß gekreuzte Pfettenlage als Aussteifungsverband; Mauerwerksscheiben
XVI	Mensa Freiburg, D FW-Riegel und Vollwandstützen, Stahl	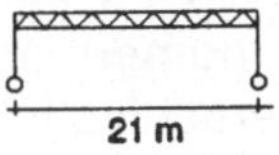 21 m	Windverbände, Kippsicherung durch riegelhohe FW-Pfetten; Portalrahmen
XVII	Bowlingcenter Düsseldorf, D Stahl-Vollwand, außenliegend	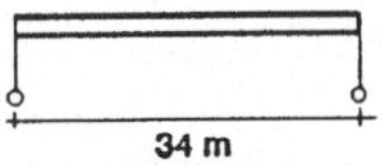 34 m	Wind von Wandscheiben aufgenommen, Kippsicherung durch Dachaufhängung
XVIII	Sporthalle Winchester, UK, 1982, Stahl-FW außenliegend	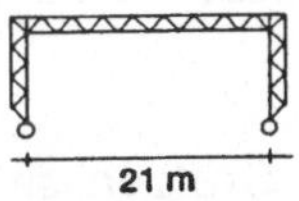 21 m	Dach- Wandscheiben; Kippsicherung durch Dreiecksquerschnitt
XIX	Eisstadion Bad Liebenzell, D, 1979, Holz-FW	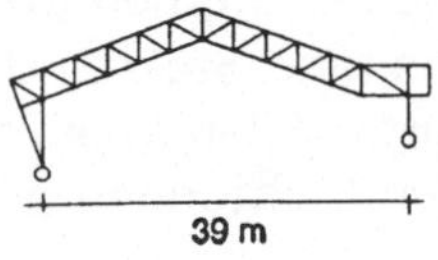 39 m	Windverbände; Auskreuzungen; Kippstabilisierung durch V-förmige Zugstangen

Die aufgelisteten Objektbeispiele entstammen allgemein zugänglichen Literaturquellen und werden mit den hier interessierenden Tragwerkslösungen dokumentiert.
Ihre Auswahl erfolgte nach Kriterien, die neben der Variabilität konstruktiver Lösungen vergleichbarer Planungsaufgaben vor allem die kausale Abhängigkeit zwischen Form und Konstruktion aufzeigen:

- Außen liegende Tragkonstruktionen (XI, XII, XVI - XVIII) verringern das Bauvolumen, machen Innenräume weitgehend stützenfrei, erlauben eine flexiblere Installationstrassenführung und stören bei eventuellen Erweiterungen den bestehenden Bereich weniger.

- Die stützenfreie Überdeckung des Planungsraumes erfordert aufgehängte Dachebenen (XI, XII, XIV) oder große Binderquerschnitte.

- Aufhängung durch Schrägseile führt zur Konstruktion von Pylonen, die solche Schrägzugkräfte entweder durch Fußeinspannung (XIII) oder rückwärtige Bodenverspannung (XI, XII) aufnehmen.

  - Bei fußeingespannten Pylonen treten hohe Biegebeanspruchungen auf, die zu erheblichen Stützenquerschnitten und Fundamentabmessungen führen.
  - Bodenverankerte Abspannungen fordern Konstruktionsflächen unter den Schrägseilen, die durch Rückführung teilweise reduziert werden können. Zur Rückführung des Schrägseiles wird ein zusätzliches Konstruktionselement erforderlich: der gedrückte Spreizstab (XI, XII). Liegt er in gleicher Höhe wie das abgehängte Dach, macht er den Pylon momentenfrei und läßt damit schlankere Querschnitte zu. Die unterschiedlichen Rückführungsformen der Schrägseile nach Beispiel XI und XII sind abhängig vom statischen System des Tragwerkes.

- Am Pylonenkopf entstehen bei Umlenkung der Schrägseile Druckkräfte, die zur Knickgefährdung der Stützen in Quer- und Längsrichtung des Tragwerkes führen.

  - Nur am Fuß eingespannte Stützen sind am labilsten und benötigen zur Erhaltung ihrer Standsicherheit große Querschnitte (XIII, XIV).
  - An beiden Enden gehaltene Stützen dagegen ermöglichen sehr viel schlankere Querschnitte. Allerdings muß die Festhaltung des Pylonenkopfes nach beiden Richtungen gesichert sein (XII). Ansonsten

ist der Pylonenquerschnitt in der Längsrichtung herzustellen wie zuvor mit großem Querschnitt (XI).
Analoges gilt für die freien Spreizstabenden. Wird das Spannseil nach Umlenkung zurückgeführt zum Stützenfußpunkt (XI), kann der Spreizstab in Längsrichtung pendeln und muß in dieser Richtung zusätzlich verspannt werden. Bei senkrechter Ableitung des Spannseiles (XII) ist der Spreizstab stabil.

- Die Aufnahme von Windkräften in Längsrichtung des Tragwerkes, eine vielfach erforderliche Kippstabilisierung hoher Binder und die Ableitung der daraus resultierenden Festhaltekräfte in den Baugrund führen zu Konstruktionen, die mitunter gestalterisch wirksam werden:

  •• Auskreuzung von Außenwandfeldern ist erforderlich, wenn H-Kräfte nicht durch Einspannung abgetragen werden (XI, XIX).
  •• Kippsicherung der Binderobergurte durch eine K-förmige Verbindung zum unteren Zuggurt kann konsequent zur Fassadengestaltung herangezogen werden (XIII).
  •• Kippsicherung von FW-Bindern durch gleichhohe FW-Pfetten ist konstruktiv wie wirtschaftlich vorteilhaft und ermöglicht im Nebeneffekt die Ausbildung der Randpfette zu einem durchlaufenden Portalrahmen mit der Stütze (XVI).
  Andererseits verbaut die Konstruktion einen kaum nutzbaren Dachraum, der zum Bauvolumen zählt!
  •• Kippsicherung der Binder durch Heranziehung der Dachaufhängung wirkt formbestimmend für den gesamten Entwurf (XVII), bedarf jedoch sorgfältiger Erfassung der funktionalen Details (z.B. Randbinderanschluß).
  •• Kippsicherung kann auch erfolgen durch entsprechende Querschnittsgestaltung der Binder, die zusätzliche Aussteifungen unnötig macht (XIV, XVIII).

- Zur Aufnahme gebogener oder schräger Träger (XV) eignen sich am vorteilhaftesten Tragsysteme mit fußeingespannten Stützen, da von außen einwirkende H-Kräfte unmittelbar von diesen aufgenommen werden und keine Druck- und Biegebeanspruchungen in den Bindern hervorrufen.

Objektbeispiel XI

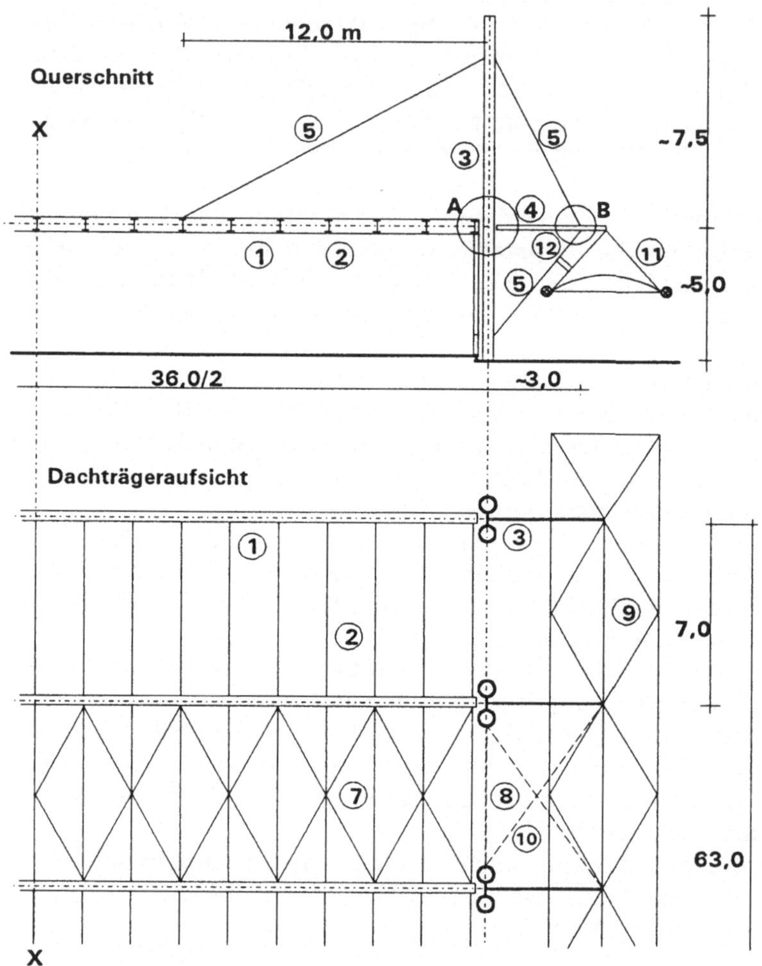

Bild XI.1 Tragwerk für einen Supermarkt in Canterbury, UK, 1984
Querschnitt und Dachträgeraufsicht in Ausschnitten

1. Stahlbinder, Walzprofil 350 mm, als Durchlaufträger, a = 7,0 m (h = L/33)
2. Stahlnebenträger, e = 1,75 m, zwischen den Bindern eingehängt
3. Stahlrohrdoppelpylon Ø 245 mm, gelenkig gelagert
4. Stahlrohrspreizstab
5. Hängedoppelstangen Ø 60 mm mit Spannschlössern
6. Gelenkbolzen Ø 75 mm
7. Aussteifungsverbände in jedem 4. Feld, Stahlstangen
8. Zugehörige vertikale Auskreuzungen, Stahlstangen

9. Stahlstange zur Kippsicherung der Spreizstabenden in Längsrichtung
10. Waagrechte Auskreuzung in zwei Außenwandfeldern zur Sicherung der Position 9
11. An den Spreizstäben aufgehängtes Vordach
12. Stahlbügel zur Schwingungsstabilisierung des Vordachs an vorgespannte Zugstangen Pos. 5 angeklemmt

Die 36 m langen Binder sind in den Drittelspunkten an den Pylonen zwischenaufgehängt und wirken als 3-Feldträger. Die Pylonen werden gelenkig gelagert und momentenfrei gehalten durch die abgespannten Spreizstäbe Pos. 4.
Das System ist in Querrichtung stabil. Zur Aufnahme des Windes auf die Giebel sind Windverbände Pos. 7 und vertikale Auskreuzungen vor den Außenwänden Pos. 8 erforderlich.

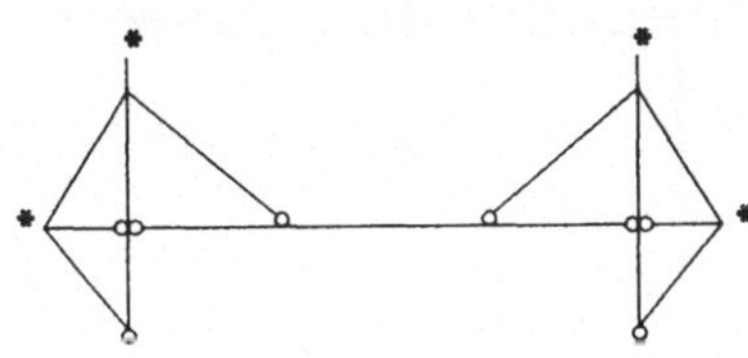

Bild XI.2 Statisches System

Die mit * markierten Endpunkte der Druckstäbe sind gegen Kippen in Längsrichtung zu stabilisieren.
Bei den Pylonen erübrigt sich dies durch die mit Blechen ausgesteifte Doppelrohrlösung.
Die Sicherung der Spreizstabendpunkte erfolgt durch Stahlstangen Pos. 9 und 2 waagrechte Auskreuzungen zwischen den Pylonen Pos. 10 (Bild XI.3).

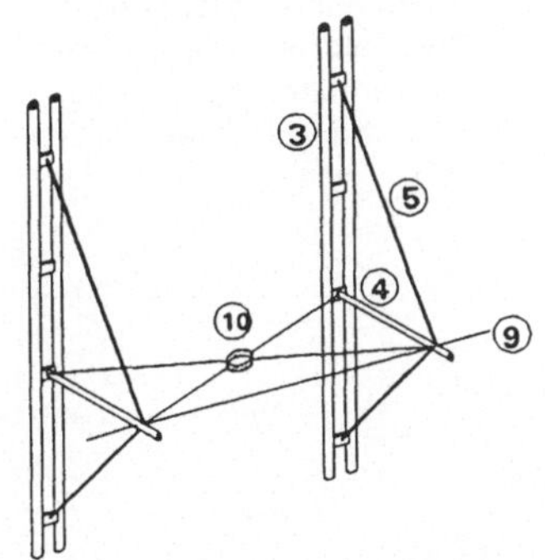

Bild XI.3 Pylonen- und Spreizstabstabilisierung in Längsrichtung

Die Kippsicherung des Spreizstabes am Giebel erfolgt über die Aufhängung des überkragenden Vordaches (Bild XI.4).

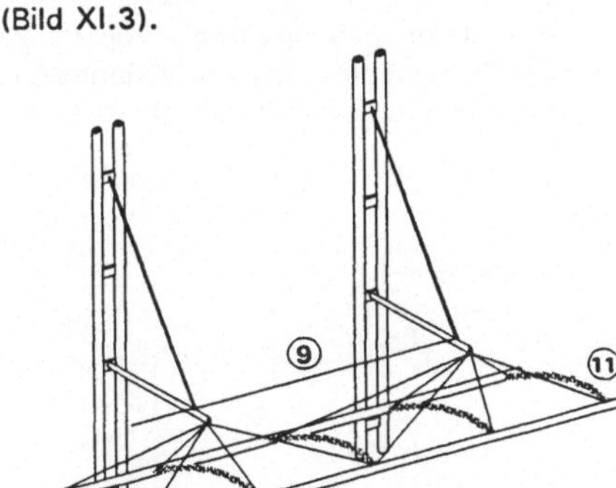

Bild XI.4 Stabilisierung des Endspreizstabes durch Vordachaufhängung

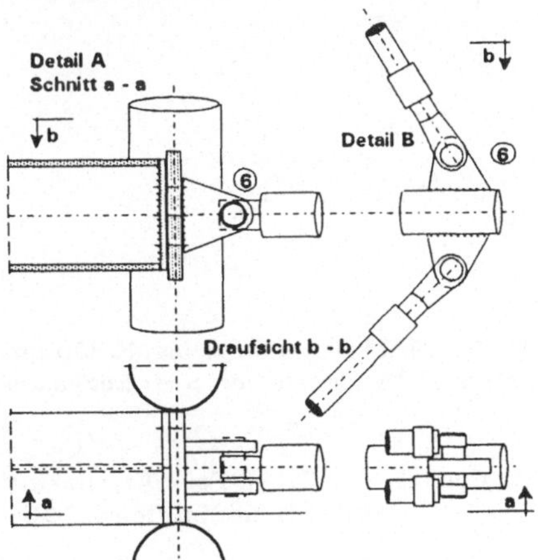

Bild XI.5 Detail A und B Gelenkanschlüsse

Lit.: Colin Davies, "High-Tech-Architektur" Verlag Hatje, Stuttgart, 1988.

Objektbeispiel XII

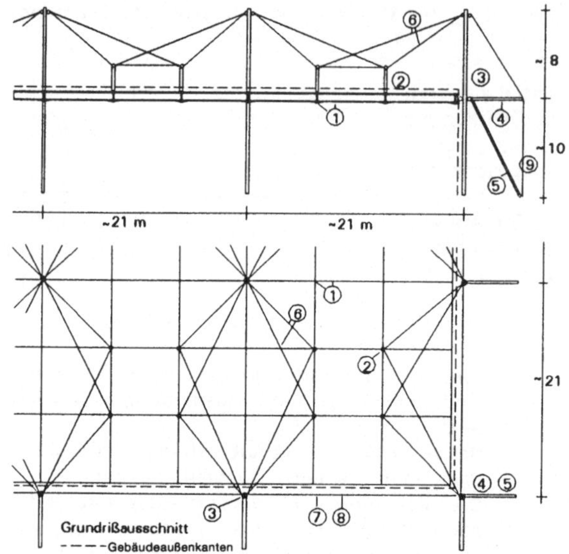

1. Dachdeckenträgerrost ~ IPE 240
2. Aufhängestäbe für Gebläse auf dem Dach
3. Außenstützen ~ Ø 290
4. Spreizstab ~ Ø 200
5. Schrägstütze ~ Ø 200
6. Stahlstangen der Dachabhängung
7. Außenliegende Längsversteifung ~ IPE 240
8. Abspannstahlstangen zur Stabilisierung der Stützen
9. Zugverankerung ~ Ø 40, justierbar mit Spannschlössern

Bild XII.1: Produktionsgebäude und europ.Auslieferungszentrum der Fa.Cummins, USA, in Quimper, F, 1981
Schnitt und Grundrißausschnitt einer Gebäudeecke

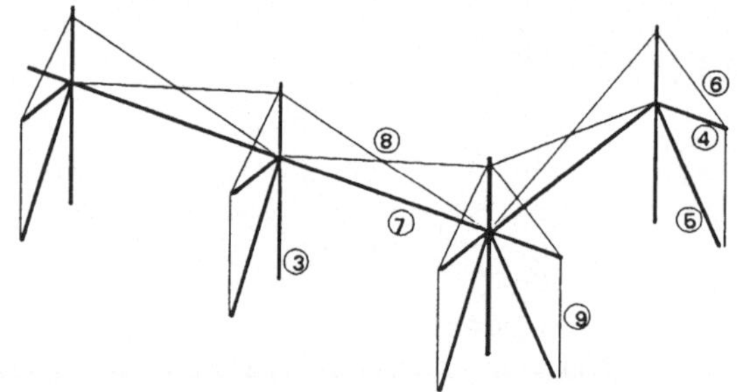

Das Tragsystem in Längs- und Querscnitt entspricht dem in Bild 4.4.17c.

Bild XII.2: Isometrie der Stabilisierungskonstruktion für die außenliegenden Stützen. Dargestellt ist eine Bauwerksecke.

Die überdeckte Fläche beträgt 8750 qm und ist im Modul 21/21 erweiterbar bis 40000 qm. Die Geweichtsersparnis der Stahlkonstruktion beträgt ca. 17% gegenüber einer konventionellen Konstruktion vergleichbarer Spannweite.

Lit.: Colin Davies, "High-Tech-Architektur"
Verlag Hatje, Stuttgart, 1988.

Objektbeispiel XIII

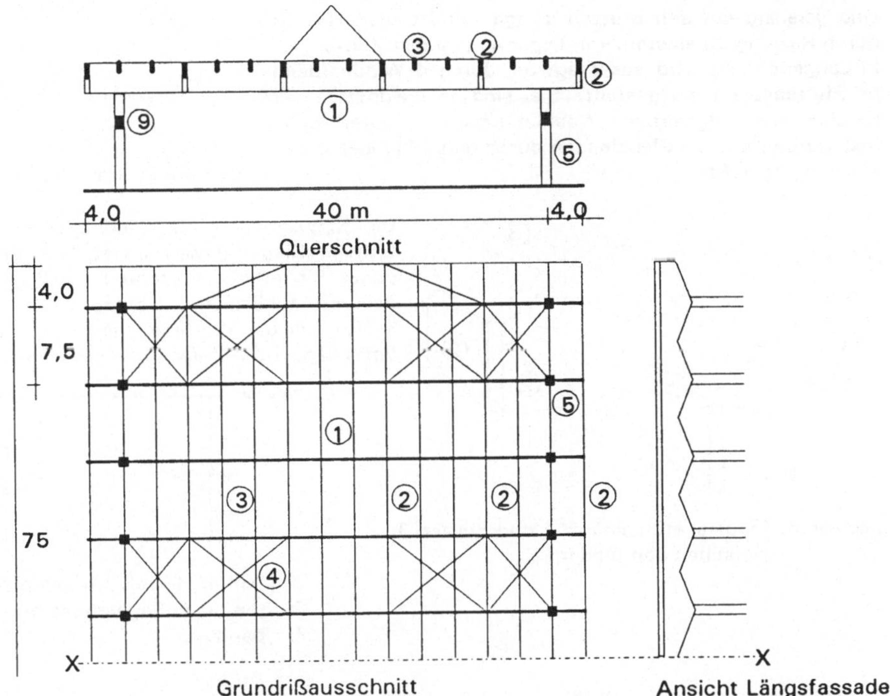

Bild XIII.1 Tragwerk für die Eislaufhalle in Bad Reichenhall, 1973.
Querschnitt, Dachträgeraufsicht und Ansicht Längsfassade in Ausschnitten

1. BSH-Kastenbinder aus Rahmenhölzern 20/20 und beidseitigen Kämpfstegen 6,5 cm b/h = 33/2,87 (h ~ L/14)
2. Kippaussteifung in K-Form als Hohlkasten aus Rahmenhölzern und beidseitigen Kämpfstegen
3. BSH-Pfetten b/d = 12/46 zwischen die Binder an Balkenschuhen eingehängt
4. Windverband aus Rundstahl in Pfettenebene
5. Stahlbetonstütze b/d = 50/60, fußeingespannt
6. Binderauflager: U-förmiger Stahlschuh am Binder, Neopren-Puffer, auf Stütze verankerte Stahlplatte
7. Kämpfsteg: Verleimtes Brettschichtholz mit beidseitigem Deckfurnier
8. BSH-Rahmenhölzer 20/20 des Binders
9. Stahlbetonlängsriegel

In der Querschnittsebene entspricht das Tragsystem Bild XII.2. Sämtliche Stahlbetonstützen werden im Fundament zweiachsig eingespannt (Reihenstabilisierung). Die Binder sind gelenkig auf den Stützen gelagert und tragen H-Kräfte durch Reibung im elastomeren Lager ab (vgl.Bild XIII.4).
In Längsrichtung wird das Tragwerk durch 4 Windverbände in Pfettenebene ausgesteift. Sie sind in Feldmitte - im Bereich des aufgesetzten Oberlichtbandes - unterbrochen und werden an den Giebelenden durch einen Parabelverband zusammengefaßt.

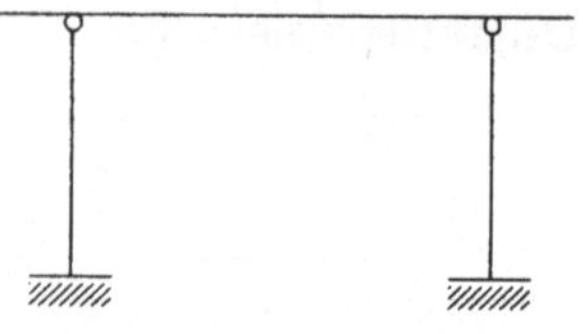

Bild XIII.2: Statisches System

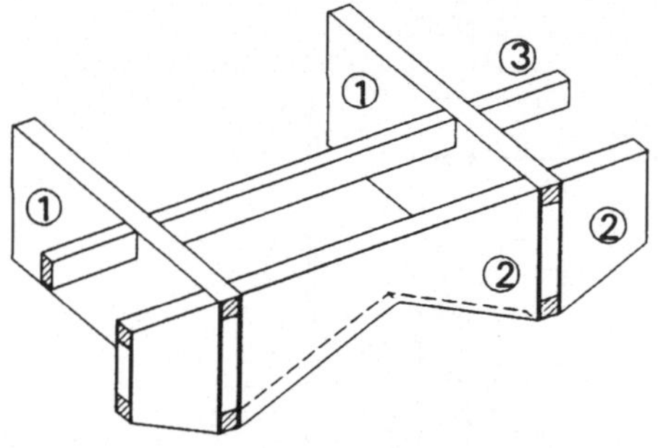

Bild XIII.3: Kippsicherungsriegel 2 und Pfetten 3 zwischen den Bindern 1

Die Kippsicherung der Binder ist durch K-förmige Riegel gewährleistet, die über die ganze Binderhöhe verschraubt anliegen und dadurch zusätzlich imstande sind, die H-Kräfte aus der Pfettenebene in die 2,87 m tiefer liegende Auflagerebene abzutragen.

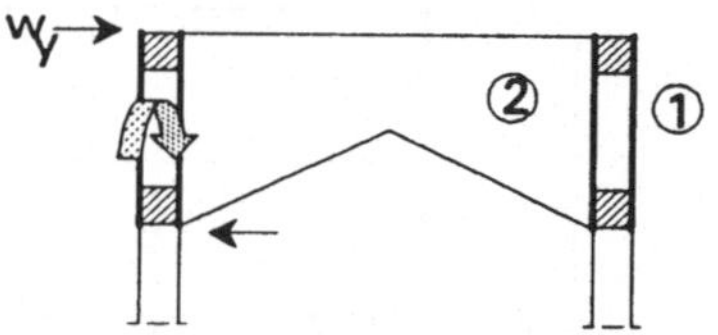

Bild XIII.4: H-Kraftabtragung aus Pfetten- in Auflagerebene durch Einspannung

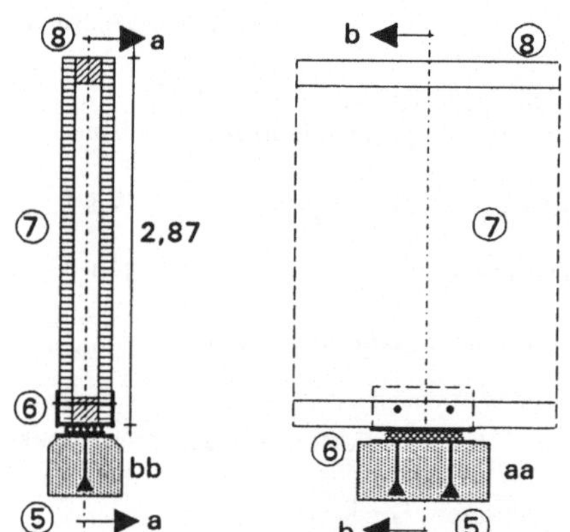

Bild XIII.5: Längs- und Querschnitt des Binders am Auflager (an diesem Punkt vorhandene innere Verstärkungen sind nicht erfaßt).

Die Hohlkastenquerschnitte bei Bindern und Kippsicherungsriegeln erlauben an Trägerstellen mit Größtbeanspruchungen eine problemlose innenliegende Verstärkung, die die Gestaltung der Träger nicht sichtbar beeinflußt. Dieser Vorteil erstreckt sich auch auf eine baustellenfähige Herstellung der Binder aus kürzeren Bauteilen, was bei Gesamtlängen >35 m wegen Transportbeschränkungen von Bedeutung ist.
Die K-Form der Kippriegel wird bis zum Binderende beibehalten und gibt so dem Dach an der Längsfassade seine charakteristische Form (vgl.Bild XIII.1 Fassadenansicht).

Lit.: Holzbauatlas

Objektbeispiel XIV

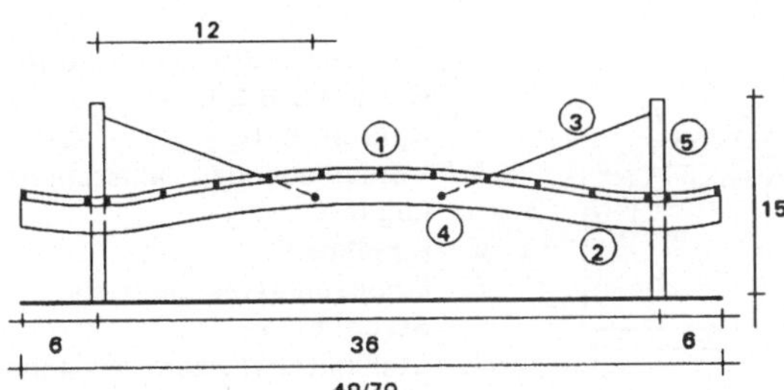

1. BSH-Pfette 16/48, e ≅ 3,40 m
2. Verwindungssteifer Hohlkasten aus BSH 2 x 12/190, unten und oben mit 3 cm Furnierplatten vernagelt. a = 12 m
3. Hängestab Ø 42 mm
4. Rohrstück Ø 159 mm
5. IPB 450 beidseitig mit 24 mm Blech verschweißt, im Fundament ca. 1,35 m eingespannt.

Bild XIV.1: Eisstadion in Ingolstadt - Querschnitt

In der Querschnittsebene entspricht das Tragsystem dem in Bild 4.4.26a. Sämtliche Pylone sind im Fundament eingespannt, auch in Längsrichtung.

Die gebogenen Hohlkastenbinder (Bild IV.2) verfügen über einen verwindungssteifen Querschnitt, der es ermöglicht, Kräfte in x- wie in y-Richtung durch Biegung aufzunehmen, sodaß keinerlei Wind- und Kippsicherungsverbände erforderlich werden.

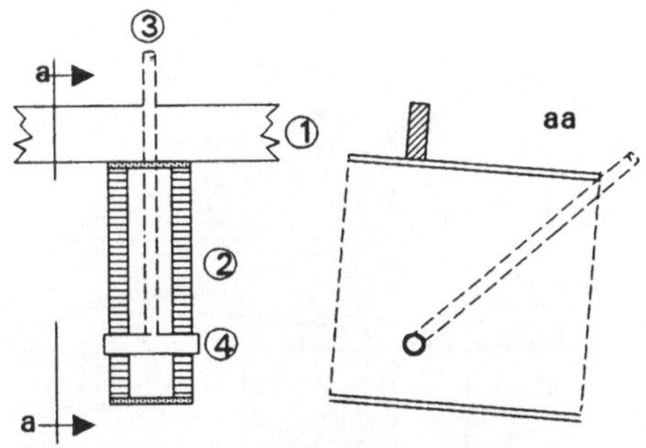

Bild XIV.2: Binderquerschnitt und Seilaufhängepunkt

Die Binderauflagerung erfolgt seitlich an den Stützen durch Stahlwinkelkonsolen an Unter- und Obergurt. Die Lagesicherung ist gewährleistet durch verschraubte Dübel.

6. Aufgeschweißte Winkelkonsolen; Lagesicherung durch Dübel Ø 80 mm mit Holzschrauben

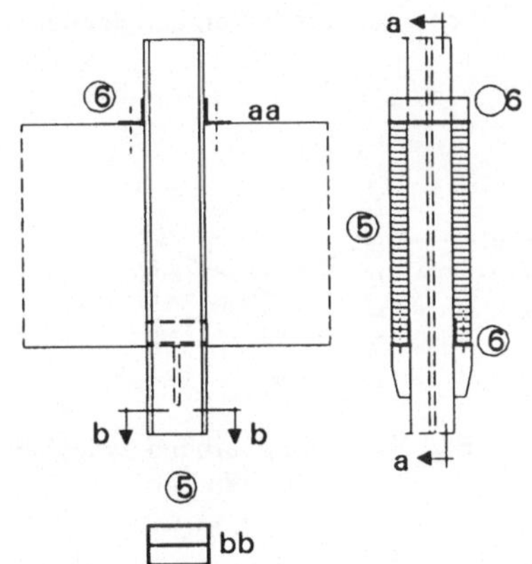

Bild XIV.3: Binderauflagerung auf Stahlstütze IPB 450

Lit.: Holzbauatlas

Objektbeispiel XV

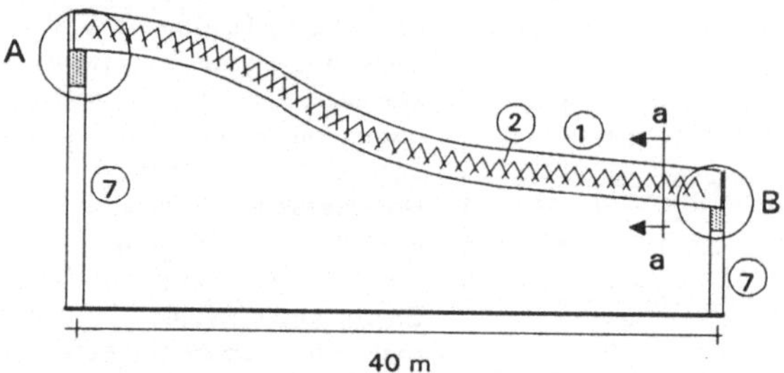

Bild XV.1: Feuerwehrhalle Regensburg, Querschnitt

1. BSH-Binder 24/2,10
   a = 3,50 m
2. Gekreuzte Stahlrohrpfetten
   Ø 88,9 x 6,3 mm
3. Sparren 6/10
4. Verschiebliches elastomeres Lager
5. Kipplager
6. Eingeschlitztes Blech mit Stabdübeln
7. Stahlbetonstützen zwischen Mauerwerkswänden

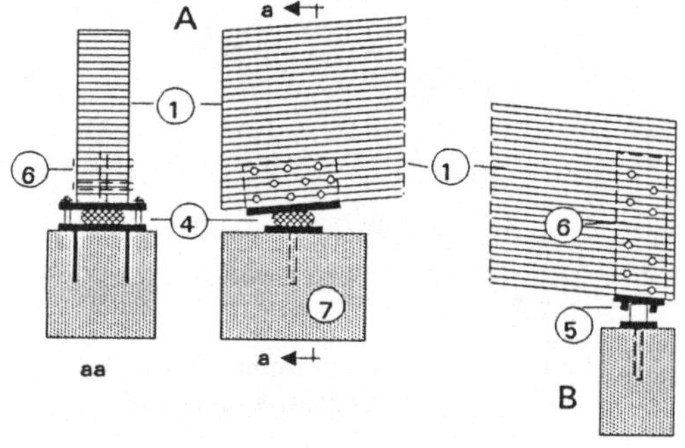

Bild XV.2: Binderauflager A verschieblich
B fest

In der Querschnittsebene entspricht das Tragsystem dem in Bild 4.4.28a. Die Stahlbetonstützen sind fußeingespannt und liegen in Längsrichtung zwischen aussteifenden Mauerwerksscheiben. Die Binder lagern auf den Stützen mit je einem verschieblichen und festen Auflager (Bild XV.2).
Die Ankerplatten des verschieblichen Lagers haben Langlöcher

Den Wind auf die Giebelwänd sowie die Kippaussteifung der Binder übernehmen im Aufriß und Grundriß gekreuzte Stahlrohrpfetten (Bild XV.3), die gleichzeitig zur Auflagerung der Dachsparren dienen.

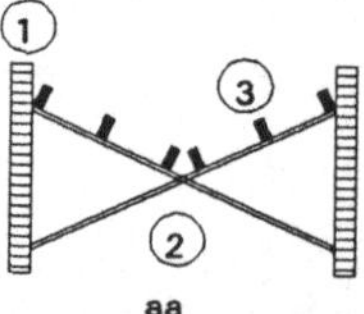

Bild XV.3: Kippverband zwischen den Bindern

Die Binderform folgt der geforderten Nutzungsfunktion als Übungshalle für Löschübungen mit Leiterfahrzeugen.

Lit.: Holzbauatlas

Objektbeispiel XVI

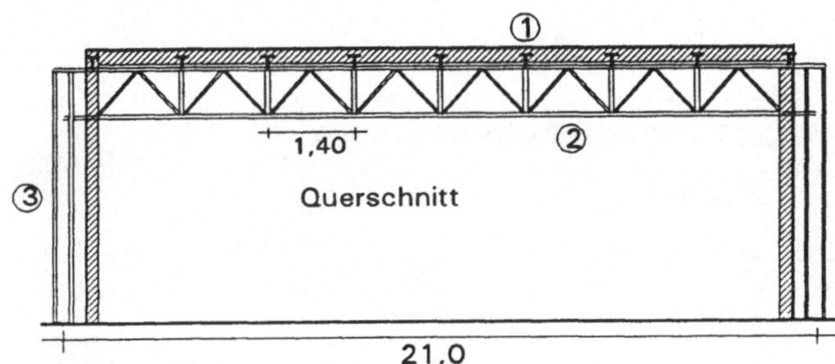

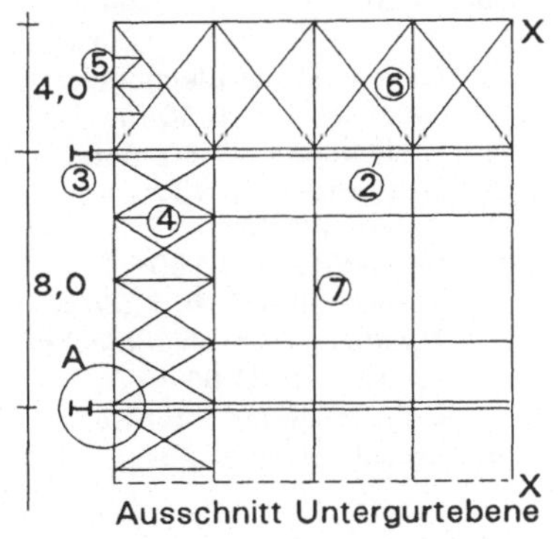

1. T 20 Pfettenobergurt
2. FW-Riegel h =1,10 m
3. Außenstütze IPB 400
4. Längswindverband in Untergurtebene
5. Zusätzliche Queraussteifung der Randpfette
6. Giebelwindverband
7. FW-Pfetten, Durchlaufträger h =1,20 m

Das Tragsystem im Querschnitt ist ein Zweigelenkrahmen mit Fachwerkriegel und frei vor dem Gebäude stehenden Vollwandstützen.
Der Rahmen entspricht dem Systembild 4.439b.

Bild XVI.1: Uni-Mensa Freiburg.

Ober- und Untergurt IPB 200 des Fachwerkriegels werden gemäß Bild XVI.2 mit der vollwandigen biegesteifen Stützenecke als Zug-, Druckkräftepaar verschraubt.
Die Riegelobergurte sind durch die V-förmig am Untergurt der Fachwerkpfetten ansetzenden Diagonalen kippgesichert (vgl.Bild XVI.3, Schnitt aa).
Die Randpfette ist wie der Riegel an der Stützenecke biegesteif angeschlossen (Schnitt aa) und wirkt in Längsrichtung als durchlaufender Portalrahmen zur Ableitung des Giebelwindes in die Stützenfundamente.

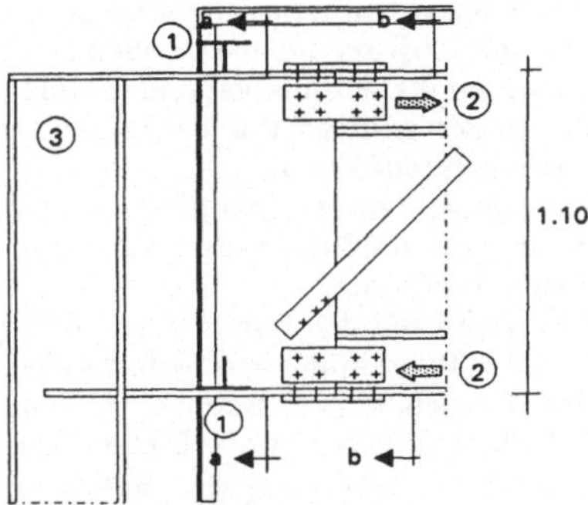

Bild XVI.2: Detail A: biegesteife Ecke

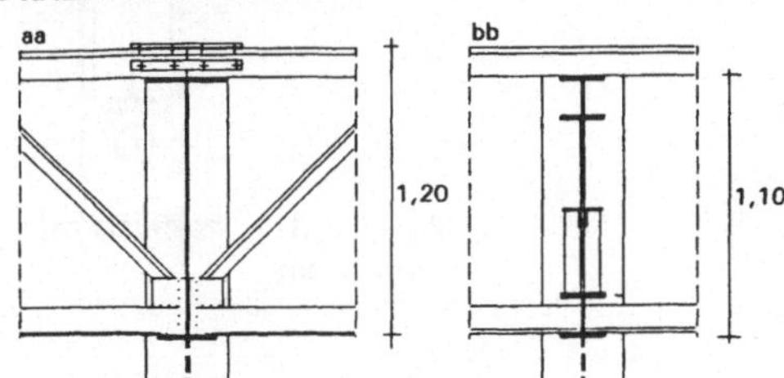

Bild XVI.3: Riegelschnitte aa, bb

Die geringe Seitensteifigkeit der Randpfette macht die Längswindverbände 4 zwischen den Rahmenriegeln erforderlich, sowie die Zwischenaussteifung 5 im Bereich der Auskragung. Der Querverband 6 überträgt den Giebelwind auf die Randpfetten.

Lit.: DETAIL-Konstruktionstafel RM 1

Objektbeispiel XVII

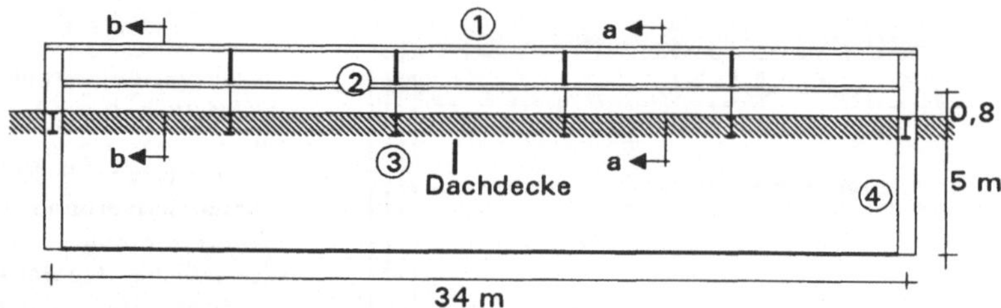

Bild XVII.1: Mensa Freiburg, Längsschnitt außenliegender Dachbinder

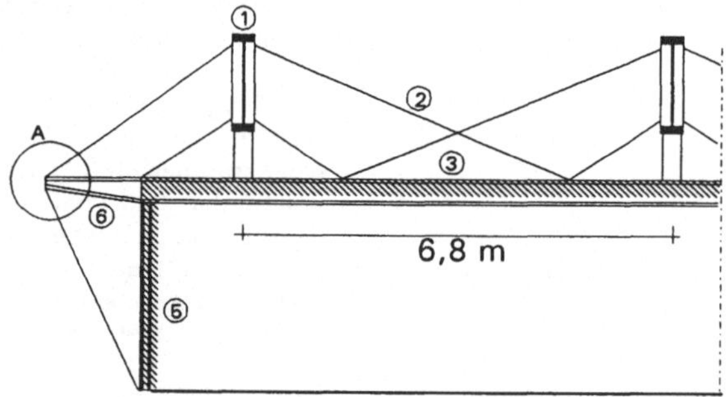

1. Geschweißter Blechbinder, 30/135; a = 6,80 m
2. Stahlstangen Ø 60 mm
3. Dachträger IPE 400
4. Stütze IPB 300
5. Randstütze IPB 160
6. Spreizstab (IPE 400 konisch)
7. Zweiteilige Anschlußbleche
8. In Stahlrohr Ø 60 eingeschlitztes Flachblech
9. Gelenkbolzen Ø 25

Bild XVII.2: Schnitt aa: Dachaufhängung und Randträgerabspannung

Das Tragsystem ist ein außenliegender Zweigelenkrahmen gemäß Bild 4.4.32.
Die ca. 0,55 m dicke Dachdecke besteht aus einem Stahl- Holzträgerrost, der nach Bild XVII.2 an die darüber liegenden Rahmenriegel angehängt und in sich ausgesteift ist.
Die Decke wird an Wandscheiben des Bauwerkes angeschlossen und belastet das Tragsystem nicht auf Wind.
Die obere Schrägaufhängung dient gleichzeitig der Kippsicherung der Binderobergurte. Der Randbinder muß gesondert abgespannt werden, was hier gestalterisch durch die Spreizstablösung 6 erfolgte.
Das freie Ende des Spreizstabes IPE 400 ist durch seinen Querschnitt in der Längsrichtung stabil und bedarf keiner zusätzlichen Seilverspannung.
Das Riegelauflager, Schnitt bb, Bild XVII.3 ist durch die hochgezogene Gabellagerung der Stütze 5 ebenfalls in Längsrichtung kippgesichert.
Sämtliche Aufhängungspunkte sind gelöst wie Bild XVII.4.

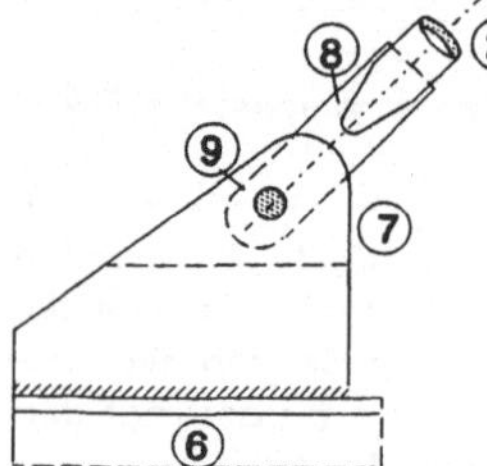

Bild XVII.4: Detail A

Bild XVII.3: Schnitt bb

Lit.: DETAIL Konstruktionstafel SSh 1

Objektbeispiel XVIII

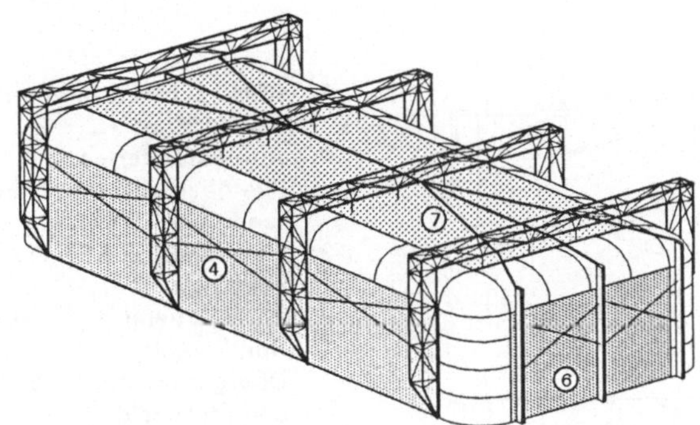

Bild XVIII.1: Betriebssporthalle Winchester, Uk, Isometrie

Das System ist ein Zweigelenkrahmen mit außenliegendem Stahlrohrfachwerk in Dreiecksquerschnitt. Die Stabilisierung in Längsrichtung erfolgt durch angeschraubte Wandscheiben 2 und außenliegende Auskreuzungen 4. Kippung der Riegelobergurte wird durch gespreiztes Doppelrohr verhindert. Eine Kippgefährdung des einteiligen Stielgurtes wird durch Verschraubung mit Wandscheibe 2 vermieden.

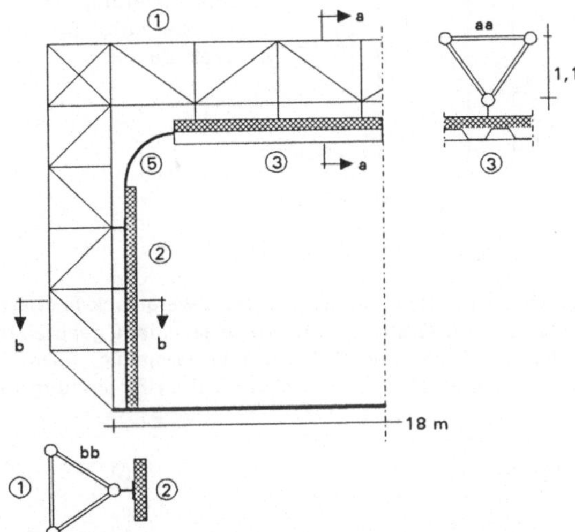

Bild XVIII.2: Hallenquerschnitt

1. Stahlrohrfachwerk mit Dreiecksquerschnitt, a = 5,25 m
2. Stahl-Sandwichpaneele mit Hartschaumkerndämmung
3. Trapezblech, wärmegedämmt, an Binder angehängt
4. Längswandauskreuzung
5. Durchlaufende Lichtkuppeln
6. Austauschbare Giebelwand
7. Zuggestänge zum Halten der Pos.6 gegenüber Horizontalkräften.

Die Giebelwände sind tragende und in sich ausgesteifte Elemente. Gegen Horizontalkräfte werden sie von den Randbindern und dem Zuggestänge 7 gehalten.
Bei Hallenerweiterungen sind sie problemlos versetzbar.

Die nicht erforderliche kraftschlüssige Verbindung zwischen Decke und Wänden ermöglicht die umlaufenden Kunststoffschalen 5 an Traufen und Wandecken zur Belichtung und Strukturierung der Halle.

Lit. Colin Davies, "High-Tech Architektur", Verlag Hatje, Stuttgart 1988

Objektbeispiel XIX

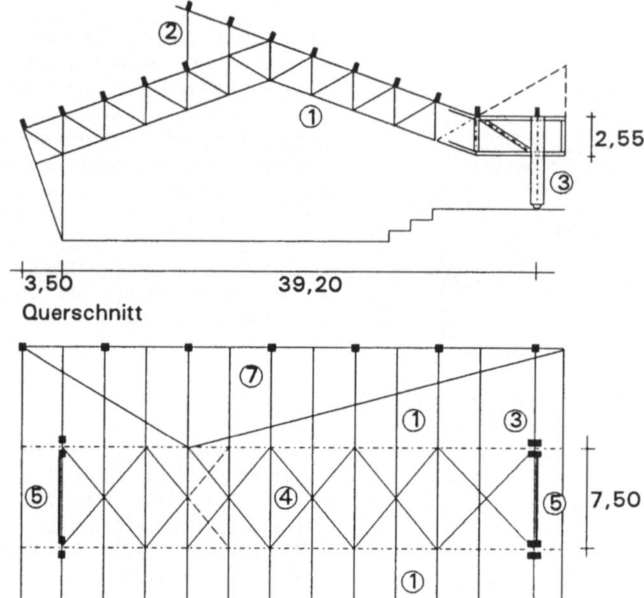

Grundrißausschnitt am Giebel

1. BSH-Fachwerkrahmen a = 7,50 m
2. Aufgeständertes Firstoberlicht durchlaufend über 10 Felder
3. Vollwandige BSH-Doppelstütze
4. Windverband aus Rund-stahl in Obergurtebene, End- und Mittelfeld
5. Längsauskreuzung der Außenwände mit Stahlrohren, Lage wie Pos.4
6. Kippsicherung der Binderobergurte, Stahlrohr
7. Walmdach

Bild XIX.1: Eislaufhalle Bad Liebenzell

Das System ist in der Tragebene des Querschnittes ein geknickter Zweigelenk-Fachwerkrahmen in Brettschichtholz mit aufgeständertem Firstoberlicht sowie je einem gespreizten und vollwandigen Stiel als biegesteife Ecken. Gurte und Stützen sind zweiteilig, Füllstäbe einteilig. Das Dach ist in beiden Endfeldern abgewalmt, zur gestalterischen Einbindung des Bauwerkes in die Schwarzwaldlage.

Aussteifung in Längsrichtung durch Windverbände in 3 Feldern mit zugeordneten Auskreuzungen in den Außenwänden.

Kippsicherung der Riegelobergurte durch V-förmig an jedem vertikalen Füllstab angesetzte Stahlrohre, die den Druck- mit dem Zuggurt verankern.

Die Pfetten müssen hierfür mit dem Riegelobergurt ebenso zug- und druckfest verbunden sein (z.B. durch Nagelbleche).

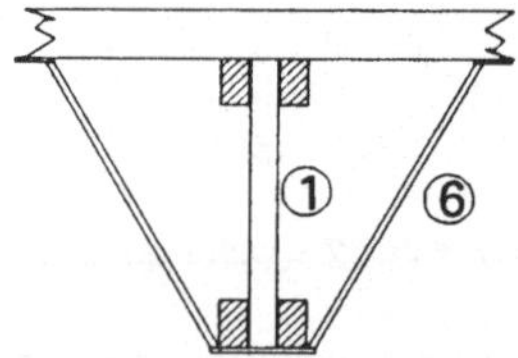

Bild XIX.2: Kippsicherung der Riegelobergurte

Lit.: "Beispiele moderner Holzarchitektur", Holzwirtschaftlicher Verlag der Arge Holz e.V., Düsseldorf 1990.

4.5 Eingeschoßige mehrschiffige Hallen

Solche Konstruktionen entstehen, wenn große übedachte Nutzungsflächen durch Innenstützen in ihrem Verkehrsfluß nicht eingeschränkt werden. Die Gesamtkonstruktion wird stets kostengünstiger als die analoger einschiffiger Hallen: nach Polonyi[12] wird bei gleicher Hallengrundrißfläche und Nutzhöhe beispielsweise eine 3 x 12 m überspannende Konstruktion ca. 10% billiger als eine zweischiffige Halle mit 2 x 18 m und ca. 20% billiger als die einschiffige mit 1 x 36 m Stützweite.
Dies hat verschiedene Gründe:

- die erforderliche Binderhöhe reduziert sich mit der geringer werdenden Stützweite
- die abzutragenden Lasten und Kräfte verteilen sich auf mehr Stützglieder, wodurch die Gesamtquerschnitte einschließlich der Fundamente kleiner werden
- infolge der geringeren Binderhöhe werden die Außenwandflächenanteile an der Traufe und am Giebel zwischen Binderunter- und obergurt kleiner. Da die Außenwände die größten Kosten an der Gesamtkonstruktionen aufweisen, sind hier Einsparungen am wesentlichsten.

Ein weiterer Grund für die Anordnung mehrschiffiger Hallen liegt in der Tatsache, daß diese mit ihrer Nutzfläche sich einem Quadrat eher nähern, als eine einschiffige Halle. Das Quadrat aber hat den kleinsten Umfang aller flächengleichen Rechtecke und damit den geringsten Anteil an Umfassungswänden.

Planerische Probleme, die auf das Tragwerk zurückwirken, liegen bei breiten Hallen in der

- Hauptträgergestaltung
- Verfügbarkeit ausreichender Innenraumbelichtung
- Abführung des Niederschlagwassers bei flachen Dächern.

Mehrschiffige Tragwerke ermöglichen hierbei vielfältige Lösungsansätze. Zur Verfügung stehen drei Haupttragsysteme, die sich konzeptionell nicht von den analogen Systemen der einschiffigen Hallen unterscheiden: Durchlauf- bzw. Gelenkträger jeweils auf ausgesteiften Pendelstützen oder Stützen mit Fußeinspannung, Rahmen.

---

[12] Stefan Polonyi/Heinrich Stein, Hallen, Rudolf Müller, Köln 1986.

Durchlaufträger auf Pendelstützen. Das Problem der Stabilisierung in Quer- und Längsrichtung ist analog den Erläuterungen in Kap. 4.4.1 zu lösen. Die dort beschriebenen Vorteile der technischen Unkompliziertheit von Tragelementen, Transport und Montage bleiben, bis auf den Durchlaufträger selbst, ebenso erhalten, wie der Nachteil, Standsicherheit erst nach Herstellung des gesamten Tragwerkes zu erzielen. Bei Fertigteilkonstruktionen ist die unter Umständen notwendige biegesteife Verbindung der Trägerteile ein Punkt, der konstruktive Hinwendung verlangt, ebenso wie die im Träger entstehenden Nebenspannungen bei unterschiedlichen Fundamentsetzungen. Temperaturdehnungen dagegen können vom System ohne Zwänge verarbeitet werden.

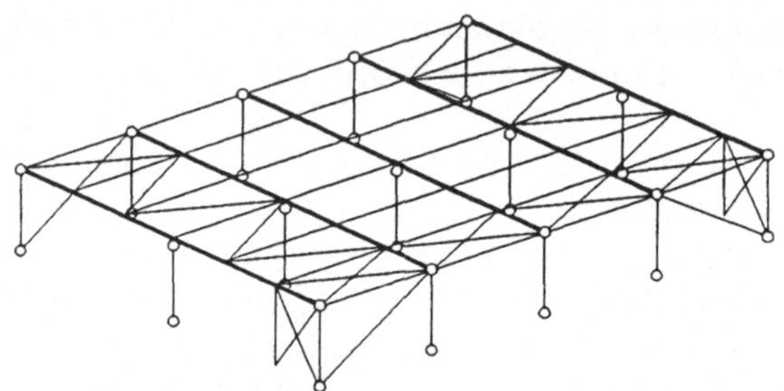

Bild 4.5.1: Durchlaufträger auf Pendelstützen mit Aussteifungsverbänden in 2 Richtungen

Durchlaufträger auf fußeingespannten Stützen. Analog zu den Lösungen in Kapitel 4.4.2 sind Einzel- bzw. Reihenstabilisierung in beiden Richtungen möglich. Die Vorteile der Einzelstabilisierung vermehren sich hierbei noch durch die größere Stützenzahl und die Verringerung der auf sie entfallenden Kraftanteile aus Wind und Binderkippung. Das Tragwerk ist steifer als das auf Pendelstützen, damit anfälliger gegenüber Zwängen aus unterschiedlichen Fundamentsetzungen, Temperaturverformungen, Stoßbelastungen und erfordert deren statische und konstruktive Berücksichtigung. Einzelstabilisierte Tragwerke sind typisch bei der Verwendung von Stahlbeton- oder Stahlstützen und für die Aufnahme geknickter bzw. gekrümmter Hauptträger, da horizontale Kräfte unmittelbar von den Stützen abgetragen werden und nicht in die Träger gelangen (vgl. z.B. Bild 4.1.6).

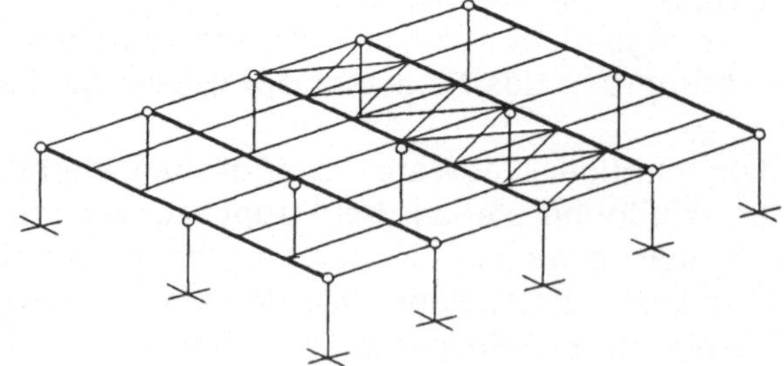

Bild 4.5.2: Durchlaufträger auf einzelstabilisierten Stützen; nur Giebelwind- und Kippsicherungsverband erforderlich

Gelenkträger auf Pendelstützen. Jeder Systemteil beidseits des Einhängeträgers ist in Quer- und Längsrichtung für sich zu stabilisieren, entsprechend Kapitel 4.4.1. Dieser Einhängeträgerbereich bleibt wegen der gelenkigen Anschlüsse aussteifungsfrei. Dadurch werden an den Innenstützen in Längsrichtung Auskreuzungsfelder erforderlich. Sofern dies aus nutzungstechnischen Gründen nicht möglich ist, müssen entweder Portalrahmen oder fußeingespannte Stützen angeordnet werden. Mit der gelenkigen Ausführung der Träger entfallen die Konstruktions- und Zwängungsprobleme des Durchlaufträgers. Der statisch-konstruktive Aufwand ist bei dieser Tragwerksform ein Minimum, der Stabilisierungsanteil ein Maximum.

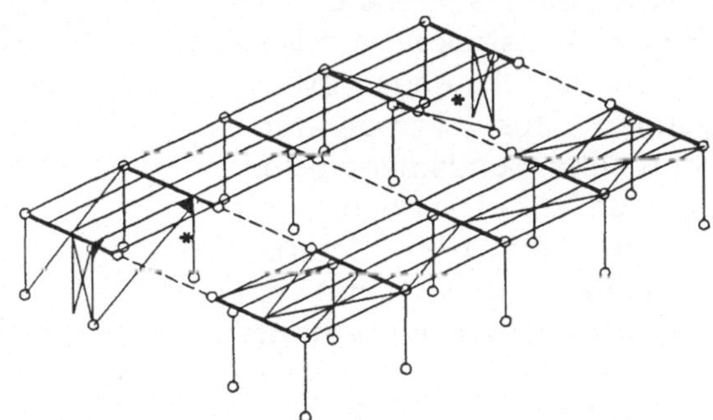

Bild 4.5.3: Gelenkträger auf Pendelstützen; jedes Seitenschiff ist für sich zu stabilisieren. (dargestellt sind rechts die waagrechten, links die vertikalen Aussteifungen). *sofern keine Auskreuzung möglich, Portalrahmen oder Fußeinspannung erforderlich.

Gelenkträger auf fußeingespannten Stützen. Bei Reihenstabilisierung (in jeder Achse nur eine fußeingespannte Stütze) bleibt die Notwendigkeit der Standsicherung in Quer- und Längsrichtung wie vor unverändert erhalten; es entfallen prinzipiell nur die Auskreuzungen in den Außenwänden. Die wenigen fußeingespannten Stützen sind durch die Horizontalkräfte hoch belastet. Bei Einzelstabilisierung werden sämtliche Standsicherungsmaßnahmen entbehrlich bis auf den unter Umständen erforderlichen Kippverband für die Binderobergurte. Hinsichtlich der Hallenüberdeckung mit gekrümmten bzw. geknickten Hauptträgern gilt das vorher gesagte; die gelenkige Ausführung läßt gegenüber dem Durchlaufträger noch mehr Möglichkeiten offen. Die Einhängeträger sind in beiden Fällen selbständige, frei gestaltbare Tragelemente.

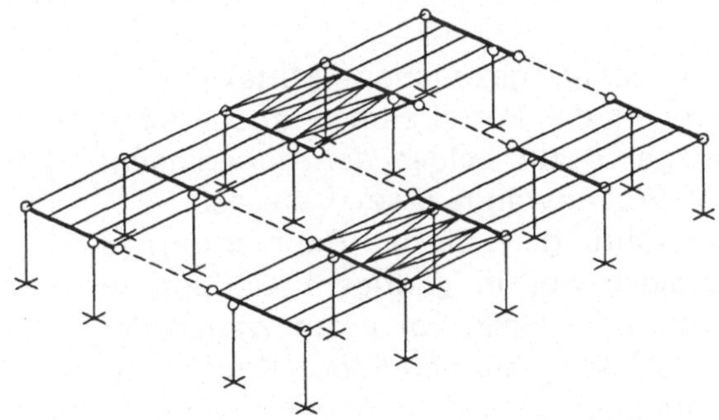

Bild 4.5.4: Gelenkträger auf einzelstabilisierten Stützen; nur ein Aussteifungsverband erforderlich.

Rahmenketten in der Haupttragrichtung sind mehrfach statisch unbestimmt gelagert und außerordentlich biegesteif. Zur Aussteifung in Längsrichtung bedarf es eines Aussteifungsverbandes mit Lastabtragung in die Außenwände durch Portalrahmen oder Auskreuzung. Die große Biegesteifigkeit macht das Tragwerk in den Knoten konstruktiv aufwendig und anfällig gegen Zwängungen aus Temperatur-, Stoß- und Fundamentverformungen, führt jedoch auch zu gleichmäßiger Materialauslastung und damit zu wirtschaftlichen Querschnitten.

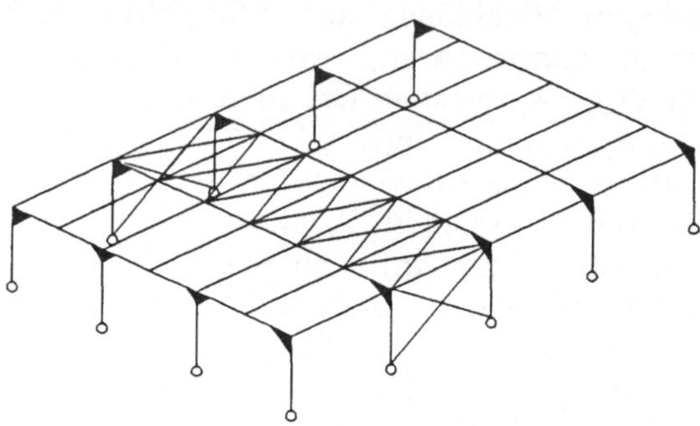

Bild 4.5.5: Rahmenkette mit Aussteifungsverband für Giebelwind und Binderkippsicherung.

Eine Reduktion der Biegesteifigkeit und Vereinfachung der Konstruktion bringen *Teilrahmenketten*, die hinsichtlich der Stabilisierung in Querrichtung gleichwertig sind, in Längsrichtung jedoch Portalrahmen oder Auskreuzungsfelder an den Innenstützen neben den gelenkigen Anschlüssen benötigen.

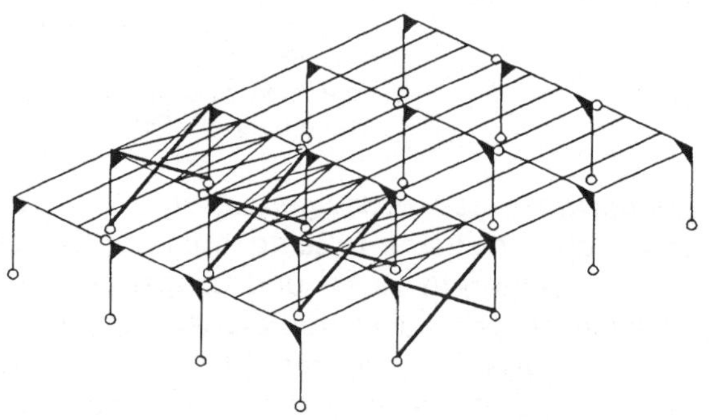

Bild 4.5.6a: Gelenkrahmenkette mit Auskreuzungsfeldern bzw. Portalrahmen auch an den Innenstützen

Bei höher gezogenen Mittelschiffen können die Portalrahmen auch durch ausgekreuzte Felder der höherliegenden Außenwände ersetzt werden. Ausführungen dieser Rahmenformen erfolgen nur in geringem Umfang in Stahl oder Holz, vor allem wegen der konstruktiv aufwendigen Knotenverbindungen.

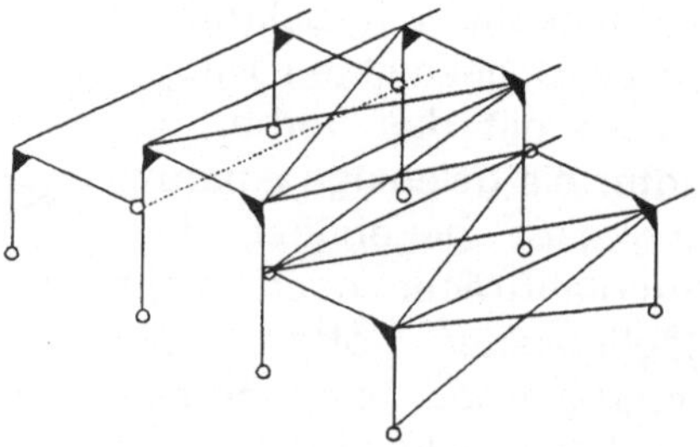

Bild 4.5.6b: Bei erhöhten Mittelschiffen anstelle der Portalrahmen Auskreuzungen der Außenwände.

4.6 Mehrgeschoßige Skelette

4.6.1 Allgemeines

Mehrgeschoßige Skelettbauwerke beeinflussen das Tragwerkskonzept und damit vielfach auch Grundrißplanung und Bauwerksform in vielfältiger Weise:

- Die vertikale Belastung wird vom hohen Eigengewicht der Geschoßdecken und ihren Verkehrslasten dominiert, was die Freiheiten großer Stützenabstände weitgehend einschränkt.
- Der vertikale Erschließungsaufwand des Gebäudes mit Treppen und Aufzügen steigt mit zunehmender Geschoßzahl.
- Gleiches gilt für die technische Gebäudeausrüstung mit vertikalen und horizontalen Installationstrassen, wobei letztere Konflikte mit dem Tragwerk erzeugen.
- Der Winddruck steigt mit zunehmender Gebäudehöhe stark an, ebenso der eventuelle Einfluß von Erdbebenstößen im Boden.
- Ungewollte Ausmitten von Stützenschiefstellungen addieren sich geschoßweise.
  Die aus diesen beiden Einflüßen resultierenden Verformungen müssen beschränkt werden, was zu höheren Anstrengungen im Aussteifungssystem führt.
- mit zunehmender Bauwerkshöhe erhöhen sich auch die Anforderungen an den Brandschutz und damit an Baustoffe und Bauweisen.

Lösungsansätze, die allen vorstehenden Anforderungen genügen, zeigen sich bauart- und baustoffabhängig. Es liegt daher nahe, den Geschoßskelettbau nach Baustoffen zu katalogisieren.

Gemeinsam ist allen Konstruktionsbaustoffen ein Tragelement, das bislang zwar erwähnt, jedoch nicht näher erläutert wurde: *die Scheibe.*
Ein labiles Gelenkviereck aus Holz-, Stahl- oder Stahlbetonstäben, liegend oder stehend, wurde bislang beispielsweise stabilisiert durch Auskreuzung (Kap. 3.3.4), um Kräfte in seiner Ebene aufnehmen zu können. Möglich jedoch ist auch seine Beplankung mit flächigen Materialien.

Die verwendeten Materialien müssen in dieser Beplankungsebene mehrachsig tragfähig sein (sog. Isotropie).

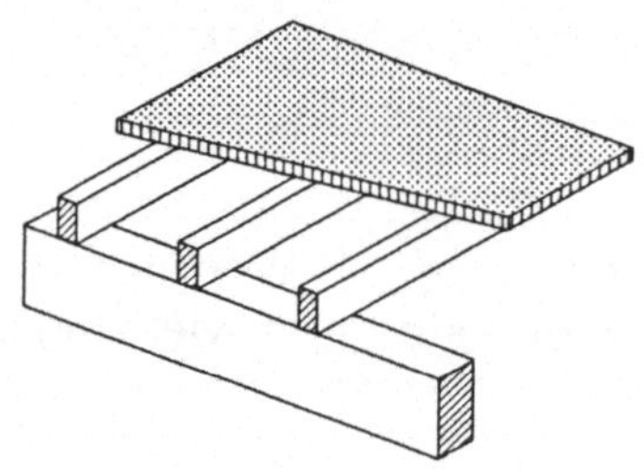

Bild 4.6.1: Einseitige Beplankung einer Holzbalkendecke mit BFU, FSP

Holz bzw. Holzwerkstoffe:
Baufurniere (BFU), Spanplatten (FSP), gegenläufig diagonale Bretter, in allen Fällen mit den Balken verschraubt, vernagelt oder geklammert.
Bei entsprechenden großen Kräften ist die Beplankung unter Umständen beidseitig aufzubringen.

Stahl
Gefaltete oder gewellte Stahlblechplatten mit den Deckenträgern verbolzt oder verschraubt und mit Beton verfüllt.

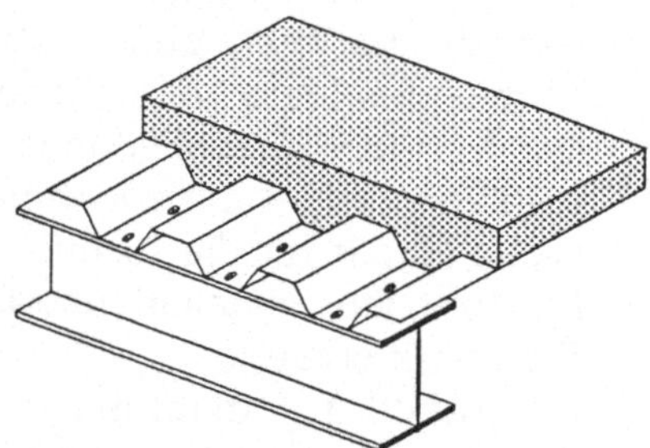

Bild 4.6.2: Trapezblechdecke mit Aufbeton

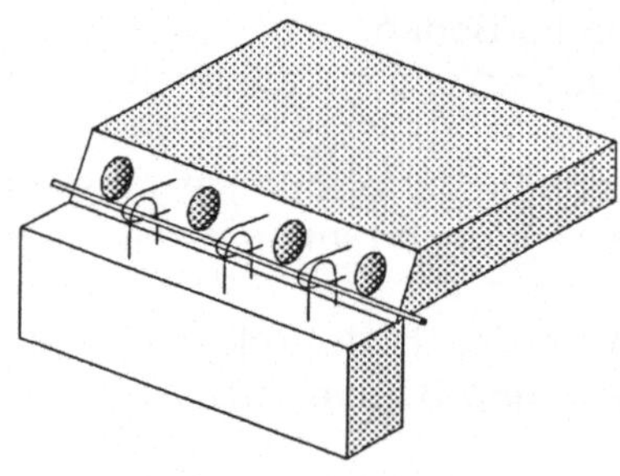

Bild 4.6.3: Fertigteil-Hohlplatte mit Ortbetonverbund zum Träger

Stahlbeton
Platten verschiedenen Querschnittes (Voll-, Hohlplatten, Rippendecken, Stegplatten) in Ortbeton hergestellt bzw. als Fertigteile eingebracht. Mit den Randunterzügen kraftschlüssig verbunden.

Bei Furnieren, Spanplatten und Stahlblech ist die mehrachsige Tragfähigkeit durch den isotropen Materialaufbau gewährleistet. Bei Verwendung von Brettern als Beplankung sind, eben wegen dieser fehlenden Fähigkeit, zwei sich kreuzende diagonale Lagen vorzusehen. Bei Stahlbeton lösen Bewehrung + Querbewehrung dieses Problem.
In Verbindung mit dem umlaufenden Stabviereck wird die Konstruktion dann zu einer in sich verschiebungsfreien Fläche (schubfestes Deckenfeld), die Kräfte in dieser Flächenebene abtragen kann. Dies gilt auch für vertikale Wandscheiben, wie sie beispielsweise durch Mauerwerk entstehen.

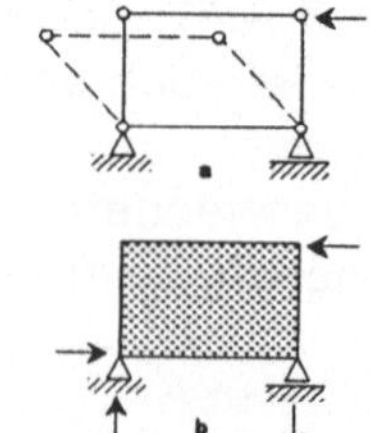

Bild 4.6.4: Scheibenwirkung
a keine; b stabil durch tragende Beplankung

4.6.2 Zweigeschoßige Holzskelette

Weitere Geschoße werden durch die Brandschutzverordnung ausgeschlossen. Die Nutzung der Decken wird beschränkt durch die Tragfähigkeit des Baustoffes, was zwangsläufig auch zu einem engmaschigen Stützenraster führt. Ausführungen des Geschoßskelettes erfolgen als Rahmenkonstruktionen oder Gelenkketten jeweils mit Aussteifungen durch vertikale Fachwerke.

Rahmenkonstruktionen bestehen in der Haupttragrichtung entweder aus gestapelten Zweigelenkrahmen oder aus mehrfach statisch unbestimmten Geschoßrahmen. Die waagrechte Verschieblichkeit der letzteren ist geringer als die der gestapelten Zweigelenkrahmen, eine Folge der größeren Biegesteifigkeit.

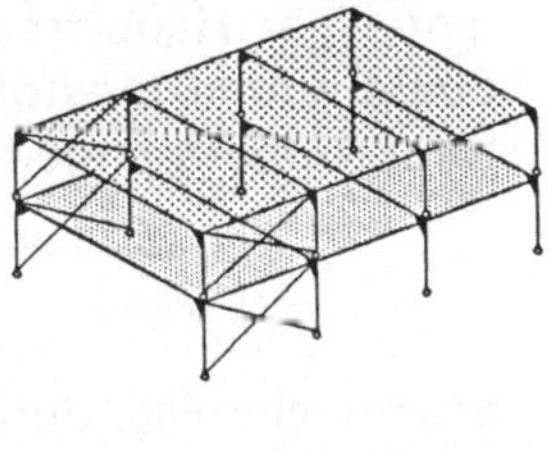

Bild 4.6.5: Gestapelter Zweigelenkrahmen

In der Bauwerkslängsrichtung werden, wie bisher, Außenwandfelder ausgekreuzt, sofern keine Wandscheiben zur Verfügung stehen. Wind auf Giebel und eine evtl. erforderliche Kippsicherung der Rahmenriegel übertragen die schubfesten Deckenfelder auf die Auskreuzungen.

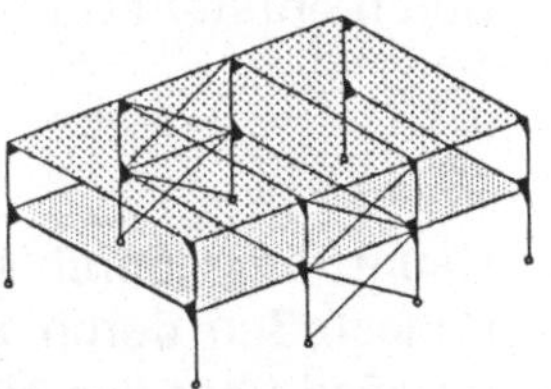

Bild 4.6.6: Geschoßrahmen

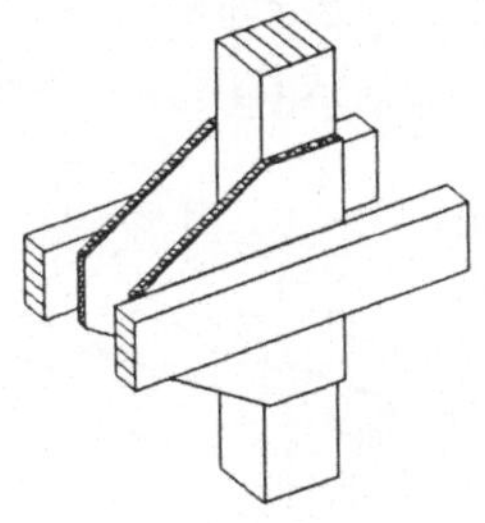

Bild 4.6.7: Rahmenecke mit Knotenplatte

Die Ausführung der biegesteifen Ecken folgt den Prinziplösungen in Bild 4.3.14, wenn es sich um Zweigelenkrahmen handelt, andernfalls beispielsweise durch aufgenagelte (aufgedübelte) Furnierplatten gemäß Bild 4.6.7.

Gelenkketten mit vertikalen Fachwerken. Hier sind, analog zu den eingeschoßigen abgespannten Systemen, auch die Giebelfelder und gegebenenfalls weitere Querfelder auszukreuzen, wenn die Schubfestigkeit der Deckenscheiben nicht genügt, um Wind auf Längswand wie mit einem Windverband von Giebel zu Giebel abzutragen.

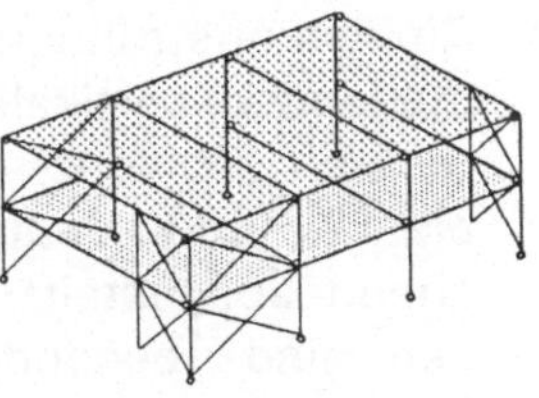

Bild 4.6.8: Gelenkketten

Hinsichtlich der Bauwerkslängsrichtung gilt das zuvor gesagte. Bei schubfesten Deckenfeldern lassen sich die in Bild 4.6.8 dargestellten vier vertikalen Aussteifungsebenen prinzipiell um eine reduzieren.

Konstruktiv unterscheiden sich die Skelettausführungen der Gelenkketten in den Kreuzungspunkten zwischen Hauptträgern und Stützen:

- Einteiliger Hauptträger durchlaufend, einteilige Stütze übergreifend gestoßen. Nebenträger sind über den Hauptträgern angeordnet.

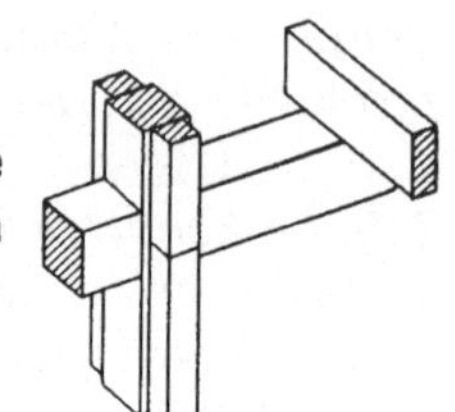

- Stütze einteilig durchlaufend, Hauptträger an Stütze stumpf gestoßen, ebenso wie die Nebenträger. Dadurch entsteht nur eine Konstruktionsebene.

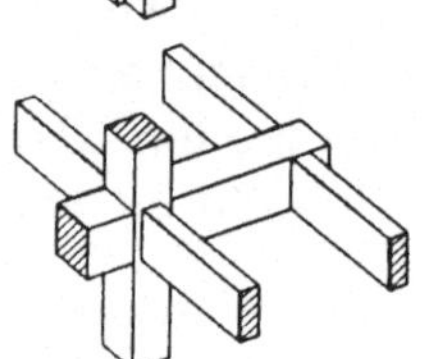

- Hauptträger durchlaufend als Zange, einteilige Stütze ungestoßen durch zwei Geschoße laufend. Nebenträger sind über den Hauptträgern angeordnet.

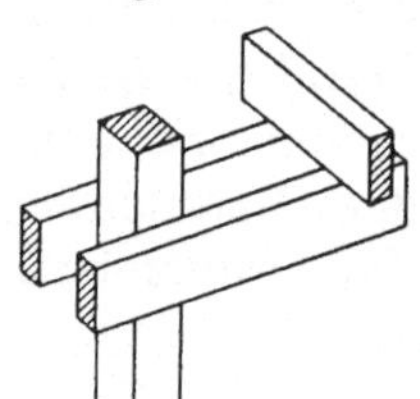

- Hauptträger einteilig und Stütze zweiteilig durchlaufend. Nebenträger sind über den Hauptträgern angeordnet. Diese Lösung eignet sich besonders für Skelettbauten mit größeren Spannweiten, die aus statischen Gründen größere Querschnitte benötigen und daher auch leichter brandschutztechnische Forderungen erfüllen.

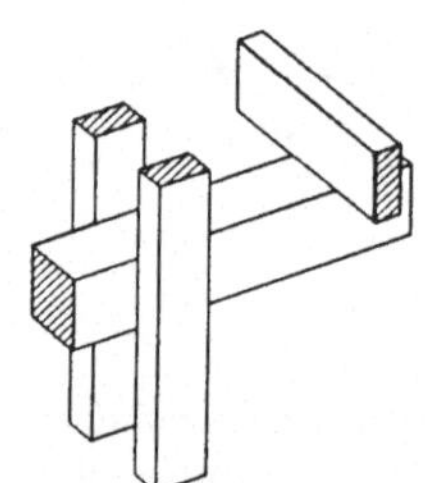

- Rippenkonstruktionen mit engstehenden vertikalen und waagrechten Bohlen, beidseitig beplankt, und dadurch ausreichend ausgesteift. Zwei Lösungen sind (besonders im nordamerikanischen Wohnungsbau) üblich: a Baloon, b Platform.

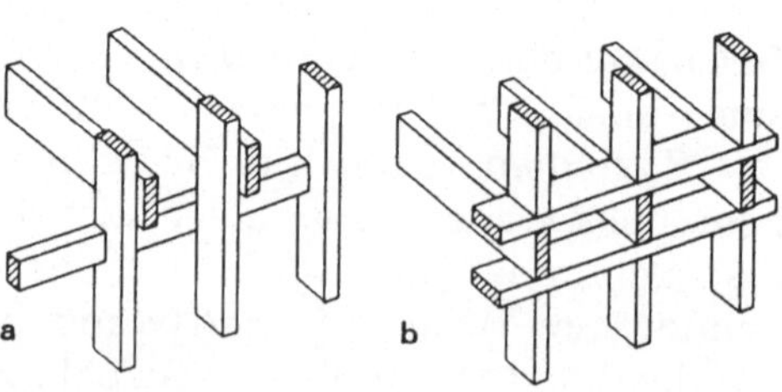

Bild 4.6.9: Knoten Hauptträger/Stützen

4.6.3 Stahlskelette

Sie besitzen im allgemeinen ein stahltypisches Grundrißraster, das von engliegenden, weitspannenden Nebenträgern gebildet wird. An den Außenwänden werden sie entweder direkt von ebenso engstehenden Stützen getragen oder liegen bei weiter Stützenstellung auf Randträgern. Im Innenbereich überwiegen weite Stützenstellungen mit hochbelasteten Unterzügen. Neben- und Hauptträger werden meist übereinander gestapelt, was zu hohen Deckenkonstruktionen führt, aber auch Raum für horizontale Installationstrassen läßt.

Ursache für die engen Nebenträgerlagen sind die verwendeten Deckenkonstruktionen: entweder Stahlbetonfertigteildecken oder aufbetonierte Stahlblechdecken (vgl. Bilder 4.6.2 und 3). Beide sind stahlbaugerecht durch unkomplizierten Transport, Einbau und Störungsfreiheit des Montagefortschrittes durch Lehrgerüste. Ihr wirtschaftliches Optimum liegt bei ≤ 4 m Stützweite.

Im Aufriß des Stahlskelettes stellen sich folgende Lösungen dar:

- Gelenkketten in beiden Tragrichtungen mit vertikalen Stabilisierungsfachwerken
- Gelenkketten wie vor mit Kernaussteifung
- Geschoßrahmen in einer Tragrichtung, Aussteifung der anderen durch Fachwerke
- biegesteife und die Gesamtbauwerkslast abtragende Elemente (Kerne) mit angehängten Raumzellen (Hängehäuser).

Kernaussteifung bezeichnet eine Methode, das gesamte Stahlskelett an massive vertikale Erschließungsschächte anzubinden, die ausreichend biege- und verdrehungssteif sind, um sämtliche Horizontalkräfte aufzunehmen. Solche Schächte werden vielfach als kombinierte Treppenhaus-, Naßzellen- und Aufzugsanlagen in Bauwerken eingeplant und vor dem Stahlskelett als Stahlbetonteil hochgezogen bzw. als vertikales Stahlfachwerk mit feuerbeständiger Ummantelung erstellt. Die Anbindung des Skelettes erfolgt über schubfeste Deckenfelder.

Die Frage nach der vorteilhafteren Lösung läßt sich nicht eindeutig beantworten. Eine Entscheidungshilfe geben Kriterien nach "Stahlbauatlas". Demnach sind massive Kerne von Vorteil:

- wenn der kombinierte Lift- und Treppenhausschacht das Gebäude allein aussteifen kann unter Berücksichtigung des erforderlichen Brandschutzes

- wenn sich keine oder keine ausreichend steifen Fachwerkverbände im Skelett unterbringen lassen
- wenn die Lift- und Treppenhaustürme in Sichtbeton außerhalb des Gebäudes stehen, das dann zur flexiblen Geschoßflächennutzung nur weitgestellte Pendelstützen hat.

Fachwerkverbände sind richtiger:

- wenn die Anordnung leichter, weitgespannter Vertikalfachwerke möglich ist
- wenn Lifte und Treppen nicht dicht beieinander liegen, sondern in den einzelnen Geschoßen gegeneinander versetzt sind
- wenn Lift- und Treppentürme als leichte, verglaste Skelette außerhalb des Gebäudes geplant sind
- wenn die Bauzeit das vorherige Errichten der Kerne nicht gestattet
- wenn die Schachtwände zu große Öffnungen haben.

Entscheidend für die Funktionsfähigkeit des Aussteifungskernes unabhängig von der Ausführung in Stahlbeton oder als Fachwerk, ist seine Lage im Grundriß.

Die mittige Grundrißlage nach Bild a stellt eine günstige Lösung dar, zumindest bei nicht allzu langen Bauwerken wegen der kaum vorhandenen Lastexzentrizitäten. Da Kerne auch Verformungsruhepunkte (vgl.Kap. 2.6) für Temperaturverformungen darstellen, können bei dieser Lage Bewegungen nach allen Bauwerksseiten auftreten, ohne Zwängungskräfte hervorzurufen.

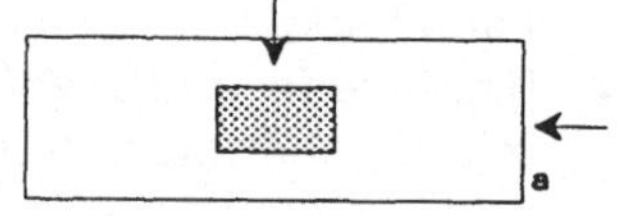

Bei Lösung b mit geteilten Kernen ist, besonders bei langen Gebäuden, die Aussteifung noch vorteilhafter zu gewährleisten. Einer Temperaturverformung in Längsrichtung allerdings widersetzen sie sich und führen zu Zwängungen im Skelett vor allem während der Montagezeit, in der das Skelett völlig ungeschützt Temperaturveränderungen ausgesetzt ist. Sieht die Planung keine Dehnungsfuge vor, ist während des Montagezeitraumes das Skelett mit einem der Kerne längsverschieblich zu verbinden.

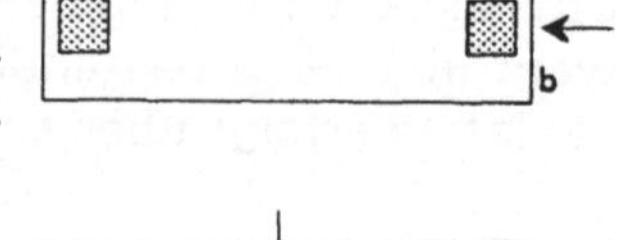

Lösung c ist zur Aussteifung infolge der großen Horizontalkraftexzentrizitäten nur begrenzt einsetzbar . Die Temperaturverformbarkeit hingegen wird in keiner Weise eingeschränkt.

Bild 4.6.10: Lage von Aussteifungskernen im Grundriß

In Bild 4.6.11 werden vier Lösungsmöglichkeiten diskutiert über die Ausführung eines Skelettes als ausgesteifte Gelenkkette.

Lösung I verlegt die Aussteifung in die Fassade, indem Außenwandstützen und Fassadenriegel einen umlaufenden Fassadenrahmen (a) bilden bzw. die Außenwandstützen mit zusätzlichen Diagonalen zu einem vertikalen Fachwerk (b) zusammengefaßt werden. Der Innenraum und die vertikalen Erschließungszonen bleiben dadurch völlig aussteifungsfrei. Die Temperaturdehnfähigkeit des Skelettes wird nicht behindert.

Lösung II legt die vertikalen Aussteifungsfachwerke in die geschlossenen Wände der Erschließungsschächte (4 Querwände, 1 Längswand). Diese Fachwerkwände dienen gleichzeitig der Schachtumschließung, wenn sie feuerbeständig ummantelt sind. Die Temperaturdehnfähigkeit ist, wie bei Lösung I, zwängungsfrei gewährleistet.

Lösung I **Lösung II**

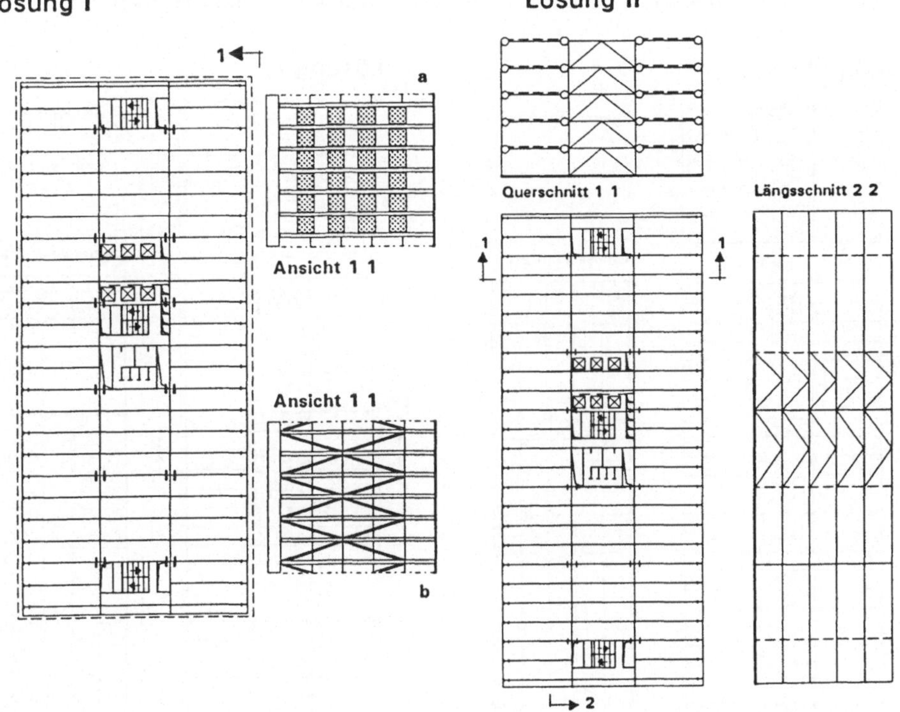

Bild 4.6.11: Varianten ausgesteifter Gelenkketten
Lösungen I und II

Lösung III bindet das Skelett an 3 massive Kerne mit den schon geschilderten Nachteilen bei Temperaturbeanspruchung. Eine Minderung dieser Temperaturdehnungsprobleme ergibt sich, wenn die beiden äußeren Treppenhausschächte nicht als massive Kerne ausgeführt werden.

Alle drei Lösungen arbeiten mit enggestellten Außenwandstützen geringen Querschnittes, die in oder hinter der Fassade stehen und deren Gestaltung entscheidend beeinflußen. Die Beispiele I und II sind typische Stahlbaulösungen.

Lösung IV schließlich gibt die enge Stützenstellung auf zugunsten weiter Abstände, die zu größeren Stützenquerschnitten und damit zu Verkehrsflächenverlusten führen. Es werden Längsriegel an den Außenwänden zur Aufnahme der Nebenträger erforderlich. Die Fassadengestaltung unterliegt nicht mehr Tragwerkszwängen. Hinsichtlich der Probleme bei Temperaturverformungen gelten die Ausführungen zu Lösung III.
In sämtlichen vier Fällen sind die Decken schubsteif auszuführen.

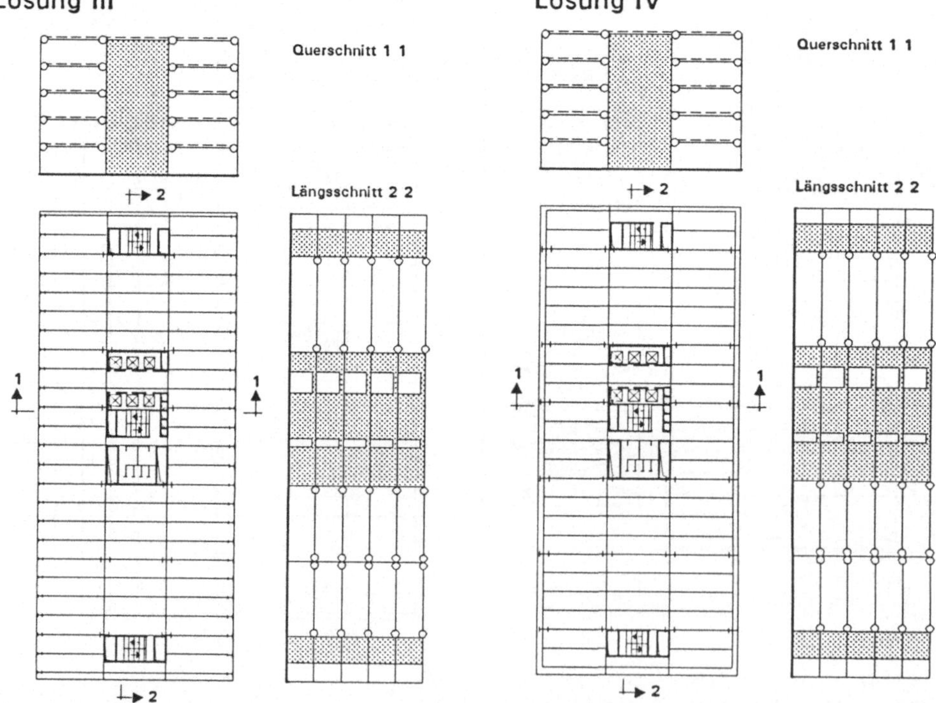

Bild 4.6.11: Varianten ausgesteifter Gelenkketten, Lösungen III und IV

Stabilisierungsmöglichkeiten bei der Verwendung von Geschoßrahmen im Querschnitt zeigt Bild 4.6.12 anhand eines dreizügigen Grundrisses. Die engliegenden Nebenträger laufen in Längsrichtung.

In der **Variante A** baut sich der Geschoßrahmen über die gesamte Breite auf und wird in Längsrichtung durch schubsteife Deckenfelder an den Stahlbeton- bzw. Fachwerkkernen angebunden.

Variante B hat den Geschoßrahmen nur im mittleren Flurbereich und schließt die Randfelder gelenkig an. Der Geschoßrahmen ließe sich auch aus Zweigelenkrahmen stapeln, wie Tabelle 4.2.17 zeigt. Die Verformungssteifigkeit solcher Systeme ist gering und ihre Anwendung auf wenige Geschoße begrenzt. Stabilisierung in Längsrichtung erfolgt wie bei Variante A.

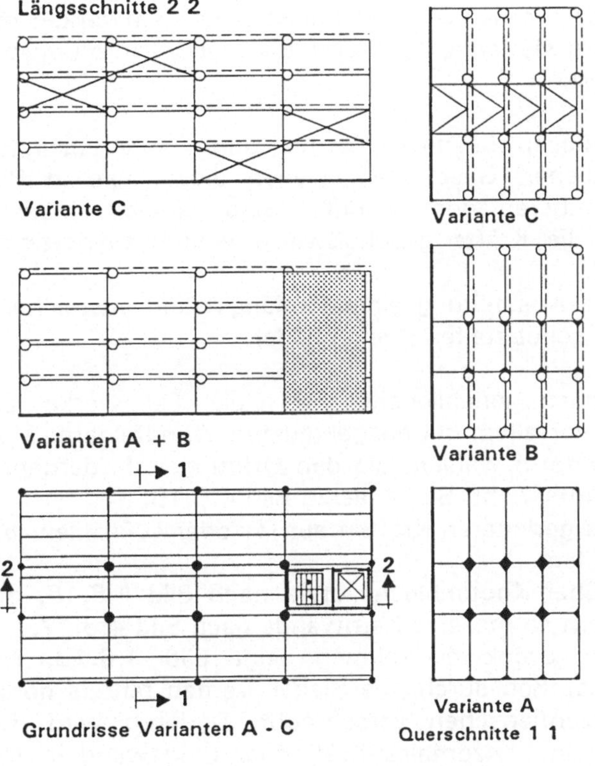

Bild 4.6.12: Varianten ausgesteifter Geschoßrahmen

Variante C arbeitet nur mit vertikalen Fachwerken in der Flurzone ohne Berücksichtigung des Vertikalschachtes. Dieses schmale Fachwerk ist gegenüber horizontalen Kräften noch verformungsanfälliger als die Geschoßrahmen (vgl. Bild 4.6.13). Verspannt man den Verband in einzelnen Geschoßen zu den Außenstützen hin, werden diese zum Mittragen gezwungen und reduzieren die Bauwerksverformung. Ähnlich diesen Abspannungen wirken Horizontalträger nach Tabelle 4.2.17, wie sie etwa in Technik- oder Dachgeschoßen meist vorhanden sind.

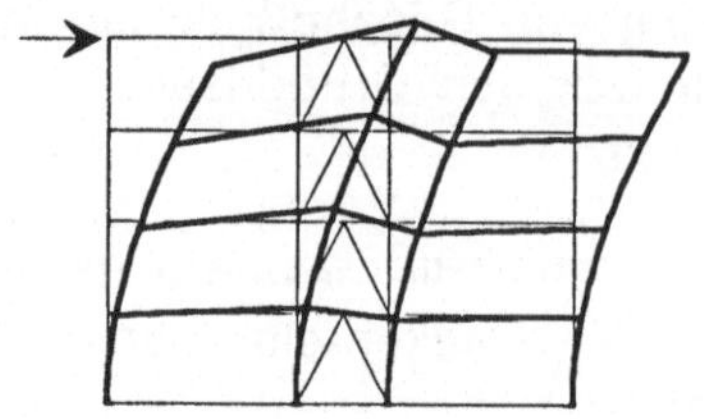

Bild 4.6.13: Große Ausbiegung schmaler Vertikalfachwerke

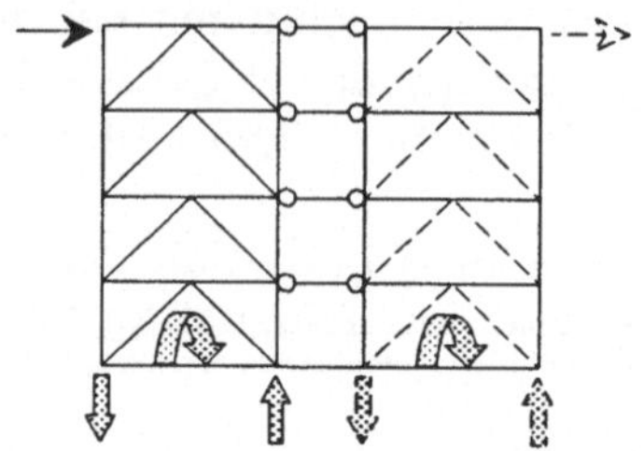

Bild 4.6.14: Breite Vertikalfachwerke, geringe Biegeverformung

Viel weniger verformungsanfällig bei der Variante C sind breite Vertikalfachwerke in den Außenfeldern. Die große Spreizung führt zu geringeren Stabkräften und Stabquerschnitten, ebenso zu kleineren vertikalen Zugkräften in den Stützen, gemäß Bild 4.6.14.
Die dargestellte Ausfachung beider Außenfelder kann im Prinzip entfallen, da schubsteife Deckenfelder vorhanden sein müssen. Bei Bauwerken mit mehr als 4 Geschoßen wird sie jedoch aus Gründen der Verformungsbeschränkung empfehlenswert.

Die Längsaussteifung bei dieser Lösung erfolgt hier durch Auskreuzungen von Flurwänden in sämtlichen Geschoßen. Liegen diese, wie in Bild 4.6.12 dargestellt, nicht übereinander, sondern sind versetzt, müssen schubsteife Deckenfelder die Kräfte geschoßweise weitertransportieren bis zum nächsten Verband.
Auch hier ist prinzipiell die Aussteifung einer Flurlängswand ausreichend als Folge der vorhandenen schubsteifen Deckenfelder.

Zwangsläufig beeinträchtigen innenliegende vertikale Fachwerke die Freizügigkeit der Nutzung vor allem bei ausgekreuzten Wandfeldern. Man wird folglich eine Verbandsform wählen, die den Öffnungsanforderungen an die ausgesteifte Wand entspricht. Siehe hierzu Bild 4.6.15.
Die Verbände bestehen bei geringeren Kräften aus ⅂⌈- oder U-Profilen, bei großen Kräften aus I-Profilen.
Die Anschlüsse erfolgen über Knotenbleche etwa nach Bild 4.6.16, der Anschluß von Deckenträgern an massive Kernwände nach Bild 4.6.17.
Die Knotenausbildung der Stockwerksrahmen zeigt Bild 4.6.18. Die Stützen laufen meist ungestoßen durch, die Riegel werden mittels hoher Kopfplatten an den Stützenflanschen verschraubt. Dadurch wird das Riegeleinspannmoment in ein horizontales Kräftepaar umgewandelt. Die Stegaussteifung der Stütze geschieht durch Bleche, die gegenüber den Riegelflanschen eingeschweißt werden.

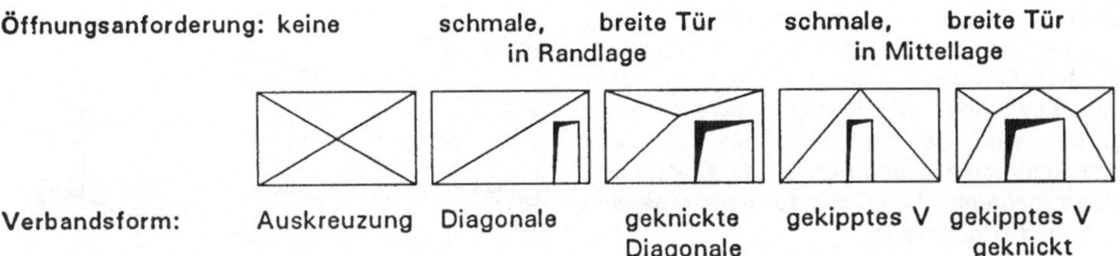

Bild 4.6.15: Verbandsformen in Abhängigkeit erforderlicher Innenwandöffnungen

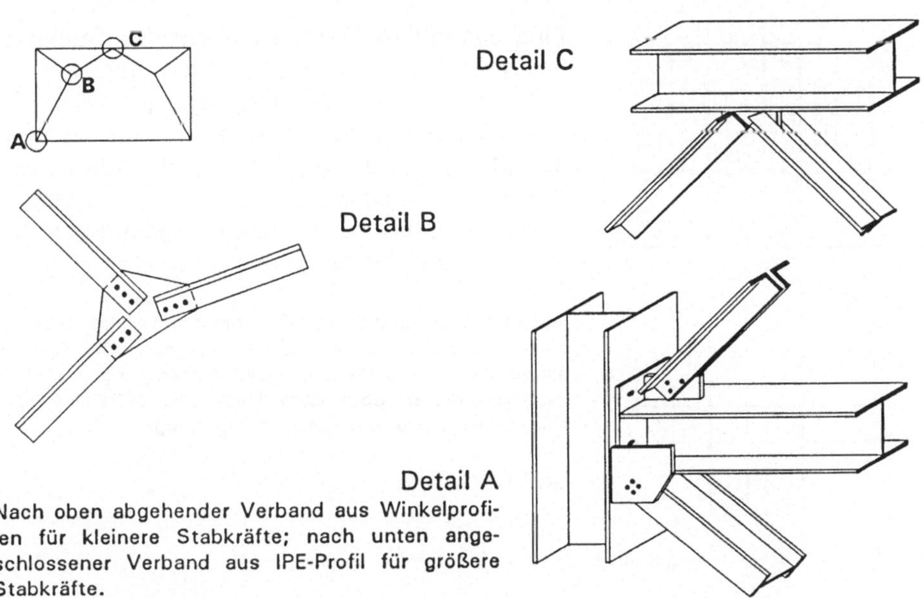

Nach oben abgehender Verband aus Winkelprofilen für kleinere Stabkräfte; nach unten angeschlossener Verband aus IPE-Profil für größere Stabkräfte.

Bild 4.6.16: Windverbandanschluß an Stützen und Riegel der Tragkonstruktion.

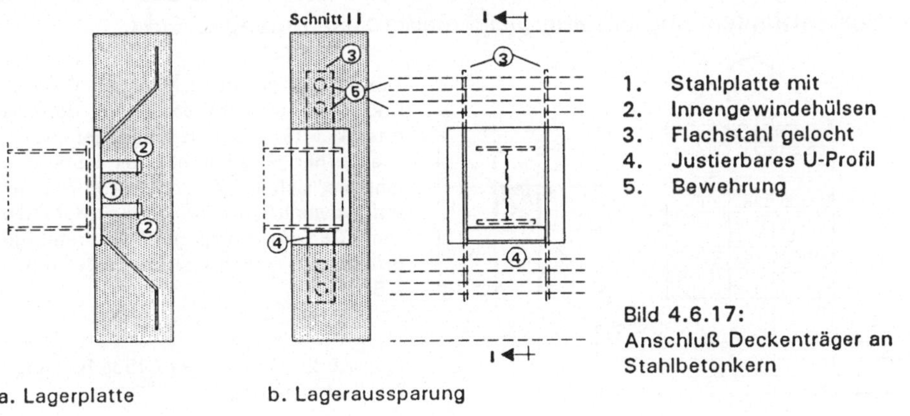

Bild 4.6.17: Anschluß Deckenträger an Stahlbetonkern

Über mehrere Geschoße durchlaufende Stütze, an welche die Deckenriegel mit Kopfblechen angeflanscht werden. Je höher das Blech über den Riegel auskragt, desto größer wird der Hebelarm für das, das Einspannmoment übernehmende Kräftepaar, umso geringer dabei die zu übertragenden Zug- und Druckkräfte.

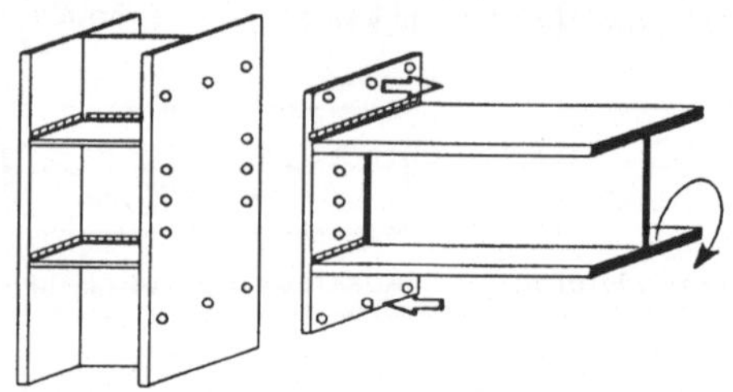

Bild 4.6.18: Geschoßrahmenecke

Eine besondere Tragwerksform des Stahlbaues stellen Hängekonstruktionen dar, bei denen die Nutzungsebenen an zentralen Erschließungstürmen oder zwischen solchen aufgehängt sind. Bei der ersten Bauart, sog. *Kernhäusern* sind am Kernkopf Kragträger vorhanden, an denen die Hängestangen der Deckenträger befestigt werden.

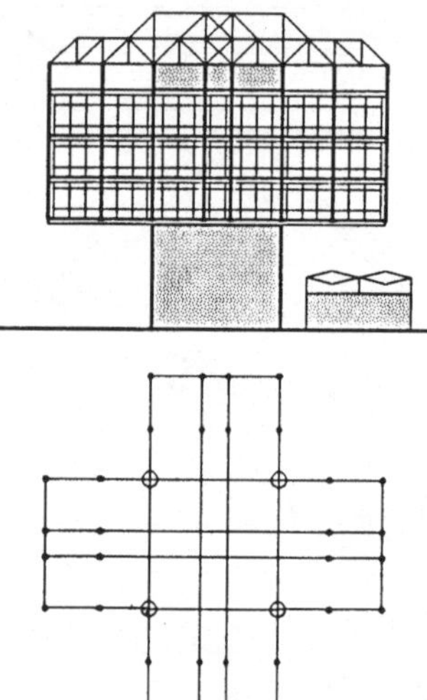

Das in Ansicht und Grundriß dargestellte Hängehaus hat einen quadratischen Kern als ausgesteifter Stahlgeschoßrahmen. Die kreuzförmigen Auskragungen sind an Fachwerkträgern über dem Dach mit außenliegenden Hängestangen vor der Fassade abgehängt.

Lit. Stahlbauatlas

Bild 4.6.19: Verwaltungsgebäude der Alpin Montan in Leoben

Verwendet man kontinuierliche Hängeseile, laufen diese auf Kabelsätteln über höher geführte Kerne. Die oberste Deckenebene wird dabei als Folge der Seilkraftumlenkung allseitig gleichmäßig zusammengedrückt.

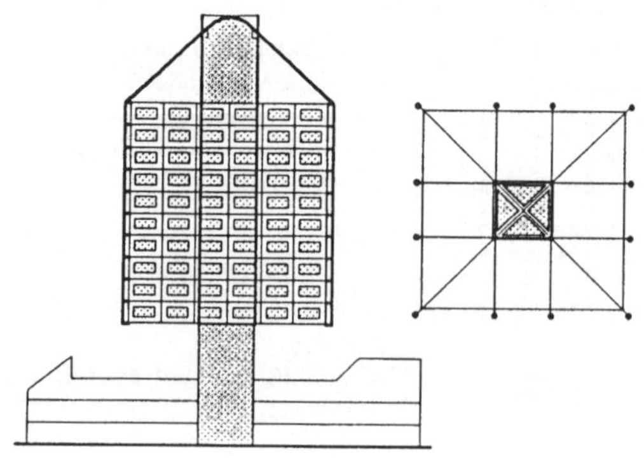

Hängehaus mit quadratischem Grundriß und quadratischem Betonkern, der über das oberste Geschoß hinausgeführt ist. Die Aufhängung besteht aus 6 Spiralseilen, die sich im Kernkopf kreuzen und auf Kabelsätteln kontinuierlich durchlaufen. Der Anschluß der Deckenträger erfolgt mit verschraubten Preßklemmen s.Bild 4.6.21.

Bild 4.6.20: Vancouver Office Building
Lit. Stahlbauatlas

Hängestangen bestehen aus geraden Rundstahlstangen, Flachstählen oder Profilstählen und werden mit den Deckenträgern verschraubt. Hängeseile sind im allgemeinen Spiralseile, die an die Deckenträger angeklemmt werden und im Gegensatz zu Stangen oder Profilen auch gekrümmt verlaufen können.

Prinziplösungen der Anschlüsse von Hängekonstruktionen:

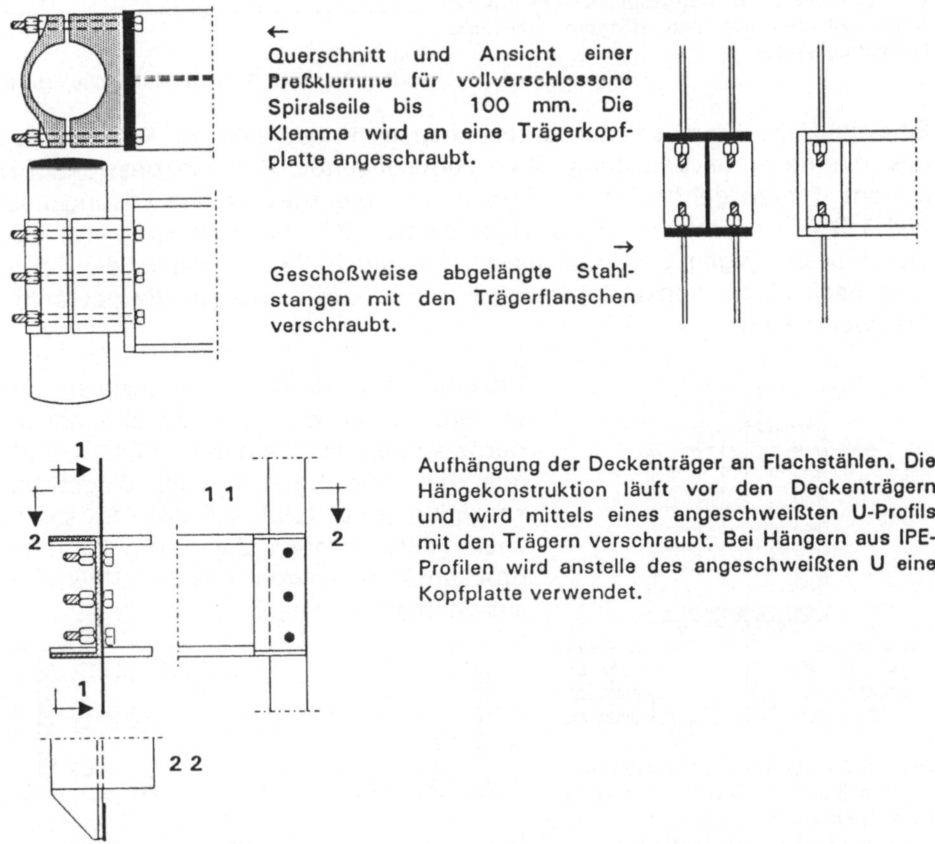

Bild 4.6.21: Anschlußmöglichkeiten von Hängekonstruktionen an Deckenträger

Bei der zweiten Bauart der Hängekonstruktionen tragen Geschoßrahmen die angehängten Nutzungsebenen, wodurch sog. *Rahmenhäuser* entstehen, wie dies in den Bildern 1.3 und 1.19b, c des Kapitels 1 an Beispielen dargestellt ist.

Hängen dagegen die Nutzungsebenen an weit auseinanderstehenden Stützen, spricht man von *Brückenhäusern*, wie die Bilder 4.6.22 und das Objektbeispiel XXI zeigen.

Die zwölf Geschoße werden mit Hängestangen von zwei 8,50 m hohen Fachwerkträgern und den parabolischen Hängegurten aus IP-Profilen getragen. Die 84 m weitgespannten Fachwerkträger erhalten aus den Hängern erhebliche Längsdruckkräfte.

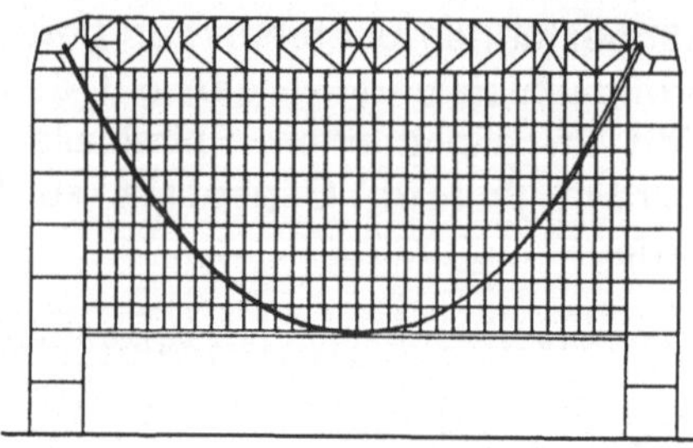

Bild 4.6.22:
Federal Reserve Bank in Mineapolis, 1973

Eine spezielle Form solcher Brückenhäuser findet sich im *Rahmenhaus*, das die gesamte Belastung über außenliegende Rahmenkonstruktionen abträgt. Hierzu gehören beispielsweise die mehrgeschoßige Lösung nach Bild 1.3 (die im folgenden als Objektbeispiel XX dokumentiert wird) oder die eingeschoßigen Objektbeispiele XVII und XVIII, bei denen die Forderung nach einem konstruktionsfreien Innenraum Anlaß für die gewählten Tragwerke sind.

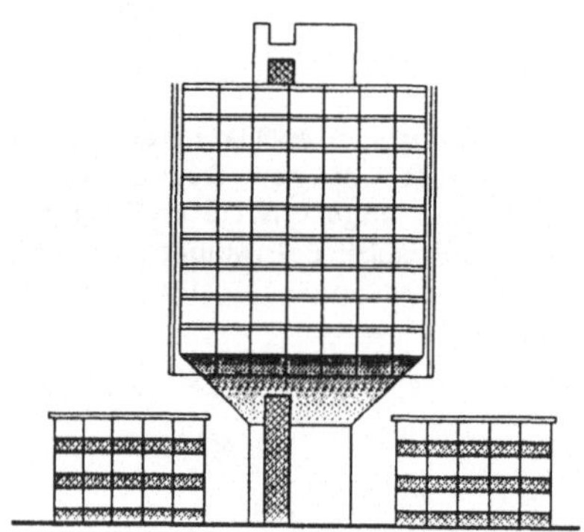

Bild 4.6.23:Verwaltung Olivetti,Ffm. Die Stahlkonstruktion der Nutzebenen stützt sich auf einem kelchförmig verbreiterten Stahlbetonschaft ab.

Umkehrungen dieser Tragprinzipien entstehen, wenn die Nutzungsebenen auf Kerne abgestützt werden (vgl.Bild 4.6.23) oder bei Brückenhäusern als Biegeträger konzipiert sind (Bild 4.6.24). In sämtlichen Fällen können die Kerne bzw. die Brückentürme sowohl aus Stahl als auch aus Stahlbeton bestehen.

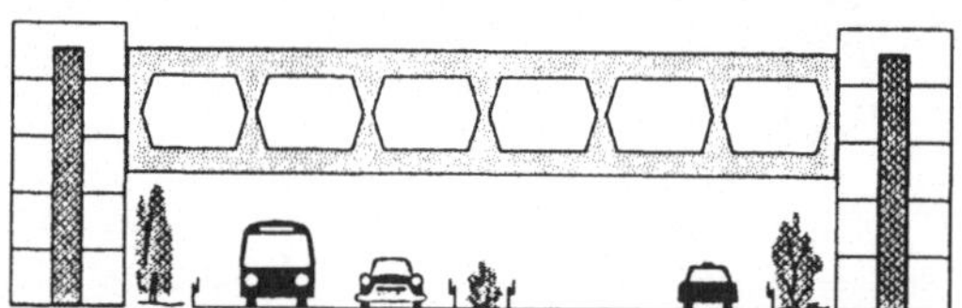

Bild 4.6.24: Raststätte über BAB, Vierendeel-Träger

Als Folge großer Spannweiten, hoher Belastungen und Konzentration der Lastabtragung auf wenige Punkte, treten vielfach Querschnitte auf, wie sie sonst nur im Brückenbau, also in rein ingenieurtechnischen Tragwerken, üblich sind. Hinzu kommen, vor allem bei Hängehäusern, Wirtschaftlichkeitskonflikte, wenn die nach unten drängenden Lasten durch Aufhängen erst "spazierengeführt" werden.

Warum Architekten solche Konstruktionsformen zum Gestaltungsmittel erheben, hat unterschiedliche Gründe:

- Der Zwang, bei widrigen Baugrundverhältnissen Gründungsmaßnahmen auf wenige Punkte konzentrieren zu müssen und dies in der Bauwerksform auch ablesbar zu machen (vgl. Objektbeispiele XVII, XVIII, XX).
- Die Demonstration der Leistungsfähigkeit einer weitgespannten Stahlkonstruktion bei gleichzeitig hoher Transparenz des Skelettes und
- die damit verbundene bewußt inkauf genommene Einwirkung der Konstruktion in den Innenraum (Objektbeispiel XXI).
- Die Integration des Bauwerkes in den Innerstädtischen- oder Fernstraßen-Verkehrsfluß durch ein weitgehend stützenfreies Erdgeschoß (Bilder 4.6.22 und 4.6.24)
- Die planerische Möglichkeit der Bauaufgabe zugehörige, jedoch funktionell getrennte flache Teilbauten dem hochgestelzten Skelett unterzuschieben (Bilder 4.6.19, 20 und 23).

Zur Untermauerung dieser Gründe werden im folgenden zwei Objektbeispiele aus der Kategorie der Brückenhäuser dokumentiert:

Beispiel XX ist das Rahmenhaus des Bildes 1.3 und dient als Studentenwohnheim in Paris. Die Abtragung der Gesamtlasten über 6 Stützen in den Baugrund hat seine Ursache in der 18 m unter Bauwerksohle liegenden tragenden Bodenschicht. Wirtschaftlich läßt sich diese Aufgabe nur mit wenigen schweren und großvolumigen Gründungskörpern lösen, die aufgrund ihrer Masse auch die horizontale Stabilität des aufgesetzten Bauwerkes sichern. Aus dieser 6-Punkte-Stützung eine Rahmenkonstruktion mit angehängten Geschoßdecken zu entwickeln, ist zwar nicht zwingend, doch ist der Entwurfsgedanke technisch schlüssig: um die Gesamtbelastung der Stützen zu minimieren, ist Ausführung in Stahl vorteilhafter als die in Stahlbeton, die Aufhängung der Geschoßdecken leichter als deren Abstützung. Die sichtbare Konzentration der Belastung auf die Stützen ist plausible Fortsetzung der Gründungsmaßnahme, der Zusammenschluß zu einem Geschoßrahmensystem in beiden Tragrichtungen zeigt eine konsequente Lösung des Stabilisierungsproblems.

Beispiel XXI ist die Hauptverwaltung der Hongkong-und Shanghai-Bank im Zentrum von Hongkong. Das Bankhaus befindet sich seit Mitte des 19.Jahrhunderts an dieser städtebaulich dominanten Stelle, dem südlichen Abschluß einer ausgedehnten Grünanlage, die im Norden bis zum Fährhafen reicht. Das Gebäude entwickelt sich über einer stützenfreien Ebene im Erdgeschoß, die rund um die Uhr geöffnet ist und die Anlage nach Süden verlängert, wo sich der Botanische Garten in Richtung zum Hongkonger Hausberg anschließt. Obgleich bei weitem nicht das höchste Gebäude der Stadt, ist es das gestalterisch und konstruktiv am intensivsten ausgeprägteste. Der Bau lebt von einer bauordnungsbedingten Scheibenstruktur, die eine Höhenstaffelung verlangt, um die übermäßige Verschattung der angrenzenden Straßen zu vermeiden und von der Idee der Hängekonstruktion, die formbestimmend ist.
Für die Findung dieser Konstruktion lassen sich keine Zwänge angeben, wie etwa bei Beispiel XX. Sie ist die Entwurfsidee eines konstruktiv begabten Architekten, die Tragen zur Gestaltungsmaxime erhebt und dies konsequent in Fassade und Innenraum zur Geltung bringt.

Objektbeispiel XX

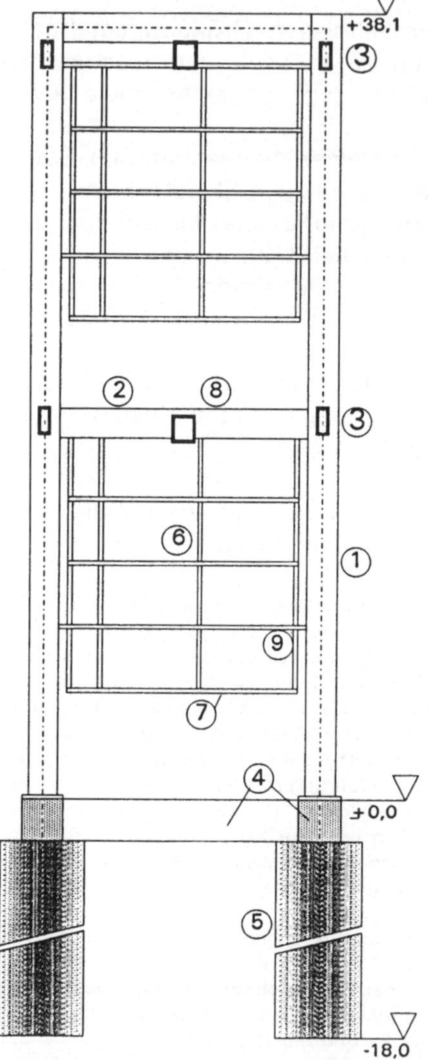

Bild XX.1: Studentenwohnheim Paris, 1968
Querschnitt der Tragkonstruktion und Gründung

1. Rahmenstiel als geschweißter Blechhohlkasten, 830 x 1500 mm
2. Querriegel, wie vor, 870 x 1200 mm
3. Waagrechter Versteifungsrahmen
4. Umlaufender Stahlbetonträger b/d = 1,70 x 2,0 m
5. Gemauerte Brunnen bis zum tragfähigen Baugrund
6. Hängestäbe HE 140 B oder U 140
7. Deckenträger aus 2 U 200
8. Querträger 2 HE 340 B über dem Luft- und Dachgeschoß zur Aufnahme Pos. 6
9. Pendelabstützung des Hängekörpers gegen den Rahmen

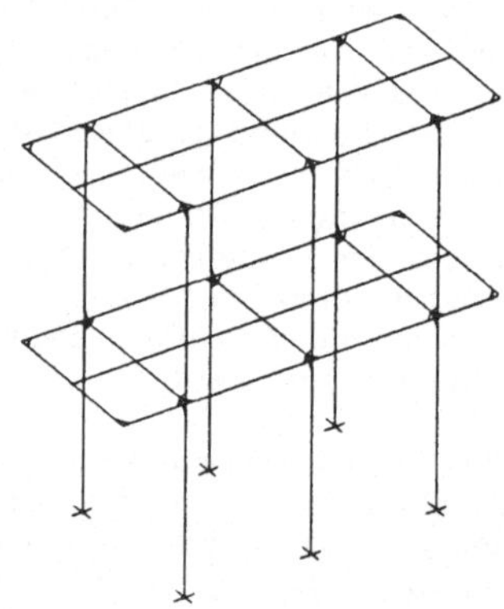

Bild XX.2: Statisches System

Die sechs Geschoßrahmenstiele sind mittels gemauerter Brunnen auf dem ungestörten Boden eines hinterher verfüllten Steinbruches in 18 m Tiefe gegründet. Die Brunnenköpfe verbindet ein umlaufender Stahlbetonbalken, der gleichzeitig sämtliche Einspannmomente der Rahmenstiele aufnimmt.

Die drei Geschoßrahmen (1/2) werden im Luft- und Dachgeschoß mit waagrecht umlaufenden Trägern (3) zu einem räumlichen Rahmentragwerk mit eingespannten Stielfüßen zusammengeschlossen, das sämtliche Lasten und horizontalen Kräfte in die Gründung ableitet (Bild XX.2).

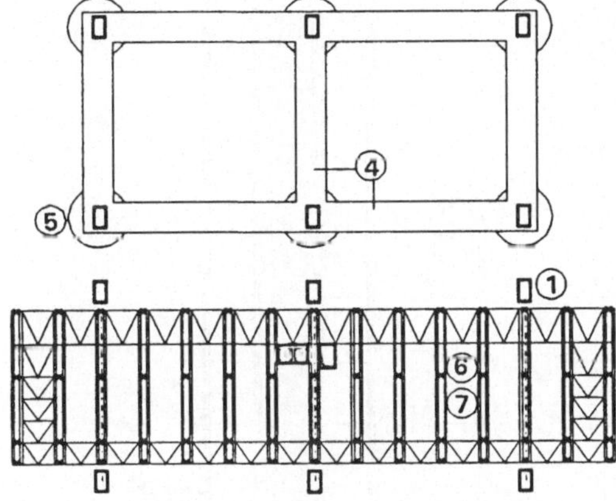

Die Deckenträger (7) sind mit ihrem Flanschen an jeweils 4 Profilhängestangen (6) gemäß Bild XX.4 angeschraubt. Die Hänger nehmen 4 Geschoßebenen auf und sind mit den Querträgern (8) über Luft- und Dachgeschoß ebenfalls verschraubt.
Im Bereich der Querriegel (2) fällt der Hängeranschluß in einen Hohlkasten. In diesen sind Innengewindehülsen (10) eingearbeitet, an denen die Hänger über Kopfplatten mit Schrauben Ø 45 mm verbunden werden.

Bild XX.3: oben: Grundriß der Fundierung
unten: Grundriß Normalgeschoß

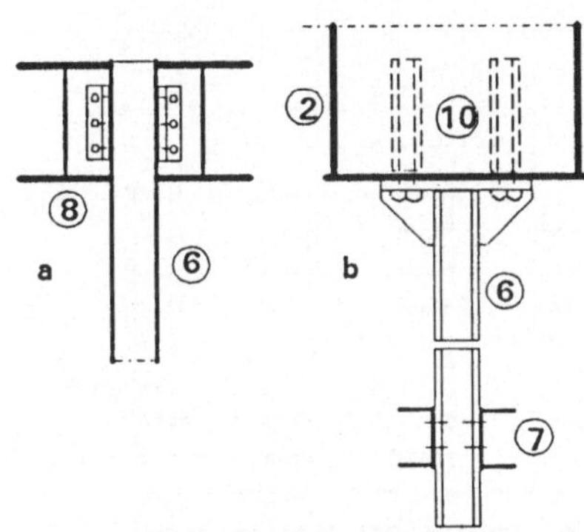

Windverbände und Trapezblechauflagen steifen die Decken zu Scheiben aus (Bild XX.3). Auf das Trapezblech sind 9 cm Ortbeton bewehrt aufgebracht. Zur Schwingungssicherung werden die Decken jeweils im 2. und 7. OG an den Rahmenstielen angehängt.
Die mittig liegenden Aufzugs- und Installationsschächte dienen nicht der Aussteifung. Neben den Aufzügen wird das Bauwerk durch außenliegende Wendeltreppe erschlossen.

Bild XX.4: Aufhängung der Deckenträger
a. Anschluß an die Querträger (8)
b Anschluß an Hohlkasten (2)

Der Brandschutz ist ausgelegt für F 30. Die Hängestäbe liegen zwischen beplankten Leichtbauwänden, die Decken sind von unten durch eine Unterdecke gedämmt. Für die außenliegende Tragkonstruktion ist kein Brandschutz erforderlich.

Lit.: Stahlbauatlas

Objektbeispiel XXI

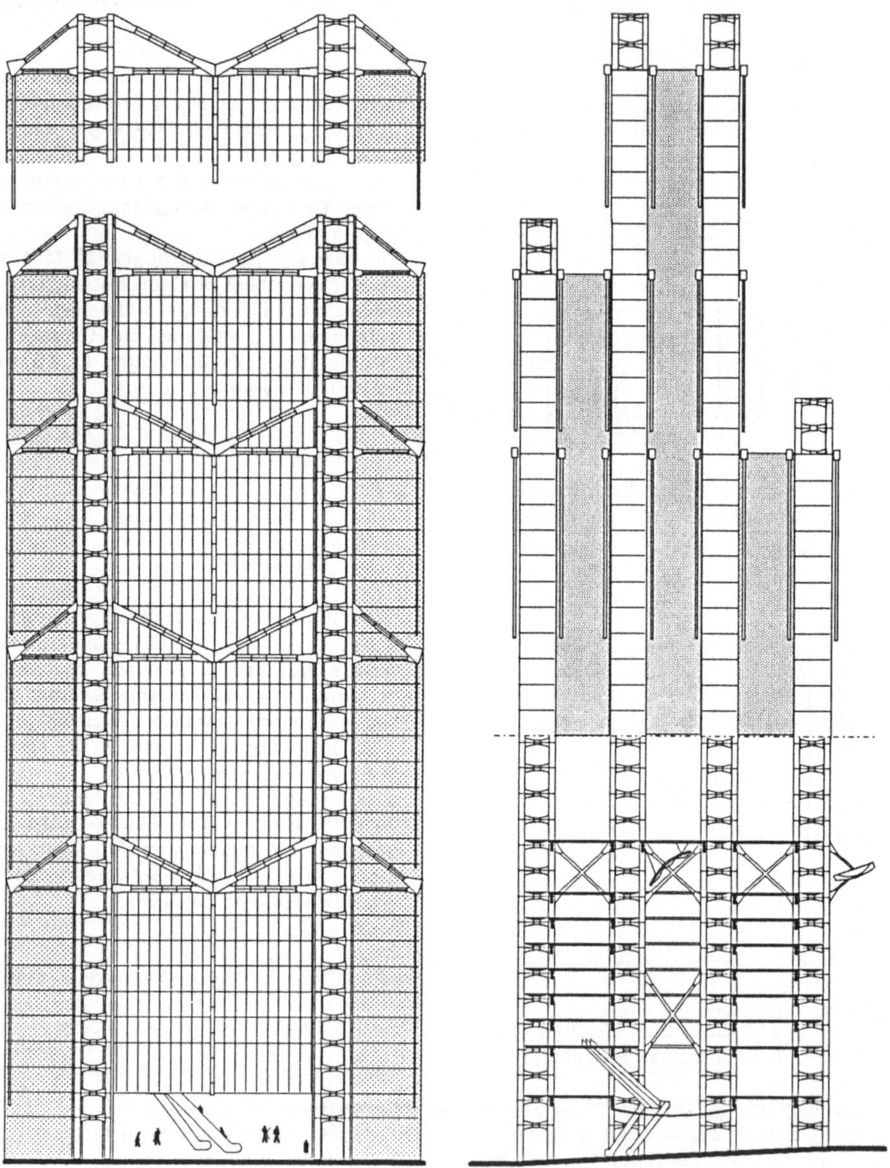

Bild XX.1: Verwaltung der Hongkong- und Shanghai-Bank, Hongkong 1986
Ansicht Nordfassade
unten: Nord-Süd-Schnitt
oben: Ansicht Ostfassade mit den 4 Tragscheiben

Das reine Stahlbauwerk setzt sich aus 4 in Nord-Süd-Richtung hintereinanderliegenden Scheiben von je ca. 5 m Scheibendicke und ca. 10 m überdeckten Zwischenräumen zusammen. Sämtliche Vertikal- und Horizontalbeanspruchungen werden von 2 Pfeilern je Scheibe in die Gründung abgetragen.
Die im Grundriß quadratischen Pfeiler (Achsmaß ca. 5 m) bestehen aus 4 geschweißten Rohrstützen, in jedem Geschoß durch voutenförmig anlaufende Querriegel miteinander verbunden, sodaß ein räumlich wirksamer Vierendeel-Träger entsteht.
Das statische System der Pfeiler ist mithin eine fußeingespannte Kragstütze, die ihre Knickstabilität gegenüber den abzutragenden Vertikalkräften durch Spreizung der Rohrstützen erhält und ihre Verformungsstabilität gegenüber den Horizontalkräften durch die Momentenfähigkeit der Vierendeelkonstruktion.
In den Doppelgeschoßen kragen die kleiderbügelförmigen Fachwerke, an denen die darunterliegenden Geschoße aufgehängt sind, nach Osten und Westen aus.
Ebenfalls in diesen Ebenen sind die Pfeiler in Nord-Süd-Richtung durch Auskreuzungen miteinander gekoppelt.

Die gesamte Primärkonstruktion ist aluminiumverkleidet mit einer Oberfläche in drei Grauschattierungen.
Die Doppelgeschoße sind Serviceebenen mit Aufenthalts- und Sozialräumen. Der Besucher ist vom völlig sichtbaren Tragwerk umgeben, bewegt sich inmitten einer Konstruktion, bei der kein Bauteil eine weniger als 1 m hohe Ansichtsfläche aufweist.

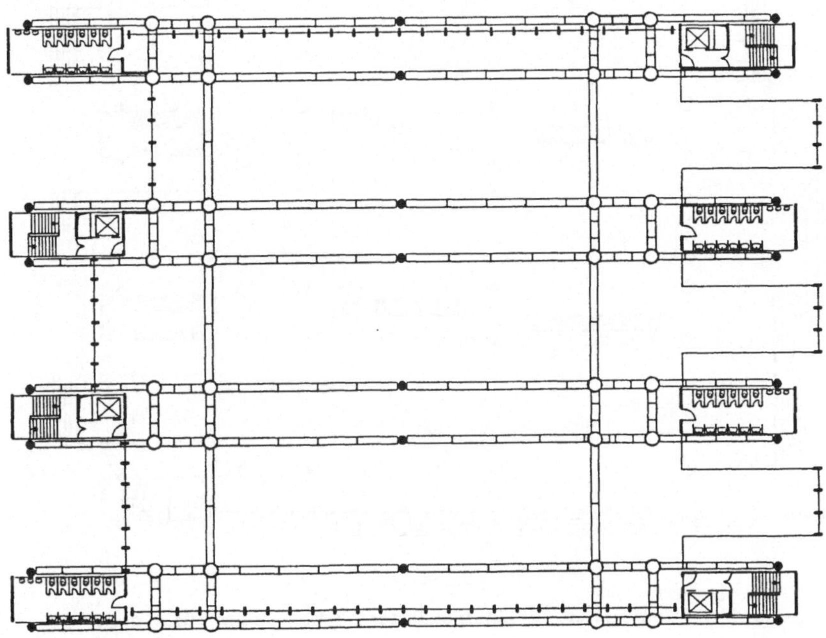

Bild XXI.2: Grundriß Doppelgeschoß

In den Normalgeschoßen sichtbar sind die Leitertürme und die in Flächenmitte durchstoßenden Hänger. Die freie Nutzungsfläche zwischen den Türmen beträgt ca. 33 x 52m.
Erschloßen werden sämtliche Geschoße primär durch Rolltreppen. Die Aufzüge innerhalb der Treppenhäuser dienen vorwiegend der Versorgung der Servicegeschoße.
Die an den östlichen und westlichen Scheibenenden zwischen den Abhängungen eingeschobenen Naß- und Erschließungszellen sind Module, die fertig installiert angeliefert und eingebaut wurden. Nicht eingezeichnet sind die seitlich dieser Zellen zusätzlich angehängten Technikmodule, deren Größe mit zunehmender Gebäudehöhe abnimmt, sodaß die Scheibenstruktur klar zum Ausdruck kommt (siehe hierzu die Ostansicht in Bild XXI.1).

Strichliert eingezeichnet in den Grundriß sind Lage und Größe der Deckenaussparung für ein Atrium zwischen dem 3. und 10. OG. Nach unten gegen den zweigeschoßigen EG-Bereich wird dieses Atrium mit einem Glasdach abgeschlossen. Die Einbringung von Tageslicht in diesen Schacht und die im EG liegende öffentliche Passage erfolgt durch einen computergesteuerten Reflektor an der Südseite des ersten Technikgeschoßes sowie einen Umlenkspiegel über der Deckenöffnung (s. hierzu Nord-Süd-Schnitt Bild XXI.1).

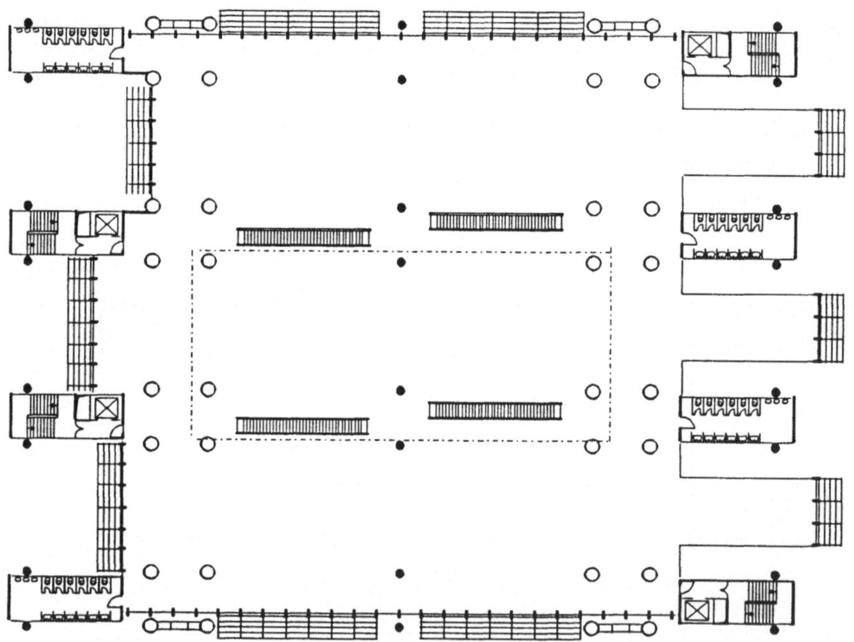

Bild XXI.3: Grundriß Normalgeschoß mit einstrichlierter Deckenöffnung für Atrium

Lit.: Colin Davies, High-Tech-Architektur, Hatje, Stuttgart, 1988.

4.6.4 Stahlbetonskelette

Zu unterscheiden sind Ausführungen in Ortbeton oder mit Fertigteilen. Ortbetonskelette erzeugen aufgrund ihrer monolithischen Bauweise im allgemeinen biegesteife Konstruktionen in beiden Tragrichtungen. Zusätzliche Aussteifungselemente für waagrechte Kräfte erübrigen sich.
Skelette aus Stahlbetonfertigteilen ergeben an ihren Anschlußpunkten grundsätzlich gelenkige Konstruktionen. Sofern keine biegesteifen Knoten nachträglich hergestellt werden, sind zusätzliche Aussteifungselemente erforderlich.
Die Herstellung biegesteifer Knoten ist konstruktiv aufwendig durch hohe Anschlußkräfte und geringe Übertragungsflächen, ebenso kostenintensiv, wegen des hohen Zeitaufwandes für deren Herstellung und des langen Erhärtungszeitraumes bei nassen Verbindungen.
Unter dem Einfluß notwendiger Rationalisierungsmaßnahmen in der Fertigteilindustrie werden heute Fertigteilskelette im allgemeinen ohne momentenfähige Verbindungen konzipiert mit Ausnahme weniger Fälle:

- bei Bauwerken, die durch den Einbau von Ortbetondecken auch den Verguß biegesteifer Knoten nahelegen
- bei hohen und durch Seitenkräfte hoch belasteten Skeletten, die eine Rahmenwirkung erzwingen.

Der Verzicht auf momentenfähige Verbindungen führt einerseits zu erheblich vergrößerten Querschnitten, was für das Bauvolumen (vor allem Geschoßhöhen) nicht ohne Bedeutung ist. Andererseits vermeiden Gelenke Zwängungsspannungen aus Schwinden und Kriechen oder behinderten Temperaturdehnungen im Brandfall und die Querschnittsausbildung läßt eine Feuerwiderstandsdauer F 90 problemlos zu.
Grundlage des industrialisierten Stahlbetonfertigteilbaues sind vorfertigbare Serienelemente. Bei einer Elementierung, die definierten Bauaufgaben zu genügen hat, beispielsweise dem Wohnungs- oder Institutsbau, spricht man von einem *geschlossenen System.* Solche Systeme sind herstellerabhängig, werden nur als Komplettsystem vertrieben und bestimmen auch weitgehend die Baugestaltung. Elementzusammenstellungen, die nicht nach diesem Vollständigkeitsanspruch konzipiert sind, stellen *offene Systeme* dar. Sie sind als Katalogware von jedem Fertigteilwerk zu beziehen und frei kombinierbar.
Ebenso wie die zuvor beschriebenen eingeschoßigen Skelettragwerke bauen auch die im Folgenden interpretierten mehrgeschoßigen auf Elemente offener Systeme.

Zur Abtragung vertikaler Lasten sind dies:

• *Deckenplatten*

Tabelle 4.6.25 Stahlbetondeckenquerschnitte im Fertigteilbau

a, b

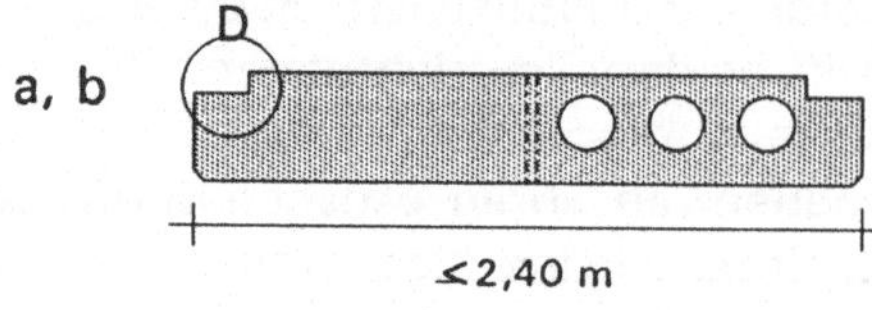

a. Vollplatte b. Hohlkörperplatte
Mit fertiger, glatter Untersicht und gefasten Kanten;
Besondere Maßnahmen sind erforderlich zur Erlangung ausreichender Lastquerverteilung und schubsteifer Deckenscheiben.
Vgl. hierzu Detail D in Bild 4.6.26.

c

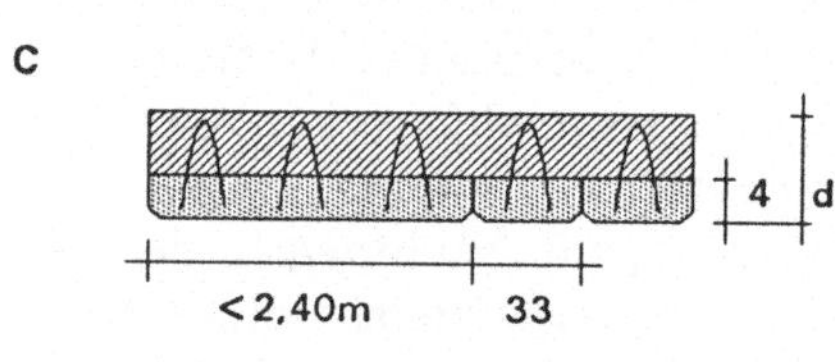

Örtliche Vollplatte mit 4 cm unterer Fertigteilplatte und integrierter Deckenbewehrung.
Leichte Fertigteile mit 33 ≤ b (cm) ≤ 240.
Glatte, fertige Untersicht, gefaste Kanten.
Zweiachsige Tragwirkung möglich.
Scheibenwirkung und ausreichende Lastquerverteilung gegeben.
Erforderlich sind Hilfsunterstützungen beim Betonieren. - Hoher Ortbetonanteil bedeutet Verzögerung im Baufortschritt.

d

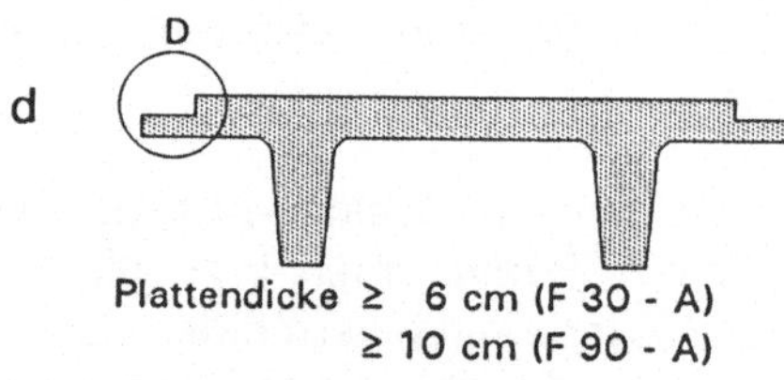

TT-Platte; statisch stellt sie eine Kombination aus Platte + Balken dar: sog. Plattenbalken.
Standardquerschnitt des Fertigteilbaues.
Günstige Installationsführung.
Ausreichende Lastquerverteilung und Scheibenwirkung nur mit Maßnahmen nach Bild 4.6.26 erreichbar.

e

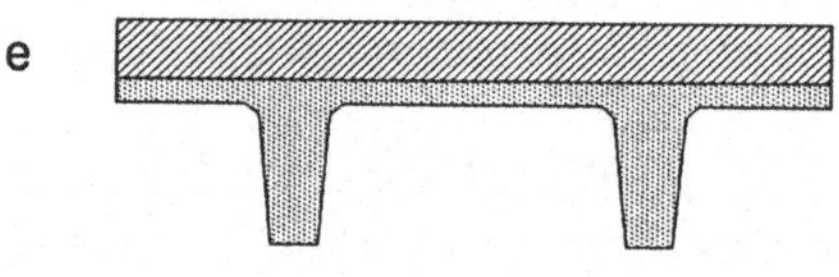

TT-Platte mit dünner Fertigplatte (5 cm) und Ortbetonspiegel ≥ 6 cm.
Keine Zusatzmaßnahmen erforderlich für ausreichende Lastquerverteilung und Scheibenwirkung.
Nachteile durch hohen Ortbetonanteil.

f

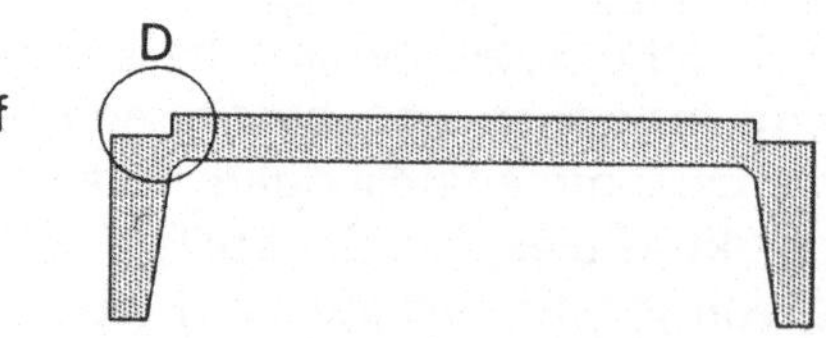

Trogplatte.
Für hohe Einzellasten besser geeignet als d.
Querverteilung und Scheibenwirkung durch Schraubverbindung der Stege bzw. durch Maßnahmen nach Detail D, Bild 4.6.26.
Querschnittsabmessungen größer als bei d.
Höheres Transportgewicht und Sonderschalform.

Die aufgelisteten Querschnitte werden für Stahlbeton- und Stahlskelette verwendet, teilweise auch im Ortbetonbau. Wegen Transportbeschränkungen sind sie bis zu einer max. Breite von 2,40 m lieferbar und werden statisch als stabförmige Tragelemente angesehen, was hinsichtlich einer ausreichenden Querverteilung von Lasten, die zusätzlichen örtlichen Konstruktionen von Bild 4.6.26 erfordert.

Liegen die Fertigteile ohne kraftschlüssige Verbindung nebeneinander, kann eine konzentriert auftretende Last nur von dem jeweils betroffenen Element aufgenommen werden, das sich dabei durchbiegt. Die Parallelfugen zu den Nachbarelementen sind rissegefährdet. Erst die kraftschlüssige Verbindung zwischen den Elementen schafft die Möglichkeit einer ausreichenden Lastquerverteilung (Bild 4.6.26).

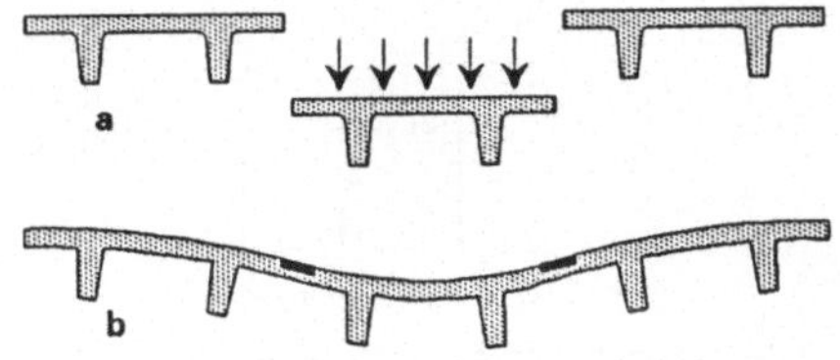

Bild 4.6.26:
a Verformung unverbundener Fertigteile
b Verformung verbundener Fertigteile

Die Maßnahme ist erforderlich um

- die pauschalierten Verkehrslasten nach DIN 1055 ansetzen zu können
- Verformungsrisse zwischen den Elementen zu verhindern
- Schubkräfte in den Längsfugen der Elemente aufzunehmen.

Möglichkeiten der Ausführung zeigt Bild 4.6.27.

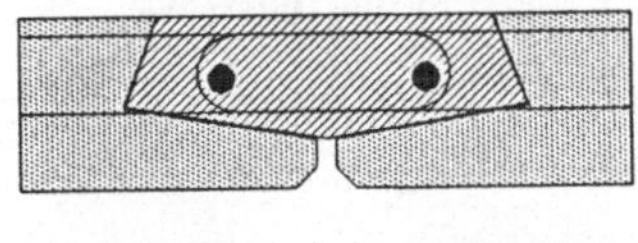

a Aus den Fertigteilen ragende Bewehrungsbügel mit zusätzlichen Längsstäben und Ortbetonverguß

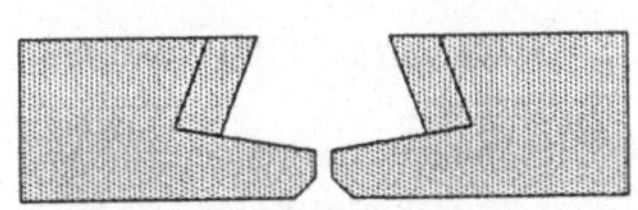

b Sägezahnförmige Aussparung an den Fertigteilrändern mit reinem Ortbetonverguß

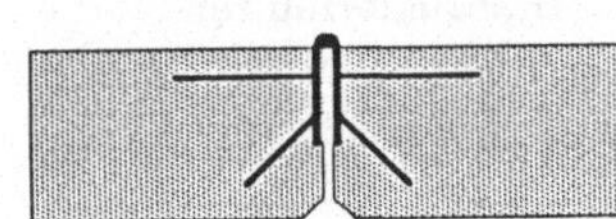

c An den Fertigteilrändern einbetonierte Stahlplatten in größeren Abständen. Örtliche Verschweißung längs der Oberkante.

Bild 4.6.27:
Kraftschlüssige Elementverbindungen (Detail D in Bild 4.6.25)

- *Unterzüge*

Standardquerschnitt für den Fertigteilbau ist das Rechteck. Trotz unwirtschaftlicher Trageigenschaften ist die Form wirtschaftlich herzustellen und einfach zu montieren. Die Auflagerung der Deckenelemente erfolgt am billigsten durch Aufsetzen auf den Träger, was allerdings zu großen Gesamtbauhöhen führt. Variationen der Querschnitte nach Tabelle 4.6.28 versuchen daher entweder durch Verbreitern der Betondruckzone die Tragfähigkeit des Trägers zu verbessern (Fall 2, 3) bzw. die Gesamtbauhöhe durch Ausklinkungen zu verringern (Fall 4, 5, 6) oder beides zu vereinen (Fall 7). Sämtliche Fälle sind kostenintensiver als Fall 1.

Tabelle 4.6.28: Unterzugsquerschnitte und Deckenauflagerungen von Fertigteilen

Fall	Querschnitt	Vorteile	Nachteile
1	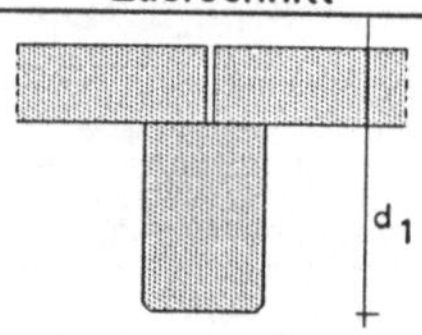 d_1 Reines Rechteck	Einfache Schal- und Bewehrungsform; unkomplizierte Montage	• Bauhöhe
2	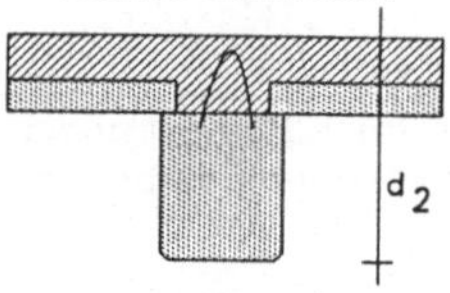 d_2 Plattenbalken	Einfache Schal- und Bewehrungsform; geringere Bauhöhe durch integrierte Platte und verbreiterte Druckzone	Herausstehende Verbundbügel; möglich nur bei Vollplatten nach Fall c, Bild 4.6.25; hoher Ortbetonanteil ist Baufortschritt verzögernd
3	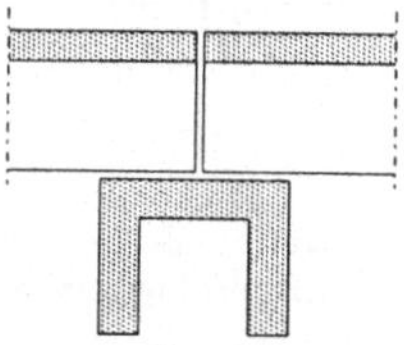 Trog	Große Druckbreite mit verbesserter Tragfähigkeit, geringes Fertigteilgewicht durch Trog	Bauhöhe, erhöhter Schalungs- und Bewehrungsaufwand
4	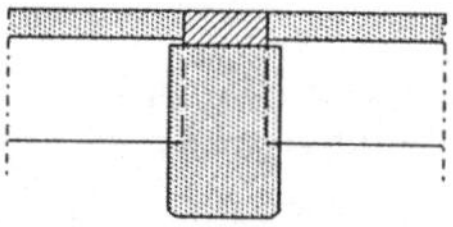 Rechteck mit Einzelaussparungen für TT-Plattenstege	Günstige Schal- und Bewehrungsform; unkomplizierte Montage; geringe Gesamthöhe	Einarbeiten der Aussparungen, aufwendige Verbindung bei einseitig belastetem Randunterzug zur Vermeidung von Torsion
5	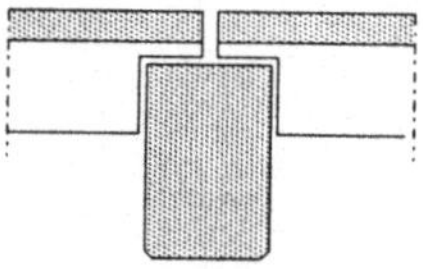 Rechteck, TT-Plattenstege ausgeklinkt	Vermeidet Nachteile von Fall 4 und behält dessen Vorteile bei	Ausklinken der Plattenstege ist querkraftabhängig
6	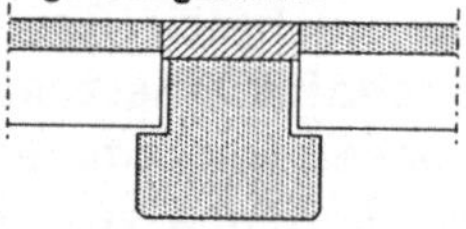 Rechteck mit Linienkonsole	Geringe Gesamtbauhöhe; einfache Montage der TT-Platten	An Randunterzügen vgl.4, Konsolunterbrechung an Stütze, Installationsführung fordert Steglochungen
7	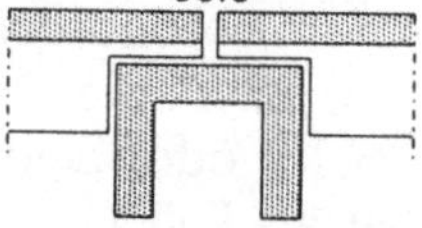	Kombination von 3 und 5	Ausklinken der TT-Plattenstege ist querkraftabhängig

- *Stützen*

Als Standardquerschnitt hat sich die Quadrat- bzw. Rechteckstütze, die über möglichst viele Geschoße (max. L = 30 m) ungestoßen mit gleichem Querschnitt durchläuft, als wirtschaftlichste Form gezeigt.
Rundstützen lassen sich nicht wie Rechteckstützen liegend herstellen.
Daher sind nur begrenzte Höhen möglich und mehrgeschoßige Stützen ausgeschlossen. Der Unterzugsanschluß erfolgt über Konsolen gemäß dem nebenstehenden Bild 4.6.29.

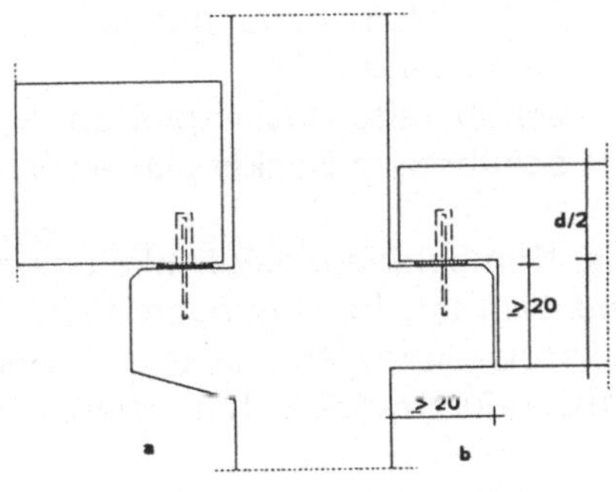

Bild 4.6.29: Unterzugsauflagerung

a Träger aufgesetzt, mit Scherdollen gesichert. Elastomerlager gleicht Unebenheiten aus, sorgt für definierte Lasteintragung. Lösung für Träger mit großen Querkräften (hohe Belastung, große Spannweite).
b Träger ausgeklinkt, mit Scherdollen gesichert. Auflagerabgleich durch Mörtelfuge. Für Träger mit geringen Querkräften, die durch den halben Querschnitt noch abgetragen werden können.
Die angegebenen Konsolabmessungen sind Mindestwerte.

Sonderfälle
Trogplatten lassen sich ohne Unterzüge an ihren 4 Eckpunkten unmittelbar auf Stützenkonsolen absetzen, wenn in einer der beiden Tragrichtungen engstehende Stützen (e = 2,40 m) möglich sind wie beispielsweise in Außen- oder Flurwänden.
Großflächige Deckenplatten, die Lasten nach beiden Richtungen abtragen (kreuzweis bewehrte Decken) können ebenso unmittelbar auf Stützenkonsolen aufgesetzt werden, wie schon in Bild 4.1.3 skizziert.
Ihrer Abmessungen wegen ist die Verwendung allerdings auf Baustellenvorfertigung und das Vorhandensein schwerer Hubgeräte beschränkt. Die Stützenraster können quadratisch bzw. rechteckig bis zu einem Seitenverhältnis von 1 : 1,5 sein. Nebenstehend ist die Untersicht einer Kassettendecke dargestellt, bei der die Kassettenschalung im System verbleibt.

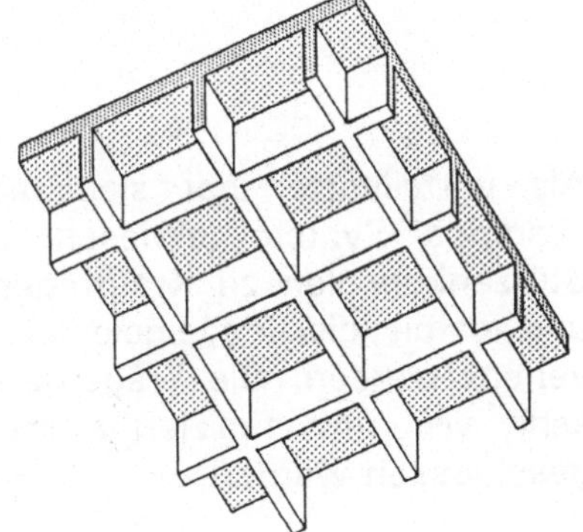

Bild 4.6.30:
Großflächige Kassettenplatte

Zur Aufnahme horizontaler Kräfte stehen bei Stahlbetonfertigteilskeletten folgende Elemente zur Verfügung:

- Stützenfußeinspannungen
- biegesteife Ecken
- schubsteife Deckenplatten + Wandscheiben
- schubsteife Deckenplatten + massive Kerne

Die Kombinationsmöglichkeiten zum Tragwerk sind durch Herstellungs- und Montagebedingungen festgelegt. Da sich die ungestoßenen Rechteckstütze mit Herstell- und Transportlängen bis 30 m als wirtschaftliche Bauart durchgesetzt hat, orientiert man daran die Tragwerksklassifikation.

Tragwerke mit ungestoßenen Stützen bis 12 m Höhe werden als fußeingespannte Gelenkketten ausgeführt; einzelstabilisierte Stützen also, welche die H-Kräfte in beiden Tragrichtungen aufnehmen. Die Deckenträger sind gelenkig aufgelagert, eine Scheibenwirkung der Decke wird nicht erforderlich.

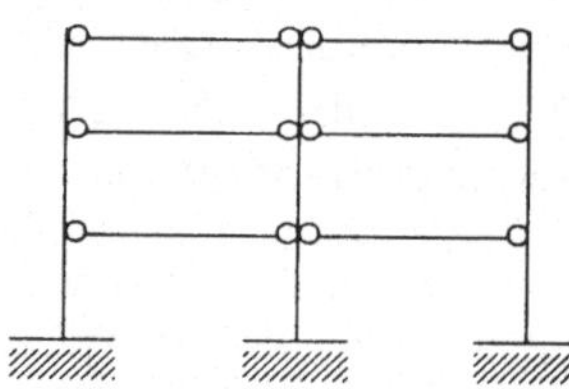

Bild 4.6.31: fußeingespannte Gelenkkette

Tragwerke mit ungestoßenen Stützen bis 30 m Höhe werden für den Montagezeitraum wie vor als Gelenkketten mit eingespannten Stützenfüßen erstellt. Dadurch sind Hilfsstabilisierungen entbehrlich. Zur Aufnahme der Verkehrslasten und der im Ausbauzustand auftretenden H-Kräfte müßten die gelenkig angeschlossenen Riegel nachträglich zu biegesteifen Knoten verbunden werden, was konstruktiv aufwendig und kostenintensiv wäre.

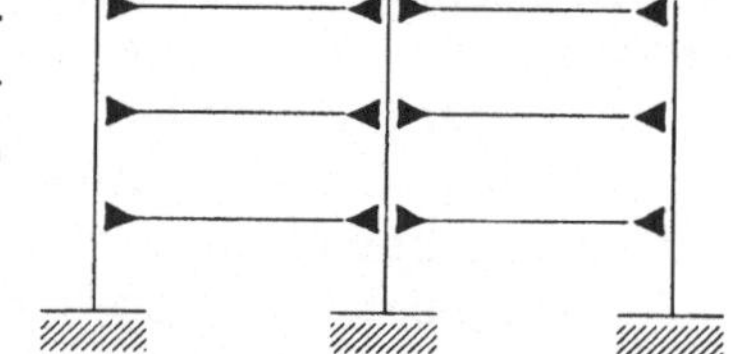

Bild 4.6.32: fußeingespannte Gelenkkette nachtäglich biegesteif

Als vorteilhafter hat sich hier das sog. "Lambda"-System erwiesen, bei dem die Stützenkonsolen zu Kragträgern verlängert und damit die Riegelgelenke in das Feld verlegt werden. Die Trägergelenke können sehr viel unkomplizierter momentenfähig geschlossen werden.

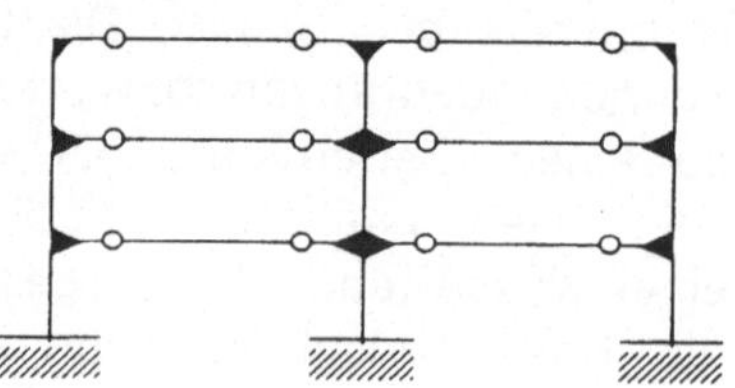

Bild 4.6.33: fußeingespannte "Lambda"-Stützen

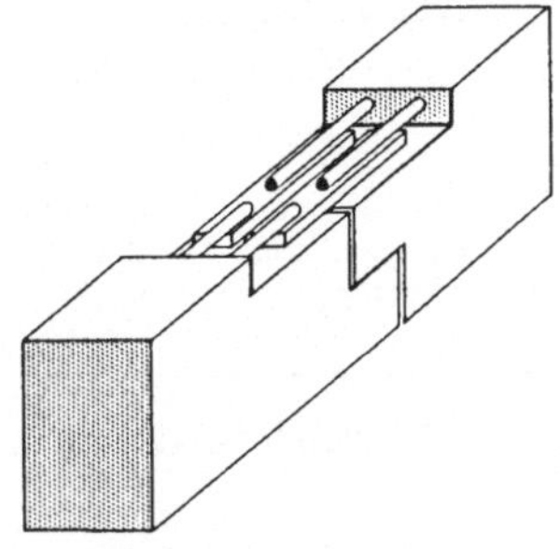

Bild 4.6.34: Trägergelenk, nachträglich verschweißt

In der dargestellten Lösung nach Bild 4.6.34 muß das geschlossene Gelenk im negativen Momentenbereich des Trägers liegen, damit oben Zug entsteht. Der Gelenkspalt im Druckbereich ist durch eine einzuklebende Kontaktplatte zu schließen.
Die herausstehende Bewehrung wird mit örtlich unterlegten Stahlplatten verschweißt, die Aussparung ausgegossen.

Tragwerke mit gestoßenen Stützen sind währnd des Montagezeitraumes instabil und müssen zwischengestützt werden. Ihre Knoten sind biegesteif auszuführen.
Da dies jedoch dieselben Probleme aufwirft wie zuvor, konstruiert man Zweigelenkrahmenstapel, sofern die Transport- und Montagemöglichkeiten dies erlauben bzw. man montiert Γ - und T-Elemente, deren Riegelgelenke analog Bild 4.6.34 verschlossen werden können.

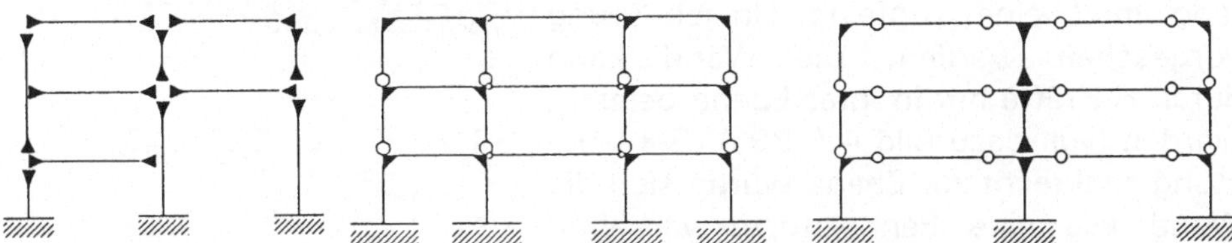

Bild 4.6.35: Variantenlösungen
gestoßende Stützen Zweigelenkrahmenstapel Rahmenteile Γ und T

Gelenkketten mit schubsteifen Deckenfeldern, die sich an Wandscheiben oder massiven Kernen kraftschlüssig anlehnen. Im allgemeinen sind dies die konstruktiv und wirtschaftlich günstigsten Lösungen. Die erforderlichen Fertigteilwandscheiben werden zusammen mit der Skelettmontage eingebaut, der massive Kern als vertikaler Erschließungsturm im vorweg erstellt.

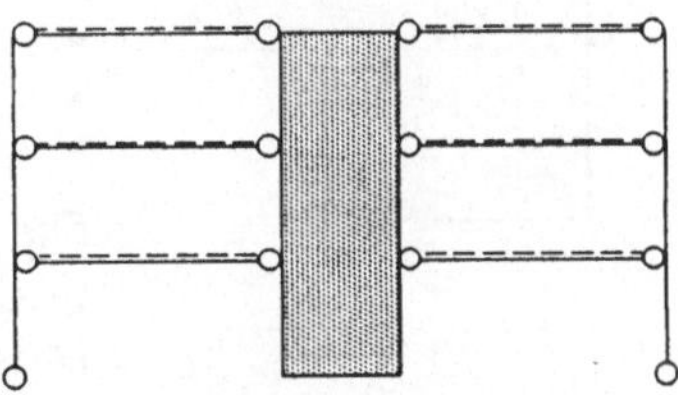

Bild 4.6.36: Gelenkketten mit Decken- und Wandscheiben (Kerne)

Die Lage des Aussteifungskernes orientiert sich an den Lösungen von Bild 4.6.10.

Die günstigste Grundrißposition der aussteifenden Wände ist die nach Bild 4.6.37. Dabei wird der Wind auf die Längswand w_x von den Querwänden W_1 und W_2 aufgenommen, der Wind auf die Querwand w_y von den Längswänden W_3 und W_4. (Siehe hierzu Bild 4.6.38).

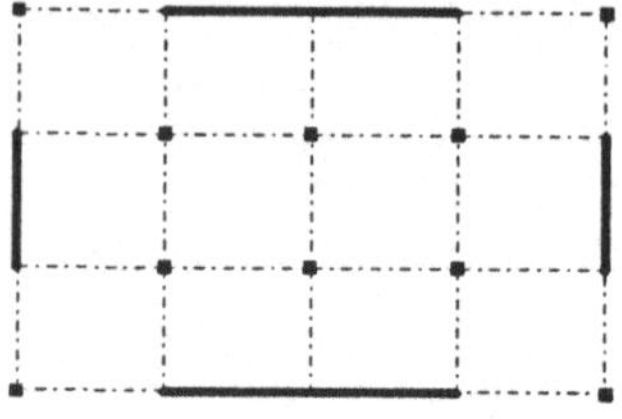

Bild 4.6.37: Wandaussteifung

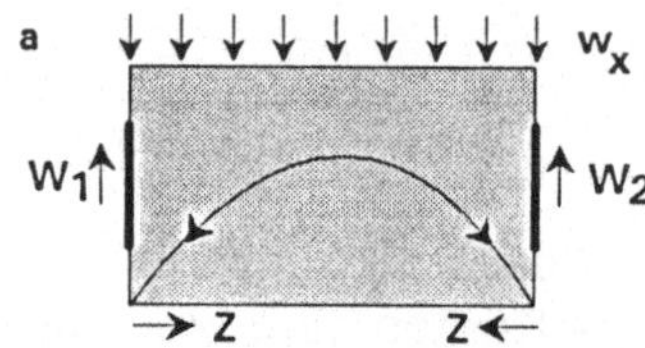

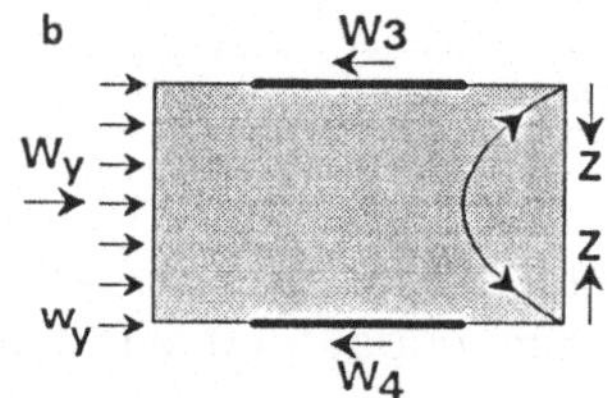

Bild 4.6.38: Windaufnahme bei symmetrischen Wandscheiben

Die Deckenscheibe wirkt dabei wie ein waagrecht liegender Träger, der seine Belastung an die Wandoberkanten als Auflager abgibt. Dazu müssen die Fertigteilelemente in ihren Fugen schubfest verzahnt sein; am Plattenumfang muß eine zugfeste Umschnürung vorgesehen werden. Die Wand kann durch H-Kräfte nur in ihrer Ebene belastet werden (vgl. dazu Bild 4.6.39a). Bei Belastung senkrecht zur Ebene würde sich die Wand wie eine Pendelstütze verhalten und umfallen (Bild 4.6.39b).

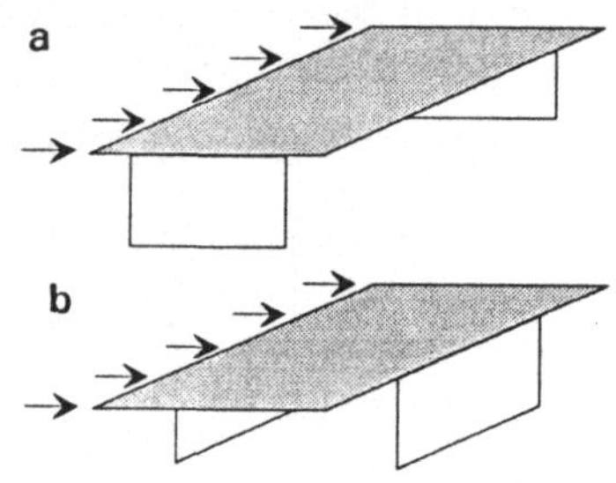

Bild 4.6.39:
H-Kraftableitung durch Wände

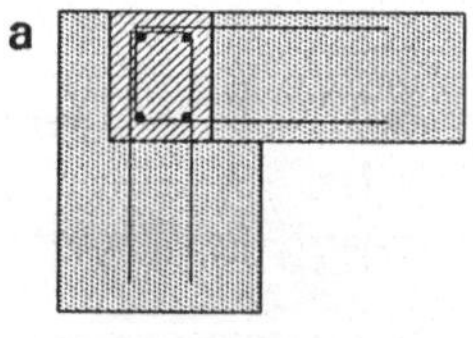

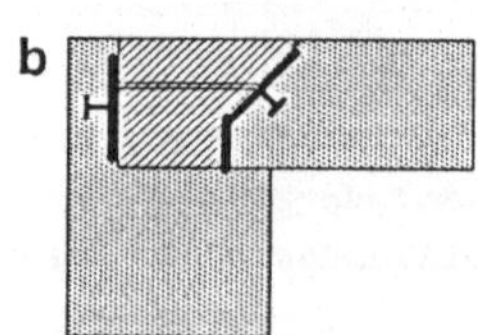

Stabil wäre die Lage nur, wenn

- die Wand am Fuß eingespannt
- zwischen Wand und Decke eine biegesteife Ecke wäre.

Die kraftschlüssige Verbindung zwischen Decke und Wand erfolgt jedoch im allgemeinen nach den Möglichkeiten von Bild 4.6.40, also nicht biegesteif.

Bild 4.6.40: Wand- Deckenanschluß
a mit Bewehrung und Ortbetonverguß
b verschweißte Stahlwinkel in größeren Abständen*

Von den in Bild 4.6.37 dargestellten 4 Wänden kann eine entfallen, ohne die Stabilität zu gefährden. Entfällt z. B. die Wand W4 in Bild 4.6.38, wird der Wind w_x wie zuvor abgetragen. Dagegen muß die Horizontalkraft W_y vollständig von der Wand W_3 aufgenommen werden. Dabei entsteht ein Kräftepaar, das die Deckenscheibe in der dargestellten Richtung des Bildes 4.6.41 verdrehen möchte. Aufgehoben wird diese Verdrehung durch ein Gegenkräftepaar, das in den Wandebenen W_1 und W_2 aktiviert wird. Das System ist damit im Gleichgewicht.

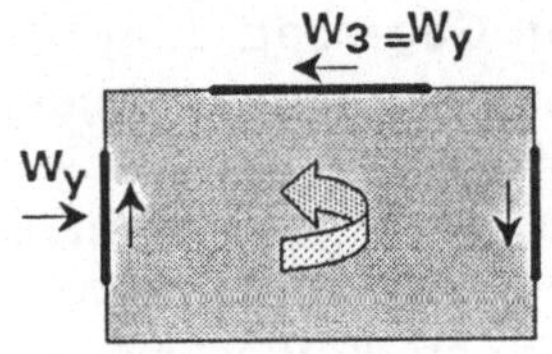

Bild 4.6.41:
Stabilisierung durch 3 Wandscheiben

Auf dieser Lösung beruht auch die Funktionsfähigkeit eines Kernes mit mindestens 3 U-förmig angeordneten Wandscheiben.

Nicht funktionsfähig dagegen ist die Lösung nach Bild 4.6.42. Den sich kreuzenden Wandscheiben fehlt die Verdrehungsstabilität. Unter der Voraussetzung, daß keine der Stützen fußeingespannt ist und Momente aufnehmen kann, läßt sich dieses Tragwerk nicht realisieren.

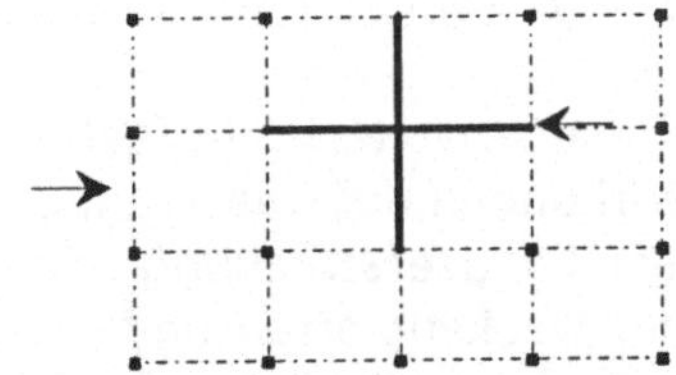

Bild 4.6.42:
Instabile Aussteifung durch Wandscheiben

Gleiches gilt für Wandscheibenanordnungen gemäß den folgenden Bildern. In beiden Fällen schneiden sich die Achsen der Scheibenebenen in einem Punkt, wodurch es unmöglich wird, Verdrehungsmomente durch Kräftepaare aufzunehmen.

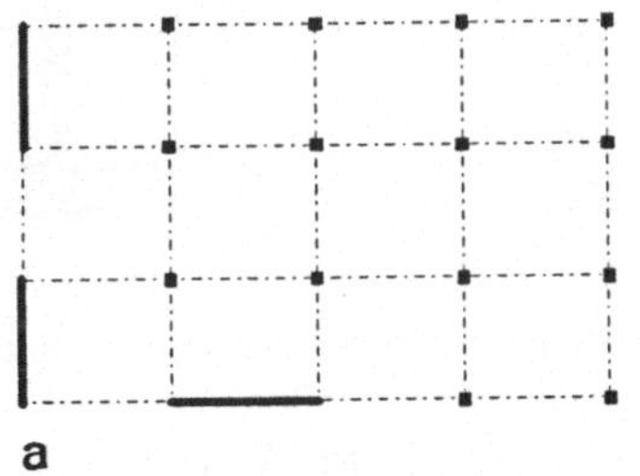

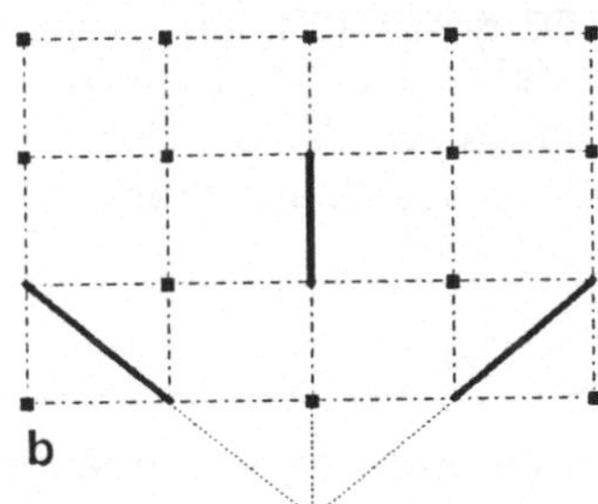

Bild 4.6.43: Instabile Wandscheibenanordnung

5. WANDBAU

5.1 Kriterien

Im Gegensatz zum Skelettbau sind die vertikalen Tragelemente im Wandbau nicht stab- sondern flächenförmig und fungieren dadurch gleichzeitig als Raumhülle. Diese Deckungsgleichheit von Tragwerk und Raumhülle ist im Skelettbau nicht zwingend notwendig wie beispielsweise Bild 4.1.4 beweist, in dem Traggerüst, Dachhaut und Hüllwände sehr unterschiedlich strukturiert sind.
Die mit dem Tragen verknüpfte Hüllfunktion der Wand führt zu einer ganzen Reihe zusätzlicher Aufgaben, welche einzeln oder kumuliert auftreten können:

- Aufnahme horizontaler Kräfte
- Vorhalten von Fenster- und Türöffnungen sowie Installationsschlitzen
- Sicherung des Schall-, Wärme-, Feuchteschutzes
- Gewährleistung ausreichenden Brandschutzes.

Diese erweiterte Aufgabenstellung hat Einfluß auf die Bauart und Rückwirkungen auf das Tragkonzept.
Die Längserstreckung der Wände erlaubt eine unmittelbare Auflagerung der Deckenplatten und vermeidet dadurch die hohen Lastkonzentrationen, wie sie im Skelettbau unter den Stützen auftreten. Wie im Skelettbau erfordert die kontinuierliche Lastabtragung bis ins Fundament jedoch auch das geschoßweise Übereinanderstehen der tragenden Teile. Schon geringe Exzentrizitäten der Tragwände sind kostenintensiv, verändern den Lastabtragungsmodus und stören die Stabilisierungsstruktur des Bauwerkes.

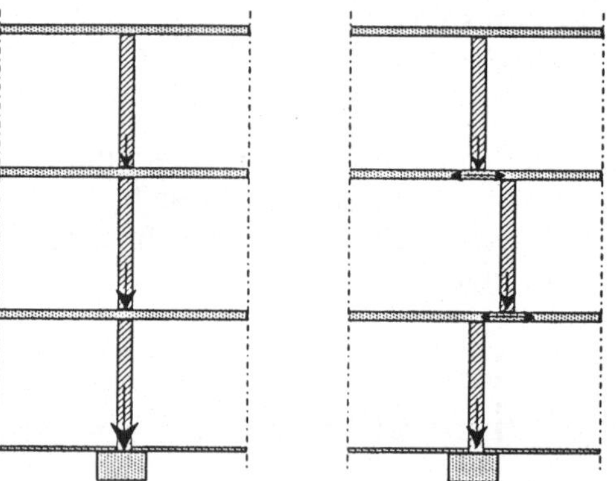

Bild 5.1:
Gestörte Lastabtragung durch ausmittige Wände

Die Stabilisierung der Wandbauten basiert auf einem Verschachtelungsprinzip, in dem die verhältnismäßig dünnen tragenden Wände durch eine ausreichende Anzahl von Querwänden gehalten werden. Da hinsichtlich der geschoßweisen Positionierung solcher Querwände dieselben Forde-

rungen gelten wie für die Tragwände, hat der Wandbau sein Einsatzgebiet vor allem im *Wohnungsbau*, der durch unveränderliche Nutzung und eine organisationsbedingte Vielzahl von Zimmertrennwänden gekennzeichnet ist. Einige dieser Raumtrenner werden für die lasttragenden und aussteifenden Funktionen nicht benötigt und können dadurch geschoßweise flexibel positioniert werden. Ihr Gewicht ist von der darunterliegenden Decke abzufangen (sog. leichte unbelastete Trennwände nach Kap. 2).
Neben den Wänden sind auch die Geschoßdecken zwangsläufig an der erwähnten Schachtelbildung beteiligt. Ihre Spannrichtungen - einachsig bzw. zweiachsig - beeinflußen die erforderliche Anzahl tragender Wände; bauartbedingte fehlende Schubsteifigkeit benötigt zusätzliche Elemente wie *Ringanker und Ringbalken* an den Kanten zwischen Wand und Decke.
Erst das konfliktfreie Zusammenspiel aller beteiligten Elemente ermöglicht die Schachtelwirkung. Dies gilt für sämtliche im Wandbau vertretenen Bauarten: den örtlichen Mauerwerks- und Betonwandbau, sowie die Fertigteilbauweisen des Holz- und Stahlbetonwandtafelbaues, die gewisse entwurfseinschränkende Parameter aufweisen.
Setzt sich das Bauwerk aus einer ausreichenden Anzahl solcher Schachteln zusammen, ist bei Gebäudehöhen bis 20 m kein Stabilitätsnachweis zu führen, solange das Bauwerk ausschließlich durch Wind belastet wird.
Verschachtelungsprinzip und herstellungsbedingte Einschränkungen erzeugen zwei Entwurfsprobleme:

- die Flexibilität von Wohnungsgrundrissen, eine zunehmend gesellschaftspolitische Forderung an den Architekten.
  Zu verstehen ist darunter eine Veränderbarkeit der Raumaufteilung etwa durch Erhöhung der Raumanzahl oder die Zusammenlegung von Räumen.
  Ebenso bezieht sich Flexibilität auf die Veränderbarkeit des Raumvolumens einer Wohnung durch Hinzunahme von Räumen der Nachbarwohnung. Solche Forderungen entstehen sowohl als Folge veränderten Wohnverhaltens wie unterschiedlichen Bedarfs, die im Laufe der Bauwerksstandzeit auftreten.
- Anpassungsfähigkeit der herstellungsbedingten Bauarten an den Entwurf, wie umgekehrt die Fähigkeit des Entwerfenden, seinen Entwurf den herstellungsbedingten Einschränkungen anzupassen.
  Zu verstehen ist darunter das Problem, unregelmäßige Grundrisse entlang ihres Außenumfanges mit Wänden zu umhüllen.

Die geringsten Anpassungsschwierigkeiten dabei haben sicherlich kleinformatige Mauerwerks- und örtlich in Schalung gegossene Betonwände, mit denen auch kleinste unregelmäßige Mauervorlagen erstellt werden können (vgl. Bild 5.2). Je großformatiger die Wandbauelemente werden, desto größer werden die Anpassungsschwierigkeiten. Dies gilt im Prinzip schon für großformatige Mauersteine.

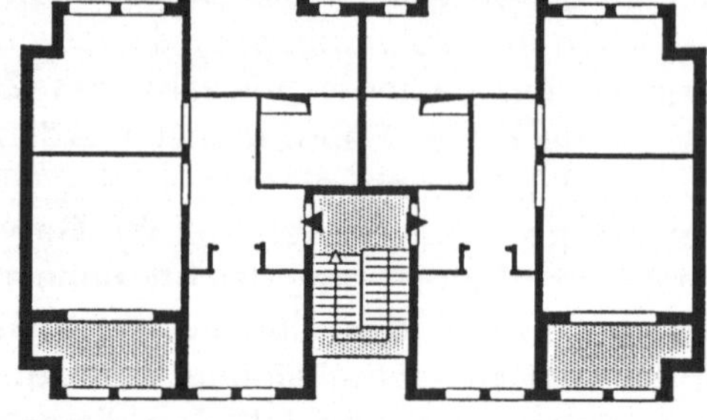

Bild 5.2:
Mauerwerksbau mit unkomplizierter Anpassung an Grundrißverlauf

Der vorgefertigte Wandtafelbau unterscheidet daher zwischen Klein- und Großtafeln, in beiden Fällen raumhohe Wandflächen, nur unterschiedlich in ihren Tafelbreiten: mindestens 1,0 m bei Kleintafeln, raumbreit bei Großtafeln.

Die Anpassbarkeit der Kleintafeln an gegliederte Grundrisse ist gegeben, wenn die Abmessungen der Wandlängen und der Vorsprünge auf das Tafelraster abgestimmt sind. Solche Kleintafeln werden als "offene Systeme" vertrieben, d. h. sie sind universell einsetzbar.

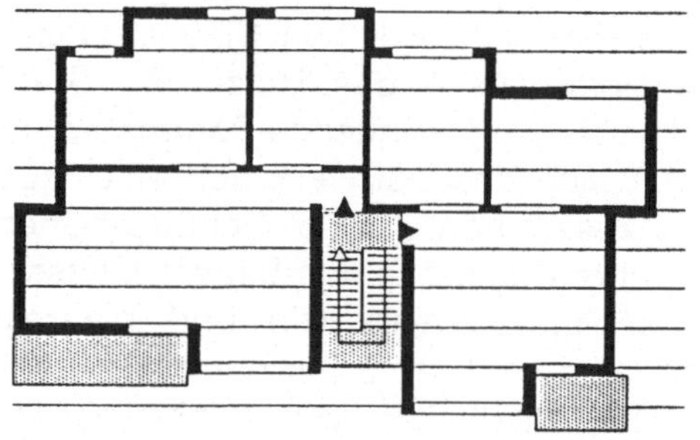

Bild 5.3: Kleintafelbau;
Grundriß abgestimmt auf Tafelraster

Dagegen zählt der Großtafelbau zu den sog. "geschlossenen Systemen", mit denen jeweils auf die Bauweise abgestellte Grundrisse erzeugt werden. Wie Bild 5.4 zeigt, ist trotzdem eine vielgestaltige Fassaden- und Grundrißstrukturierung möglich. Der Einsatz wird wirtschaftlich jedoch nur bei vielen Wohneinheiten und einer gleichzeitig geringen Anzahl unterschiedlicher Elemente.

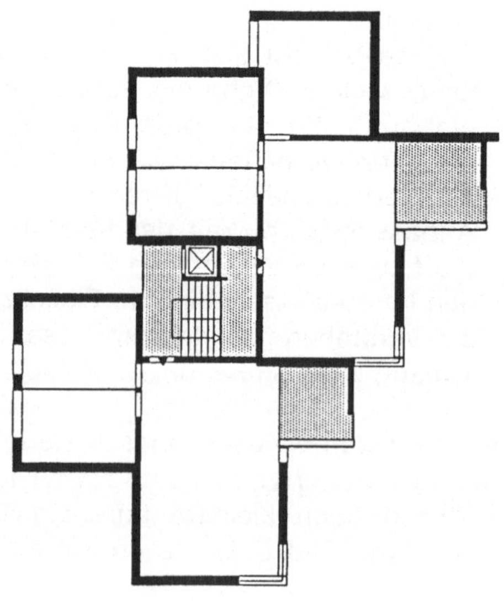

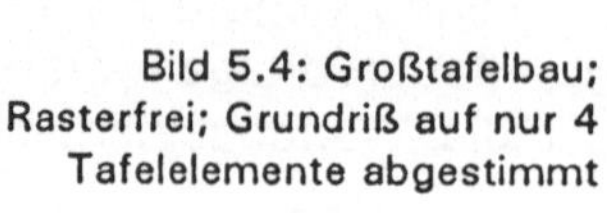

Bild 5.4: Großtafelbau;
Rasterfrei; Grundriß auf nur 4
Tafelelemente abgestimmt

Im Holztafelbau gibt es ebenfalls Klein- und Großtafellösungen, für die ähnliche planerische Überlegungen gelten wie vor. Aus brandschutztechnischen Gründen sind nur zweigeschoßige Lösungen zulässig.
Wie immer jedoch die Ausführung erfolgt, das raumumhüllende Tragwerk besteht stets aus Wand-, Deckenscheiben und Ringankern, die zu einem Flächentragwerk (Faltwerk) zusammengebaut werden und dem Bauwerk Stabilität verleihen. Notwendige Träger und Stützen haben nur lokale Bedeutung, keine strukturelle.

5.2 Verformungsverhalten der Wände

Wände bestehen aus Mauerwerk, aus Beton und Stahlbeton örtlich hergestellt oder aus Fertigelementen und aus Holztafeln. Gemeinsam ist allen, daß sie am Wandfuß *gelenkig* auf der Unterkonstruktion aufsitzen.

Fußeinspannung wäre nur bei örtlich erstellten Stahlbetonwänden ohne größeren Aufwand machbar, indem einfach Bewehrungsstäbe aus der Unterkonstruktion herausstehen. Stahlbetonfertigteilwände müßten in einen kontinuierlichen Fundamentköcher eingestellt oder zwischen fußeingespannten Stützen verlegt werden, wie dies auch bei Mauerwerks- und Holztafelwänden der Fall wäre, sollten sie als unten eingespannt gelten.

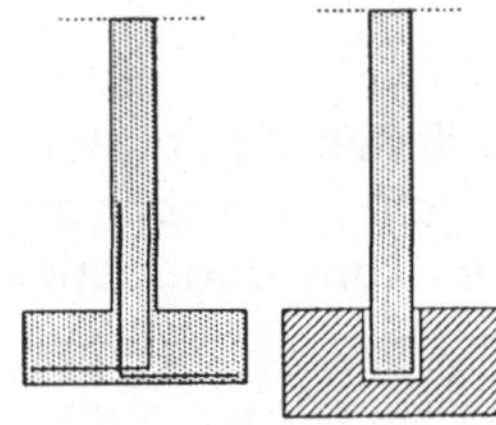

Bild 5.5: Fußeingespannte Stahlbetonwände

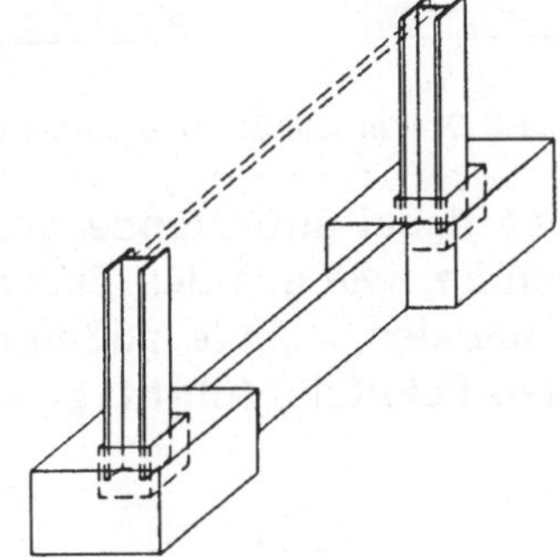

Bild 5.6: Wände zwischen fußeingespannten Stützen

Das statische System der gelenkig aufsitzenden Wände ist instabil. Um V- und H-Kräfte bzw. Momente aus ungewollter Ausmitte oder aus Wandschiefstellungen aufnehmen zu können, muß es stabilisiert werden mit einer Ausnahme: der *Schwergewichtsmauer.*

Bild 5.7: Instabile Wand

Gibt man der Wand ein hohes Eigengewicht und macht sie so dick, daß die Resultierende aller einwirkenden Kräfte in der Bodenfuge nicht näher als d/6 an den kippenden Rand reicht, ist die Wand stabil ohne weitere Maßnahmen.

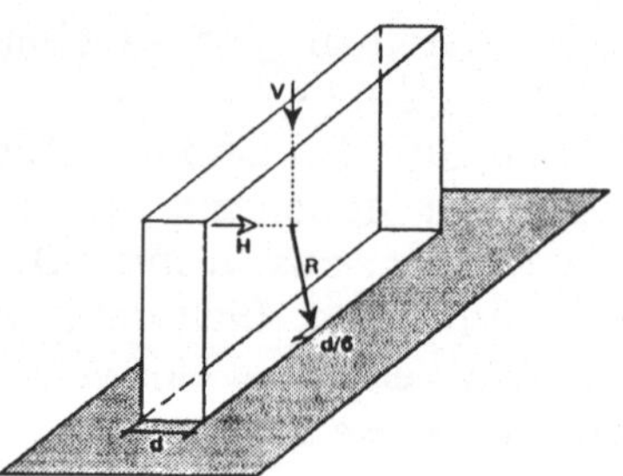

Bild 5.8.: Kippsichere Schwergewichtswand

Der übliche Weg belastete Wände zu stabilisieren ist jedoch der einer seitlichen Abstützung durch Querwände. Die Wände können dann erheblich dünner und leichter gebaut werden als eine freistehende Wand. Lehnen sich die stützenden Querwände nur an die belasteten Wände an, tritt Kippung oder Verschiebung des Systems ein. Um dies zu vermeiden, ist eine *schubfeste Verbindung* längs der stützenden Kante erforderlich. Lösungen hierfür sind in Ziff. 5.5 angegeben.

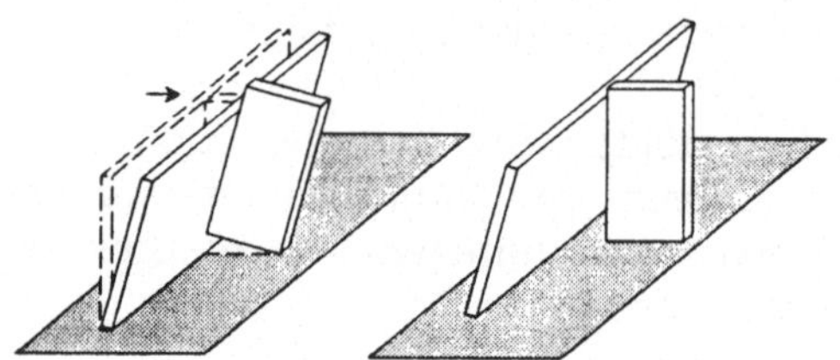

Bild 5.9: Instabilität unverbundener Wände

Das dabei auftretende grundsätzliche Problem aller seitlichen Abstützungen ist, wie aus den Bildern 5.10 ersichtlich, der obere *freie Rand*, der die tragenden Wände außerordentlich knickgefährdet, da er zum ungünstigsten Eulerfall I führt (vgl. Kap. 3.2).

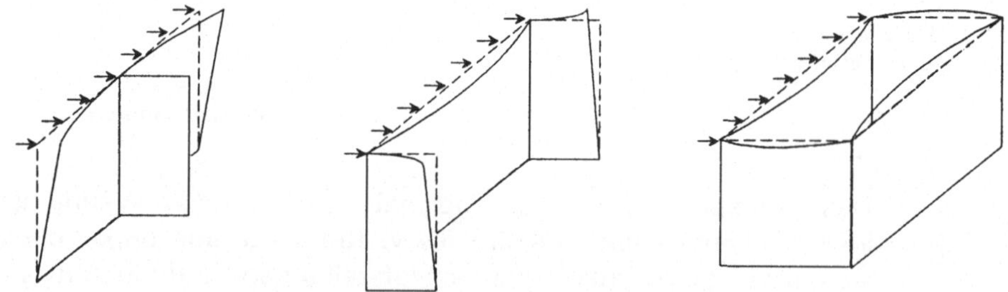

Bild 5.10: Nur seitlich ausgesteifte tragende Wände; Verformung des oberen freien Randes

Dieser freie Rand ist vorhanden, wenn Decken verwendet werden, die in ihrer Flächenebene keine Schubsteifigkeit erzeugen können (im allgemeinen Holzbalkendecken und bestimmte Arten von Fertigteildecken) oder die gleitend aufgelagert werden wie beispielsweise Flachdächer, um Temperaturverformungen zu ermöglichen (vgl. Kap. 2.6).

In solchen Fällen ist ein Ringbalken einzubauen, um die obere, von der Decke belastete Wandkante, unverschieblich zu halten. Dies ist ein in Deckenhöhe oder darunter liegender Stahlbetonträger in Wandstärke, der zwischen zwei aussteifende Querwände spannt und die Wandoberkante an Ausbiegungen hindert. Er ist für angemessene Horizontalkräfte nachzuweisen und entsprechend zu bewehren. Da der Träger infolge dieser Belastung jedoch auch ausgelenkt wird, ist seine Wirksamkeit hinsichtlich der möglichen Spannweite L beschränkt. Als zulässig kann angenommen werden max. $L \sim \leq 30 \times d_{Beton}$, wobei d_{Beton} die Wanddicke ohne die bei Außenwänden notwendige vorgeblendete Wärmedämmung ist.

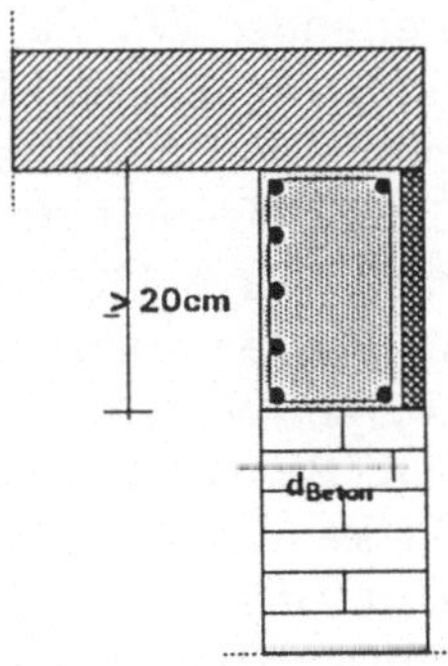

Bild 5.11:
Ringbalken unter Decke
Stützweite $L \leq 30 \times d_{Beton}$

Bei schubsteifen Deckenplatten (z.B. Stahlbetonvollplatten), die mit der Wandoberkante unverschieblich verbunden sind, ist der Ringbalken nicht erforderlich.

Grundsätzlich wird bei allen Wandbauarten eine unverschiebliche obere Wandkante gefordert, um zumindest eine *zweiseitig gelenkig* gehaltene Wandfläche zu erhalten, deren Knickbeanspruchung nach Eulerfall 2 eben sehr viel geringer wird als die nach Fall 1 bei oberem freiem Rand. Eine Versteifung der seitlichen Ränder durch schubsteif angeschlossene Querwände steigert die Tragfähigkeit der sehr schlanken Wände. Man spricht von *dreiseitiger Lagerung*, wenn nur eine aussteifende Querwand vorhanden ist, bzw. von *vierseitiger Lagerung* bei zwei aussteifenden Querwänden. Im Mauerwerksbau dürfen dann Wandfelder mit den in Bild 5.12 angegebenen Längen mit höheren Tragfähigkeiten gegenüber der nur zweiseitig gelagerten Wand bemessen werden.

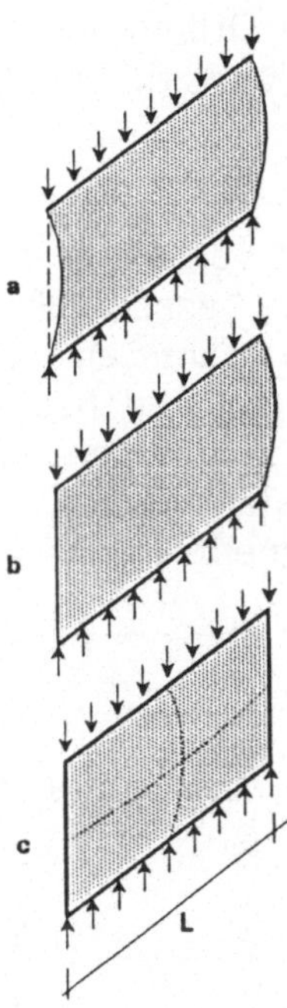

Bild 5.12:
Wandlagerungen
a zweiseitig
b dreiseitig $L \leq 15 \times d_W$
c vierseitig $L \leq 30 \times d_W$

5.3 Die Funktionen der Schachtel

Die Schachtel setzt sich zusammen aus dem Viereck tragender und aussteifender Wände, der Decke und dem Boden. Die waagrechten Bauteile sind, wie aus den Bildern 5.18 - 20 in Kap. 5.4. hervorgeht, üblicherweise mehreren Schachteln gemeinsam als sog. durchlaufende Decken.

Die Abtragung der Deckenlast erfolgt nach Bild 5.13. Die Decke wirkt dabei als *Platte* infolge der senkrecht zu ihrer Ebene wirkenden Lasten. Abhängig von Bauart und Seitenverhältnis der Decke werden diese Lasten entweder über die geringere Breite auf die Längswände geleitet oder auf alle vier Wände.

Diese zweiachsige (kreuzweise) Tragwirkung ist jedoch im allgemeinen nur bei Ortbetondecken und bis zu einem Seitenverhältnis von 1 : 1,5 möglich.

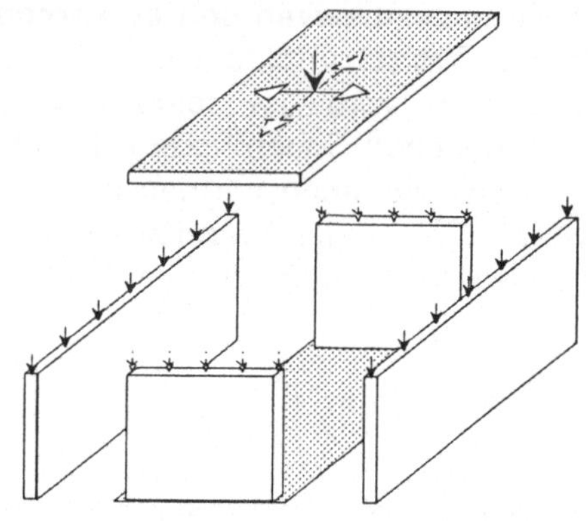

Bild 5.13: Elementbeanspruchungen einer Schachtel durch Vertikallast.

Die von der Vertikallast betroffenen Wände werden in ihren Flächenebenen beansprucht und wirken als *Scheibe*. Die Last wird, je nach Öffnungsanteilen und Länge der Wand, mehr oder minder gleichförmig abgetragen und beansprucht das Wandmaterial auf Ausknicken. Große Öffnungsbreiten und große Wandlängen verursachen durch ungleichförmige Lastabtragungen Zerrbewegungen in der Wand und unterschiedliche Fundamentverformungen.

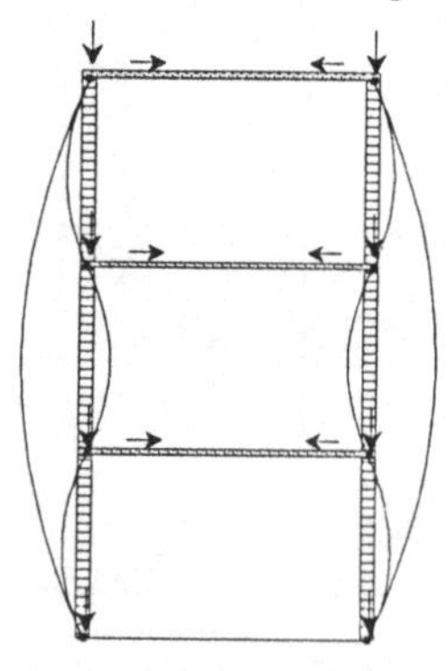

Bild 5.14: Faßreifenfunktion des Zuggurtes

Bei mehrgeschoßigen Bauten sind die Wände über die gesamte Bauwerkshöhe zu sehen. Die dabei auftretende Knickgefährdung (Summenauslenkung in Bild 5.14) würde die üblichen Wanddicken nicht zulassen. Um diese schädliche Verformung zu vermeiden, muß geschoßweise um alle tragenden und aussteifenden Wände ein umlaufender Zuggurt gelegt werden, ähnlich den Stahlreifen um ein volles Faß, damit dies unter dem Innendruck nicht bersten kann. Dadurch wird die ursprüngliche, über die gesamte Bauwerkshöhe reichende Knickfigur, reduziert auf eine geschoßhohe.

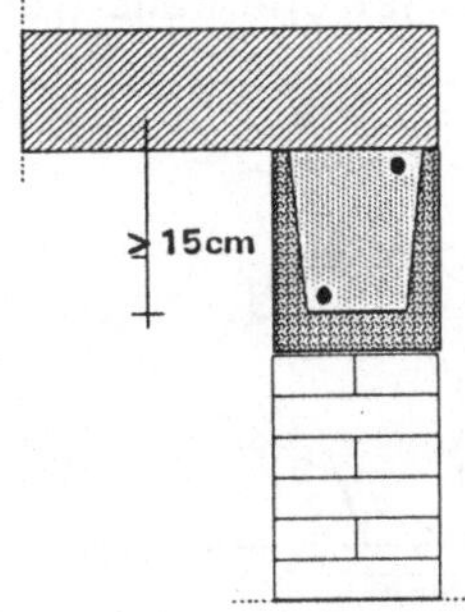

Dieser umlaufende Zuggurt wird als **Ringanker** bezeichnet. Im Regelfall besteht er aus einem Stahlbetonquerschnitt in oder unter der Decke mit kontinuierlicher Rundstahlbewehrung. Bei Ortbetonplatten oder vorhandenen Ringbalken ist er in diese integriert.

Bild 5.15:
Ringanker unter der Decke;
in Leichtziegel- Schalungsstein betoniert

Auf Außenwände einwirkende Horizontalkräfte können sich entsprechend einer Lagerung der Wand nach Bild 5.12 auf den oberen und unteren Mauerrand bzw. auf alle 4 Kanten verteilen. Die Lastanteile, welche auf die Kanten der aussteifenden Querwände treffen, werden von diesen unmittelbar aufgenommen.

Die Kraftanteile, die in die Decken gehen und vergrößert werden durch rechnerisch anzusetzende Seitenkräfte infolge Wandausmitten, können nicht durch die gegenüberliegenden Wände aufgenommen werden, da diese sich einer solchen Belastung gegenüber wie Pendelstützen verhalten, wie schon im Bild 4.6.39 gezeigt wurde. Es kommt folglich nur eine Übertragung auf die Querwände infrage. Dazu aber muß die Decke in sich schubsteif sein. Wäre sie das nicht, würden die einzelnen Deckenteile ungehindert aneinander vorbeigeschoben werden, wenn sie von Horizontalkräften belastet sind. In diesem Fall muß die Decke durch den Ringbalken ersetzt werden, der von Querwand zu Querwand spannt.

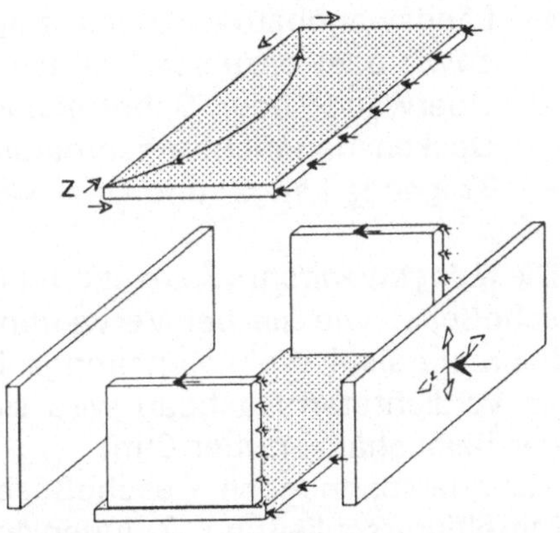

Bild 5.16: Schachtelelemente unter Horizontalkraft; Druckgewölbe in Deckenscheibe und erforderliche Zuggurte

Ist die Decke jedoch schubsteif und verfügt über Scheibenwirkung, wirkt sie wie ein waagrechter Träger, der seine Belastung auf die Querwände als Auflager abgibt. Dadurch baut sich in der Deckenscheibe ein Druckgewölbe auf, wie in Bild 5.16 dargestellt, das schräg auf die Eckpunkte der Scheibe drückt. Diese Druckkraft wird von zwei Zugkomponenten Z in Längs- und Querrichtung ins Gleichgewicht gebracht.

Dieser rings um den Scheibenumfang laufende Zuggurt ist ebenfalls Teilaufgabe des Ringankers.

Die horizontale Auflagerkraft H_1 aus der Deckenscheibe gelangt durch Reibung in die abtragende Wand und in dieser, ebenfalls durch ausreichende Schubsteifigkeit des Wandmaterials, nach unten in die Fuge 1-1. Dort ist die Wand gelenkig gelagert und wird in der skizzierten Form des Bildes 5.17 kippen, wenn die Vertikalbelastung V der Wand zu gering ist oder die Wandbreite b zu kurz, um die Resultierende R weniger als b/6 vom kippenden Rand wegzuhalten.

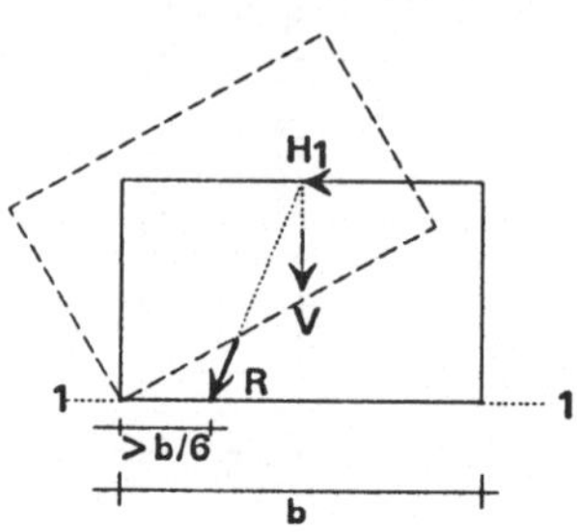

Bild 5.17: Lastabtragung in der Wandscheibe

5.4. Die Bauweisen

Zur Abtragung der Deckenlasten in Wände haben sich drei Bauweisen entwickelt, die bei sämtlichen Bauarten aus Holz- oder Betontafeln und Mauerwerk üblich sind:

- Längswandbauweise mit tragenden Außen- und Mittellängswänden, sowie quer dazu spannenden Decken
- Querwand- oder Schottenbauweise mit tragenden Querwänden und Deckenspannrichtungen parallel den Längswänden
- Tragende Längs- und Querwände mit zweiachsig tragenden Decken.

Die *Längswandbauweise* ist typisch für Mittelflurerschließungen im Geschoßbau, wie sie bei Verwaltungsbauten auftritt oder im Wohnungsbau bei mehr als 4 Wohneinheiten je Treppenhaus.

Im verdichteten Flachbau wird sie im allgemeinen erforderlich bei Breiten der Reihenhäuser über 6 m.

Die querspannenden Geschoßdecken erhalten mindestens 1, im Fall der Mittelflurerschließung 2 Innenlängswandstützungen. Bei Einhaltung der Deckenstützweiten von ca. 6 m überschreiten die erforderlichen Deckendicken 18 cm nicht.

Bei den Außenlängswänden tritt mit zunehmender Geschoßzahl ein Konflikt zwischen ihren tragenden und wärmedämmenden Funktionen auf. Die Lastabtragung fordert hohe Steinfestigkeiten, die nur von Material hoher spezifischer Dichte erbracht wird. Mit zunehmender Dichte aber sinkt die Wärmedämmfähigkeit, sodaß bei mehr als 3 Geschoßen diese Funktionen durch zweischalige Wandbauweisen getrennt werden müssen: eine Hintermauerschale zum Tragen, eine vorgesetzte leichte Schale zum Dämmen. Vergrößert wird das Problem der Lastabtragung durch die Notwendigkeit ihrer Konzentration auf verhältnismäßig kleine Verfügungsflächen, die als Folge der Fensteröffnungen noch übrig bleiben.

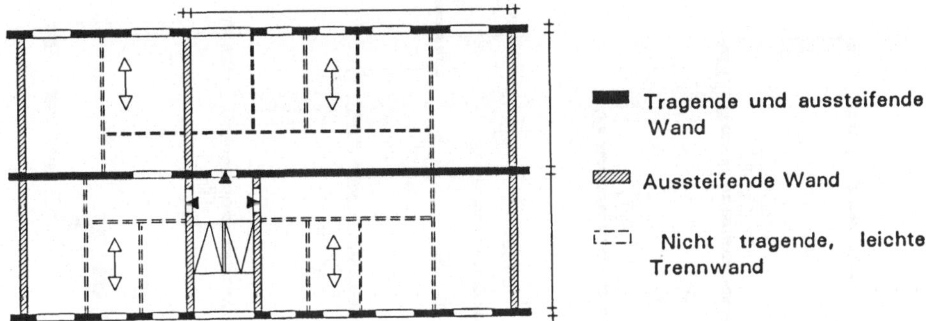

Bild 5.18: Längswandbauweise

Die *Querwandbauweise* ist die am häufigsten anzutreffende Planungsform im Geschoß- und verdichteten Flachbau. Dies gilt für das Organisationsschema der 2 - 4-Spänner, Laubengangerschließungen und Mittelbauten von Reihenhäusern.

Die Bauweise hat einige Vorteile gegenüber dem Längswandbau:

- die Konzentration der Lasten auf die Innenquerwände ist mit weniger Konflikten behaftet als bei den Außenlängswänden. Diese Wände sind geschlossener, erfordern keine Wärmedämmung, weisen aufgrund ihrer Masse gute Luftschalldämmung und Wärmespeicherfähigkeit auf.
- Nicht tragende Innen- und Außenwände können nach Fertigstellung des Rohbaues errichtet werden, unter Umständen in Trockenbauweise, was die Ausbauzeiten verkürzt.
- Die Außenwand ist frei von statischen Zwängen in ihrem gestalterischen und bauphysikalischen Konzept.
- Das Offenhalten der Fassade ermöglicht bei abgestimmter Grundrißplanung den Einsatz rationeller Großflächenschalungen, was die Rohbauzeiten verkürzt.
- Querwandbauten erfordern bei gleicher Wohnungsgröße geringere Wandflächen als Längswandbauten, bezogen auf die Summe aller tragenden, aussteifenden und nichttragenden Trennwände. Der Flächenzugewinn liegt zwischen 8% bei Zwei-Zimmer-Wohnungen und bis zu 14% bei ≥ 5-Zimmer-Wohnungen.

Wirtschaftliche Deckenstützweiten und -dicken ergeben sich wie bei Längswandbauten. Probleme bezüglich der erforderlichen Deckendicke können auftreten, wenn Querwände gleichzeitig Wohnungstrennwände sind und die Decken aus Gründen der Luftschalldämmung Fugen erhalten, was ihre Durchlaufwirkung unterbricht.

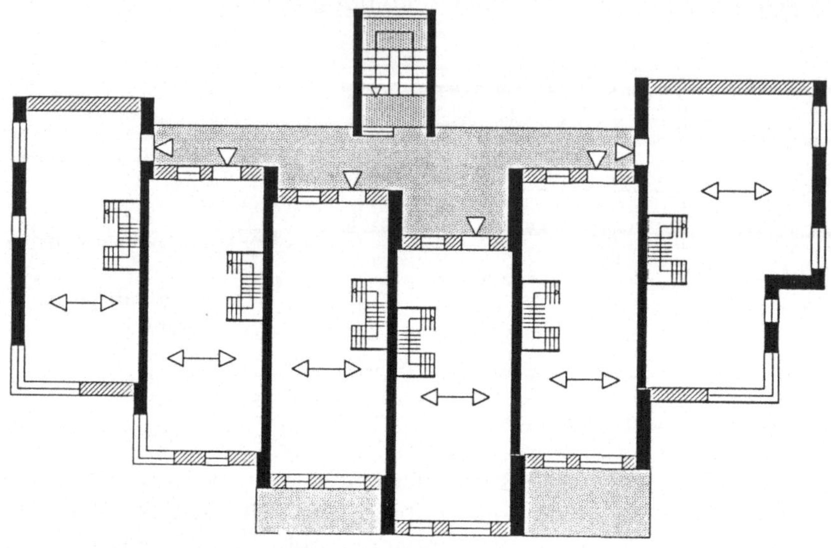

Bild 5.19: Querwandbauweise (Schottenbauweise)
Laubengangerschließung mit Maisonette-Wohnungen; Längswände aussteifend.

Tragende Längs- und Querwände haben als notwendige Voraussetzung für ihren Einsatz die Wahl einer zweiachsig tragenden Deckenplatte, was in der Regel nur mit Ortbetonkonstruktionen möglich ist. Die Bauweise läßt einige Vorteile der Schottenbauweise vermissen. Sie ist jedoch prädestiniert für vielgeschoßige Wohnungsbauten oder für Häuser, die auf weniger tragfähigem Baugrund mittels Fundamentplatten gegründet werden müssen.
Als Folge der großen Anzahl tragender Wände

- wird das Bauwerk wesentlich verformungssteifer als bei allen übrigen Bauweisen
- verteilt sich die Gesamtlast gleichmäßiger auf den Grundriß
- erhalten die tragenden Bauteile geringere anteilige Lasten
- können die zweiachsig tragenden Decken wirtschaftlicher ausgeführt werden.

Andererseits ist der kombiniert tragende Grundriß weniger veränderbar als der der beiden übrigen Bauweisen, da die tragenden Wände nicht beliebig aufgebrochen werden können ohne das fehlende Deckenauflager durch Unterzüge und Stützen zu ersetzen.

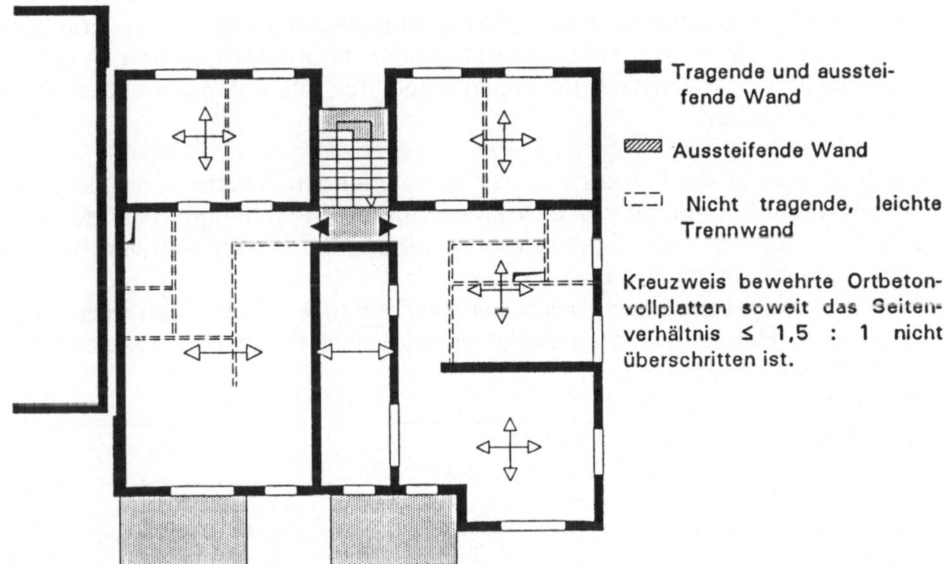

Bild 5.20: Tragende Längs- und Querwände

Die Einsatzbereiche der einzelnen Bauweisen werden im wesentlichen bestimmt vom Gebäudetyp und der Geschoßanzahl.

Gebäudetypen:

- Verdichteter Flachbau mit Einfamilien-Reihenhäusern
- Geschoßbau als Spännerhäuser mit 2 - 4 Wohneinheiten je Geschoßebene und Treppenhaus bzw. als Laubenganghäuser mit einem den Wohnungen vorgelagerten zentralen Zugang.

Geschoßzahl

Sie ist mit einigen baurechtlichen Auflagen verknüpft, die das Tragwerk berühren:

- ab 6 Wohngeschoßen sind Aufzüge zusätzlich zu den Treppen erforderlich
- ab 7 Wohngeschoßen (≥ 20 m über Gelände) sind Standsicherheitsnachweise erforderlich. Es genügt nicht mehr die Angabe, daß das Bauwerk durch eine entsprechende Anzahl von Querwänden ausreichend ausgesteift ist.
- Liegt der Fußboden des obersten Wohngeschoßes ≥ 22 m über Gelände (8 Geschoße à 2,75 m) sind Hochhausrichtlinien verbindlich.

In sämtlichen 3 Fällen sind die Auflagen für das Tragwerk positiv zu sehen:

Der erforderliche Einbau von Aufzügen steigert durch den dreiseitig geschlossenen Stahlbetonschacht die Steifigkeit des vertikalen Erschließungskernes; die in den Hochhausrichtlinien geforderten langen Feuerwiderstandszeiten lassen sich im allgemeinen nur mit entsprechenden Bauteildicken erreichen.

Eine Antwort auf die Frage nach der ausreichenden Anzahl von Querwänden bei Wohnbauten bis zu 6 Vollgeschoßen ist abhängig von der Geschoßzahl, da die nach Stabilisierung verlangenden Horizontalkräfte mit wachsender Geschoßzahl zunehmen.
Die max. zweigeschoßigen Einfamilien-Reihenhäuser sind in den Mittelbauten bis 6 m Hausbreite reine Schottenbauweise, meist mit zweischaliger Wohnungstrennwand und Deckenfuge, sodaß jede Wohneinheit für sich standsicher sein muß. Bild 5.21 zeigt ausreichende Aussteifungslösungen, wie sie sich in Abhängigkeit der Treppenanlage ergeben. Mittelbauten mit mehr als 6 m Hausbreite erhalten zusätzlich Zwischenschotten oder Innenlängstragwände und werden dadurch verformungssteifer.

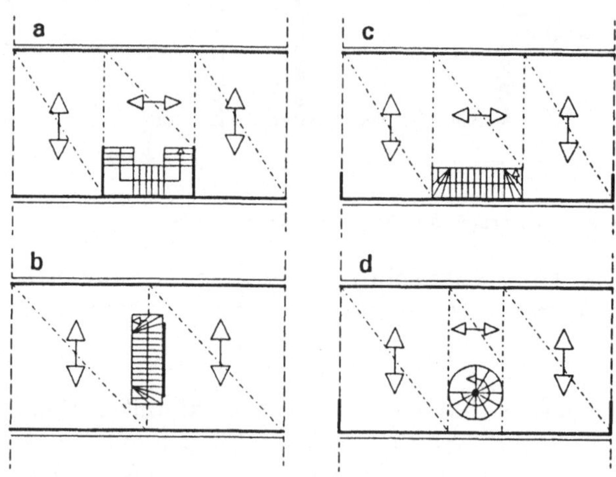

Bild 5.21: Aussteifung von Reihenhäusern

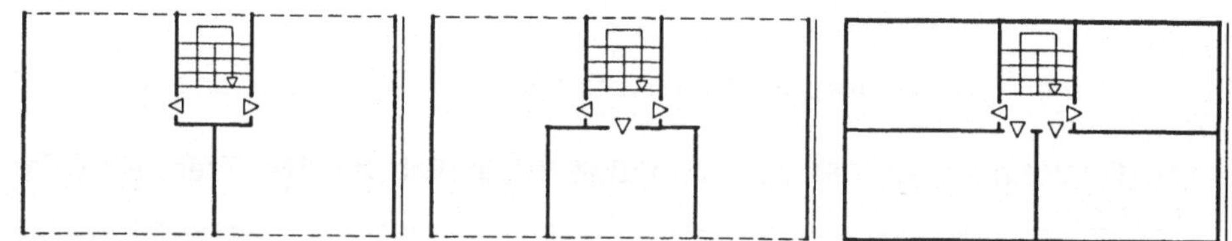
Bild 5.22: Wohnungstrennwände als Tragwände bei
a Zweispännern b Dreispännern c Vierspännern in Reihe

Spännerbauten sind meist in Querwandbauweise konzipiert. Mit zunehmender Anzahl der Wohneinheiten je Geschoß steigt die Anzahl der erforderlichen Wohnungstrennwände, die zum Tragen herangezogen werden. Wie die Strukturbilder 5.22a, b zeigen, sind die End- und Zwischenschotten an ihren Endpunkten nicht gehalten, wenn man die Außenlängswände als nichttragend unterstellt. Es müssen entweder anstoßende Zimmertrennwände zur Aussteifung verwendet oder in den Außenwänden Endflansche (b ≥ lichte Geschoßhöhe/5) angebracht werden, wie dies angedeutet ist. Im übrigen können sämtliche Zimmertrennwände als nichttragende leichte Trennwände ausgeführt werden.

Bei 4-Spännern in Reihenbauweise nach Bild 5.22 c wechselt die Spannrichtung der Decke. Das Tragkonzept geht entweder über in eine Längswandbauweise, bei der die Endschotten nicht tragen oder in einen kombinierten Längs- und Querwandbau, der kreuzweis bewehrte Decken erfordert.

Ebenfalls reine Schottenbauweisen sind Laubenganghäuser, die im allgemeinen als Maisonette-Wohnungen entworfen werden. Die Längsaußenwand am Laubengang ist vielfach Tragwand für den auskragenden Gang. Andernfalls gilt das zuvor gesagte für die freien Schottenden (vgl. hierzu Bild 5.19).

Einen Sonderfall stellt Bild 5.23 dar, eine Lösung in Zellenbauweise (Rahmenkonstruktion). Der völlig freie Grundriß kann mit großflächigen Tunnelschalungen eingerüstet werden. Wände und Decken bestehen aus Stahlbeton, wodurch eine Spannweite von 7,50 m bei üblichen Deckenstärken möglich ist. Unveränderlich positioniert ist nur die Sanitärzelle. Zimmeraufteilung erfolgt nach Nutzervorstellungen.

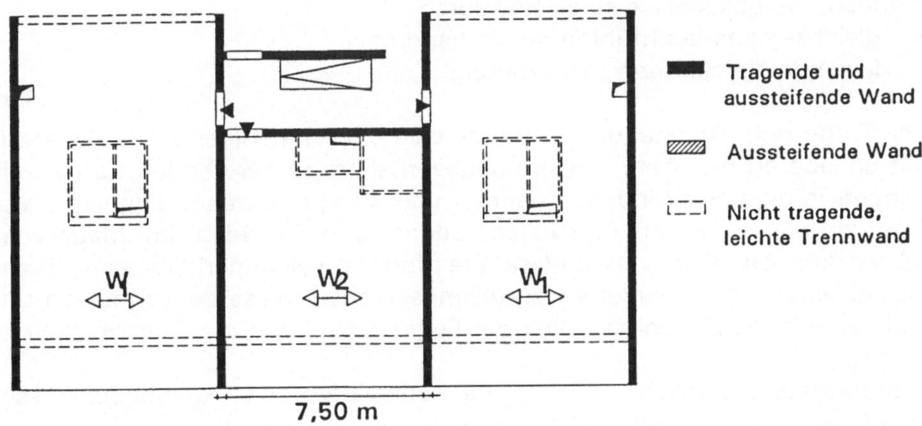

Bild 5.23: Raumzellenbauweise; Außenwände und sämtliche Zimmertrennwände nachträglich eingebaut (NH-Nord, Hamburg 1981)

Bei Wohnhäusern mit mehr als sechs Vollgeschoßen, die als Wandbau errichtet werden, ist die Verschachtelungsstruktur ausschließlich durch die kombinierte Längs- und Querwandbauweise mit zweiachsig tragenden Decken zu erlangen.

5.5 Die Bauarten

Im Wandbau stehen, in der Häufigkeit ihrer Verwendung, zur Verfügung:
- Mauerwerk und Ortbeton kombiniert mit Stahlbeton- und Holzbalkendecken
- Stahlbetonfertigteiltafeln
- Holztafeln.

Der jeweilige Einsatzbereich hängt neben der in Kapitel 5.1 schon angedeuteten Anpassungsproblematik an die Grundrißgestaltung von Wirtschaftlichkeitsüberlegungen ab, darüber hinaus beim Beton heute von ökologischen und beim Holz von normengebundenen Einschränkungen.

5.5.1 Mauerwerksbau

Tragfähigkeit und Schubsteifigkeit einer Mauerwerkswand sind das Ergebnis der Baustoffwahl, der Wanddicke, des lot-, flucht- und waagrechten Mauerwerksverbandes mit einheitlichen Lager- und Stoßfugen. Hinzu kommt die notwendige kraftschlüssige Verbindung mit den aussteifenden Wänden, die üblicherweise erfolgt durch
- gleichzeitiges hochführen im Verband bzw.
- liegende Verzahnung (Abtreppung).

Bei Trag- und Aussteifungswänden sind zweckmäßigerweise Baustoffe mit annähernd gleichem Verformungsverhalten zu verwenden, um Zwängungen infolge Schwinden, Kriechen und Temperaturänderungen zu verhindern, die zu Spannungsumlagerungen und Schäden im Mauerwerk führen können. Das verwendete Steinformat soll innerhalb einer Wand gleichbleiben, um einerseits Herstellungserschwernisse zu vermeiden und andererseits die Gleichmäßigkeit der Fugen und damit die Tragfähigkeit zu erhalten.
Kleinformate ermöglichen eine große Variabilität der Längenmaße, passen sich Grundrißstrukturen am besten an.
Mit wachsendem Steinformat schwindet diese Variabilität. Abweichungen im Grundriß von der Maßordnung führen zu notwendigen Korrekturen in der Fugenbreite oder zum Einsatz zurechtgeschlagener Steine und verrin-

gern dadurch die Mauerwerksqualität. Die Verwendung großformatiger Mauersteine beschränkt den Grundriß in seinen Freiheitsgraden auf die strikte Einhaltung ihrer Maßordnung, wenn die mit ihrem Einsatz verbundenen Vorteile der Arbeitsrationalisierung nicht verlorengehen sollen. Tragende und aussteifende Mauerwerkswände müssen, wie schon in Kap. 5.2 erläutert, am oberen Rand unverschieblich festgehalten werden. Ohne zusätzliche konstruktive Maßnahmen ist dies nur bei Decken mit Scheibenwirkung (Stahlbetondecke in Ortbeton) möglich. In allen anderen Fällen (Decken aus Stahlbetonfertigteilen, Holzbalkendecken) müssen innerhalb der Decke bestimmt Maßnahmen erfolgen und über den Wänden Ringanker eingebaut werden, um Scheibenwirkung zu erzielen. Bei Decken ohne Scheibenwirkung oder Decken, die durch eine Gleitfuge von der Wand getrennt sind, werden Ringbalken erforderlich (s. Kap. 5.2). Zur Unverschieblichkeit der Wandoberkante gehört auch eine kraftschlüssige Verbindung zur Decke. Bei Stahlbetondecken erfolgt dies durch Haftreibung, bei Holzbalkendecken sind entsprechende Zuganker notwendig.

Ortbetonwände im Zusammenwirken mit örtlichen Stahlbetondecken sind biegesteife Konstruktionen (Rahmen), die hinsichtlich ihres Tragvermögens, der zulässigen Deckenspannweiten und ihrer räumlichen Stabilität nicht durch Mauerwerk ersetzt werden können (Raumzellen). Wirtschaftlich sind sie bei der Einsatzmöglichkeit großflächiger Tunnelschalungen, wie beispielsweise bei dem Bauvorhaben in Bild 5.23. Ohne zusätzliche Bekleidungen und Wärmedämmung kommen Wände aus Normalbeton nur als tragende oder aussteifende Innenwände infrage. Für den Einsatz als Außenwand muß die Wand bei einschaliger Ausführung aus Leichtbeton hergestellt werden.

Eine weitere Variante stellen *Mantelbauweisen* dar, bei denen wärmegedämmte Schalungssteine aus Holzspanbeton, Hartschaum, Leichtbeton im Verband lose aufeinandergesetzt und mit Beton gefüllt werden. Für hochbelastete Wände sind Bewehrungseinlagen zusätzlich möglich.

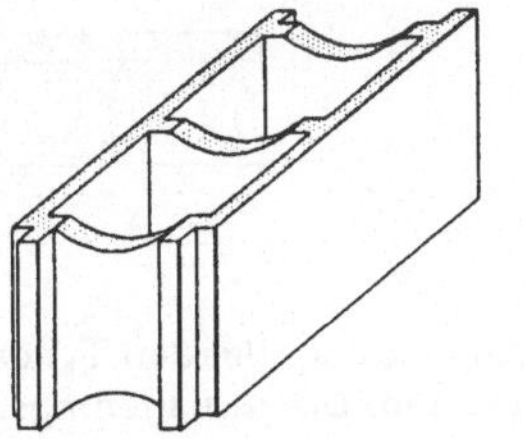

Bild 5.24: Wärmegedämmte Schalungssteine

Werden solche Konstruktionen ausschließlich in Außenwänden berücksichtigt, ergeben sich Verbundprobleme im Zusammenhang mit gemauerten Aussteifungswänden und Widrigkeiten bei sehr unterschiedlichem Baustoffverhalten.

Örtliche Stahlbetondecken

Tabelle 5.25: Prinziplösungen für Ortbetondecken

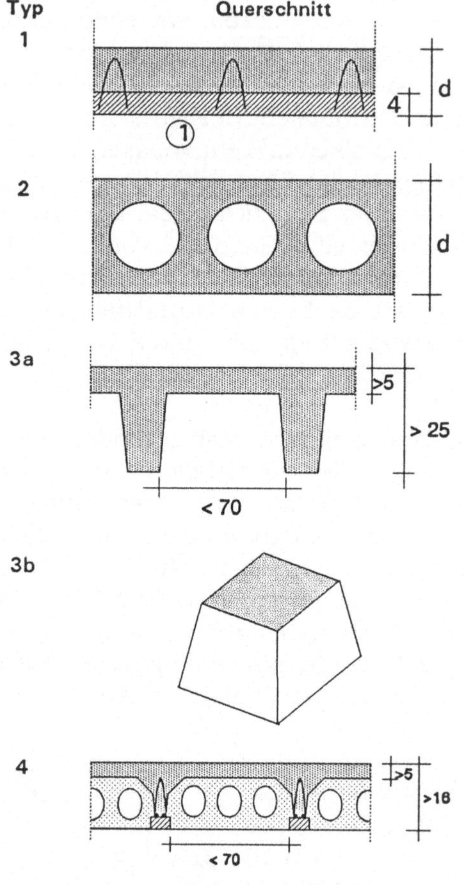

Typ	Ausführung
1	Vollbetonplatte auf Schalung oder auf 4 cm vorgefertigter Stahlbetonunterschale mit integrierter Bewehrung (1). Deckendicken 7 <d (cm) < 20
2	Hohlplatte mit in die Schalung eingelegten Verdrängungskörpern, die kreisrund oder rechteckig sein können. Wirtschaftliche Lösungen ab d >25cm.
3a	Rippendecken mit lichter Weite zwischen den Stegen ≤ 70 cm, hergestellt mit Schalungen in Trogform, die nach Betonerhärtung wiedergewonnen werden oder als verlorene Schalung in der Konstruktion verbleiben. Für Deckendicken d ≥ 25 cm.
3b	Kassettenschalung mit lichten Basisweiten ≤ 70 cm anstelle der langgestreckten Trogformen nach Ziff.3a. Die entstehende Rippendecke trägt nach zwei Richtungen. Deckendicken wie vor.
4	Fertigteildecke bestehend aus Stahlgitterträgern mit massivem oder Holzfuß, zwischen den Trägern verlegten Hohlkammersteinen und örtlichem Rippenbetonverguß, gegebenenfalls mit zusätzlicher Ortbetonplatte.

Anmerkung: Bei den Typen 2 - 4 dürfen die Einbaukörper nicht in die tragende Wand geführt werden. Die Auflagerungsbreite dieser Decken über den tragenden Wänden wird in Vollbeton hergestellt.

Mögliche zweiachsige Bewehrung:	Typen 1, 2, 3b.
Vorhandene Lastquerverteilung:	Typen 1, 2, 3b. Bei den Ausführungen 3a und 4 müssen sogenannte Querrippen gemäß DIN 1045 zusätzlich eingebaut werden.
Ansetzbare Scheibenwirkung:	Typen 1, 2, 3a, 3b Bei Typ 4 nur zulässig nach Einbau einer oberen Ortbetonplatte d ≥ 5 cm.

Örtliche Holzbalkendecken bestehen aus Einzelbalken in Abständen von $60 \leq e$ (cm) ≤ 80 mit quer dazu aufgenageltem, aufgeschraubtem, geklammertem Laufbelag aus Brettern bzw. Flachspan- oder Baufurnierplatten.

Die Konstruktion erbringt in dieser Form weder ausreichende Querverteilung der Lasten noch Scheibenwirkung. Daher sind Ringbalken in jedem Fall erforderlich, wobei anstelle eines Stahlbetonquerschnittes auch ein Gurtholz herangezogen werden kann, sofern dies zugfest und entsprechend mit dem Mauerwerk verankert ist. Die ebenso notwendige kraftschlüssige Verbindung der Holzbalken mit dem Ringbalken erfolgt durch Stahlwinkel und Schrauben.

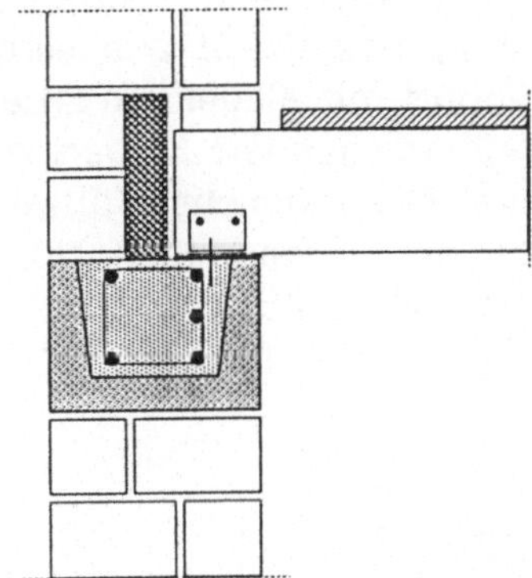

Bild 5.26: Anschluß Deckenbalken an Ringbalken durch Winkel und Schrauben Ringbalken in LB-Schalungsstein

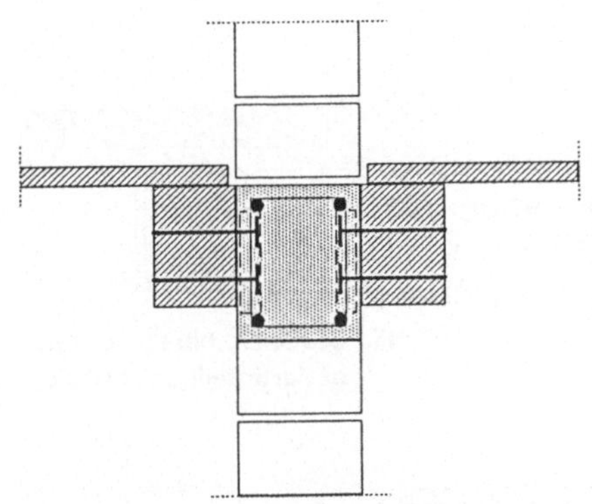

Bild 5.27: Anschluß Streichbalken mit Ankerschienen und Hammerschrauben an Ringbalken in aussteifender Querwand

Bei rechnerischem Nachweis der Verankerungen und der Verbindung des Plattenbelages mit den Balken kann die Decke zur Scheibenwirkung herangezogen werden. Dabei sind Span- oder Furnierplatten günstiger, weil biegesteifer als Bretter. Bei in Anspruch genommener Scheibenwirkung muß der neben der aussteifenden Querwand liegende Streichbalken mit dem Ringbalken kraftschlüssig verbunden werden.

Scheibenunterbrechungen

Wandöffnungen entstehen durch Unterbrechung der vertikalen Lastabtragung bei Fenster- und Türöffnungen. Die Lasten sind durch Träger abzufangen. Die Öffnungen stören die Scheibenfunktion der Wand durch auftretende Zerrbewegungen. Auch zur Aufnahme solcher Zwänge ist der multifunktionale Ringanker erforderlich.

Träger unter Decken und Wänden werden als *Sturz* bezeichnet, wenn sie in das Mauerwerk eingebunden sind. Bei kleineren Stützweiten wird eine Verbundkonstruktion gewählt, bestehend aus einem einbetonierten Zuggurt mit Ziegelummantelung (1) und dem darüberliegenden Mauerwerk (2) als Druckgurt. Die mögliche Stützweite ist abhängig von der vorhandenen Höhe der Übermauerung (Bild 5.28).

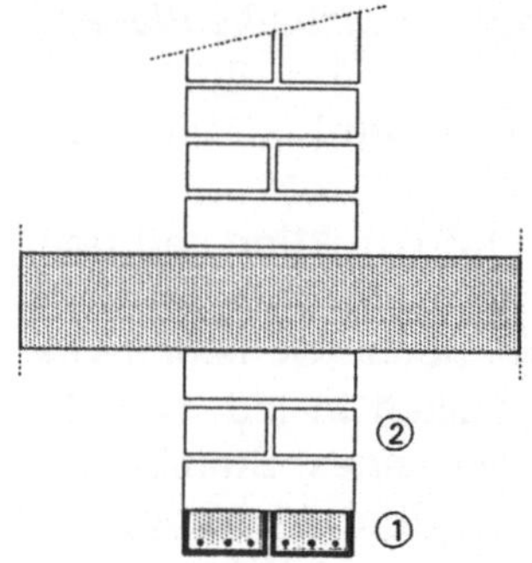

Bild 5.28: Beton-Ziegelsturz

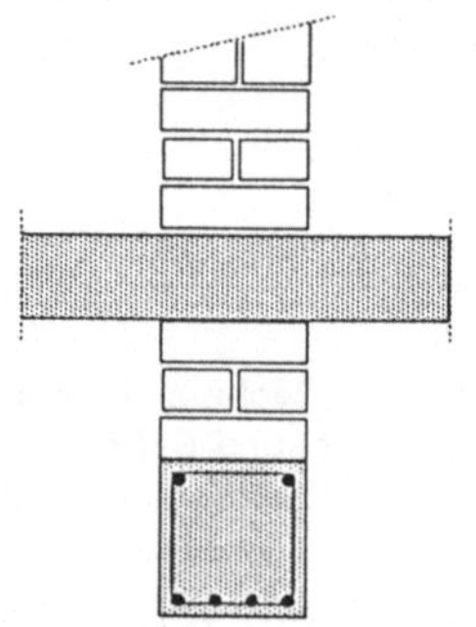

Bei größeren Lasten bzw. Stützweiten werden Stahlbetonstürze mit Rechteckquerschnitt verwendet (Bild 5.29).

Bild 5.29: Stahlbetonsturz

Der *Unterzug* ist ein Träger, der unmittelbar unter der Decke liegt. Bestehen Decke und Unterzug aus Fertigteilen, entsteht zwischen beiden eine Schubfuge; der Träger wirkt als reiner Rechteckquerschnitt.

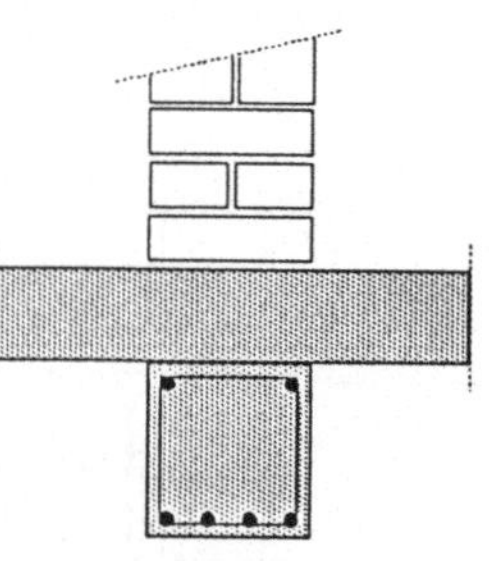

Bild 5.30: Stahlbetonunterzug in Fertigteilkonstruktionen

Bei Verwendung von Fertigteilträgern mit Ortbetondecken läßt sich die Schubfuge vermeiden durch Einlegen von Schubbügeln im Unterzug. Es entsteht ein Verbundquerschnitt mit günstigeren Trageigenschaften als vorher.

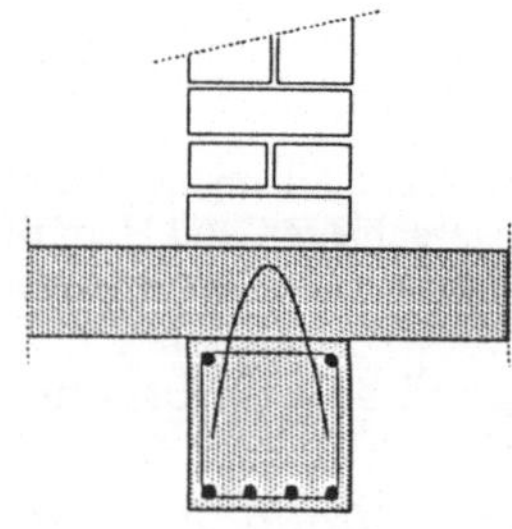

Bild 5.31: Fertigteilunterzug unter Ortbetondecke

Der Querschnitt mit den wirtschaftlichsten Trageigenschaften entsteht im Ortbetonbau als sog. *Plattenbalken*, in dem Deckenplatte und Balken zu einem monolithischen Verbundquerschnitt zusammengefaßt werden.

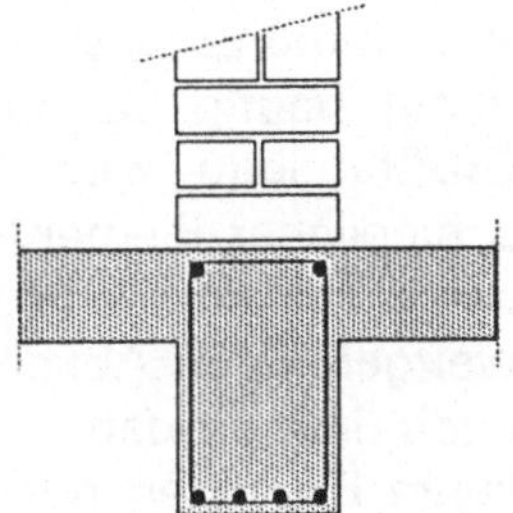

Bild 5.32: Plattenbalken in Ortbeton

Deckengleiche Träger sind in der Deckenplatte integriert und meist als einbetonierte Stahlträger ausgeführt. Die möglichen Stützweiten sind eingeschränkt.

Überzüge entstehen, wenn Decken und Wände durch einen über der Decke liegenden Träger aufzunehmen sind. Durch entsprechende Bewehrung wird die Decke im Träger aufgehängt. Die Lösung ist nur in Ortbeton wirtschaftlich möglich.
Anmerkung:
Bis auf den ummantelten Zuggurt des Bildes 5.28 können die Stahlbetonquerschnitte durch einbetonierte Walzprofile ersetzt werden.

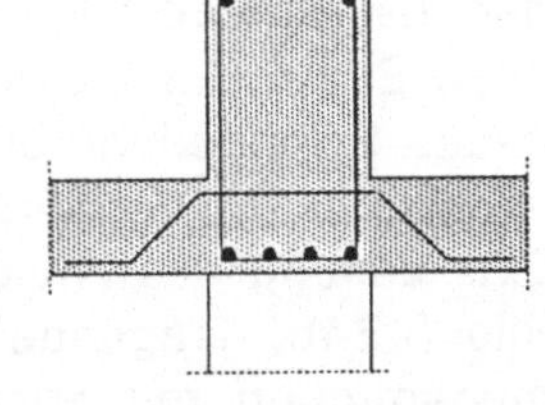

Bild 5.33: Überzug in Ortbeton

Größere Deckenöffnungen stören die gleichzeitige Scheibenfunktion wenig, solange die Öffnungen unterhalb des Druckgurtes liegen (vgl. Bild 5.16). Aussparungen im Verlauf des Druckbogens, vor allem an dessen Widerlagern, zerstören dagegen die Scheibenwirkung der Decke völlig.

5.5.2 Stahlbetontafelbau

Im Wandbau bedeutet Montagebau das an der Baustelle erfolgende Zusammensetzen selbsttragender Wand- und Deckenelemente, die in fabrikgebundener Vorfertigung mit sämtlichen Einbauten wie Türen, Fenster, Elektroleitungen hergestellt wurden. Die Wandelemente sind dabei stets raumhoch. Raumbreite Elemente gehören zum *Großtafelbau*, schmale Elemente mit Breiten ≥ 50 cm zum *Kleintafelbau*. Die Unterschiede liegen nicht nur im technischen Herstellungs-, Transport- und Einbauaufwand, der für beide Verfahren grundsätzlich verschieden ist. Ein erhebliches Problem stellt die unterschiedliche Anpassungsfähigkeit der Konstruktionen an die Grundrißgestaltung dar. Im Großtafelbau führt dies zu einer

Abstimmung des Grundrisses auf die verfügbaren Elementgrößen und damit häufig zu großen Defiziten in der architektonischen Gestaltung. Großtafelbau wird erst wirtschaftlich bei großen Serien wenig unterschiedlicher Elemente (vgl. Bild 5.4). Ökologische Bedenken sowie geänderte soziologische und städtebauliche Konzepte haben zurzeit zu einer weitgehenden Abkehr vom Großtafelbau geführt. Bedeutung hat er jedoch noch immer dann, wenn beispielsweise hochbelastete Konstruktionen, kurze Bauzeiten oder beengte Baustellenverhältnisse im Vordergrund stehen.
Kleintafeln müssen durch Fugenverguß und oben liegendem Ringanker zu Wandscheiben verbunden werden.
Großtafeln (Höhe ≤ 4,0 m, Breite ≤ 7,0 m) sind durch ihre kreuzweise Bewehrung zwischen den aussteifenden Querwänden schubsteif. Für sich benötigen sie daher keinen Ringanker.

Stahlbetonfertigdecken entsprechen den Querschnitten nach Tab.4.6.25. Die lieferbare Elementbreite beträgt ≤ 2,40 m. Zur Erzeugung ausreichender Lastquerverteilung und Schubfestigkeit sind Elementverbindungen nach Bild 4.6.27 erforderlich. Da die Decken zur Aussteifung des Wandbaues Scheibenwirkung aufweisen müssen und keine zugfesten Elementverbindungen vorhanden sind, wird umlaufender Ringanker erforderlich. Eine Lösung des Anschlußknotens zwischen Innenwand und Decke zeigt Bild 5.34b. Tragende Außenwände in Normalbeton benötigen eine Wärmedämmung mit zusätzlicher Vorsatzschale. Problematisch ist dort die Fuge im Deckenanschlubereich, die wind- und schlagregendicht hergestellt werden muß. Eine Lösungsmöglichkeit im Zusammenhang mit einem Ortbetonringanker zeigt Bild 5.34a.

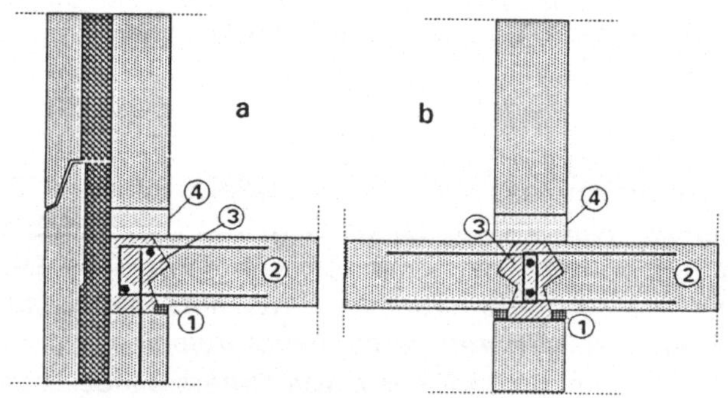

1. Dichtungsstreifen
2. Fertigdecke mit herausragender Schubbewehrung
3. Ortbeton mit Ringanker
4. Unterstopfmörtel für aufgehende Wandtafel

Bild 5.34: Decken- Wandknoten im Tafelbau mit Ortbetonringanker;
a Außenwand; b Innenwand

5.5.3 Holztafelbau

Die Vorfertigung erstreckt sich auf die Herstellung von Wand- und Deckentafeln, die vor Ort zu räumlich stabilen Bürobauten, Wohnhäusern, Schulen, Kindergärten zusammengesetzt werden. Vorteile der maximal zweigeschoßigen Bauten liegen in der wirtschaftlichen Transport- und Montagesituation, der verlustfreien Demontierbarkeit und Wiederaufbaumöglichkeit an anderer Stelle.
Grenzen sind durch geringere Materialbeanspruchbarkeit und Belastbarkeit wie durch Brandschutzauflagen gegeben.
Ähnlich den Wandtafeln in Stahlbeton gibt es auch hier Kleintafeln mit Breiten von 1,0 m bis 1,25 m und raumbreite Großtafeln bis zu einer Länge von 10 m, in beiden Fällen geschoßhoch.
Vorgefertigte *Wandtafeln* sind gemäß Bild 5.35 zusammengesetzt aus statisch wirksamen Vollholzstielen (1), Schwellen (2), Riegel (3) und Rähmlinge (4). Die dadurch gebildeten Rahmen werden beidseits beplankt mit Spanplatten (5), gegebenenfalls ausgefacht mit Druckstreben. Die Beplankung wird aufgeleimt, genagelt, geklammert. Das Innere ist mit Dämmstoffen verfüllt. Im Rahmen des Herstellungsprozesses werden Türen und Fenster mit eingesetzt. Die Randstiele der Wandtafeln sind längsgenutet und dienen dem Einzug von Hartholzfedern zur Fugendichtung. Kleintafeln werden durch Spezialbeschläge zug- und schubfest miteinander verbunden, Großtafeln erhalten als Rähm einen kontinuierlichen Zuggurt, sodaß Ringanker zur Erzeugung der Scheibenwirkung entbehrlich sind.

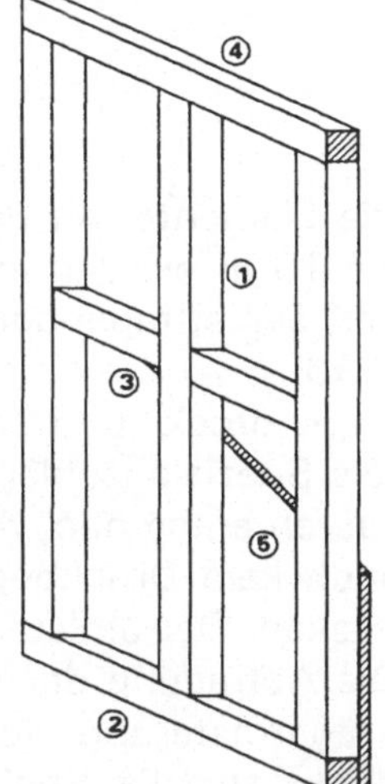

Bild 5.35: Wandtafelaufbau

Prinzipiell müssen im Grundriß mindestens 3 Wandscheiben in U-Form vorhanden sein, wie dies schon in Kap. 4.6.4, Bild 4.6.41 erläutert wurde. Großflächige Öffnungen in Wänden stören die Scheibenwirkung der Tafeln. In solchen Fällen wird die Horizontalkraftableitung an spezielle Tafelelemente delegiert, die zusätzliche Auskreuzungen zwischen der Beplankung erhalten. Die hierfür jeweils erforderliche Scheibengröße hängt vom statischen Nachweis ab. Besonderer Aufmerksamkeit bedarf die Fußverankerung solcher Elemente. Die Horizontalkraftabtragung über die Geschoßhöhe erzeugt ein Versatzmoment, das wie üblich durch ein vertikales Kräftepaar am Scheibenfuß aufgenommen werden muß. Da bei schmalen Tafeln das Kräftepaar infolge des geringen Hebelarmes sehr

groß, die entstehende Vertikalkraft in den Stielen jedoch gering ist, werden entsprechende Verankerungsgrößen erforderlich, um die Scheibe am kippen zu hindern.
Horizontale Kräfte, welche die Außenwandtafeln als Platte beanspruchen, können durch die Biegesteifigkeit der Beplankung im Verbund mit den Stielen auf Schwelle und Rähm abgeleitet werden.
Vorgefertigte Deckentafeln bestehen aus Längsrippen, die durch Querrippen mit Öffnungen zusätzlich ausgesteift sind und ober- wie unterseitig beplankt werden mit Span- oder Furnierplatten.

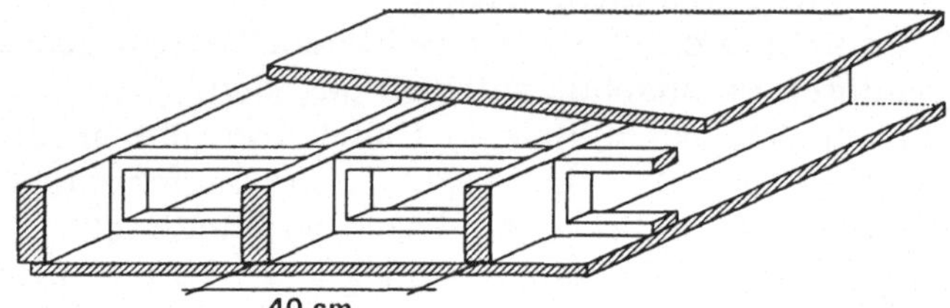

Bild 5.36: Deckentafelaufbau

Die Elemente mit Breiten zwischen 1,25 m und 2,50 m sowie Baulängen bis 10 m werden in einem Arbeitsgang pressverleimt, sodaß ein homogener, selbsttragender und verwindungssteifer Hohlkasten entsteht (vgl. Bild 5.36).
Zug-, druck- und schubfeste Verbindung mit den Nachbarelementen mittels Spezialbeschlägen läßt Scheiben mit ausreichender Querverteilung der Lasten entstehen. Als Folge der zugfesten Schraubverbindungen baut sich auch kein Druckbogen in der Scheibe auf, wie bei den Stahlbetonfertigdecken. Der umlaufende Zugring kann entfallen.
Die Abtragung der Vertikallasten erfolgt prinzipiell durch gleiche Stiel- und Trägerrasterung der Decken- und Wandtafeln, sodaß die Deckenträger direkt auf die Stiele zu liegen kommen. Die kraftschlüssige Verbindung zwischen beiden übernehmen Verschraubungen.
Wie schon im Stahlbetontafelbau gilt auch im Holztafelbau: Kleintafeln fordern geringere Einschränkungen der Grundrißflexibilität. Für die sog. geschlossenen Systeme des Großtafelbaues werden Grundrißlösungen seitens der Hersteller solcher Systeme angeboten.

6 ENTSCHEIDUNGS- UND ENTWURFSHILFEN ZUR TRAGWERKSPLANUNG

6.1 Der Planungsprozeß

Bauwerke sind gestalterische und konstruktive Unikate selbst bei gleicher funktionaler Bestimmung. Die selbe Nutzung, das gleiche Raumprogramm werden von verschiedenen Planern formal und vor dem Hintergrund eines differenzierten Umfeldes unterschiedlich gelöst. Das macht die Entwurfsaufgabe reizvoll und jedesmal neu für Architekt und Bauingenieur, erschwert jedoch die Verfügbarkeit eindeutiger Planungsvorgaben.

Die auf das Entwurfsobjekt einwirkenden Parameter sind zu vielfältig, als daß dem Entwerfenden mehr als Entscheidungshilfen angeboten werden könnten. Dabei sollen die in den vorlaufenden Kapiteln dargestellten Inhalte dem Planer helfen, konstruktive Ideen zu Form und Art des objektgebundenen Tragwerkes zu entwickeln, diese Vorstellungen hinterfragen zu können, um sie dem nur rechnenden Statiker gegenüber zu vertreten. Schon in Kapitel 1 wurde dies als ureigenste Aufgabe des Entwurfsarchitekten apostrophiert, wolle er nicht gänzlich auf den Entwurf verzichten.

Die zu durchlaufenden Entscheidungsphasen sind in den Planungsprozeß einer Bauaufgabe eingebunden, wie Bild 6.1 zeigt. Dieses Ablaufprogramm nach der HOAI kennt zunächst die Vorplanungsphase, die der Findung all jener Größen dient, denen das zu entwickelnde Tragwerkskonzept genügen muß. In der Entwurfsphase wird dieses Konzept dann ausformuliert, gegebenenfalls variiert und optimiert. Genau bis zu diesem Punkt des Planungsprozesses muß der Planer dem entstehenden Bauwerk den Stempel seiner Vorstellungen aufgedrückt, muß Funktion, Form und Konstruktion in Übereinstimmung gebracht haben, denn ab der Genehmigungsplanung wird der Entwurf nur noch ausgearbeitet.

Für die Tragwerksfindung und -verifizierung (Phase I und II, Bild 6.1) benötigt der Entwerfende das Wissen der Tragwerkslehre, jedoch keine Statik. Die mitgeteilten Entwurfshilfen ermöglichen dabei zusätzlich, überschlägige Dimensionen der Haupttragteile in den Entwurf einzubauen, um dadurch detailliertere Entscheidungen zu ermöglichen.
Diese Arbeiten ersetzen nicht das Leistungsbild des Statikers, der nach HOAI schon in dieser Phase I mit entsprechenden Aufgaben betraut ist (vgl. Bild 6.1)
Mit der Phase II ist die Entwurfsplanung auch des Tragwerkes abgeschlossen.

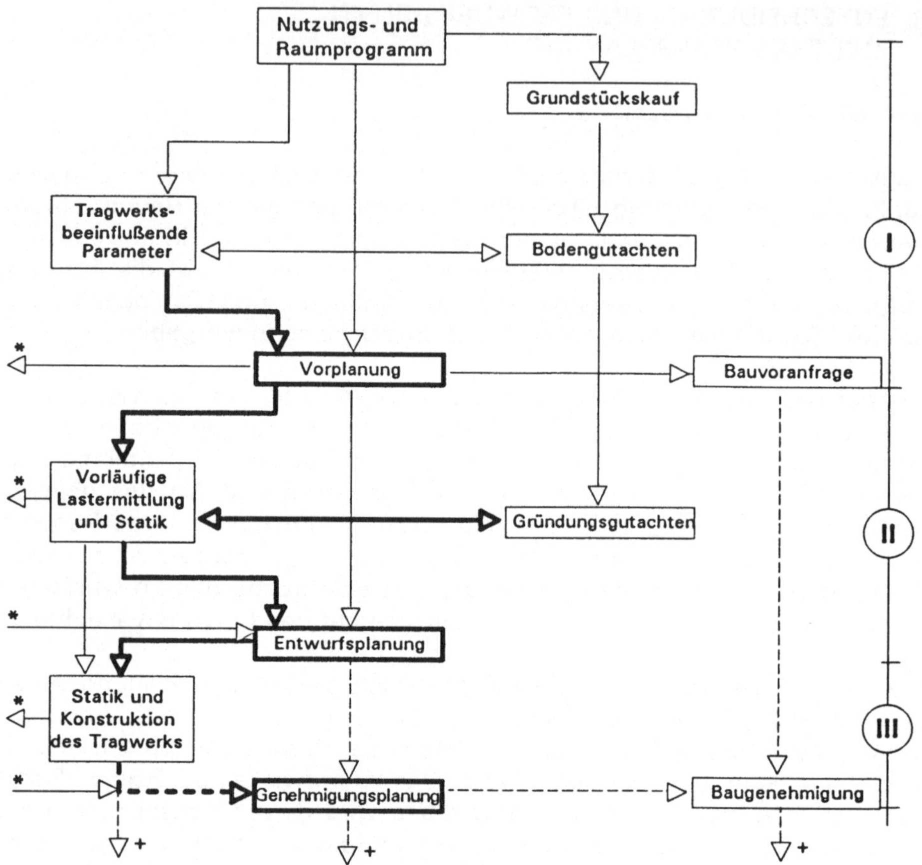

Bild 6.1: Netzstruktur des Tragwerksplanungsprozesses von Hochbauten auf der Grundlage der HOAI

* Ab- und Zugänge zum Entwurf der technischen Gebäudeausrüstung

\+ Abgänge zur Ausführungsplanung

I Suchen nach dem Tragwerkskonzept in Übereinstimmung mit der Funktion

II Findung und Verifizierung des Konzeptes, Variantenbildung und Optimierung in Übereinstimmung mit der Form

III Statische Berechnung des gestalterisch und konstruktiv abgesicherten Tragwerkes

6.2 Entscheidungshilfen I

Die Vorplanungsphase wird von vier Parametern geprägt, die die Tragwerksfindung maßgeblich bestimmen: Nutzungsanforderungen, Raumprogramm, Grundstück und Baugrund.
In manchen Entwurfsfällen konvergieren die konzeptionellen Möglichkeiten mit den Parametern recht schnell, bei vielen dagegen sind umfangreiche Sondierungen erforderlich.

Nutzungsanforderungen bestehen nach der Feststellung des Bedarfs an baulichen Nutzungsflächen. Diese Nutzflächen setzen sich zusammen aus Primärflächen, die der eigentlichen Nutzung dienen und sekundären aus Verkehrs- und Installationsflächen, die zur Funktionsfähigkeit der Primärflächen erforderlich sind.
Eine Einteilung der Primärflächen ergibt sich aus ihrer Zweckbestimmung und der abzutragenden Verkehrslast p. Sekundärflächen können davon abweichende Verkehrslasten erhalten.

Tabelle 6.2: Zweckbestimmte Verkehrslasten

Zweckbestimmung	Verkehrslast p (KN/m^2)
Dachdecken	1 < Schnee s > 5
Geschoßdecken in:	
Wohn- und Bürobauten	≤ 3
Schulen, Institutsbauten, Krankenhäuser, Parkhäuser	3,5
Sport- und Kulturbauten, Geschäfts- und Warenhäuser	5
Industriebauten	≥ 7,5

Seitens der Verkehrslast sind die Zweckbestimmungen innerhalb derselben Bauwerksgruppe austauschbar, was beispielsweise vorstellbar ist bei Wohn- und Bürobauten. Eine Bauwerksveränderung in einen nächst höheren Nutzungsbereich dagegen würde erhebliche konstruktive Probleme nach sich ziehen, unter Umständen gar nicht möglich sein.
Die Größe der vorgeschriebenen Verkehrslastn begrenzt bei einigen Deckenkonstruktionen deren Einsatzbereich:

⇒ Holzbalkendecken bis zul. p ≤ 3,5 KN/m^2
⇒ Stahlbetonhohlplatten bis zul. p ≤ 5,0 KN/m^2

Gleichzeitig ist Verkehrslast ein Indiz für die erforderlichen Abmessungen von Decken und Unterzügen, sowie deren Konstruktionsgewicht.
Beispielhaft wird nach Rösel, Stöffler, "Betonfertigteile im Skelettbau", angeführt die Lösung für eine Stahlbetonfertigteildecke:

Konstruktionsquerschnitt nach Tabelle 4.6.28, Fall 6, S. 200
Stützweite Decke L = 9,60 m; Stützweite Unterzug L = 9,60 m
Bei p = 3,5 KN/m^2 werden:
Konstruktionsgewicht der Rohdecke g = 6,9 KN/m^2
Konstruktionshöhe der Rohdecke h = 80 cm

Tabelle 6.3: Ahängigkeit des Deckengewichtes und der Deckenhöhe von p

Verkehrslast p (KN/m^2)	3,5	5,0	7,5	10,0	15,0
Gewichtszunahme (%)		5	10	15	20
Höhenzuwachs (%)		12,5*	12,5*	12,5*	37,5

* Anmerkung: In diesen Bereichen wird die Konstruktionshöhe durch verändern der Konsolenhöhe am Unterzug konstant gehalten.

Das **Raumprogramm** stellt den Bedarf an Räumen zusammen, die sich aus den geforderten Nutzflächen ergeben.
Raum ist das Volumen über einer konstruktionsfreien Nutzfläche, die nur längs ihrer Flächenberandung Tragkonstruktionen hat. Mindestens zwei gegenüberliegende Ränder müssen tragen und bei mehrgeschoßigen Bauten übereinanderliegen, sodaß die Lasten unmittelbar nach unten in die Gründung geleitet werden können. Der gegenseitige Abstand der tragenden Ränder ist die Stützweite L der über oder unter dem Raum liegenden Decke. Die maximalen Stützweiten sind abhängig vom Material, der Bauweise und der Verkehrslast.

Tabelle 6.4: Richtgrößen für Deckenspannweiten

Dachdecken in Holz, Stahl, Stahlbeton:	max. L (m)
Vollwandiger Biegeträger	~ 35
Fachwerkträger	~ 60
Bogenträger, gelenkige Stabzüge	~ 70
Geschoßdecken:	
Holzbalken	~ 5
Stahlbetonvoll- und Hohlplatten	~ 8
Stahlbetonplattenbalken; Stahlverbund	~ 18

Die *Raumgruppe* umfaßt funktionell zusammenhängende Räume, die einen organisierten Ablauf der Nutzungsaufgabe ermöglichen (z.B. die Raumgruppe einer Wohneinheit).

- Wird die Raumgruppe an ihren Außenrändern und zwischen den Gruppenräumen flächig umhüllt, liegt, wenn die Wandflächen tragen, ein Wandbau vor.
- Wird die Raumgruppe wie vor an ihren Außenrändern durch tragende Wandflächen abgeschlossen, im Innern jedoch nur punktuell zwischen den Gruppenräumen gestützt, ergibt sich eine Mischbauweise aus Skelett- und Wandbau (vgl. Bild 4.6.37).
  Die Vorteile beider Konstruktionen liegen in der günstigen Scheibenstabilisierung. Probleme entstehen bei mehrgeschoßigen Nutzebenen, wenn die Außenwände gleichzeitig tragen und dämmen müssen.
- Die geringsten Konflikte hinsichtlich Raumgruppendisposition und Außenwandfunktionen entstehen im Skelettbau mit nur punktuell tragenden Stützungen.

Die *Raumgruppenzuordnung* positioniert zusammengehörende Raumgruppen im Grundriß (z.B. Mehrspännerlösungen im Geschoßwohnungsbau). Dies funktioniert nur in Abstimmung mit dem Grundstück, dessen Lage, Größe und Oberflächenbeschaffenheit. Zur Befriedigung des Raumbedarfes werden bei diesem Abstimmungsprozeß unter Umständen mehrgeschoßige bzw. unterschiedlich hohe Baukörper erforderlich:

⇒ Im Holzbau ist die Anzahl der Geschoße auf zwei begrenzt.

⇒ Mit wachsender Geschoßzahl nimmt im Skelett- wie im Wandbau die Größe der Horizontalkräfte aus Wind und sog. Stützenschiefstellungen zu und vergrößert den Stabilisierungsaufwand der Tragwerke.

⇒ Hängen unterschiedlich hohe Baukörper zusammen, werden Setzfugen erforderlich gemäß S. 35, Bild 2.27.

⇒ Sind die Baukörper getrennt und wird der flache Teil dem hochgestelzten untergeschoben wie in den Bildern 4.6.19, 20 und 23 der Seiten 188 und 190, wirkt sich dies auf die Gründung aus.

In den Nutzungsanforderungen und im Raumprogramm sind auch zu definieren:

⇒ Die vorgesehene Bauwerkstandzeit. Die während dieser Zeit entstehenden Unterhaltungskosten sind material- und konstruktionsabhängig.

⇒ Eine Veränderung der Raumgruppe während der Standzeit. Vom Tragwerk verlangt dies hohe Flexibilität, die nur durch möglichst wenig Tragwände erzielt wird.

⇒ Einplanung von Bauwerkserweiterungen. Bei Gelenkketten mit Reihenstabilisierung und Längswindverbänden für die ursprüngliche Bauwerkslänge führt das Anhängen weiterer Tragachsen zu konstruktiven Schwierigkeiten.

⇒ Rückbau des Gebäudes einschließlich Entsorgungs- und Recyclingproblemen.

⇒ Zerstörungsfreier Abbau und Wiederaufbau an anderem Ort. Das Problem ist bei temporärem Bauwerksbedarf relevant (z.B. Kindergärten). Hierfür kommen nur lösbare Konstruktionen und Materialien wie Holz und Stahl mit Schraubverbindungen in Frage.

⇒ Brandschutzforderungen. Sie können bestimmte Materialien und Bauteildicken fordern wie beispielsweise für F 90 A, die das Konstruktionsgewicht des Bauwerkes erhöhen und Temperaturdehnfugen zwischen den Bauteilen (vgl. Bild 2.28, S.35 und Tabelle 2.29). Erreicht in solchen Fällen der Stahl seine Versagenstemperatur, ist der Verbundbeton auf ca. 200°C aufgeheizt. Dehnfugenbreite und -abstände sind für diese Temperaturerhöhung zu dimensionieren.
Durch derartige Dehnfugen entstehen getrennte Baukörper, deren Standsicherheit im Einzelnen nachzuweisen ist.

Das **Grundstück** liefert situationsbedingte Vorgaben für den Entwurf: Lage, Zuschnitt, Größe, Erschließung, Ver- und Entsorgung, klimatische Bedingungen, planungsrechtliche (Bauleitplan) und baurechtliche Vorschriften (Bauordnung) und gibt Aufschlüsse über die Bauproduktionsbedingungen.

⇒ Eingeschränkte Baustellenverfügbarkeit kann die Konstruktion auf Fertigteillösungen fixieren mit geringem baubetrieblichem Aufwand vor Ort wie beispielsweise bei Lückenbebauungen im Innenstadtbereich.

⇒ Die Einbindung des Grundstückes in den städtebaulichen Kontext oder in die landschaftliche Umgebungsstruktur ermöglicht Aussagen über die formalen und damit auch konstruktiven Freiheitsgrade des

Entwurfes (vgl. Objektbeispiel XI, Supermarkt vor dem Dom in Canterbury und XIX, Eislaufhalle im Schwarzwald).

⇒ Klimatische Bedingungen und die Ausrichtung des Grundstückes nach den Himmelsrichtungen können ebenso form- und konstruktionsrelevant werden. Beispiele hierfür bieten: notwendige Belichtungskonzepte für Hallen mit Rückwirkungen auf das Tragsystem (Sheddächer), Gebäudeformen und Baumaterialien entsprechend der Energiebilanz des Bauwerkes, ökologische Forderungen, die bestimmte Baustoffe und in ihrer Folge entsprechende Konstruktionen verlangen.

Das Gutachten über den Baugrund liefert:

⇒ Die Tiefenlage der tragfähigen Schicht. Dies ermöglicht Aussagen über erforderliche Flach- oder Tiefgründung bzw. über einen evtl. notwendigen Bodenersatz als Mittelweg zwischen Flach- und Tiefgründung.
Tiefgründung bedeutet im allgemeinen Konzentration auf wenige Fundierungspunkte mit entsprechenden Rückwirkungen auf das Tragwerk (vgl. hierzu Bild 1.19d und Beispiel XX).

⇒ Die Belastbarkeit der tragenden Bodenschicht. Die Fundamentart ergibt sich dabei aus dem Tragwerkskonzept: Skelett- oder Wandbau. Die erforderliche Fundamentgröße ist eine Funktion aus dem Konstruktionsgewicht und der Bodenbelastbarkeit. Daraus ergeben sich Rückwirkungen auf Material und Systmwahl des Tragwerkes wie z. B. die Unzulässigkeit von Stützenfußeinspannungen.

6.3 Entscheidungshilfen II

Aus den Untersuchungen der Vorplanungsphase ergeben sich für die Tragwerksfindung im allgemeinen Entscheidungen zu den Komplexen: Skelett - Wandbau; eingeschoßig - mehrgeschoßig; nutzungsvariabel - konstante Nutzung; örtliche Fertigung - Vorfertigung; Tief- oder Flachgründung.

Die Wahl der teilweise tragwerksrelevanten Konstruktionsbaustoffe ist in der Regel einem Optimierungsprozeß zu unterwerfen. Bei Bauwerken mit mehr als zwei Geschoßen fällt Holz aus dieser Selektion heraus. Im Folgenden werden Entscheidungshilfen zur Aufstellung und Variantenbildung von Tragwerken der Skelettbauten aufgelistet.

Skelettbauten

Die in diesem Buch untersuchten linearen Skelettragwerke haben eine Haupttragachse, in der sich die vertikale Lastabtragung ereignet und eine Nebenachse, die zur Herstellung der räumlichen Stabilität erforderlich ist. Bei Bauwerken über Rechteckgrundrissen ist die Haupttragachse meist die kürzere Bauwerksquerrichtung. Dies hat zwei Gründe:

- die Horizontalkräfte auf die Längswand fordern mehr Abtragungsmöglichkeiten,
- eine Bauwerkserweiterung in Längsrichtung ist bei querstehenden Hauptträgern einfacher. Probleme entstehen bei Längswandaussteifungen durch Windverbände.

Bei Bauwerken über quadratischen Grundrissen ist entweder eine Achse als Haupttragachse festzulegen oder das System ist zweiachsig aufzubauen (vgl. Objektbeispiel XII).

Skelettragwerke werden in den drei Konstruktionsbaustoffen Holz, Stahl, Stahlbeton hergestellt. Von wenigen Ausnahmen örtlich erstellter Stahlbetonskelette abgesehen, wird mit vorgefertigten Tragelementen gearbeitet. Diese sind in Werkhallen herzustellen, an die Einbaustelle zu transportieren, dort zu montieren und miteinander zu verbinden. Die Wirtschaftlichkeit des Skelettbaues hängt weitgehend vom konfliktfreien Zusammenwirken dieser Faktoren ab.

⇒ Die *Vorfertigung* stellt an die Produktionsstätten baustoffunterschiedliche Anforderungen. Der Herstellungsprozeß von Stahlbetonfertigteilen ist der betriebswirtschaftlich aufwendigste. Daher sind diese nur dann wirtschaftlich, wenn das Skelett aus gleichmäßig gerasteten Grundrissen mit nur wenig unterschiedlichen Elementen in großer Zahl errichtet wird, und der Einbau von Katalogbauteilen "offener Systeme" möglich ist. Eine Variante stellt die sog. Feldfabrik dar, in der nichttransportable Großelemente hergestellt werden (s. Bild 4.6.30).

⇒ Der *Transport* auf Straße und Schiene beschränkt die zulässigen Elementgrößen:

Elementbreite ≤ 2,50 m (mit Ausnahmebewilligung ≤ 3.50 m

Elementhöhe ≤ 4,0 m (≤ 4.20 m)

Elementlänge ≤ 30 m (≤ 35 m)

⇒ Die *Montage* setzt entsprechende Hubgeräte auf der Baustelle voraus mit bauartbedingten unterschiedlichen Tragfähigkeiten. Von wirtschaftlicher Bedeutung ist die gleichmäßige Auslastung der Montagegeräte, was Elemente mit annähernd gleichen Konstruktionsgewichten voraussetzt.

⇒ Die *Verbindung* der Tragelemente miteinander ist bei allen Baustoffen dann unproblematisch, wenn nur gelenkige Anschlüsse zu erstellen sind.
Momentenfähige (biegesteife) Verbindungen lassen sich bei Stahl durch Schweißen (Werkstatt) oder Schrauben (Baustelle) ohne Probleme, bei Holz durch Leimung (Werkstatt) oder Dübel (Baustelle) in eingeschränktem Umfang herstellen.
Bei Stahlbetonfertigteilen sind biegesteife Elementverbindungen konstruktiv aufwendig und kostenintensiv. Sie können "trocken" hergestellt werden durch Schrauben oder Schweißen, bzw. "naß" mittels Ortbetonverguß, was zusätzlich noch Baufortschrittsverzögerungen entstehen läßt, als Folge der notwendigen Erhärtungszeit.

Eingeschoßige Skelette sind reine Dachkonstruktionen.

⇒ Einstielig stehende Überdachungen nach Systemkatalog S. 89, Tabelle 4.2.14.
Das Grundsystem des fußeingespannten Rahmens hat Probleme mit der Verformungsanfälligkeit als Folge hoher Einspannmomente und ist daher nur wirtschaftlich bei Kraglängen ≤ 6,0 m. Für größere Überdachungstiefen sind querschnittsmindernde Varianten erforderlich:
- Lösen der Fußeinspannung S. 105 und 116
- Auflösen der biegesteifen Ecke S. 107
- Verkürzung der Kraglänge durch Zwischenstützung bzw. Aufhängung S. 109
- Verringerung der Momentenbelastung der Stütze durch Gegenausleger S. 111.

⇒ Zweistielig stehende Überdachungen (einschiffige Hallen) nach Systemkatalog S. 90, Tabelle 4.2.15
- Abstützung, Abspannung, Verkürzung der Binderspannweite durch Aufhängung an Pylonen S. 132
  Vor- und Nachteile dieser Systeme S. 139
- Gelenkig gelagerte Binder auf fußeingespannten Stützen S. 143
  Vor- und Nachteile dieser Systeme S. 145

- Rahmen; 3-, 2-Gelenkrahmen, volleingespannte; mit Vollwand- und Fachwerkriegel S. 146
  Querschnittsgestaltung nach Momentenverlauf S. 149
  Vor- und Nachteile dieser Systeme S. 153.
- Dreigelenkstabzüge, Bogentragwerke S. 155
  Die Systeme benötigen Zugbänder. Bei hochgesetzten Auflagern werden diese sichtbar. Ihre Integration in den Dreigelenkstabzug führt zum unterspannten Träger.

⇒ Mehrstielig stehende Überdachungen (mehrschiffige Hallen) nach Systemkatalog S. 92, Tabelle 4.2.16
Lösungen, Vorteile und Probleme S. 173

⇒ Binderformen und Materialien; Binderlage in Querschnitt.
Von den Kragbindern der einstielig stehenden Deckungen abgesehen, gibt es zwei grundsätzliche Formen:

- Parallelbinder, teilweise mit trapezförmigem Anzug zum Firstpunkt zur Erlangung des notwendigen Quergefälles. Vollwandkonstruktionen in BSH, Stahl, Stahlbeton und Fachwerkträger in Holz und Stahl.
- Dreiecksbinder als Fachwerkträger in Holz und Stahl.
- Bei wärmegedämmten Hallen wird die Lösung mit parallelgurtigen Bindern innerhalb des gedämmten Raumvolumens kostenintensiver als mit Dreiecksbindern, infolge der höheren wärmegedämmten Außenwände. Bei Objektbeispiel XVI, S. 169 beträgt diese Erhöhung 17%.

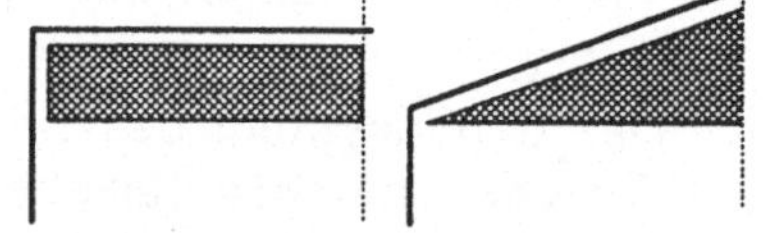

Bild 6.5: Binder innerhalb des umbauten Raumes

Binderkonstruktionen oberhalb der Dachhaut als Alternative (vgl. Beispiele XII, XVII, XVIII) erhöhen zwar die Material- und Unterhaltungskosten der freiliegenden Konstruktion, reduzieren jedoch das umbaute Volumen und den erforderlichen Wärmeenergieaufwand.

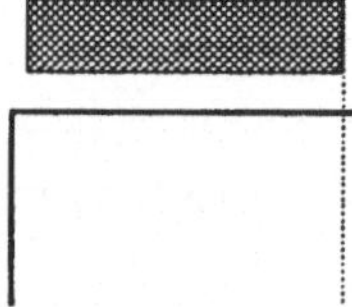

Bild 6.6: Binder über Dachhaut

⇒ Optimierte Haupttragsysteme (nach Polonyi, Stein "Hallen").
Die Tragsysteme einschiffigr Hallen dominieren in Abhängigkeit der Binderspannweite L zwei Lösungen: Zweigelenkrahmen und fußeingespannte Stützen. Diese Lösungen sind materialunabhängig. Mehr-

schiffige Hallen bestehen aus fußeingespannten Stützen und durchlaufenden Bindern bzw. gekoppelten Einfeldträgern.

- Lösungen in Holz:

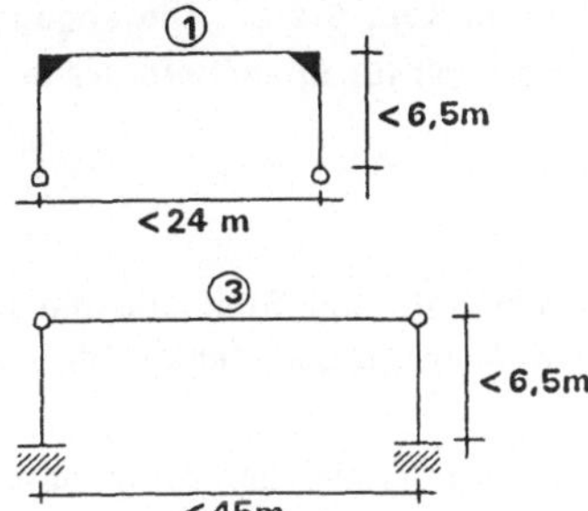

Zweigelenkrahmen werden in Brettschichtholz für Binder und Stützen mit Rechteckquerschnitt (1) erstellt. Bei größeren Spannweiten sind entweder Fachwerkträger oder die in Bild 6.8 dargestellten Tragelemente vorzusehen. Die Stützen sind infolge der Fußeinspannung entweder Stahlbeton- oder Walzprofilquerschnitte, die ohne Probleme in Fundamentköchern einzuspannen sind.

Bild 6.7: Haupttragsysteme für Holzhallen

Flachgeneigte Dachbinder großer Spannweiten können als unterspannte Träger (3a) ausgeführt werden, bei denen der Obergurt aus BSH oder Walzprofilen besteht, die an einem oder mehreren Punkten gegen ein Spannseil abgestützt sind. Stark geneigte Dachbinder werden als sog. Polonceaubinder (3b) in ähnlicher Weise ausgeführt.

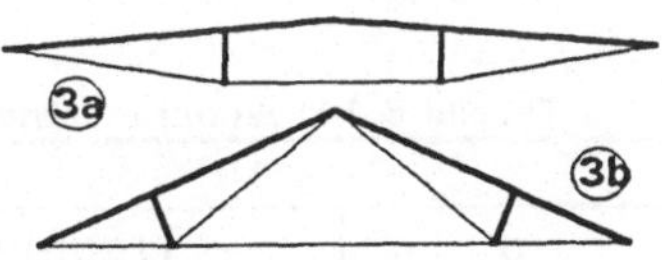

Bild 6.8: Unterspannte Träger

Mehrschiffige Hallen verwenden bis 18 m Feldweite BSH-Durchlaufträger als Binder, bei größeren Feldweiten gekoppelte unterspannte Träger nach Bild 6.8. In beiden Fällen sind die Stützen fußeingespannt, die Binder gelenkig aufgelagert. Bei vorgegebener Hallenbreite und gleicher Grundfläche sind dreischiffige Hallen etwa 10% billiger als zweischiffige und annähernd 20% billiger als einschiffige.

- Lösungen in Stahl:

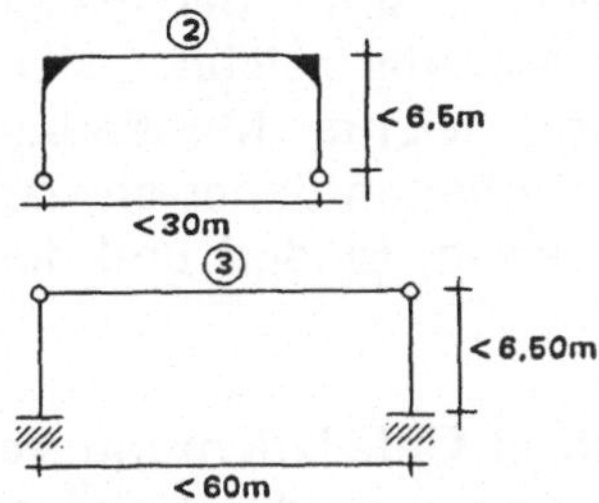

Innerhalb der angegebenen Stützweiten werden die Zweigelenkrahmen aus Walzprofilen (2), die auf eingespannten Stahlstützen liegenden Binder (3) am wirtschaftlichsten nach den Lösungen aus Bild 6.8 ausgeführt. Bei mehrfeldrigen System sind bis 12 m Feldweite Walzprofilquerschnitte als Durchlaufträger vorzusehen, bei größeren Feldweiten wieder gekoppelte Träger nach Bild 6.8.

Bild 6.9: Haupttragsysteme für Stahlhallen

- Lösungen in Stahlbeton/Spannbeton:

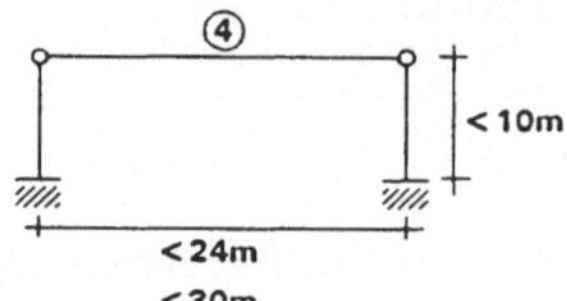

Der Fertigteilbau bietet als wirtschaftlichste Lösung den auf fußeingespannten Stützen gelenkig gelagerten Binder nach Fertigteilkatalog bzw. den Übersichtstabellen in Kap. 6.4 an. Die angegebene größere Spannweite gilt für Spannbetonträger.

Bild 6.10: Haupttragsystem für Stahlbetonhallen

Die Gesamtkonstruktion wird kostenintensiver als bei Holz und Stahl, da die Binder große Traufhöhen aufweisen und dadurch die Wandhöhen größer werden als bei den unterspannten Trägern zuvor.
Mehrschiffige Hallen als gekoppelte Einfeldkonstruktionen mit gleichen Stützweiten.

⇒ Binderabstände a
Diese in der Nebentragrichtung sich erstreckende Stützweite ist abhängig von der Dachkonstruktion.

Tabelle 6.11: Binderabstände a

Dachkonstruktion		
a	Tragmechanismus	Bauarten
≤ 6,0 m	Selbsttragend zwischen den Bindern	Trapezbleche; vorgespannte Leichtbeton-Plattenelemente
≤ 18,0 m	Selbsttragend auf Nebenträgern (NT)	wie vor bei $e_{NT} \leq 6{,}0$ m Holz-, Holzwerkstoffschalungen bei $e_{NT} \leq 1{,}25$ m

Die wichtigste und wirtschaftlichste Dachdeckenlösung bei Hallen ist *Trapezblech* mit Marktanteilen von 75%. Das Material zeichnet sich aus durch günstigen Preis, geringes Eigengewicht, leichte Montierbarkeit, hohe Biegetragfähigkeit. Trapezblechdeckungen erhalten daher als Zusatzaufgabe die Stabilisierung einzelner Bauteile (Pfetten, Binder) und des gesamten Daches durch Scheibenbildung.

Bei nichtgedämmten Dächern muß Trapezblech in Gefällerichtung verlegt werden für ungehinderten Niederschlagsabfluß. Dafür werden Nebenträger erforderlich.

Mehrgeschoßige Skelette

⇒ Geschoßdecken mit $p \leq 5{,}0$ KN/m² gehören zu Bauten der Gruppen nach Tabelle 6.2. Neben diesen geringen Geschoßlasten zeichnen sich die Bauwerke durch große Mehrgeschoßigkeit und Geschoßhöhen ≤ 4,50 m aus. Die Stabilisierungssysteme sind überwiegend Gelenkketten mit aussteifenden Wandscheiben oder aussteifenden Kernen und schubfesten Deckenkonstruktionen.

- Skelettraster gemäß Bild 6.12.

1. Stützweite L der Haupttragachse
2. Stützweite a der Nebenachse
3. Abstand e der Nebenträger
4. Deckenspannrichtung bei vorhandenen Nebenträgern

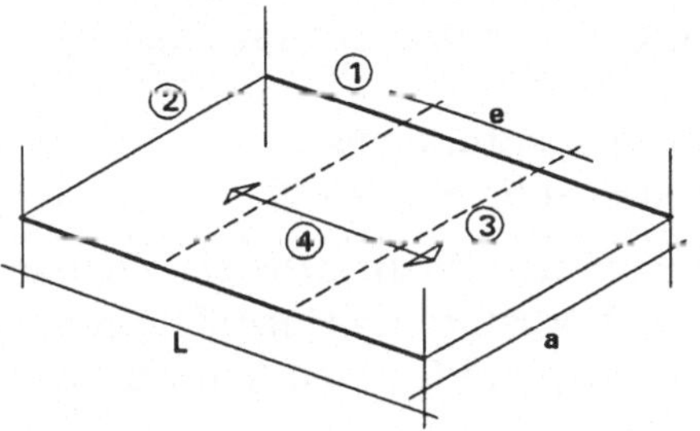

Bild 6.12: Skelettraster

Für Stahlverbund- und Stahlbetonvollplatten liegen die wirtschaftlichen Stützweiten der Haupttragachsen bei $6{,}0 \leq L\ (m) \leq 9{,}6$.
Bei Achsabständen $a \leq 6{,}0$ m können die Geschoßdecken noch ohne Nebenträger eingebaut werden.
Für $a > 6{,}0$ m werden Nebenträger erforderlich. Werden sie als Durchlaufträger vorgesehen, erfordern sie zwar geringere Bauhöhen, die Gesamtdeckenkonstruktion wird jedoch größer infolge der erforderlichen Stapelung.
Nebenträgerabstand $2{,}10 \leq e\ (m) \leq 3{,}90$ als wirtschaftliche Größe.

⇒ Geschoßdecken mit $p \geq 7{,}5$ KN/m² für Industriebauten. Diese Bauwerke haben im allgemeinen wenig Geschoße, jedoch große Geschoßhöhen ($h > 5$ m).
Die Steigerung der Verkehrslast p hat gegenüber den geringer belasteten Decken einen erheblichen Einfluß auf Konstruktionssystem und Kosten. So beträgt beispielsweise der Kostenzuwachs bei $L = 7{,}2$ m bei einer Laststeigerung von 5,0 KN/m² auf 7,5 KN/m² ca. 10%, bei einer Steigerung von 7,5 KN/m² auf 10 KN/m² dagegen 25%.
Die wirtschaftlichen Stützenraster sind in etwa quadratisch:
$7{,}2 \leq L/a\ (m) \leq 12{,}0$
Durch Verwendung von TT-Platten sind keine Nebenträger erforderlich, die Decken spannen zwischen den Hauptachsenträgern.

6.4 Entwurfshilfen

Die folgenden Angaben geben Richtwerte für Decken- und Trägerhöhen, Stützen- und Fundamentabmessungen, die ausschließlich dazu dienen sollen, dem Studierenden ein Gefühl für erforderliche Größenordnungen von Konstruktionen zu vermitteln.
Die Angaben sind aus den im Literaturverzeichnis Punkt 4 angegebenen Werken zusammengefaßt. Bei Entwurfsarbeiten sind solche Werke heranzuziehen, da eine Vertiefung in diesem Buch über die mitzuteilenden Grundlagen weit hinausginge.

Dachkonstruktionen

⇒ *Deckungen in Holz*

- Brett-, Spanplattenschalungen auf Nebenträgern e ≤ 1,25 m
- Vorgefertigte Holztafelelemente nach Bild 5.36 bis a ≤ 7,50 m
  Elementdicken d (cm): bei a =5,0 m/ d ≅ 15 (cm); a = 7,50/d ≅ 23

⇒ *Deckungen in Stahl*

- Trapezbleche d ≤ 120 mm; Lieferlängen ≥ 12 m.
  Zul. Stützweite als Einfeldträger a ≤ 5,0 m,
  als Zweifeldträger a ≤ 6,0 m
  Bei Dächern *ohne* Wärmedämmung wird die Dachdichtung im allgemeinen vom Trapezblech übernommen, wenn dieses in Gefällerichtung verlegt ist. Daher benötigen diese Dächer zwangsläufig Nebenträger (Pfetten) mit e ≤ 6,0 m, jedoch mit der Möglichkeit dafür den Binderabstand a > 6 m zu wählen. Bei Dächern *mit* Wärmedämmung wird a ≤ 6,0 m, wenn ohne Pfetten geplant wird.

⇒ *Deckungen in Stahlbeton*

- Bewehrte Gasbetonplatten b = 2,40 m und bewehrte Bimsbeton-Hohldielen b = 0,50 m.

Tabelle 6.13: Dachplattendicken d (cm) bei Auflast aus Deckung + Schnee = 1,50 KN/m^2

a, e (m)	d (cm) Bimsdielen	d (cm) Gasbeton
3,0	10	10
4,0	14	12
5,0	-	16
≤ 6,0	-	20

⇒ *Nebenträger (Pfetten) in Holz*

- Kanthölzer aus Nadelholz; herstellbare Dicke d ≤ 30 cm
  a ≤ 6,0 m, e ≤ 1,25 m
  Erforderliche Querschnitte (f = a/300):
  Einfeldträger d ≥ a/16
  Durchlauf-, Gelenk-, Koppelträger d ≥ a/20

- Brettschichtholz (BSH), als lamellenverleimte Rechteck- und I-Querschnitte, d ≤ 2,50 m; 10 ≤ b (cm) ≤ 20
  Empfohlene Stützweiten 6,0 ≤ a (m) ≤ 18,0
  Pfettenabstände sind von Deckung abhängig:
  bei Schalungen e ≤ 1,25 m, bei Trapezblech e ≤ 6,0 m
  Erforderliche Höhen d (f = a/300):
  Einfeldträger d ≥ a/18
  Mehrfeldträger wie vor d ≥ a/22

Anmerkung: Wird d/b > 4, erfordert die Kippgefahr des gedrückten Obergurtes besondere konstruktive Maßnahmen.

- Vorgefertigte Sonderquerschnitte:

Wellstegträger aus Vollholzgurten mit eingenutetem und eingeleimtem, gewelltem Sperrholzsteg.

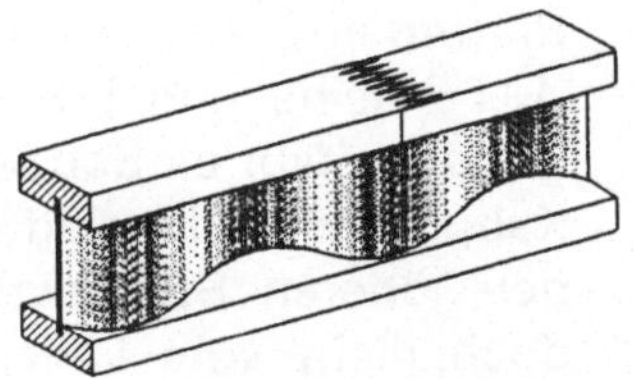

Bild 6.14: Wellstegträger

Trigonit-Träger sind Fachwerkträger aus verzinkten und verleimten Vollholzdiagonalen, auf die zweiteilige Vollholzgurte aufgenagelt werden.

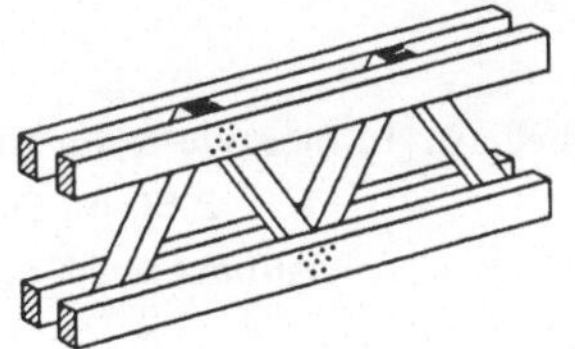

Bild 6.15: Trigonit-Träger

Dreieck-Streben-Binder (DSB) sind Fachwerkträger, bei denen Vollholzdiagonalen in Vollholzgurte eingefräst und verleimt werden.

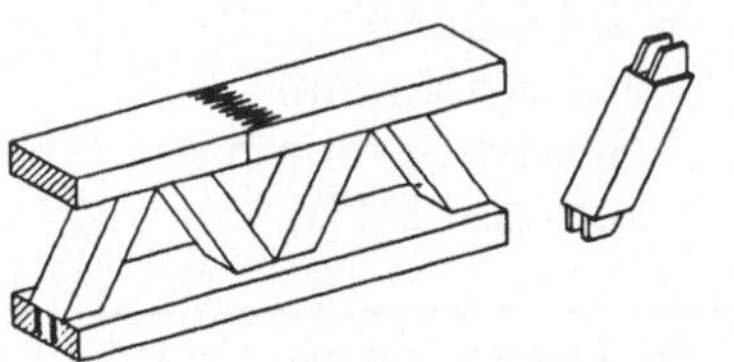

Bild 6.16: DSB-Binder

Abmessungen und Herstellungslängen sowie Bemessung nach Zulassungstabellen

Tabelle 6.17: Richtwerte der Einsatzbereiche für die Sonderquerschnitte
e = 1,0 m; Einfeldträger mit f = a/300;
Auflast für Deckung + Schnee = 1,5 KN/m²

	Trägerhöhe (cm)		
Stützweite a m	Wellsteg	Trigonit	DSB
6,0	36	40	40
8,0	42	45	50
10,0	48	55	60
12,0	K 58 *	70	70

* Doppelsteg

⇒ *Nebenträger (Pfetten) in Stahl*
Standardgüte: ST 37

- Pfetten in Dachdecken werden üblicherweise aus Walzprofilen der I PE-Reihe und [Profile an Traufe und First erstellt. Daneben gibt es Sonderquerschnitte aus feuerverzinkten Kaltprofilen. Sie sind ihres geringeren Gewichtes und der höheren Stahlfestigkeit wegen wirtschaftlicher, jedoch nicht vom Lager erhältlich und werden nur projektgebunden hergestellt.

Bild 6.18: Kaltprofil

Tabelle 6.19: Richtwerte für Stahlpfettenhöhen (mm)
e = 2,50 m; Einfeldträger mit f = a/300;
Auflast aus Deckung + Schnee = 1,50 KN/m²

Stützweite a (m)	5,0	6,0	7,5	10,0
I PE (mm)	120	120	140	180
Kaltprofil (mm)	200	240	300	300*
Gewichtsersparnis zum I PE (%)	33	27	33	20

* Blechstärke = 4 mm; sonst 2 - 2,5 mm.

Bei Pfettenstützweiten > 10 m sind auch sog. R-Träger bzw. X-Träger im Handel.

⇒ *Nebenträger (Pfetten) aus Stahlbetonfertigteilen*

Elementabmessungen richten sich nach dem Typenprogramm Skelettbau der Fachvereinigung Fertigteilbau e.V. im BDB.

Die dort angegebenen Querschnitte sind aufgrund langjähriger Erfahrung optimiert. Die Industrie hält dafür fertige Schalungen vor. Andere als die angegebenen Abmessungen würden teurere Sonderschalungen erfordern.

- Pfetten werden im Allgemeinen als Trapezprofile nachstehender Abmessungen angeboten.

d (cm)	b_0	b
	8	15
35	12	19
	16	23
	8	18
50	12	22
	16	26

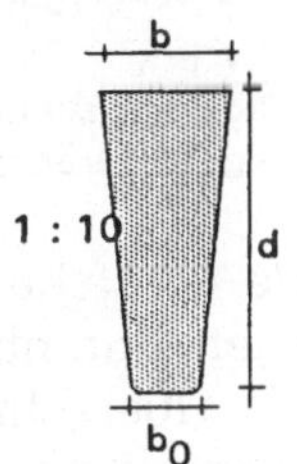

Bild 6.20: STB-Pfette

Tabelle 6.21: Richtwerte erforderlicher Pfettenhöhen (cm) bei Leichtbetondächern

d (cm)*	Stützweite a (m)	e (m)
35	4 - 7,5	≤ 4,0
35	≤ 6,0	≤ 6,0
50	6 - 12,0	≤ 4,0
50	5 - 10,0	≤ 6,0

*Verändert wird jeweils nur die Breite b;

Binderauflagerung erfolgt durch Aufsattelung wie in Bild 4.2.7b, S. 81

⇒ *Hauptträger (Dachbinder)*

Tabelle 6.22:
Parallelbinder als Kragträger L_k
erforderliche Binderhöhe an Einspannstelle 1:
$h_1 \geq L_k \cdot n$

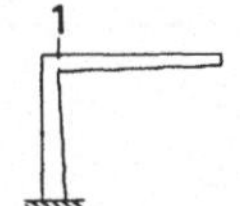

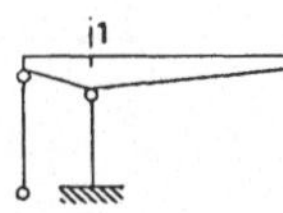

	Vollwandig			Fachwerk	
	BSH	ST 37	Spannbeton	BSH	St 37
$L_k \leq$	25 m	30 m	30 m	15-40 m°	15 -50m°
n *	1/8-1/10	1/7-1/11	1/6-1/9	1/4-1/6	1/5-1/8

* Die Kragarmdurchbiegung am Ende beträgt $L_k/300$ beim ersten, $L_k/150$ beim zweiten Wert. Fachwerke sind wegen der Nachgiebigkeit ihrer Verbindungsmittel durchbiegungsempfindlicher.

Tabelle 6.23: Parallelbinder als Einfeldträger (aufgehängt bzw. aufgelagert)
erforderliche Binderhöhe in Feldmitte (1):
$h \geq L \cdot n$

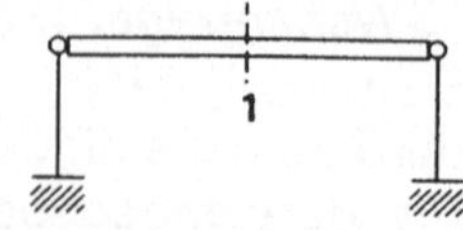

	Vollwandig			Fachwerk	
	BSH	ST 37	Spannbeton	BSH	St 37
L ≤	35 m°	35 m°	35 m°	50 m°	60 m°
n*	1/10-1/20	1/9-1/12	1/12-1/18	1/10-1/14	1/7-1/10

* Durchbiegung des Trägers in der Mitte beträgt L/400 beim ersten, L/200 beim zweiten Wert.

° Einschränkung durch maximal mögliche Transportlängen. Längere Fachwerke sind nur geteilt transportabel. Endmontage auf Baustelle.

Die vorstehenden Richtwerte führen zu Trägerhöhen, bei denen die zulässigen Durchbiegungen eingehalten werden. Eine überschlägige Ermittlung der Querschnitte ist nicht mehr mit einfachen Parametern möglich, da Dachauflasten und Binderabstände in die Ermittlung eingehen, wie beispielhaft die nächsten zwei Tabellen für Stahlbetonbinder zeigen.

Tabelle 6.24: T-Binderhöhen (cm) in Abhängigkeit von Stützweite L (m), Binderabstand a (m) und Auflast aus Deckung + Schnee (KN/m²)

Auflast	↓ a, L →	10	15	20	25
≤ 1,5	≤ 6,0	60	80	100	120
	≤ 10,0	80	120	140	160
≤ 3,0	≤ 6,0	80	120	140	160
	≤ 10,0	100	160	180	-

Tabelle 6.25: I-Binderhöhen (cm), sonst wie vor

Auflast	↓ a, L →	15	20	25	30
≤ 1,5	≤ 6,0	90	90	120	150
	≤ 10,0	120	120	150	170
≤ 3,0	≤ 6,0	90	120	150	180
	≤ 10,0	120	150	180	200

Geschoßdecken

⇒ *Stahlbetondecken*

- Örtlich hergestellt:
  Ohne abzutragende leichte Trennwände d (cm) ≥ $L_i/35 + 2$
  Mit Trennwandaufnahme d (m) ≥ $L_i^2/150 + 0{,}02$
  Die ideelle Stützweite L_i ergibt sich nach S.63 und Tabelle 3.3.44.

- Fertigteil-Vollplatten, Einfeldträger:

Tabelle 6.26: Erforderliche Deckendicken (cm) in Abhängigkeit von Stützweite a und Verkehrslast p

	a (m)			
p (KN/m²)	2,50	3,50	5,0	6,0
≤ 7,5	10	12	16	20
10	12	14	18	22

- Fertigteildecken aus TT-Profilen, Einfeldträger:

Tabelle 6.27: Erforderliche Deckendicken (cm) in Abhängigkeit von Stützweite a und Verkehrslast p
TT-Profil nach Tabelle 4.6.25/d, S.198

	a (m)				
p (KN/m²)	6,0	7,2	9,6	12,0	16,8
≤ 7,5	40	40	50	60	80
≤ 15	40	50	60	70	90

⇒ *Trapezblechdecken*

Sie erzeugen ihre Tragfähigkeit auf drei Arten:

- Tragendes Trapezblech, nichttragende Betonauffüllung mind.5 cm. Decke benötigt keine Unterstützung während der Herstellung. Bevorzugt bei Stahlskelett-Geschoßbauten gem.Kap.4.6.3 mit e ≤ 4 m. Rohdeckenhöhe ≅ 13 cm.
- Tragende bewehrte Betonauffüllung, Trapezblech nur verlorene Schalung; Montageunterstützung erforderlich. Rohdeckenhöhe wie bei örtlich hergestellten Stahlbetondecken.
- Verbundkonstruktion zwischen besonders profilierten Stahlblechen und dem Füllbeton. Montageunterstützung erforderlich. Verbundtragfähigkeit erlaubt größere Stützweiten als bei den Decken zuvor. Die Bemessung erfolgt nach Zulassung.

Unterschiede liegen im Kostenaufwand und im Brandschutz.

⇒ *Holzbalkendecken*

- Aus Kanthölzern i. a. nur als Einfeldträger $L/20 \leq d$ (cm) ≤ 30.
- Aus BSH auch als Durchlaufträger $d \geq L_i/16$.

⇒ *Deckenträger (Unterzüge) in Stahlbeton*

- Fertigteilunterzüge in Geschoßdecken für Vollplatten werden als Rechteckprofile ausgeführt mit nachstehenden Abmessungen (cm). Auflagerung der Platten entsprechend Tabelle 4.6.28, Fall 1, S.200.

d→ / b↓	40	50	60	70	80
20	x				
30	x	x	x		
40	x	x	x	x	x
50		x	x	x	x
60			x	x	x

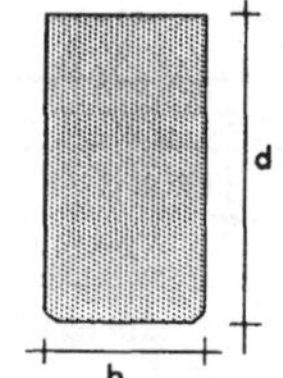

Bild 6.28: STB-Unterzug

Tabelle 6.29: Richtwerte für Fertigteilunterzüge d/b (cm), Einfeldträger, in Abhängigkeit von Stützweite L (m), Achsabstand a (m) und Verkehrslast p

		L (m)		
p (KN/m²)	a (m)	≤ 7,2	≤ 9,6	≤ 12,0
3,5	≤ 3,50	50/30	50/40	60/40
	≤ 6,0	50/40	60/50	70/60
5,0	≤ 3,50	50/30	60/40	60/50
	≤ 6,0	60/40	70/50	80/50
7,5	≤ 3,50	50/30	60/40	70/50
	≤ 6,0	60/40	70/50	80/60
10	≤ 3,50	50/40	60/50	70/60
	≤ 6,0	60/50	80/50	80/60

- Fertigteilunterzüge mit Rechteckquerschnitt d/b und Linienkonsolen zur Auflagerung von TT-Platten nach Tabelle 4.6.28, Fall 6, S. 200, Einfeldträger

Tabelle 6.30: Richtwerte der erforderlichen Querschnittsabmessungen d/b in Abhängigkeit von Stützweite L (m), Achsabstand a (m) und Verkehrslast p

		L (m)		
p (KN/m²)	a (m)	≤ 7,2	≤ 9,6	≤ 12,0
5	≤ 7,2	50/50	70/50	100/40
	9,6	60/50	80/50	100/50
	12,0	70/50	90/50	100/60
	16,8	80/40	100/60	-
10	≤ 7,2	60/50	80/50	100/50
	9,6	70/50	90/60	100/60
	12,0	80/50	100/60	-
	16,8	90/60	-	-
15	≤ 7,2	60/60	90/60	100/60
	9,6	80/50	100/60	-
	12,0	80/60	100/60	-
	16,8	100/60	-	-

Vollständige Entwurfsunterlagen zu den Tabellen 6.29 und 30 in Rösel, Stöffler, "Betonfertigteile im Skelettbau".

- Ortbetonunterzüge unter Ortbetondeckenplatten als sog.Plattenbalken gem. Bild 5.32
  Die erhöhte Tragfähigkeit gegenüber der in Tab.6.29 ergibt sich aus der breiteren Betondruckzone im Bereich der Deckenplatte. Dadurch können diese Unterzüge ≅ 2/3 der vorigen Höhe ausgeführt werden.

⇒ *Deckenträger (Unterzüge) in Stahl*

- Walzprofile unter verschieblich aufliegenden Deckenplatten bzw.
- Walzprofile, die mit den aufliegenden Decken schubfest verbunden sind (sog. Verbundträger).
  Die Abhängigkeiten zwischen Lasteinzugsbreite und Lastgröße erlauben keine einfachen Annäherungen mehr. Dies trifft für beide Ausführungsarten zu. Entwurfstabellen finden sich in Stahlbauatlas, Stahlbauarbeitshilfe 10, Rybicki-Faustformeln.

Stützen

Vorausgesetzt werden sog. Pendelstützen, die nur vertikale Lasten abtragen. Die erforderliche Bauwerksstabilisierung erfolgt durch Decken- und

Wandscheiben. Die Querschnittswahl ergibt sich aus Bemessungstabellen bei Kenntnis der vorhandenen Stützenauflast. Diese resultiert aus folgenden Größen:

- Überschlägige Deckenlasten (ständige Last + Verkehrslast)
  Leichte Dachdecken (gedämmte Trapezbleche) q = 1,50 KN/m^2
  Schwere Dachdecken (Gasbetonplatten) q = 2,50 KN/m^2
  Geschoßdecken aus Holz q = 4,00 KN/m^2
  Stahlbetongeschoßdecken in
  Wohn-, Bürogebäuden q = 9,00 KN/m^2
  Geschäfts-, Warenhäuser q = 12.00 KN/m^2

- Einzugsfläche A einer Stütze (vgl. hierzu Bild 6.12)
  Randstütze A_R = 0,5 L x 2 x 0,5 a (m^2)
  Innenstütze A_I = L x a (m^2)

- Stützenlast je Geschoß *Ns* = A x q (KN)
  Zusätzlich wird für die Berücksichtigung der Unterzugs- und Stützeneigengewichte ein Zuschlag von ca. 0,25 x N_s erforderlich.

Daraus ergeben sich die erforderlichen Stützenquerschnitte in Abhängigkeit der Knicklänge s_k für

⇒ *Holz- und Stahlstützen*
nach den Tragfähigkeitstabellen z. B. in Wendehorst/Muth

⇒ *Verbundstützen*
nach Stahlbauarbeitshilfe 20.5

⇒ *Stahlbetonstützen*
Faustformel für quadratische Stützen in B25, d (cm) $\geq \sqrt{Ns}$

Beispiel: Gesucht ist die Seitenlänge d einer Stahlbetoninnenstütze im EG eines Bürogebäudes mit 3 Obergeschoßen; schwere Dachdeckung.
Stützenraster L = 7,20 m; a = 6,0 m.

Ns aus Dach	≅ 7,20 x 6,0 x 2,50	≅ 108 KN
Ns aus 3 Geschoßdecken	≅ 7,20 x 6,0 x 9,0 x 3	≅ 1167 KN
		≅ 1275 KN
+ 25% Zuschlag		≅ 320 KN
	ΣN_s	≅ 1595 KN

Erforderliche Stützendicke d (cm) $\geq \sqrt{1595} \geq 40$ cm

Fundamente

Überschlägige Angaben für erforderliche Aufstandsflächen können nur für mittig belastete Fundamente gemacht werden in Abhängigkeit von der zulässigen Bodenpressung σ (KN/m^2).

⇒ *Streifenfundamente unter tragenden Wänden.*
Wird bei Wohn- und Bürohäusern die gesamte Wandhöhe von Oberkante Fundament bis Oberkante letztes Geschoß mit H (m) bezeichnet, so ergibt sich:

- erforderliche Fundamentbreite unter Innenwänden b_i (m) $\geq 20 \times H/\sigma$
- erforderliche Fundamentbreite unter Außenwänden $b_a \geq 0{,}6 \times b_i$

⇒ *Quadratische Einzelfundamente unter Stützen*

- erforderliche Seitenlänge a (m) $\geq \sqrt{Ns/\sigma}$
  Ns (KN) ist die vorher ermittelte Stützenauflast bis Oberkante Fundament, σ (KN/m^2) die zulässige Bodenpressung.

Die Fundamentsohle muß in frostfreier Tiefe liegen.
Erforderliche Fundamenthöhen ergeben sich in Abhängigkeit von unbewehrter bzw. bewehrter Fundamentausführung.
Die Mindesthöhe darf 30 cm nicht unterschreiten.
Bei unbewehrten Fundamenten kann sie nach Bild 3.3.2 ermittelt werden, wenn der Lastausbreitungswinkel $\alpha \cong 60°$ beträgt;
bei bewehrten Fundamenten wird nach Bild 3.3.4 $h \cong 0{,}3 \times a$.

LITERATURVERZEICHNIS

1. Tragwerk und Entwurf

Davies, C.	High-Tech Architektur, Stuttgart 1988
Heller, R.; Salvadori, M.	Tragwerk und Architektur, Braunschweig 1977
Jaedicke, J.	Raum und Form in der Architektur, Stuttgart 1985
Kähler, H.	Die Hagia Sophia, Berlin 1967
Muslin, M.	Geschichte der Baukonstruktion und Bautechnik, Düsseldorf 1988
Norberg-Schulz, Chr.	Logik der Baukunst, Gütersloh 1968
Siegel, C.	Strukturformen der modernen Architektur, München 1960
Torroja, E.	Logik der Form, München 1961
Vitruvius Pollio, M.	10 Bücher über Architektur, Baden-Baden 1974

2. Tragwerk und Konstruktion

Domke, H.	Grundlagen konstruktiver Gestaltung, Wiesbaden 1972
Engel, H.	Tragsysteme, Stuttgart 1967
Frick, Knöll, Neumann, Weinbrenner	Baukonstruktionslehre, Stuttgart 1992
Götz, Hoor, Möhler, Natterer	Holzbauatlas, München 1978
Hart, Henn, Sontag	Stahlbauatlas, München 1974
Koncz, T.	Handbuch der Fertigteilbauweise, Band 1 - 3, Wiesbaden 1973
Spies, K.	Konstruktives Entwerfen im Hochbau; von der Grundrißdisposition zum Tragwerk, Stuttgart 1985
Dokumentation des Informationsdienstes Holz	Beispiele moderner Holzarchitektur Düsseldorf 1990

3. Tragwerkslehre und Statik

Lohmeyer, G.	Baustatik, Teil 1 und 2, Stuttgart 1985
Mann, W.	Tragwerkslehre in Anschauungsmodellen, Stuttgart 1985
Wagner, Erlhof,	Praktische Baustatik, Teil 1 und 2 Stuttgart 1981
Wendehorst, Muth	Bautechnische Zahlentafeln, Stuttgart 1992

4. Entwurfshilfen

Polónyi, Dicleli	Kosten der Tragkonstruktionen von Skelettbauten, Köln 1976
Polónyi, Stein	Hallen, Köln 1986
Rösel, Stöffler	Beton-Fertigteile im Skelettbau, Düsseldorf 1982
Rybicki, R.	Faustformeln und Faustwerte, Teil 1 Geschoßbauten, Düsseldorf 1988
Zimmermann K.	Konstruktionsentscheidungen bei der Planung mehrgeschossiger Skelettbauten aus Stahlbetonfertigteilen, Wiesbaden 1973

Informationsdienst Holz der Arge Holz e.V., 4000 Düsseldorf, Füllenbachstraße 6

Merkblätter der Beratungsstelle für Stahlverwendung, 4000 Düsseldorf, Kasernenstraße 36

Stahlbau Arbeitshilfen, Deutscher Stahlbauverband, 5000 Köln 1, Ebert-Platz 1

Zeitschriften: Detail; acier-stahl-steel; Bauen mit Holz

STICHWORTVERZEICHNIS

Abspannung 134
Abstützung 132
Anprallkräfte 32
Aufhängung 110, 128, 136, 188
Aussteifungsverbände 136, 143
Baugrundsetzungen 34
Bauwerke schwingungsanfällige 31
Biegemoment M 60
Biegespannung 62
Biegesteife 63
Biegesteife Ecke 73, 100, 100
Binder 79
Binderauflager gelenkige 140, 146
Bodenpressung 45
Bogen (zwei-, dreigelenkig) 157
Brückenhaus 190, 194
Decken:
- Hohlplatte 22, 178
- Rippendecke 22
- Trapezblech-Verbund 178
- TT-Platte 22, 198
- Vollplatte 22, 222

Deckenhauptträger (-unterzüge) 79
Deckenöffnungen größere 225
Deckentafeln vorgefertigte 228
Dehnfuge 35
Diagonalverband 98
Doppelbiegung 148
Dreieckszellen. 68
Dreigelenkstabzug 155
Eingespanntes Lager 57, 73, 100, 106
Einzelstabilisierung 143
Elastizitätsmodul 63
Elementfuge 36
Erdbeben 33
Eulerfälle 52
Fachwerkträger 68ff
Festes Lager 51, 56, 80, 81, 146
Flachgründung 44
Freistehender einhüftiger Rahmen 89
- Grundsystem 95
- ohne Fußeinspannung 105, 113, 116
- ohne biegesteife Ecke 107, 119
- aufgehängter Kragarm 109, 120ff
- Ausleger 111, 126, 130, 131

Füllstäbe (Streben, Diagonalen). 68
Fundamente 44
- unbewehrt 45
- bewehrt 47
- Einzelfundament 47
- Streifenfundament 47
- ausmittig belastet 48
- Standsicherheit 48

Fußeinspannungen 146
Gebäudetypen: 217
Gelenkketten mit vert FW 179, 183
Gerberträger 59, 82
Geschoßzahl 217
Gewölbe 5
Giebelwindverbände.133
Gleitfuge lineare 37
Gleitfuge punktuelle 37
Grad der statischen Unbestimmtheit 58
Großtafelbau 225
Gurte (Ober- und Untergurt) 68
Hagia Sophia 8
Halbkreiskuppel 7
Hallen einschiffige 87, 90
- Grundsystem 132
- abgespannt, abgestützt 132
- aufgehängt an Pylon 136, 162, 164
- fußeingespannt 143, 165
- fußeingespannter Pylon 144, 167
- Rahmen 169ff

Hallen mehrschiffige 88, 92, 173
- Durchlaufträger + Pendelstütze 174
- " + eingespannte Stütze 174
- Gelenkträger + Pendelstütze 175
- " + eingespannte Stütze 175
- Rahmenkette 176
- Teilrahmenkette 176

Hängehaus 188
Holzbalkendecken örtliche 223
Holztafeln 227, 228
Kastenträger 63, 166
Kehlbalkendach 155
Kehlbalkendach unverschiebliches 156
Kehlbalkendach verschiebliches 155
Kernaussteifung 181
Kernhäuser 188
Kippverband 136
Kisteneffekt 43
Klaffende Fuge 48
Kleintafelbau 225
Knickgefährdung 135
Knicklänge 52
Konstruktionsminimierung 16
Koppelpfetten 84
Kraft 20
Kräftepaar 43
Kraftkomponenten 38
Lagerung statisch bestimmt 146
Lagerung statisch unbestimmt 148

Längs- und Querwände tragende 216
Längswandbauweise 214
Längswindverbände 133
Last: 19
  Auftrieb 31
  Ausbaulasten 25
  Erddruck 32
  Flächen- Linienlast gleichmäßige 21
  Flächenlast 21
  Flächenlast ungleichförmige 31
  Linienlast 21
  Schnee 29
  Ständige Lasten 19
  Trennwände unbelastet 26
  Verkehrslasten 20
  vorwiegend nicht ruhende 28
  vorwiegend ruhende Lasten 26
  Wasserdruck 31
  Wind 29
Laststellung ungünstigste 27
Mantelbauweisen 221
Montage 237
Ortbetonwände 221
Pantheon 8
Pendelstütze 141, 174, 175
Pendentif 8
Pfeiler 49
Pfosten (Ständer) 68
Platte 212
Plattenbalken 225
Querkraft Q 60
Querwandbauweise 215
Rahmen:
  Dreigelenkrahmen 146
  Eingelenkrahmen 153
  freistehend, einhüftig 87
  gebogen 102
  Geschoßrahmen 93, 177ff
  Portalrahmen 148
  Querscnittsverlauf 78, 99, 149
  Riegelgelenk 150
  Zweigelenkrahmen 147
Rahmenhäuser 189
Rahmenketten 176
Rahmenkonstruktionen 179
Rand freier 210
Raum 232
Raumgruppe 233
Raumgruppenzuordnung 233
Reihenstabilisierung 143
Resultierende 38
Riegel 146
Ringanker 207, 213, 214, 223
Ringbalken 207, 211
Säule 49
Scheibe 98, 177, 204, 205, 212
Scheibenwirkung 133
Schnittgrößen 60
Schottenbauweise 214, 218
Schrägpfeiler 49
Schubspannungen 61
Schwergewichtsmauer 209
Schwinden 33
Setzfuge 35
Skelettbauweisen 4
Skelette eingeschoßige 86
Skelette mehrgeschoßige 86, 88
Spannung 44
Sparren 79
Sparrendach 155
Stahlbetondecken örtliche 222
Stahlbetonfertigdecken 198, 226
Stahlbetonfertigteilstützen 103, 202f
Stahlbetonfundament 46
Stahlbetonskelett 197ff
Staudruck 30
Stegverstärkungen 61
Stiele 146
Strukturen flächige 21, 42
Strukturen lineare (stabförmige) 21, 42
Sturz 224
Stütze:
  Eulerfälle 52
  Fußeinspannung 52, 103
  Gespreizte Stütze 52, 113
  Knicklängen 52
  Pendelstütze 52, 141
  Querschnitte 17,18,78,99,149,163
  Tragmechanismus 52
Stützenfüße gelenkig gelagert 141
Systeme geschlossene 197
Systeme offene 197
Systeme statische 47
Teilrahmenketten 176
Temperaturveränderungen 33
Tiefgründung 44
Tonnengewölbe 6
Träger:
  1- und 2-Punkt-gestützt 57
  deckengleiche 225
  Durchlaufträger 64, 66, 82
  Durchlaufträger auf fußeingespannten Stützen 174
  Einfeldträger 57
  Fachwerkträger 67, 134
  Gelenkträger 59, 82

Gelenkträger auf fußeingespannten Stützen. 175
Gelenkträger auf Pendelstützen. 175
ideelle Stützweite 27, 63
Kastenträger 63, 166
Koppelträger 84
Loch- (Waben-)träger 23, 64
Mehrfeldträger 58
Nebenträger 79
Nebenträger aufgesattelte 84
Querschnitte 55
unterspannte 65, 91, 156
Vierendeelträger 64, 190, 195
Trägheitskräfte 20
Trägheitsmoment 62, 63
Tragsysteme formaktiv 4
Tragsysteme massenaktiv 62
Tragsysteme vektoraktiv 68
Tragwerk 2
Transport 236
Trapezblech 240
Trompe 8
Überzüge 225
Umweltbedingte Lasten 20, 28
Unterspannter Träger 65, 91, 156
Unterzug 224
Verbindung 237
Verbindung schubfeste 210
Verformungen 19, 40
Verformungsruhepunkt 36
Verkehrslasten 20
Verschachtelungsprinzip 206, 218
Verschiebliches Lager 51, 56, 140
Vierendeelträger 64, 190, 195
Vorfertigung 236
Vouten 67
Wandbauweisen 3, 41, 206
Wandlagerungsarten 211
Wandöffnungen 223
Wandtafeln 227
Windrispen 156
Windverbände 133
Wohnungsbau 207
Zellenbauweise 219
Zwängungskräfte 20
Zweigelenkrahmen 147

Konstruktive Prinziplösungen in Holz, Stahl, Stahlbeton

Fachwerkträger 72
Eingeschnittene und aufgesattelte Nebenträger 81
Vollwandige Durchlaufträger, Gelenkträger, Koppelpfetten 81ff

Gelenkige Binderauflager 140
Gelenkige Anschlüsse zwischen Träger und Stütze in Holz 180
Biegesteife Ecken 100ff

Stützenfußeinspannungen 103
Stützenfüße gelenkig 141

Vertikalverbände in Stahl 187

Abspannungen 142
Anschlüsse Hängekonstruktionen 189

Stahlbetonfertigteildecken 198
Stahlbetonfertigteilunterzüge 200
Örtliche Stahlbetondecken 222

Frick/Knöll
Neumann/Weinbrenner
Baukonstruktionslehre

Von Prof. Dipl.-Ing. Dietrich Neumann,
und Prof. Ulrich Weinbrenner

Teil 1

30., neubearbeitete und erweiterte Auflage. 1992.
688 Seiten mit 683 Bildern, 109 Tabellen und 26 Beispielen.
Geb. DM 78,–. ISBN 3-519-15250-9

Inhalt: Einführung und Grundbegriffe – Maße und Maßtoleranzen – Erdarbeiten – Fundamente – Beton- und Stahlbetonbau – Wände – Skelettbau – Außenwandbekleidungen – Geschoßdecken und Balkone – Fußbodenkonstruktionen und Bodenbeläge – Installationsböden – Leichte Deckenbekleidungen und Unterdecken – Umsetzbare Trennwände und vorgefertigte Schrankwände – Besondere bauliche Schutzmaßnahmen

Teil 2

29., neubearbeitete und erweiterte Auflage. 1993.
672 Seiten mit 738 Bildern, 87 Tabellen und 13 Beispielen.
Geb. DM 78,–. ISBN 3-519-15251-7

Inhalt: Geneigte Dächer – Flachdächer – Schornsteine (Kamine) und Lüftungsschächte – Treppen – Fenster – Türen – Horizontal verschiebbare Tür- und Wandelemente – Mineralputze, Kunstharzputze und Wärmedämmsysteme – Beschichtungen (Anstriche) und Wandbekleidungen (Tapeten) auf Putzgrund – Gerüste und Abstützungen

Preisänderungen vorbehalten

B. G. Teubner Stuttgart